中 国 国 家 标 准 汇 编

406

GB 22902～22955

（2008 年制定）

中国标准出版社　编

中 国 标 准 出 版 社

北　京

图书在版编目（CIP）数据

中国国家标准汇编：2008年制定．406：GB 22902～22955/中国标准出版社编．—北京：中国标准出版社，2009

ISBN 978-7-5066-5397-8

Ⅰ．中…　Ⅱ．中…　Ⅲ．国家标准-汇编-中国-2008　Ⅳ．T-652.1

中国版本图书馆CIP数据核字（2009）第107665号

中国标准出版社出版发行
北京复兴门外三里河北街16号
邮政编码：100045
网址 www.spc.net.cn
电话：68523946　68517548
中国标准出版社秦皇岛印刷厂印刷
各地新华书店经销

*

开本 880×1230　1/16　印张 38.75　字数 1 125 千字
2009年8月第一版　2009年8月第一次印刷

*

定价 200.00 元

ISBN 978-7-5066-5397-8

出 版 说 明

1.《中国国家标准汇编》是一部大型综合性国家标准全集。自1983年起，按国家标准顺序号以精装本、平装本两种装帧形式陆续分册汇编出版。它在一定程度上反映了我国建国以来标准化事业发展的基本情况和主要成就，是各级标准化管理机构，工矿企事业单位，农林牧副渔系统，科研、设计、教学等部门必不可少的工具书。

2.《中国国家标准汇编》收入我国每年正式发布的全部国家标准，分为"制定"卷和"修订"卷两种编辑版本。

"制定"卷收入上一年度我国发布的、新制定的国家标准，顺延前年度标准编号分成若干分册，封面和书脊上注明"20××年制定"字样及分册号，分册号一直连续。各分册中的标准是按照标准编号顺序连续排列的，如有标准顺序号缺号的，除特殊情况注明外，暂为空号。

"修订"卷收入上一年度我国发布的、被修订的国家标准，视篇幅分设若干分册，但与"制定"卷分册号无关联，仅在封面和书脊上注明"20××年修订-1，-2，-3，……"字样。"修订"卷各分册中的标准，仍按标准编号顺序排列(但不连续)；如有遗漏的，均在当年最后一分册中补齐。需提请读者注意的是，个别非顺延前年度标准编号的新制定的国家标准没有收入在"制定"卷中，而是收入在"修订"卷中。

读者配套购买《中国国家标准汇编》"制定"卷和"修订"卷则可收齐上一年度我国制定和修订的全部国家标准。

3. 由于读者需求的变化，自1996年起，《中国国家标准汇编》仅出版精装本。

4. 2008年我国制修订国家标准共5946项。本分册为"2008年制定"卷第406分册，收入国家标准GB 22902～22955的最新版本，其中GB/T 22922—2008因故延迟出版，未收入。

中国标准出版社

2009年5月

目　录

ICS 85-010
Y 30

GB

中华人民共和国国家标准

GB/T 22902—2008

纸浆　丙酮可溶物的测定

Pulps—Determination of acetone-soluble matter

(ISO 14453:1997,MOD)

2008-12-30 发布　　　　2009-09-01 实施

中华人民共和国国家质量监督检验检疫总局
中国国家标准化管理委员会　发布

前　言

本标准修改采用 ISO 14453:1997《纸浆　丙酮可溶物的测定》。

本标准与 ISO 14453:1997 相比，主要差异如下：

——在规范性引用文件中将 ISO 标准引用的国际标准转化为与之相应的国家标准，即 GB/T 462　纸、纸板和纸浆　分析试样水分的测定（GB/T 462—2008；ISO 287:1985，MOD；ISO 638:1978，MOD）；

——仪器一章增加了电子天平和鼓风干燥箱；

——删除了精密度一章。

本标准由中国轻工业联合会提出。

本标准由全国造纸工业标准化技术委员会归口。

本标准起草单位：遂昌县兴昌纸业有限公司、浙江省特种纸与纸制品质量检验中心、中国制浆造纸研究院。

本标准主要起草人：郑剑、詹延林、施均。

纸浆　丙酮可溶物的测定

1　范围

本标准规定了纸浆中丙酮可溶物质的测定方法。

本标准适用于除废纸浆以外的所有纸浆。

本方法检出限为0.05%。

2　规范性引用文件

下列文件中的条款通过本标准的引用而成为本标准的条款。凡是注日期的引用文件，其随后所有的修改单(不包括勘误的内容)或修订版均不适用于本标准，然而，鼓励根据本标准达成协议的各方研究是否可使用这些文件的最新版本。凡是不注日期的引用文件，其最新版本适用于本标准。

GB/T 462　纸、纸板和纸浆　分析试样水分的测定(GB/T 462—2008;ISO 287:1985,MOD;ISO 638:1978,MOD)

GB/T 740　纸浆　试样的采取(GB/T 740—2003,ISO 7213:1991,IDT)

3　术语和定义

下列术语和定义适用于本标准。

3.1

丙酮可溶物　acetone-soluble matter

按本标准规定的方法，用丙酮从浆样中抽提出的物质，即为丙酮可溶物。

4　原理

按照本标准方法，在索氏抽提器中，用丙酮抽提纸浆样品。连续抽提3 h～4 h，并保证抽提期间抽提器至少排空16次，将溶剂蒸发，把抽提出的残渣放在105 ℃下烘干2 h，然后称量。通过丙酮溶出物的质量与样品的绝干质量比，求得丙酮可溶物的含量。

5　试剂

警告：丙酮是易燃物，应远离明火，不要用气体加热器，严格遵循安全规章制度。

丙酮(CH_3COCH_3)，分析纯。

6　仪器

6.1　索氏抽提器

具有磨砂玻璃连接和300 mL～500 mL烧瓶的索氏抽提器及水冷冷凝器。

6.2　纤维素抽提套管

需经丙酮抽提清洗干净。

6.3　玻璃纤维

需经丙酮抽提清洗干净。

6.4　加热器

抽提器专用水浴锅或类似加热装置。

6.5 铝盒

具盖,内径为 75 mm～80 mm。当进行第 8 章操作时,应干燥至恒重。

6.6 电子天平

电子天平精度 0.1 mg。

6.7 鼓风干燥箱

能控温在 105 ℃±2 ℃。

7 取样和样品制备

7.1 按 GB/T 740 的规定取样。

7.2 样品处理时应戴防护手套。为避免样品暴露于大气,应将样品放入聚乙烯袋或铝箔包装袋。

7.3 在温度不超过 40 ℃时干燥湿浆。

7.4 将试样切成窄条以适合进入抽提器,将闪蒸干燥的浆撕成不超过 15 mm×15 mm 宽的碎片,并将试样放在磨口的广口瓶中,在大气中平衡水分 24 h 备用。

8 试验步骤

8.1 取样

称取两份试样做平行测定,每份约 10 g,精确到 1 mg,同时按 GB/T 462 测定水分。

8.2 抽提程序

8.2.1 将一小团玻璃纤维(6.3)放入抽提器(6.1)的排液管中。然后把试样放入抽提器(6.1),为防止任何损失,在试样上放置一团玻璃纤维(6.3),检查试样,应确保其不高于排液口的位置。如果试样是碎片或是闪击干燥的,一般采用纤维素抽提套管(6.2)。

8.2.2 在抽提器中加入足够量的丙酮(5.1),当用抽提器抽提时,应确保溶剂虹吸排空前烧瓶中至少有 50 mL 的溶剂。

8.2.3 加热溶剂至沸腾,调节水浴温度,连续抽提 3 h～4 h,并保证抽提期间抽提器至少排空 16 次。为便于回收丙酮,在抽提器抽空之前结束抽提。

注意:如果溶剂有变得过热的趋势,这是由于不均匀沸腾引起的,适当的解决办法是在抽提器烧瓶中加入玻璃珠或沸石。

8.2.4 检查抽提后是否有残留的纤维及可见固形物,抽提溶液应是清亮的,如有必要,用多孔砂芯过滤器过滤抽提液。用少量丙酮将抽提液洗入已称量的铝盒中。

警告:为消除在烘箱(下一步)中潜在的爆炸危险,须将剩余的丙酮在不超过 40 ℃的温度下完全蒸发。

8.2.5 最后将抽提物置于烘箱中,在(105±2)℃下干燥 2 h。将铝盒放在干燥器内在室温下冷却,称量准确至 0.1 mg,计算丙酮可溶物的质量。

8.3 空白试验

8.3.1 空白试验的全程与测定试样相同,但不放入试样。

8.3.2 如果正确操作,空白试验结果可以忽略不计。如果空白试验值较大,应分析并设法消除其来源,例如丙酮中存在的杂质等因素。

9 结果表示

9.1 计算每次抽提试验中丙酮抽出物的含量 w,以%表示,按式(1)计算:

$$w = \frac{m_2}{m_1} \times 100\% \qquad \cdots\cdots(1)$$

式中：

w——丙酮可溶物的含量，%；

m_1——绝干纸浆样品的质量，单位为克(g)；

m_2——丙酮抽提物的质量，单位为克(g)。

9.2　计算平行测定的平均结果，报告结果取两位小数。如果平均值小于0.05%，报告结果为“小于0.05%”。

10　试验报告

试验报告至少包括下列各项：

a)　样品鉴定所必需的全部资料；

b)　测试日期和地点；

c)　测试结果；

d)　试验中所观察到的任何异常现象；

e)　本国家标准编号或引用文件中未规定的并可能影响结果的任何操作。

ICS 85-010
Y 30

中华人民共和国国家标准

GB/T 22903—2008

纸浆　物理试验用标准水

Pulps—Standard water for physical testing

（ISO 14487：1997，MOD）

2008-12-30 发布

2009-09-01 实施

中华人民共和国国家质量监督检验检疫总局
中国国家标准化管理委员会　发布

前　言

本标准修改采用 ISO 14487:1997《纸浆　物理试验用标准水》。

本标准与 ISO 14487:1997 的主要差异如下：

——“引言”中增加了纸浆物理用水中电解质(盐)和其他杂质对抄造的浆样亮度(白度)产生影响方面的内容；

——将“性能”删除；

——增加了对电导率仪技术参数的规定；

——将“贮藏”改为“贮藏与使用”，并对相关的内容进行了补充与更改；

——增加了附录 A 和附录 B。

本标准与 ISO 14487:1997 的结构对比在附录 A 中列出。

本标准与 ISO 14487:1997 的技术性差异在附录 B 中列出。

本标准的附录 A、附录 B 均为资料性附录。

本标准由中国轻工业联合会提出。

本标准由全国造纸工业标准化技术委员会归口。

本标准起草单位：中华人民共和国山东出入境检验检疫局、中国制浆造纸研究院。

本标准主要起草人：玄龙德、黄杰、邢力、刘晓、于浩、吕荣辉、高绪慧。

引　言

纸浆中电解质(盐)的浓度极大地影响着排水性能,纸浆物理用水中电解质(盐)和其他杂质对抄造浆样的亮度(白度)影响也比较大。由于电解质和其他杂质的含量与电导率的大小关系密切,因此通过限定标准水的电导率,来限定纸浆中电解质(盐)和其他杂质的含量,从而尽可能地降低电解质(盐)和其他杂质对纸浆测定结果的影响。

注 1：即使电解质(盐)的浓度很低,也会对排水性能有很大的影响。

注 2：纸浆中通常含有电解质(盐),这会造成纸浆悬浮液中电解质(盐)的浓度和排水性能的增加。

纸浆　物理试验用标准水

1　范围

本标准规定了用于纸浆物理测定过程用标准水的技术指标。

本标准适用于所有纸浆。

2　术语和定义

下列术语和定义适用于本标准。

2.1

标准水　standard water

经过纯化处理后，在 25 ℃时电导率不大于 0.25 mS/m 的水。

3　试验

3.1　仪器

3.1.1　实验室常用玻璃器皿。

3.1.2　电导率仪：测量范围为 0 mS/m～19.9 mS/m，测量精度为±1%，具有温度补偿功能。

3.2　试验步骤

在洗净的 250 mL 烧杯中倒入 100 mL 试样，将水温调节至 25 ℃±1 ℃，测定其电导率。

4　制备

用蒸馏法、离子交换法、反渗透法或其他合适的方法制备标准水。

5　储藏与使用

在储藏与使用过程中，标准水的污染物主要来源于：容器、水泵、管道、阀门等金属或塑料材料中可溶性组分的溶解，大气中的二氧化碳或其他杂质的吸收，微生物的作用而变质等。因此与标准水接触的容器、水泵、管道、阀门等材料都应该是由惰性材料制成或不产生可溶性组分；容器和管路应是密闭系统，不可混入空气，并经彻底清洗后装入标准水；对已经制成的标准水，应及时使用。若有一段时间没有使用，应及时排掉并重新制水；定期对标准水进行测定，以确保水质符合本标准规定。

6　试验报告

在纸浆测定的试验报告中，应注明所使用的标准水符合本国家标准的规定。

附 录 A
（资料性附录）
本标准与 ISO 14487:1997 章条编号对照表

表 A.1 给出了本标准与 ISO 14487:1997 章条编号对照的一览表。

表 A.1 本标准与 ISO 14487:1997 章条编号对照

本标准章条编号	对应的国际标准章条编号
前言	前言
引言	引言
1	1
—	2
2	3
3	4
3.1	4.1
3.2	4.2
4	5
5	6
6	7
附录 A	—
附录 B	—

附　录　B
（资料性附录）
本标准与 ISO 14487:1997 的技术差异及原因

表 B.1 给出了本标准与 ISO 14487:1997 技术性差异及其原因的一览表。

表 B.1　本标准与 ISO 14487:1997 技术性差异及其原因

本标准章条编号	技术性差异	原　因
前言	两者的内容不一致。在 ISO 14487:1997 的“前言”中，主要介绍了 ISO 组织性质、标准审定过程，以及标准制定机构；而本国家标准的“前言”中主要包括采标情况、制修订情况、归口单位、起草单位、起草人等相关信息	ISO 14487:1997“前言”中的相关信息对本国家标准意义不大。因此按照国家标准的常规模式，在“前言”中将相关信息列出来
引言	与 ISO 14487:1997 相比，增加了纸浆物理用水中电解质（盐）和其他杂质对抄造的浆片亮度（白度）产生影响的内容	纸浆物理用水中电解质（盐）除了对纸浆悬浮液排水性能的影响，与其他杂质一起，对抄造的浆片亮度（白度）也可能产生一定的影响
—	删除了 ISO 14487:1997 的第 2 章“性能”	在国家标准的“术语和定义”中已经将标准水水质的内容表达清楚了，因此没必要在“性能”中再做具体规定了
3.1.2	增加了对电导率仪的测量范围、精度、温度补偿等技术参数的规定，而 ISO 14487:1997 中没有相应的规定	ISO 14487:1997 中对电导率仪的描述比较模糊，有可能导致测量结果的偏差；±5% 的误差也显得比较大，现在的电导率仪已完全可以做到±1%
5	将 ISO 14487:1997 中的“储藏”条款改为“储藏与使用”，并适当增加了相关内容的描述	ISO 14487:1997 中储藏与使用的内容相对简单，本标准中对相关的内容进行了补充与更改

ICS 85-010
Y 30

中华人民共和国国家标准

GB/T 22904—2008

纸浆、纸和纸板 总氯和有机氯的测定

Pulp, paper and board—Determination of total chlorine and organically bound chlorine

(ISO 11480:1997, MOD)

2008-12-30 发布　　2009-09-01 实施

中华人民共和国国家质量监督检验检疫总局
中国国家标准化管理委员会　发布

前　言

本标准修改采用ISO 11480:1997《纸浆、纸和纸板　总氯和有机氯的测定》。

本标准与ISO 11480:1997相比，主要差异如下：

——规范性引用文件将ISO标准中引用的国际标准转化为与之相应的国家标准，增加了纸浆试样的采取的引用（本标准第2章）；

——将ISO标准中第6章警告单独列出；

——增加了纸浆、纸和纸板取样的规定（本标准第7章）；

——将ISO标准第8章中关于样品的称量与第9、10、11章合并成一章：试验步骤（本标准第8章）；

——修改了ISO标准中第14章表2的格式（本标准第11章）；

——将ISO标准中的第16章溴化物的影响作为资料性附录（本标准附录A）；

——删除了ISO中的仅供参考的附录A实验室手册；

——删除了ISO中的重复性和再现性。

本标准的附录A为资料性附录。

本标准由中国轻工业联合会提出。

本标准由全国造纸工业标准化技术委员会（SAC/TC 141）归口。

本标准起草单位：广东出入境检验检疫局技术中心、中华人民共和国天津出入境检验检疫局、中国制浆造纸研究院。

本标准主要起草人：郭仁宏、周颖红、栗建永。

纸浆、纸和纸板
总氯和有机氯的测定

1 范围

本标准规定了纸浆、纸和纸板中总氯和有机氯的测定方法。

本标准适用于各种纸浆、纸和纸板。

本标准的检出限为 20 mg/kg。

2 规范性引用文件

下列文件中的条款通过本标准的引用而成为本标准的条款。凡是注日期的引用文件，其随后所有的修改单(不包括勘误的内容)或修订版均不适用于本标准，然而，鼓励根据本标准达成协议的各方研究是否可使用这些文件的最新版本。凡是不注日期的引用文件，其最新版本适用于本标准。

GB/T 450 纸和纸板 试样的采取及试样纵横向、正反面的测定(GB/T 450—2008，ISO 186：2002，MOD)

GB/T 462 纸、纸板和纸浆 分析试样水分的测定(GB/T 462—2008；ISO 287：1985，MOD；ISO 638：1978，MOD)

GB/T 740 纸浆 试样的采取(GB/T 740—2003，ISO 7213：1991，IDT)

3 术语和定义

下列术语和定义适用于本标准。

3.1

总氯 total chlorine

纸浆、纸和纸板中氯的总量。

3.2

有机氯 organically bound chlorine

纸浆、纸和纸板中有机氯的总量。

4 原理

试样放在石英管中，在控制温度的高温炉中燃烧，燃烧产生的氯化氢气体进入电解液中并被吸收，用微库仑计测定电解液中的氯含量。在燃烧前，用稀释的硝酸溶液分离试样中的无机氯化物后测定有机氯的含量。

注 1：如无需检测有机氯，硝酸分离步骤可省略。

注 2：溴的存在会干扰测定，并引起绝对误差。

5 试剂和材料

除非另有说明，在试验中应使用确认为分析纯的试剂，试验用水为蒸馏水或去离子水或相当纯度的水。

5.1 硝酸钠储备溶液：称取 17 g 硝酸钠溶于水中，加入 1.4 mL 密度为 140 g/mL 的硝酸，再加水定容至 1 L，此溶液仅用于有机氯的测定。

5.2 硝酸钠工作溶液：量取 50 mL 硝酸钠储备溶液(5.1)，加水定容至 1 L，此溶液仅用于有机氯的

测定。

5.3 硫酸：$\rho=1.84$ g/mL。

5.4 活性炭：在测定有机氯时，用于吸附水溶性的有机物。活性炭应由生产燃烧仪(6.5)的厂家提供。

5.5 电解液：量取98％冰乙酸75 mL，加水定容至100 mL。

注1：有的微库仑计厂家推荐将高氯酸钠和氨基磺胺酸添加到电解液中，添加这两种试剂是可随意选择的。

注2：有的厂家建议配置另一种电解液：称取1.35 g乙酸钠溶于850 mL冰乙酸中，加水定容至1 000 mL。

5.6 盐酸溶液：0.010 0 mol/L，量取0.307 mol/L盐酸($\rho=1.19$ g/mL)32.57 mL，加水定容至1 000 mL。

5.7 2-氯苯甲酸参比溶液：有机氯含量为250 mg/L，称取2-氯苯甲酸110.3 mg，加水定容至100 mL。使用前应根据需要进行稀释。

5.8 压缩气体：燃烧时需要用惰性气体(如氩气，氮气)稀释氧气来控制燃烧。试验中用到的所有气体都不应含有任何形态的氯和溴。

警告：几乎所有地方都有少量氯化物存在，如：化学药品中、设备表面、皮肤上、实验室空气中。因此每次测定都应注意避免污染样品和溶液，特别是来自实验室空气的污染。这些污染可能源自实验室存放的试剂或溶剂，以及室外污染源，例如漂白车间。

测定前，应用稀硝酸溶液清洗所有容器，然后再用水冲洗。

6 仪器

在以下条款中，6.1～6.4仅用于有机氯(3.2)的测定，6.7仅用于总氯(3.1)的测定。

6.1 锥形瓶

250 mL，带有标准磨口玻璃塞或内衬聚四氟乙烯的螺旋帽。

6.2 振荡器

其搅拌力度应可调，应在保持搅拌试样的同时，确保试样不会溢出锥形瓶(6.1)。

6.3 过滤装置

用于真空过滤。

6.4 过滤器

聚碳酸酯滤膜，直径约为25 mm，且直径应与过滤装置(6.3)配套。孔径为0.4 μm，最大氯含量为0.5 μg。此外，专门设计的耐热玻璃或陶瓷滤杯也可使用。

注：若空白值高，可能是过滤器被污染，使用前应使用硝酸钠储备溶液(5.1)洗涤，然后用水冲洗。

6.5 燃烧仪

包括连接着微库仑计(6.6)滴定池的石英管，多区控温炉的中间部分可控温在950 ℃～1 000 ℃。石英船型碟或其他耐热材料应与燃烧管配套，并可从管冷区移动到加热区。管的尺寸足以装载带有过滤器的石英船型碟。仪器备有氧气源和保持通入石英管的氧气流，一些燃烧仪中恒定的氧气流可用氩气或氮气等惰性气体来稀释。燃烧气体通入微库仑计滴定池，以便滴定氯离子。如需要，可在燃烧管出口和微库仑计滴定池之间安装一个含有硫酸(5.3)的加热洗涤装置，用于清洁和干燥燃烧产生的气流。

6.6 微库仑计

能够检测2 μg的氯离子，重复测定氯离子含量的变异系数应小于10％。

6.7 试样杯

可选用容量约1 mL，用石英或其他耐热材料制成，尺寸应与石英船型碟相匹配。

7 取样及处理

7.1 纸和纸板试样的采取按GB/T 450的规定进行。

7.2 纸、纸板和纸浆试样的水分测定按 GB/T 462 的规定进行。

7.3 纸浆试样的采取按 GB/T 740 的规定进行,风干湿浆的温度应不超过 40 ℃。

7.4 试样制备:用镊子或剪刀将样品撕开或剪成小片,其大小应使试样与燃烧仪相适应。试样采取和制备过程应戴防护手套,并检查确认手套上没有氯化物,不会污染试样。试样应装入聚四氟乙烯袋中,或用铝箔包起来,防止试样接触周围大气。

注:涂布或多层的纸或纸板可用一个小的磨粉机磨碎,这种设备不应再做他用,以防污染试样,每次使用后应认真清洗设备。

8 试验步骤

8.1 试样的称取

每个样品称取 4 份 10 mg～60 mg 的风干试样,其中 2 份试样用于测定总氯,2 份试样用于测定有机氯。每份试样的质量应相近,应准确至 0.1 mg。

8.2 硝酸钠溶液萃取(用于有机氯含量的测定)

8.2.1 取 2 个已准确称量的平行试样,分别放入 250 mL 带磨口塞的锥形瓶(6.1)中,各加入 100 mL 硝酸钠工作溶液(5.2)和 15 mg 活性炭(5.4),同时做两个空白试验。盖紧瓶塞并用力振摇锥形瓶,使试样充分润湿,然后置于振荡器(6.2)上,至少振荡 1 h。

8.2.2 分析涂布或含有大量碳酸盐颜料填料的试样时,需检查锥形瓶内的试样是否仍为酸性。否则,应可加入更多的硝酸钠工作溶液(5.2),将试样酸化。

8.2.3 使用过滤装置(6.3),将锥形瓶内容物过滤到一个聚碳酸酯滤膜上或滤杯(见 6.4)中。用少量硝酸钠工作溶液(5.2)(总量约为 25 mL)漂洗锥形瓶和过滤器壁,最后用少量水洗涤。用真空泵抽吸,直至试样中的多余液体被完全除去。

注:应避免使大量空气通过过滤器,因为这样会导致周围环境中存在的卤素化合物污染试样。另一方面,过滤器中存在任何过量洗涤液体都有可能导致燃烧管中水的凝结。凝结水在燃烧管中会干扰燃烧(步骤 8.3)。如果过滤器太干,则在燃烧炉的干燥区就会被点燃,这样将会导致试验结果偏低。

8.3 燃烧(用于总氯和有机氯含量的测定)

8.3.1 测定试样中总氯含量的试验步骤和有机氯含量的试验步骤是相同的。硝酸钠溶液萃取过的试样用于测定有机氯含量,试样是湿的;而测定总氯的试样通常是干的。

8.3.2 如果试样是在聚碳酸酯滤膜上湿的纤维片,用镊子将其折叠,然后放置在石英船型碟中,再送入燃烧管。

8.3.3 如果试样是干的,将其放在试样杯(6.7)中,然后将试样杯放置在石英船型碟中,再送入燃烧管。

8.3.4 移动装有试样的石英船型碟到燃烧炉的干燥区,以使其水分蒸发。所需时间不仅与蒸发水量有关,还与仪器设计有关。在燃烧管的低温部分不应有水凝结。

8.3.5 燃烧应控制在低速下进行,以使燃烧炉的蒸发部分不应有烟或凝结水的存在。如有此情况发生,应在读数前采取必要措施,将所有的烟或凝结水从燃烧炉的后部除去。

8.3.6 将石英船型碟移入燃烧管的高温部分,在仪器的记录装置上跟踪燃烧过程。

8.3.7 如果在燃烧炉的后部发现有烟,说明燃烧是不完全的,所得数据应作废。

8.3.8 燃烧仪(6.5)中被加热的洗涤装置内的浓硫酸不应有发烟现象。如果发烟,应清洗洗涤装置,加入新配置的硫酸(5.3),重新试验。

注:市场上有几种不同类型的燃烧仪(6.5),它们在细节上和操作步骤上有所不同。

8.4 检查微库仑计的性能

将盐酸溶液(5.6)加入到电解池中,以检查微库仑计(6.6)的性能。检查结果与理论值的偏差应在 5%以内。

8.5 仪器的定期检查

定期检查仪器的操作步骤与分析试样的操作步骤是一样的，但不加试样。

注1：记忆效应（当无试样时，尤其是在分析一个高氯含量的试样后，得到错误读数）可能是由于燃烧管被腐蚀而产生的。

注2：试样杯(6.7)的使用并不一定适用于所有类型的仪器要求，分析方法可按仪器要求进行调整。

8.6 测定前的准备

开始测定试样前，应先检查燃烧仪(6.5)和微库仑计(6.6)，并至少做两个空白试验，其空白值不应超过 2 μg。

9 检验

9.1 用一个与试样类型相同，已知氯含量的纸浆、纸或纸板作为参比样品，来确定试样的氯含量。

注：如果没有参比样品，则选择一样品，其氯含量用2-氯苯甲酸参比溶液(5.7)配置的标准工作溶液来确定。确定了氯含量的样品可被用作参比样品。

9.2 参比样品的总氯和有机氯的测定值与参比样品的已知值之比应在91%～110%之间。如果超出此范围，应测定第二份参比样品。如果偏差依然存在，应检查装置有无渗漏及其他缺陷。该检查的操作简介应在仪器手册中给出。

10 结果计算

10.1 按微库仑计规定的方法，计算试样中总氯和有机氯的含量，见仪器公司的仪器手册。

10.2 计算时应确保空白试验的测定值在允许范围内，同时应对试样的含水量进行修正。

10.3 取两次测定值的平均值作为测定结果，单位为毫克每千克(mg/kg)，结果保留两位有效数字。每次测定值与平均值的偏差应不大于10%，如果平均值小于50 mg/kg，偏差应最大为5 mg/kg。若超过，则应测定第三份试样，取三次测定值的平均值作为测定结果。

11 试验报告

试验报告应包括以下项目：

a) 本国家标准编号；

b) 完整鉴定试样所必需的全部资料；

c) 试验日期和地点；

d) 结果的表示；

e) 本标准或规范性引用文件中未规定的但可能影响结果的任何操作。

附 录 A
（资料性附录）
溴化物的影响

A.1 在相同的情况下，化合的溴将同氯一样发生反应。这意味着样品中的任何溴成分在测定结果中将可能构成一个错误信息。此误差值相对于溴化物含量的大小是成比例的，但不是等值的。库仑计是用来测定氯含量的，如果要测定溴，库仑计应被重新调试，因为溴的原子量远大于氯。

A.2 一般来说，溴含量在纸浆、纸和纸板中微不足道。偶尔会在二次纤维中发现大量的溴，这可能是由于废纸浆生产时加进了含溴的防腐浆处理剂。

ICS 85.080
Y 39

GB

中华人民共和国国家标准

GB/T 22905—2008

纸尿裤高吸收性树脂

Superabsorbent polymer for diaper

2008-12-30 发布　　　　2009-09-01 实施

中华人民共和国国家质量监督检验检疫总局
中国国家标准化管理委员会　发布

前　言

本标准的附录A、附录B、附录C、附录D、附录E、附录F、附录G均为规范性附录。

本标准由中国轻工业联合会提出。

本标准由全国造纸工业标准化技术委员会归口。

本标准负责起草单位：中国制浆造纸研究院、济南昊月吸水材料有限公司、国家纸张质量监督检验中心。

本标准参加起草单位：三大雅精细化学品（南通）有限公司、巴斯夫（中国）投资有限公司、台塑吸水树脂（宁波）有限公司、金佰利（中国）有限公司、广州宝洁有限公司、福建恒安集团有限公司、赢创德固赛（中国）投资有限公司、花王（中国）投资有限公司、日触化工（张家港）有限公司、泉州邦丽达科技实业有限公司、尤妮佳生活用品（中国）有限公司。

本标准主要起草人：高君、杨志亮、周军锋。

纸尿裤高吸收性树脂

1 范围

本标准规定了纸尿裤聚丙烯酸盐类高吸收性树脂的要求、试验方法、检验规则及标志、包装、运输、贮存。

本标准适用于各类婴儿纸尿裤(片)、成人失禁用品用聚丙烯酸盐类高吸收性树脂。

2 要求

2.1 纸尿裤高吸收性树脂的技术指标应符合表1或合同的规定。

表 1

指标名称			单位	要求
残留单体(丙烯酸)		≤	mg/kg	1 800
挥发物含量		≤	%	10.0
pH			—	4.0～8.0
粒度分布	<106 μm	≤	%	10.0
	其中<45 μm	≤		1.0
密度			g/cm^3	0.3～0.9
吸收量		≥	g/g	40.0
保水量		≥	g/g	20.0
加压吸收量		≥	g/g	10.0

2.2 产品外观应色泽均一。

3 试验方法

3.1 残留单体(丙烯酸)按附录A测定。

3.2 挥发物含量按附录B测定。

3.3 pH按附录C测定。

3.4 粒度分布按附录D测定。

3.5 密度按附录E测定。

3.6 外观:将试样置于正常光线下目测检验。

3.7 吸收量、保水量按附录F测定。

3.8 加压吸收量按附录G测定。

4 检验规则

4.1 以一次生产批为一批。

4.2 从同一批且不少于3个包装袋中均匀取样,取样量应为1 kg。

4.3 产品出厂前应按本标准或合同规定进行项目检验,若经检验有不合格项,则应加倍抽样对不合格项进行复检,复检结果作为最终检验结果。

4.4 供货单位(以下简称供方)应保证产品质量符合本标准或合同规定,交货时应附产品质量合格证。

4.5 购货单位(以下简称需方)有权按本标准或合同规定检验产品,如对产品质量有异议,应在到货一个月内(或按合同规定)通知供方,供方应及时处理,必要时可由供需双方共同抽样复检。如果复检结果不符合本标准或合同规定,则判为批不合格,由供方负责处理;如果复检结果符合本标准或合同规定,则判为批合格,由需方负责处理。双方对复检结果如仍有争议,应提请双方认可的上一级检测机构进行仲裁,仲裁结果作为最后裁决依据。

5 标志、包装、运输、贮存

5.1 产品的标志、包装应按5.2或合同规定进行。

5.2 产品应使用带有内衬塑料薄膜的包装袋进行包装,包装袋应具有足够的强度,保证使用时不会发生断裂、脱落等现象。每批产品应附一份质量合格证,合格证上应注明生产单位名称、产品名称、商标、生产日期、包装量、检验结果和采用标准编号。

5.3 产品运输时应使用防雨、防潮、洁净的运输工具,不应与有污染的物品共同运输。

5.4 产品在搬运过程中不应从高处扔下或就地翻滚移动。

5.5 产品应贮存于阴凉、通风、干燥的仓库内,严防雨、雪和地面湿气的影响。

附 录 A
（规范性附录）
残留单体（丙烯酸）的测定

A.1 仪器和试剂

A.1.1 烧杯（带盖），容量 300 mL 左右。

A.1.2 磁力搅拌器及搅拌磁子。

A.1.3 漏斗及滤纸。

A.1.4 高效液相色谱仪。

A.1.5 UV 检出器。

A.1.6 色谱柱，应选用程序升温时间在 5.5 min 以上的色谱柱。

A.1.7 100 μL 微量注射器。

A.1.8 滤膜过滤器，孔径规格 0.45 μm，水系用。

A.1.9 电子天平，感量为 0.001 g。

A.1.10 生理盐水，浓度 0.9%。

A.1.11 丙烯酸，优级纯。

A.1.12 磷酸（H_3PO_4），优级纯。

A.2 测定步骤

A.2.1 残留单体（丙烯酸）的抽出

称取 1 g 试样，准确至 0.001 g，倒入烧杯中。然后加入 200 mL 浓度 0.9%的生理盐水（A.1.10），放入回转子后加盖，用磁力搅拌器（A.1.2）搅拌 1 h。用滤纸（A.1.3）过滤，将滤液作为测试溶液。

A.2.2 标准曲线

测定已知浓度的丙烯酸溶液的峰面积，以丙烯酸浓度为横坐标，以峰面积为纵坐标，绘制标准曲线。

A.2.3 试样的测定

将测试溶液用微量注射器（A.1.7）通过滤膜过滤器（A.1.8）注入到高效液相色谱仪（A.1.4）中，按以下条件进行测定，并计算出峰面积。

测定条件：

流动相：0.1% H_3PO_4 水溶液；

流量：1.0 mL/min～2.0 mL/min；

注入量：20 μL～100 μL；

UV 检出器（A.1.5）：检测波长 210 nm。

A.3 结果的表示

根据测试溶液的峰面积及标准曲线，按式（A.1）计算试样中残留单体（丙烯酸）含量，并准确至小数点后第一位。

$$X = \frac{c}{m} \times 200 \qquad \text{(A.1)}$$

式中：

X——残留单体（丙烯酸）含量，单位为毫克每千克（mg/kg）；

c——由标准曲线得出的丙烯酸浓度，单位为毫克每升（mg/L）；

m——称取试样的质量，单位为克（g）。

附 录 B
（规范性附录）
挥发物含量的测定

B.1 仪器和试剂

B.1.1 烘箱，能使温度保持在105 ℃±2 ℃。

B.1.2 干燥器。

B.1.3 电子天平，感量为0.001 g。

B.1.4 试样容器，用于试样的转移和称量。该容器由能防水蒸气，且在试验条件下不易发生变化的轻质材料制成。

B.2 测定步骤

B.2.1 称取5 g试样，准确至0.001 g，装入已恒重的容器(B.1.4)中。将装有试样的容器放入温度为(105±2)℃的烘箱(B.1.1)，烘干4 h。并将称量容器的盖子打开一起烘干。当烘干结束时，应在烘箱内盖上容器的盖子，然后移入干燥器(B.1.2)内冷却，30 min后称取容器及试样的质量。

B.2.2 将该称量容器再次移入烘箱中重复上述步骤，两次连续称量间的干燥时间应不少于1 h。当两次连续称量间的差值不大于试样原质量的0.2%时，即可确定试样达到恒重。

B.3 结果的表示

B.3.1 挥发物含量的计算

挥发物含量可按式(B.1)计算：

$$X = \frac{m_1 - m_2}{m_1} \times 100\% \qquad \text{(B.1)}$$

式中：

X——挥发物含量，%；

m_1——烘干前试样的质量，单位为克(g)；

m_2——烘干后试样的质量，单位为克(g)。

B.3.2 结果的表示

同时进行两次测定，取其算术平均值作为测定结果，并修约至整数位。两次测定结果间的误差，应不超过0.2%(绝对值)。

附　录　C
（规范性附录）
pH 的测定

C.1　仪器和试剂

C.1.1　电子天平，0.001 g。

C.1.2　量筒，感量为 100 mL。

C.1.3　磁力搅拌器。

C.1.4　pH 计。

C.1.5　生理盐水，浓度 0.9%。

C.2　测定步骤

C.2.1　用量筒(C.1.2)准确量取生理盐水(C.1.5)100 mL，倒入 150 mL 烧杯中，并置于磁力搅拌器(C.1.3)上适度搅拌，在搅拌过程中应避免溶液中产生气泡。

C.2.2　用电子天平(C.1.1)称取 0.5 g 试样，准确至 0.001 g，将称好的试样缓缓加入烧杯中。适度搅拌 10 min 后，将烧杯从磁力搅拌器上移开并停止搅拌，静置 8 min 以使悬浮的树脂沉淀。

C.2.3　根据仪器说明，使用缓冲溶液调整 pH 计(C.1.4)。然后将 pH 复合电极慢慢插入沉淀的试样上方的溶液中，2 min 后读取 pH 计的数值。为了防止污染电极，电极不应接触到试样。读取示值后，将电极移开并用去离子水彻底清洗，然后浸入电极保护缓冲溶液中。

C.3　测定结果的表示

测定结果直接从 pH 计上读出，同时进行两次测定，取两次测定的平均值作为测定结果。结果修约至小数点后一位。

附　录　D
（规范性附录）
粒度分布的测定

D.1　仪器和试剂

D.1.1　电子天平，感量为 0.01 g。

D.1.2　筛网振动器，振幅 1 mm，频率 1 400 r/min。

D.1.3　筛网，使用网孔为 45 μm 和 106 μm 的标准筛。

D.1.4　接收底盘及盖子。

D.1.5　刷子。

D.2　测定步骤

D.2.1　每次使用前应先清洁筛网(D.1.3)，在光源下检查筛网的整个表面，检查每个筛网的损坏情况。如果发现任何破裂或破洞，则丢弃该破损筛网并用新筛网代替。如果筛网不干净，则需清洗。

D.2.2　将筛网叠放在筛网振动器(D.1.2)上，底部放置接收底盘(D.1.4)，将筛子按 106 μm 至 45 μm 的顺序自上而下叠放。用 250 mL 的玻璃烧杯称取 100 g 试样，准确至 0.01 g。将试样轻轻倒入顶部的筛子，加盖(D.1.4)并开动筛网振动器振动 10 min。然后将筛网小心地取出，分别称量 45 μm 筛网及接收底盘上试样的质量。测定过程中应避免通风气流。用刷子(D.1.5)将筛下部分收集到废物皿中，并清洁筛网。

D.3　测定结果的表示

粒度分布可按式(D.1)和式(D.2)计算：

$$X_1=\frac{m_2+m_3}{m_1}\times 100\% \qquad \cdots\cdots\cdots\cdots(\text{D.1})$$

$$X_2=\frac{m_3}{m_1}\times 100\% \qquad \cdots\cdots\cdots\cdots(\text{D.2})$$

式中：

X_1——106 μm 以下含量，%；

X_2——45 μm 以下含量，%；

m_1——试样的总质量，单位为克(g)；

m_2——残留在 45 μm 筛网上试样的质量，单位为克(g)；

m_3——残留在接收底盘上试样的质量，单位为克(g)。

同时进行两次测定，取其算术平均值作为测定结果，结果修约至小数点后一位。

附　录　E
（规范性附录）
密度的测定

E.1　仪器和试剂

E.1.1　密度仪。

E.1.2　漏斗，容量大于 120 mL，且带有孔式节流阻尼或挡板，孔口内径 10.00 mm±0.01 mm。

E.1.3　密度杯，杯筒容量 100 cm^3 ±0.5 cm^3。

E.1.4　电子天平，感量为 0.01 g。

E.2　测定步骤

E.2.1　将密度仪(E.1.1)放在平台上，调节三个脚上的螺丝，使其保持水平状。将洗净烘干的漏斗(E.1.2)垂直放在密度杯(E.1.3)中心上方 40 mm±1 mm 高度处，确保漏斗水平。称取空密度杯的质量 m_1，准确至 0.01 g。然后将已称量的空密度杯放在漏斗的正下方。

E.2.2　称取约 120 g 的试样轻轻加入漏斗中，漏斗下方的孔式节流阻尼或挡板处于关闭状态。快速打开漏斗下方的孔式节流阻尼或挡板，让漏斗内的试样自然落下。用玻璃棒刮掉密度杯顶部多余的试样，不应拍打或震动密度杯。称取装有试样的密度杯的质量 m_2，准确至 0.01 g。

E.3　测定结果的表示

密度可按式(E.1)计算：

$$\rho = \frac{m_2 - m_1}{V} \qquad \text{(E.1)}$$

式中：

ρ——密度，单位为克每立方厘米(g/cm^3)；

m_1——空密度杯的质量，单位为克(g)；

m_2——装有试样的密度杯质量，单位为克(g)；

V——密度杯的体积，单位为立方厘米(cm^3)。

同时进行两次测定，并取其算术平均值作为测定结果，结果修约至小数点后一位。

附　录　F
（规范性附录）
吸收量和保水量的测定

F.1　仪器和试剂

F.1.1　电子天平，感量为 0.001 g。

F.1.2　纸质茶袋，尺寸为 60 mm×85 mm，透气性(230±50)L/(min·100 cm^2)(压差 124 Pa)。

F.1.3　夹子，固定茶袋用。

F.1.4　离心脱水机，直径 200 mm，转速 1 500 r/min(可产生约 250g 的离心力)。

F.1.5　生理盐水，浓度 0.9%。

F.2　测定步骤

F.2.1　吸收量测定

F.2.1.1　称取 0.2 g 试样，准确至 0.001 g，并将该质量记作 m，将该试样全部倒入茶袋(F.1.2)底部，附着在茶袋内侧的试样也应全部倒入茶袋底部。

F.2.1.2　将茶袋封口，浸泡至装有足够量 0.9%生理盐水(F.1.5)的烧杯中，浸泡时间为 30 min。

F.2.1.3　轻轻地将装有试样的茶袋拎出，用夹子(F.1.3)悬挂起来，静止状态下滴水 10 min。多个茶袋同时悬挂时，注意茶袋之间应不互相接触。

F.2.1.4　10 min 后，称量装有试样茶袋的质量 m_1。

F.2.1.5　使用没有试样的茶袋同时进行空白值测定，称取空白试验茶袋的质量，并将该质量记作 m_2。

F.2.2　保水量测定

F.2.2.1　将测定完吸收量的装有试样的茶袋在 250g 离心力(见 F.1.4)条件下离心脱水 3 min。

F.2.2.2　3 min 脱水结束后，称量装有试样的茶袋质量，并将该质量记作 m_3。

F.2.2.3　使用没有试样的茶袋同时进行空白值测定，称取空白试验茶袋的质量并将该质量记作 m_4。

F.3　测定结果的表示

吸收量和保水量可按式(F.1)和式(F.2)计算：

$$c_1 = \frac{m_1 - m_2}{m} \qquad \cdots\cdots (F.1)$$

$$c_2 = \frac{m_3 - m_4}{m} \qquad \cdots\cdots (F.2)$$

式中：

c_1——吸收量，单位为克每克(g/g)；

c_2——保水量，单位为克每克(g/g)；

m——称取试样的质量，单位为克(g)；

m_1——装有试样茶袋的质量，单位为克(g)；

m_2——空白试验茶袋的质量，单位为克(g)；

m_3——脱水后装有试样茶袋的质量，单位为克(g)；

m_4——脱水后空白试验茶袋的质量，单位为克(g)。

同时进行两次测定，并取其算术平均值作为测定结果，结果修约至小数点后一位。

附 录 G
（规范性附录）
加压吸收量的测定

G.1 仪器和试剂

G.1.1 塑料圆桶，内径为 25 mm、外径为 31 mm、高为 32 mm，且底面粘有 50 μm 尼龙网。

G.1.2 粘好砝码的塑料活塞（2 068 Pa），圆桶型，外径 25 mm，能与塑料圆桶（G.1.1）紧密连接，且能上下自如活动。

G.1.3 电子天平，感量为 0.001 g。

G.1.4 浅底盘，内径为 85 mm，高为 20 mm，且粘有直径为 2 mm 的金属线，如图 G.1 所示。

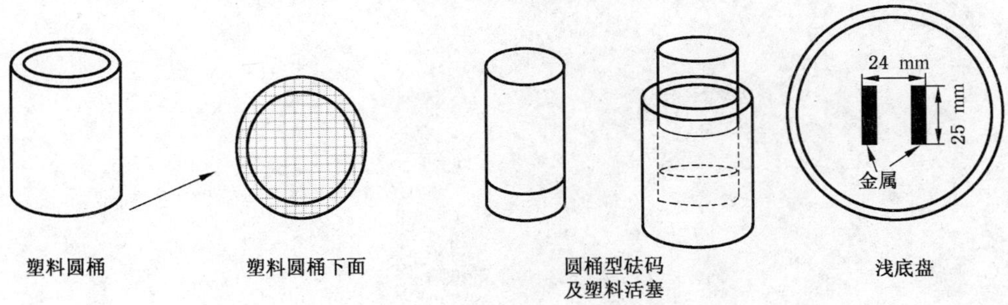

图 G.1

G.1.5 生理盐水，浓度 0.9%。

G.2 测定步骤

G.2.1 测定应在（23±2）℃的环境下进行。

G.2.2 将温度（23±2）℃的标准生理盐水 25 g 加入到浅底盘（G.1.4）中，将此盘放在平台上。

G.2.3 称取 0.160 g 试样 m_1，准确至 0.001 g，装入塑料圆桶（G.1.1）中。

G.2.4 将粘好砝码的塑料活塞（G.1.2）装入已经装好测试试样的塑料圆桶（G.1.1）中，称其质量 m_2。

G.2.5 将装入试样的塑料圆桶置于浅底盘的中央。

G.2.6 60 min 后，将塑料圆桶从浅底盘中提出，称量该圆桶的质量 m_3。

G.3 测定结果的表示

加压吸收量可按式（G.1）计算：

$$c = \frac{m_3 - m_2}{m_1} \qquad \cdots\cdots\cdots\cdots (G.1)$$

式中：

c——加压吸收量，单位为克每克（g/g）；

m_1——称取试样的质量，单位为克（g）；

m_2——塑料活塞和塑料圆筒的质量，单位为克（g）；

m_3——加压吸收后塑料圆筒、塑料活塞和试样的质量，单位为克（g）。

同时进行两次测定，并取其算术平均值作为测定结果，结果修约至小数点后一位。

ICS 85-010
Y 30

GB

中华人民共和国国家标准

GB/T 22906.1—2008/ISO 11093-1:1994

纸芯的测定 第1部分:试样的采取

Testing of cores—Part 1:Sampling

(ISO 11093-1:1994,Paper and board—Testing of cores—
Part 1:Sampling,IDT)

2008-12-30 发布 2009-09-01 实施

中华人民共和国国家质量监督检验检疫总局
中国国家标准化管理委员会 发布

前　言

GB/T 22906《纸芯的测定》分为九个部分：

——第1部分：试样的采取；

——第2部分：试样的温湿处理；

——第3部分：水分含量的测定（烘箱干燥法）；

——第4部分：尺寸的测定；

——第5部分：同轴旋转特性的测定；

——第6部分：弯曲强度的测定（三点法）；

——第7部分：弹性模量的测定（三点法）；

——第8部分：固有频率和弹性模量的测定（试验模型分析法）；

——第9部分：平压强度的测定。

本部分为GB/T 22906的第1部分。

本部分等同采用ISO 11093-1:1994《纸和纸板　纸芯的测定　第1部分：试样的采取》。

本部分由中国轻工业联合会提出。

本部分由全国造纸工业标准化技术委员会（SAC/TC 141）归口。

本部分起草单位：中国制浆造纸研究院、中国造纸协会标准化专业委员会。

本部分主要起草人：崔立国。

纸芯的测定　第1部分:试样的采取

1　范围

GB/T 22906 的本部分规定了纸芯试样的采取。

注：若用于取样的数量少于批量的 50%，则此次取样无效。

本部分适用于纸芯试样的采取。

2　术语和定义

下列术语和定义适用于 GB/T 22906 的本部分。

2.1

批　lot

具有指定特点的同类纸芯的集合体。

一批可由一个或一个以上的相同包装单元组成。

2.2

样品　specimen

取自一个包装单元的未损坏的纸芯。

2.3

平均试样　sample

所有样品的集合体。

2.4

试样　test piece

按试验方法的规定进行测定的完整纸芯或纸芯的一部分。

2.5

随机取样　selected at random

所用的取样方法，应使批的每一部分具有相同的被选机会。

3　原理

从一批随意选取的若干包装单元中，随机抽取若干纸芯，然后将所选纸芯进行细分并混合，以得到符合试验要求的试样。

4　取样步骤

按表1规定随机选取。

表1　　单位为根

纸芯数量	样品数量
≤99	5
100～499	10
≥500	20

5 注意事项

5.1 预防措施

应防止样品和试样受到有害影响，如太阳直射、明显的天气变化、液体污染等。

5.2 标记

对样品和试样应作适当标记，以确保能够清楚辨认。这些标记应难以去除，可只标明取样报告的编号和取样者的签名。

5.3 重新取样

在取样或试验时，如果出现意外，应重新取样。新样品的采取，应按前面所述方法进行。除非另有说明，样品可从原同一包装单位中采取。

如果由于其他原因，认为重新取样是必要的，则样品不能从原同一包装单位中采取。

6 试验报告

取样报告应包括下列项目：

a) 本国家标准编号；

b) 样品或试样的种类及名称；

c) 取样地点和日期以及取样人的签名；

d) 样品或试样的数量；

e) 任何偏离本部分的内容。

ICS 85-010
Y 30

中华人民共和国国家标准

GB/T 22906.2—2008

纸芯的测定 第2部分：试样的温湿处理

Testing of cores—Part 2: Conditioning of test samples

(ISO 11093-2:1994, Paper and board—Testing of cores—Part 2: Conditioning of test samples, MOD)

2008-12-30 发布　　　　2009-09-01 实施

中华人民共和国国家质量监督检验检疫总局
中国国家标准化管理委员会　发布

前　言

GB/T 22906《纸芯的测定》分为九个部分：

——第1部分：试样的采取；

——第2部分：试样的温湿处理；

——第3部分：水分含量的测定(烘箱干燥法)；

——第4部分：尺寸的测定；

——第5部分：同轴旋转特性的测定；

——第6部分：弯曲强度的测定(三点法)；

——第7部分：弹性模量的测定(三点法)；

——第8部分：固有频率和弹性模量的测定(试验模型分析法)；

——第9部分：平压强度的测定。

本部分为GB/T 22906的第2部分。

本部分修改采用ISO 11093-2:1994《纸和纸板　纸芯的测定　第2部分：试样的温湿处理》。

本部分与ISO 11093-2:1994相比，主要差异如下：

——在规范性引用文件中将ISO标准中引用的国际标准转化为与之相应的国家标准，即GB/T 10739—2002 纸、纸板和纸浆试样处理和试验的标准大气条件(eqv ISO 187:1990)；

——根据国情，本部分只规定了一种标准大气条件：温度(23±1)℃，相对湿度(50±2)%，删除了适合于热带国家的标准大气条件温度(27±1)℃，相对湿度(65±2)%。

本部分由中国轻工业联合会提出。

本部分由全国造纸工业标准化技术委员会归口。

本部分起草单位：中国制浆造纸研究院、中国造纸协会标准化专业委员会。

本部分主要起草人：邱文伦。

纸芯的测定
第 2 部分:试样的温湿处理

1 范围

GB/T 22906 的本部分规定了纸芯测试时所采用的标准大气条件。

本部分适用于各种纸芯。

2 规范性引用文件

下列文件中的条款通过 GB/T 22906 的本部分的引用而成为本部本的条款。凡是注日期的引用文件,其随后所有的修改单(不包括勘误的内容)或修订版均不适用于本部分,然而,鼓励根据本部分达成协议的各方研究是否可使用这些文件的最新版本。凡是不注日期的引用文件,其最新版本适用于本部分。

GB/T 10739—2002　纸、纸板和纸浆试样处理和试验的标准大气条件(eqv ISO 187:1990)

3 术语和定义

下列术语和定义适用于 GB/T 22906 的本部分。

3.1

温湿处理　conditioning

使试样与规定温度、规定相对湿度的大气之间达到水分平衡的过程。

注:温湿处理能够保证纸芯试样有一个稳定的物理状态。在一定的环境下,试样温湿处理时间需要延长,直到达到所要求的物理状态为止。

4 标准大气条件

纸芯试样测定时的标准大气条件为:温度 (23±1)℃,相对湿度(50±2)%。

5 仪器和设备

恒温恒湿室:空气自动调节系统能够给恒温恒湿室提供标准温度和相对湿度的大气条件,而且能在保持恒温恒湿室内相关点的大气条件一致的情况下,使室内空气得到循环。恒温恒湿室的大气条件应按照 GB/T 10739－2002 中附录 A 的规定进行验证。

6 试验步骤

6.1 试样的预干燥

为了使试样与大气条件之间迅速达到水分平衡,应将试样置于相对湿度为 20%～35%,温度为 40 ℃±2 ℃的大气条件中预干燥 48 h。

6.2 试验

将试样放置在气流能够自由接触到其各个表面的环境中,直至试样与大气条件之间达到水分平衡。当前后连续两次称量,试样称量之差不大于试样质量的 0.1%时,就认为试样与大气条件之间达到平衡。

7 试验报告

试验报告应包括以下项目:

a) 本国家标准编号；

b) 样品或试样的种类及名称；

c) 试验地点和日期；

d) 样品或试样的数量；

e) 所采用的试验大气条件及持续时间；

f) 任何偏离本部分的内容。

ICS 85-010
Y 30

中华人民共和国国家标准

GB/T 22906.3—2008/ISO 11093-3:1994

纸芯的测定 第3部分:水分含量的测定(烘箱干燥法)

Testing of cores—Part 3:Determination of moisture content using the oven drying method

(ISO 11093-3:1994,Paper and board—Testing of cores—Part 3:Determination of moisture content using the oven drying method,IDT)

2008-12-30 发布

2009-09-01 实施

中华人民共和国国家质量监督检验检疫总局
中国国家标准化管理委员会 发布

前言

GB/T 22906《纸芯的测定》分为9个部分：

——第1部分：试样的采取；

——第2部分：试样的温湿处理；

——第3部分：水分含量的测定(烘箱干燥法)；

——第4部分：尺寸的测定；

——第5部分：同轴旋转特性的测定；

——第6部分：弯曲强度的测定(三点法)；

——第7部分：弹性模量的测定(三点法)；

——第8部分：固有频率和弹性模量的测定(试验模型分析法)；

——第9部分：平压强度的测定。

本部分为GB/T 22906的第3部分。

本部分等同采用国际标准ISO 11093-3:1994《纸和纸板　纸芯的测定　第3部分：用烘箱干燥法测定水分含量》。

本部分由中国轻工业联合会提出。

本部分由全国造纸工业标准化技术委员会归口。

本部分起草单位：中国制浆造纸研究院、中国造纸协会标准化专业委员会。

本部分主要起草人：高君。

纸芯的测定
第3部分:水分含量的测定
(烘箱干燥法)

1 范围

GB/T 22906 的本部分规定了用烘箱干燥法测定纸芯试样的水分含量。

本部分适用于水分能够在规定的干燥温度下蒸发的各种纸芯。

2 规范性引用文件

下列文件中的条款通过 GB/T 22906 的本部分的引用而成为本部分的条款。凡是注明日期的引用文件,其随后所有的修改单(不包括勘误的内容)或修订版均不适用于本部分,然而,鼓励根据本部分达成协议的各方研究是否可使用这些文件的最新版本。凡是不注明日期的引用文件,其最新版本适用于本部分。

GB/T 22906.1 纸芯的测定 第1部分:试样的采取(GB/T 22906.1—2008,ISO 11093-1:1994,IDT)

3 术语和定义

下列术语和定义适用于 GB/T 22906 的本部分。

3.1

水分含量 moisture content

纸芯中所含的水分质量,以质量百分数表示。它是按湿重与干重的差值占湿重的百分比来计算的。

3.2

干重 dry weight

干燥到恒重时的试样质量。

3.3

恒重 constant mass

当两次连续称量的质量差不超过试样质量即湿重的0.1%时,就认为试样达到恒重。

对于4 mm厚的纸板,其两次连续称量的时间间隔至少应为7 h。

4 原理

取样时对试样称量,干燥至恒重后对试样再次称量。

5 仪器

5.1 天平

精度为0.05%或以上的天平。

5.2 试样容器

用于试样的转移和称量,应由防水的、不易变形的轻型材料制成。

5.3 烘箱

温度应保持在105 ℃±2 ℃。

6 试样处理

按照 GB/T 22906.1 进行取样。

取样过程中,应小心避免试样受到污染,且试样水分应保持不变。

如果取样环境温暖和潮湿,应防止试样水分增加或减少。操作时应带上橡胶手套。为避免试样暴露在空气中水分含量发生变化,取样后应立即将所有试样放在密闭容器中。

7 试验步骤

称取质量为 m_1(不小于 50 g)的试样放入试样容器(5.2)中,然后放在烘箱(5.3)中。在 105 ℃±2 ℃温度下烘干一定时间,并使环境空气自由接触试样的各个表面。然后应在 30 s 内称量烘干试样,重复以上步骤,直至试样恒重。

8 结果的表示

水分含量 w,以%表示,按式(1)计算:

$$w=\frac{m_1-m_0}{m_1}\times 100\% \qquad \cdots\cdots(1)$$

式中:

m_1——烘干前试样的质量,单位为克(g);

m_0——烘干后试样的质量,单位为克(g)。

9 试验报告

试验报告应包括下列项目:

a) 本国家标准编号;

b) 样品种类和名称;

c) 取样时间和地点;

d) 试验时间和地点;

e) 测定试样的数量;

f) 水分含量 w,以质量分数表示,修约至 0.1%;

g) 任何偏离本部分的内容;

h) 报告时间和报告人签名。

ICS 85-010
Y 30

中华人民共和国国家标准

GB/T 22906.4—2008

纸芯的测定　第4部分：尺寸的测定

Testing of cores—Part 4：Measurement of dimension

（ISO 11093-4：1997，Paper and board—Testing of cores—
Part 4：Measurement of dimension，MOD）

2008-12-30 发布　　2009-09-01 实施

中华人民共和国国家质量监督检验检疫总局
中国国家标准化管理委员会　发布

前言

GB/T 22906《纸芯的测定》分为九个部分：

——第1部分：试样的采取；

——第2部分：试样的温湿处理；

——第3部分：水分含量的测定(烘箱干燥法)；

——第4部分：尺寸的测定；

——第5部分：同轴旋转特性的测定；

——第6部分：弯曲强度的测定(三点法)；

——第7部分：弹性模量的测定(三点法)；

——第8部分：固有频率和弹性模量的测定(试验模型分析法)；

——第9部分：平压强度的测定。

本部分为GB/T 22906的第4部分。

本部分修改采用ISO 11093-4:1997《纸和纸板　纸芯的测定　第4部分：尺寸的测定》。

本部分与ISO 11093-4:1997相比，主要差异如下：

——在规范性引用文件中删除了国际标准ISO 3599:1976和ISO 3611:1978；

——在规范性引用文件中将ISO标准中引用的国际标准转化为与之相应的国家标准，即GB/T 22906.2　纸芯的测定　第2部分：试样的温湿处理(GB/T 22906.2—2008,ISO 11093-2:1994,MOD)。

本部分的附录A、附录B和附录C为资料性附录。

本部分由中国轻工业联合会提出。

本部分由全国造纸工业标准化技术委员会(SAC/TC 141)归口。

本部分起草单位：中国制浆造纸研究院、中国造纸协会标准化专业委员会。

本部分主要起草人：崔立国。

纸芯的测定　第4部分:尺寸的测定

1　范围

GB/T 22906 的本部分规定了纸芯长度、壁厚及内外径的测试方法。

本部分适用于纸芯尺寸的测定。

2　规范性引用文件

下列文件中的条款通过 GB/T 22906 的本部分的引用而成为本部分的条款。凡是注明日期的引用文件,其随后所有的修改单(不包括勘误的内容)或修订版均不适用于本部分,然而,鼓励根据本部分达成协议的各方研究是否可使用这些文件的最新版本。凡是不注明日期的引用文件,其最新版本适用于本部分。

GB/T 22906.1　纸芯的测定　第1部分:试样的采取(GB/T 22906.1—2008,ISO 11093-1:1994,IDT)

GB/T 22906.2　纸芯的测定　第2部分:试样的温湿处理(GB/T 22906.2—2008,ISO 11093-2:1994,MOD)

3　术语和定义、代号

下列术语和定义、代号适用于 GB/T 22906 的本部分。

3.1

内径　internal diameter

d

所测得的圆柱形纸芯的内部宽度(见图1)。

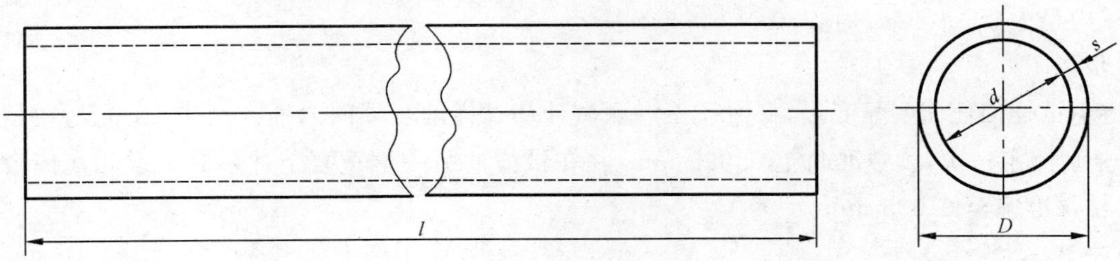

图1　纸芯尺寸线示意图

3.2

外径　external diametet

D

所测得的圆柱形纸芯的外部宽度(见图1)。

3.3

壁厚　wall thickness

s

纸芯内外表面间的距离(见图1)。

3.4

长度　length

l

纸芯两端面间的距离(见图1)。

3.5

变形　deformations

可能影响测试结果的可见表面变化，比如密封、接缝及切边等处。

4　取样

按 GB/T 22906.1 的规定取样。

注：测定试样长度时，试样应取自样品。

5　温湿处理

试验条件应符合 GB/T 22906.2 的规定。

6　内径的测定

6.1　概述

下面有三种测量内径的方法可供使用，它们在精度和速度上有差异。所采用的方法应与所测纸芯的种类相一致，并应作出相应规定。

方法 A：内径三点测微计法（见图 A.1）；

方法 B：内径游标卡尺法（见图 B.1 和图 B.2）；

方法 C：梯级骨架校准法。

6.2　方法 A

6.2.1　仪器

带有一个棘轮且精度至少为 0.025 mm 的内径三点测微计，该仪器应适用于一定的压力范围，但不应超出如下范围：

——内径不大于 100 mm 时：4.5 N±0.2 N；

——内径大于 100 mm 时：9.0 N±0.3 N。

6.2.2　步骤

应避免试样的任何明显变形，将内径三点测微计从试样的一端向内插入至少 10 mm，在相隔大约 60°角处分别测定一次，读数准确至 0.025 mm，并在试样的另一端重复上述步骤。取四次读数的平均值，报告结果准确至 0.025 mm。

6.3　方法 B

6.3.1　仪器

精度为 0.1 mm 的游标卡尺。

6.3.2　步骤

应避免任何明显变形，将卡尺插入试样一端，并以轴向和放射状放置。在相隔大约 90°角处分别测定一次，读数准确至 0.1 mm，并在试样的另一端重复上述步骤。取四次读数的平均值，报告结果准确至 0.1 mm。

6.4　方法 C

6.4.1　仪器

用于测定直径的，具有多个外径，且其外径均在允许公差范围内的固体圆形骨架。该骨架直径沿其全长呈梯级变化，且梯级直径以 0.1 mm 递增，其直径的允许公差为±0.01 mm，每一个梯级的最小长度为 50 mm。

固体骨架的例子在图 2 中给出。

单位为毫米

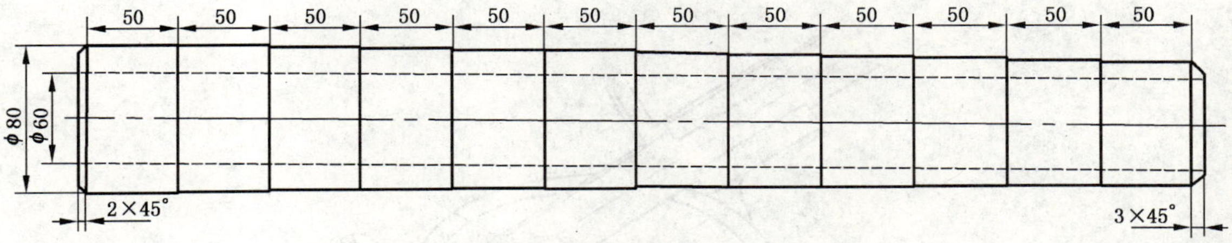

图 2 梯级校准骨架的例子

6.4.2 步骤

将骨架插入试样一端，当获得一个合适的推入配合时，记录该点刻度。在试样的另一端重复此步骤，取两次测定结果的平均值，报告结果准确至 0.1 mm。

6.5 计算

按照第 7 章和第 8 章的规定，计算试样内径 d，见式(1)。

$$d = D - 2s \qquad (1)$$

式中：

d——试样内径，单位为毫米(mm)；

D——试样外径，单位为毫米(mm)；

s——试样壁厚，单位为毫米(mm)。

7 外径的测定

7.1 概述

测定外径有三种方法可供使用，它们在精度和速度上有差异，所采用的方法应与所测纸芯的种类相一致。

方法 D：外径测微计法(见图 C.1)；

方法 E：外径游标卡尺法(见图 B.1)；

方法 F：柔韧卷尺法。

7.2 方法 D

7.2.1 仪器

测微计的精度应至少为 0.025 mm。另外，测微计的砧骨和杆轴面应是平面，且其直径应为 6.00 mm～8.00 mm。棘轮驱动器应能承受下面所列范围的测定压力：

——外径不大于 150 mm 时：4 N～12 N；

——外径大于 150 mm 时：4 N～14 N。

7.2.2 步骤

应避免试样的明显变形，将测微计从试样的一端向中部移动至少 10 mm，确保砧骨和轴面相对于试样呈放射状排列。锁定测微计，记录测定结果，准确至 0.025 mm。转动试样大约 120°角后，重新读数。然后将试样转到另一个 120°角，再次读数。在纸芯的另一端重复以上步骤，取六次读数的平均值，报告结果准确至 0.025 mm。

7.3 方法 E

7.3.1 仪器

精度至少为 0.1 mm 的游标卡尺。

7.3.2 步骤

应避免任何明显变形，并按图 3 所示放置游标卡尺。锁定游标卡尺，确保试样表面没有变形，记录测定结果，准确至 0.1 mm。转动试样大约 120°角，重新读数。然后将试样转到另一个 120°角，再次读数。在纸芯的另一端重复以上步骤，取六次读数的平均值，报告结果准确至 0.1 mm。

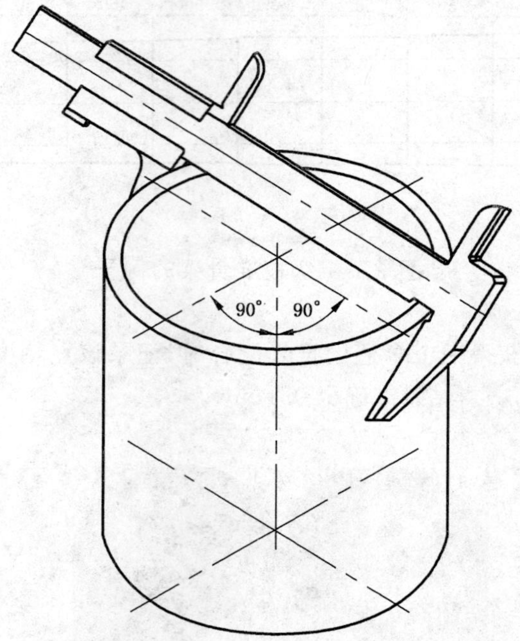

图 3 游标卡尺的放置

7.4 方法 F

7.4.1 仪器

一个扁平的完全柔韧的金属卷尺，最小刻度为毫米。

注：带有游标的最小刻度为 0.1 mm 的卷尺，能够获得更准确的测定结果。

7.4.2 步骤

距试样的一端至少 10 mm 处，用卷尺绕住试样，确保卷尺平整，并避免任何明显变形。卷尺垂直于试样的纵向轴，记录测定结果，准确至毫米。

如果卷尺不能直接读出直径，那么按式(2)可计算出试样直径：

$$D = c/\pi \quad \cdots\cdots (2)$$

式中：

c——试样周长，单位为毫米(mm)；

D——试样外径，单位为毫米(mm)。

8 壁厚的测定

8.1 概述

测定壁厚有两种方法可供使用，它们在精度和速度上有差异。测定时所采用的方法应与所测纸芯的种类相一致。

方法 G：外径测微计法(见图 C.1)；

方法 H：外径游标卡尺法(见图 B.1)。

8.2 方法 G

8.2.1 仪器

精确至 0.025 mm 的测微计。另外，测微计砧骨应由一个圆柱形砧骨代替，且砧骨的长度方向与轴面相平行。砧骨和轴的尺寸应符合下列范围的规定：

砧骨直径：8.0 mm～9.0 mm；

砧骨长度：7.0 mm～9.0 mm；

轴面直径：6.0 mm～8.0 mm；

棘轮驱动器应能承受 4 N～14 N 的测定压力。

8.2.2 步骤

应避免任何明显变形，测微计应从试样的一端向内插入至少 10 mm，并确保其轴面平行于试样的纵向轴。收起测微计，记录测定结果，准确至 0.025 mm，转动试样大约 90°角，再次读数。然后在纸芯的另一端重复以上步骤，取四次读数的平均值，报告结果准确至 0.025 mm。

8.3 方法 H

8.3.1 仪器

精度至少为 0.1 mm 的游标卡尺。

8.3.2 步骤

应避免任何明显变形，将游标卡尺放在试样的里面，并确保游标卡尺平行于试样的纵向轴。收起游标卡尺，确保试样表面没有变形，记录测定结果，准确至 0.1 mm。转动试样大约 120°角后，重新读数。然后将试样转动到另一个 120°角，再次读数。在纸芯的另一端重复以上步骤，取六次读数的平均值，报告结果准确至 0.1 mm。

8.4 计算

按式(3)计算试样壁厚 s：

$$s=\frac{D-d}{2} \qquad (3)$$

式中：

s——试样壁厚，单位为毫米(mm)；

D——试样外径，单位为毫米(mm)；

d——试样内径，单位为毫米(mm)。

9 长度的测定

9.1 仪器

最小刻度为毫米，且一端有钩的柔韧金属卷尺。此钩子应与卷尺面有一个合适的角度且至少 10 mm高，测量长度应不小于 500 mm。

9.2 步骤

应避免任何明显变形，将卷尺插入试样，并用钩子钩住试样的另一端，确保卷尺平行于试样的纵向轴，记录测定结果，准确至 1 mm。转动试样大约 120°角后，重新读数。然后将试样转动到另一个 120°角，再次读数。在纸芯的另一端重复以上步骤，取六次读数的平均值，报告结果准确至 1 mm。

注：这里测量内长度是不实际的，测量外长度是可行的，步骤方法相同。

10 试验报告

试验报告应包括下列项目：

a) 本国家标准的编号；

b) 被测纸芯的种类及名称；

c) 取样时间和地点；

d) 试验时间和地点；

e) 每一个尺寸所用的测定方法；

f) 以毫米为单位分别表示内径、外径、壁厚及长度等数值，如果计算，可用平均值或标准偏差来表示；

g) 偏离本部分的规定；

h) 报告日期和报告人签名。

附 录 A
（资料性附录）
内径三点式测微计图例

内径三点式测微计见图 A.1。

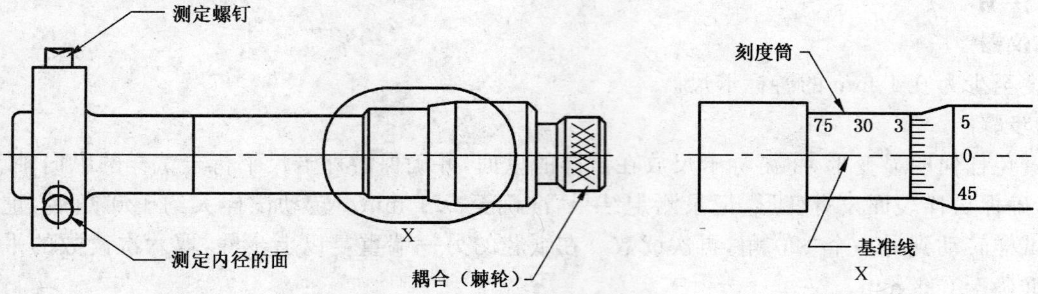

图 A.1 内径三点式测微计

附 录 B
（资料性附录）
游标卡尺图例

游标卡尺图例见图 B.1 和图 B.2。

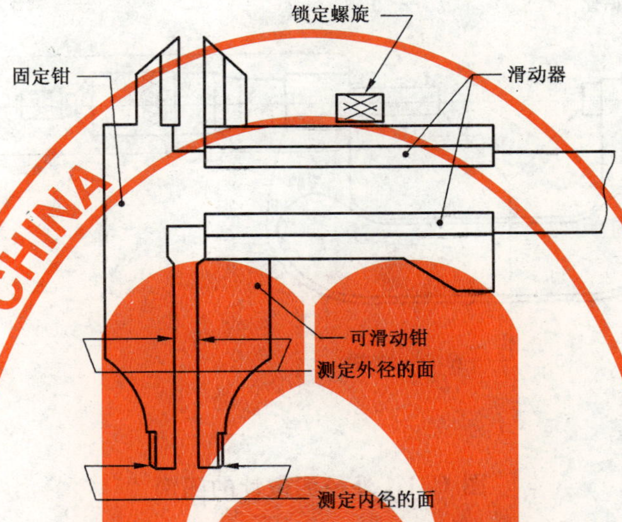

图 B.1 内径和外径的测量钳

图 B.2 带有刀口的测量钳

附　录　C
（资料性附录）
外径和壁厚测微计图例

外径和壁厚测微计图例见图 C.1 和图 C.2。

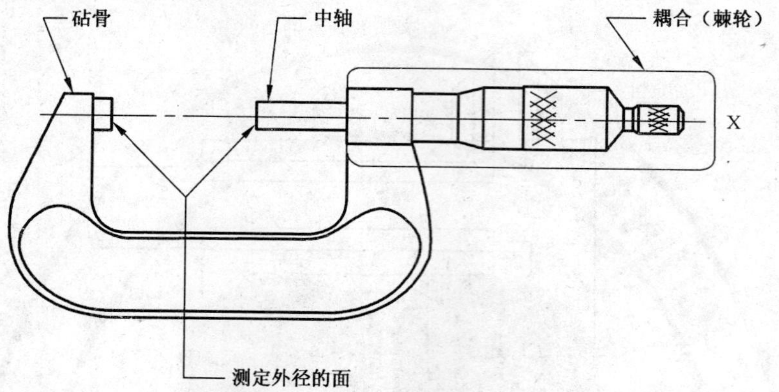

注：X 部分的细节见图 A.1。

图 C.1　外径测微计的图例

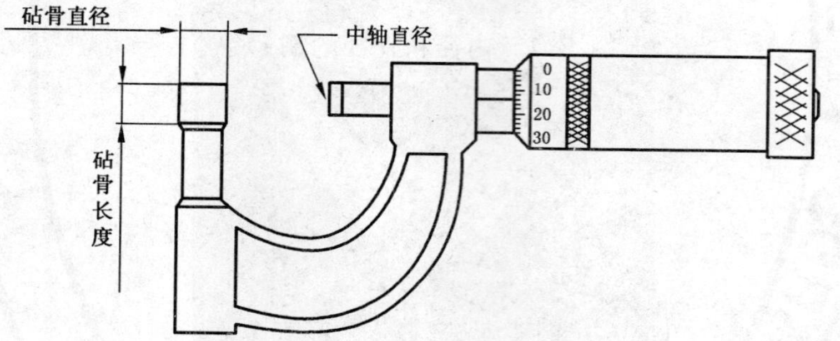

图 C.2　壁厚测微计的图例

ICS 85-010
Y 30

中华人民共和国国家标准

GB/T 22906.5—2008

纸芯的测定
第5部分:同轴旋转特性的测定

Testing of cores—
Part 5: Determination of characteristics of concentric rotation

(ISO 11093-5:1994, Paper and board—Testing of cores—
Part 5: Determination of characteristics of concentric rotation, MOD)

2008-12-30 发布　　2009-09-01 实施

中华人民共和国国家质量监督检验检疫总局
中国国家标准化管理委员会　发布

前　言

GB/T 22906《纸芯的测定》分为九个部分：

——第1部分：试样的采取；

——第2部分：试样的温湿处理；

——第3部分：水分含量的测定（烘箱干燥法）；

——第4部分：尺寸的测定；

——第5部分：同轴旋转特性的测定；

——第6部分：弯曲强度的测定（三点法）；

——第7部分：弹性模量的测定（三点法）；

——第8部分：固有频率和弹性模量的测定（试验模型分析法）；

——第9部分：平压强度的测定。

本部分为GB/T 22906的第5部分。

本部分修改采用ISO 11093-5：1994《纸和纸板　纸芯的测定　第5部分：同轴旋转特性的测定》。

本部分与ISO 11093-5：1994相比，主要差异如下：

——在规范性引用文件中将ISO标准中引用的国际标准转化为与之相应的国家标准，即GB/T 22906.2　纸芯的测定　第2部分：试样的温湿处理（GB/T 22906.2—2008，ISO 11093-2：1994，MOD）。

本部分由中国轻工业联合会提出。

本部分由全国造纸工业标准化技术委员会（SAC/TC 141）归口。

本部分起草单位：中国制浆造纸研究院、中国造纸协会标准化专业委员会。

本部分主要起草人：陈曦、崔立国。

纸芯的测定 第5部分：同轴旋转特性的测定

1 范围

GB/T 22906 的本部分规定了纸芯同轴旋转特性的测定方法。

本部分适用于测定圆网纸机生产的纸芯的同轴旋转特性，该纸芯应满足以下条件：

——最小壁厚：5 mm；

——最小外径：60 mm；

——最大长度：3 200 mm。

2 规范性引用文件

下列文件中的条款通过 GB/T 22906 的本部分的引用而成为本部分的条款。凡是注明日期的引用文件，其随后所有的修改单(不包括勘误的内容)或修订版均不适用于本部分，然而，鼓励根据本部分达成协议的各方研究是否可使用这些文件的最新版本。凡是不注明日期的引用文件，其最新版本适用于本部分。

GB/T 22906.1 纸芯的测定 第1部分：试样的采取(GB/T 22906.1—2008，ISO 11093-1:1994，IDT)

GB/T 22906.2 纸芯的测定 第2部分：试样的温湿处理(GB/T 22906.2—2008，ISO 11093-2:1994，MOD)

3 原理

3.1 圆度偏差(f_R)的测定——三点测定法

在与试样轴垂直的平面上的三个点间进行测定，其中两个点已预先确定，而另一个点沿测定方向移动。

3.2 正度(f_S)的测定——五点测定法

在与试样轴垂直的平面上的五个点间进行测定，其中四个点已预先确定，即在与试样轴垂直的两个平面上两两确定，而另一个点在与试样轴垂直的平面上沿测定方向移动。

4 仪器

试验仪器(如图1所示)由一个支架(1)和对它进行支撑的两个可移动的辊架(2)组成。每个辊架又由两个支撑辊(3)组成，这两个支撑辊的间距是可调的。支撑辊的直径为 85 mm±1 mm，支撑辊面宽为 20 mm±1 mm。例如，可以选用 6209 支撑辊轴承。

用两个测量传感器进行测定。其中一个传感器(4)安装在一个辊架的上面，另外一个传感器(5)安装在支架上，这个传感器可在两个辊架间移动。传感器表盘的最小刻度值为 0.01 mm，并可准确至 0.015 mm，测定范围是 50 mm，传感器的测定压力约为 1.2 N，刻度的最小间隔为 0.01 mm。传感器的探头应是直径为 10 mm 的圆形平面。

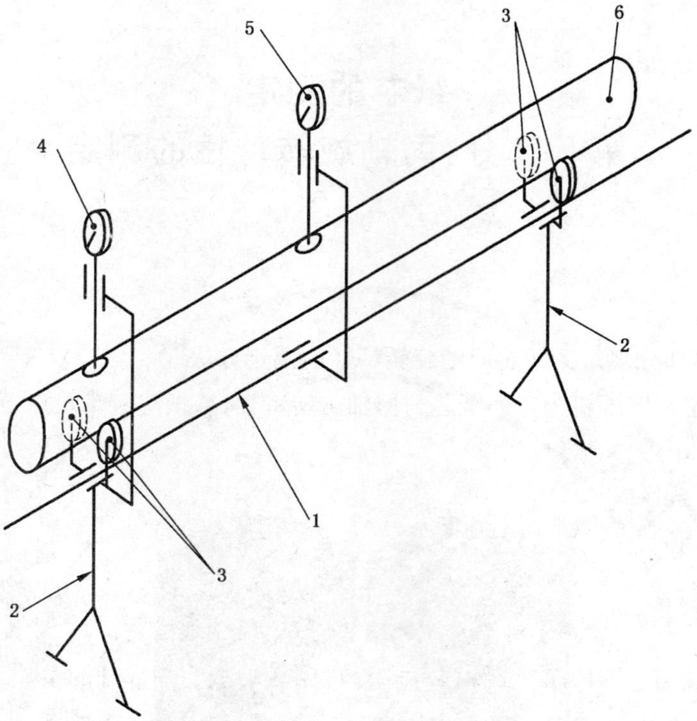

1——支架；

2——辊架；

3——支撑辊；

4——辊架上的测量传感器；

5——可移动的测量传感器；

6——试样。

图 1　仪器示意图

5　试样的制备

5.1　取样

按 GB/T 22906.1 进行取样。

5.2　试样的选取

如果试样长度小于 3 200 mm，则整个试样应完好无损。

如果试样长度大于 3 200 mm，则应切取 1 200 mm～3 200 mm 作为试样。如果试样在各部分有明显的不平整，则应切取不平整现象最明显的一段作为试样。

5.3　试样的温湿处理

试样的温湿处理按 GB/T 22906.2 进行。

6　试验步骤

在与试样处理(5.3)相同的大气条件下进行测试。在测试过程中，传感器不应使试样产生任何测量形变。

6.1　试样支撑位置

调节两对支撑辊内两辊之间的距离，使纸芯支撑线的切线形成 120°±5°角。调节两对支撑辊的距离，使其内表面间的距离比纸芯的长度短 200 mm±10 mm，该长度即为测试长度。将试样放在两对支撑辊的中间。

6.2 圆度偏差的测定

将传感器与试样相接触，且放在一个支撑辊中间，放置误差应在±1 mm以内。转动试样360°，读取传感器上的最大值和最小值，准确至±0.01 mm。这两个读数间的差值即为圆度偏差（f_R），单位为毫米。

6.3 正度偏差的测定

将可移动传感器与试样相接触，并使其垂直于试样轴，且放在两组成对支撑辊的中间。转动试样360°，读取传感器上的最大值和最小值，准确至±0.01 mm。记录两组读数之差，正度偏差（f_S）即为最大测定差值的一半，应准确至±0.01 mm。

7 试验报告

试验报告应包括下列项目：

a） 本国家标准的编号；

b） 被测纸芯的种类及名称；

c） 取样时间和地点；

d） 试验时间和地点；

e） 试验样品的数量；

f） 样品尺寸；

g） 测定长度；

h） 圆度偏差（f_R）的平均值及标准偏差；

i） 正度偏差（f_S）的平均值及标准偏差；

j） 任何偏离本部分或可能影响结果的内容；

k） 报告时间和报告人签名。

ICS 85-010
Y 30

GB

中华人民共和国国家标准

GB/T 22906.6—2008

纸芯的测定 第6部分：弯曲强度的测定（三点法）

Testing of cores—Part 6: Determination of bending strength by three-point method

（ISO 11093-6:2005, Paper and board—Testing of cores—Part 6: Determination of bending strength by three-point method, MOD）

2008-12-30 发布　　2009-09-01 实施

中华人民共和国国家质量监督检验检疫总局
中国国家标准化管理委员会　发布

前　言

GB/T 22906《纸芯的测定》分为九个部分：

——第1部分：试样的采取；

——第2部分：试样的温湿处理；

——第3部分：水分含量的测定(烘箱干燥法)；

——第4部分：尺寸的测定；

——第5部分：同轴旋转特性的测定；

——第6部分：弯曲强度的测定(三点法)；

——第7部分：弹性模量的测定(三点法)；

——第8部分：固有频率和弹性模量的测定(试验模型分析法)；

——第9部分：平压强度的测定。

本部分为GB/T 22906的第6部分。

本部分修改采用ISO 11093-6:2005《纸和纸板　纸芯的测定　第6部分：利用三点法测定弯曲强度》。

本部分与ISO 11093-6:2005相比，主要差异如下：

——在规范性引用文件中将ISO标准中引用的国际标准转化为与之相应的国家标准，即GB/T 22906.2　纸芯的测定　第2部分：试样的温湿处理(GB/T 22906.2—2008，ISO 11093-2:1994，MOD)。

本部分由中国轻工业联合会提出。

本部分由全国造纸工业标准化技术委员会(SAC/TC 141)归口。

本部分起草单位：中国制浆造纸研究院、中国造纸协会标准化专业委员会。

本部分主要起草人：崔立国。

纸芯的测定
第6部分：弯曲强度的测定（三点法）

1 范围

GB/T 22906 的本部分规定了三点法测定圆柱形纸芯弯曲强度的试验方法，所测纸芯的内径应为 50 mm～300 mm、最小壁厚为 5 mm、最小测定长度为 1 100 mm。

本部分适用于纸芯弯曲强度的测定。

2 规范性引用文件

下列文件中的条款通过 GB/T 22906 的本部分的引用而成为本部分的条款。凡是注明日期的引用文件，其随后所有的修改单（不包括勘误的内容）或修订版均不适用于本部分，然而，鼓励根据本部分达成协议的各方研究是否可使用这些文件的最新版本。凡是不注明日期的引用文件，其最新版本适用于本部分。

GB/T 22906.1 纸芯的测定 第1部分：试样的采取（GB/T 22906.1—2008，ISO 11093-1：1994，IDT）

GB/T 22906.2 纸芯的测定 第2部分：试样的温湿处理（GB/T 22906.2—2008，ISO 11093-2：1994，MOD）

ISO 7500-1 金属材料 静态单轴测试仪器的检验 第1部分：张力/压缩测试仪器 测力系统的检验和校准

3 术语和定义

下列术语和定义适用于 GB/T 22906 的本部分。

3.1

弯曲强度 bending strength

在规定条件下，给定尺寸的试样加载至发生弯曲断裂时所受到的最大力。

4 原理

芯层试样在材料力学中被看作一个“梁”。在测试过程中，试样在长度中点处受到一个垂直方向的力（F），而仅在两端受到支撑力（见图1）。为了测定弯曲强度，施加外力直到试样发生断裂为止。

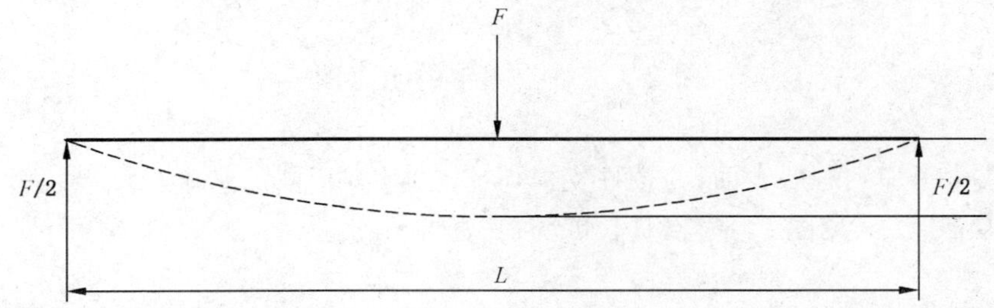

F——所施加的外力；

L——芯层的测定长度（范围）。

图1 三点法

5 仪器

5.1 加载测试器

加载测试器在相对速度为(25±2.5)mm/min 下能够施加一个载荷,并按 ISO 7500-1 要求对其进行校准和检验。

该仪器带有自动断裂检测功能,其断裂力 ΔF 的切断极限可定义如下:

——30 N,或

——3%

来自于实际值。

载荷施加的方向与试样的轴线垂直,并进行校准,保持精确度为±1°。

5.2 两个棱柱支撑体

这两个棱柱支撑体(见图 2)都具有一个 120°±2°的角度,该角度介于支撑芯层试样的两个面之间。与芯层长度平行的长度(l)为(50±1)mm。宽度(b)足够长以至于允许芯层试样能够停留在支撑面上,而不停留在棱柱的外边缘。支撑边缘将加工成半径(r)为(0.5±0.1)mm 的圆形。

棱柱支撑体将被安置在棱柱两边的支点上,这样可以确保试验期间位于棱柱上的试样能够均匀发生接触并具有一个持续的测量长度。

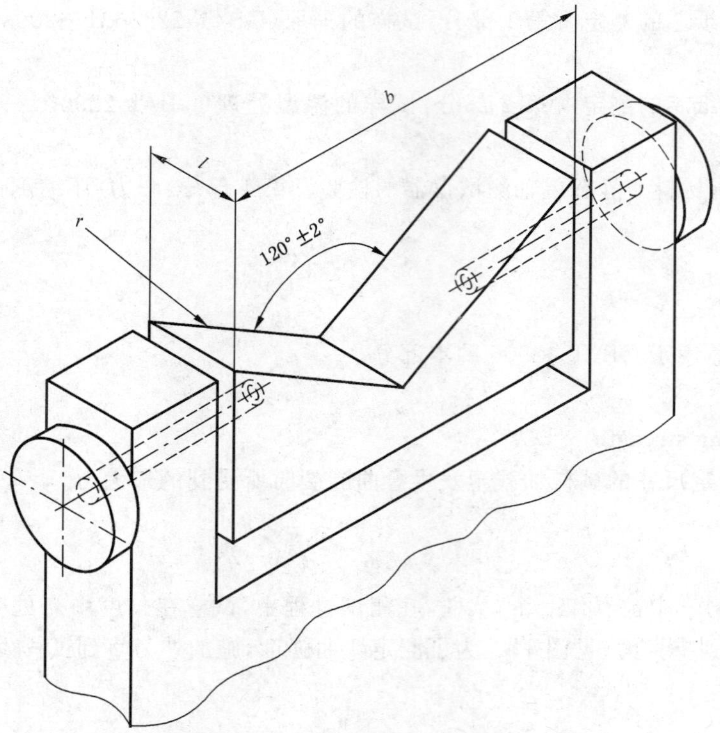

图 2 棱柱支撑体的示意图

5.3 加载棱柱

加载棱柱将载荷施加到芯层表面,与棱柱支撑体(5.2)具有相同的基本形状及尺寸,加载棱柱的长度 l(见图 2)与芯层长度 L(见图 1)平行,且长度为(100±1)mm。

6 试样的制备

如果试样具有广泛的代表性,取样步骤可按 GB/T 22906.1 规定进行。

至少制备三个试样,比如试样的长度为 100 mm,这比芯层测定长度 L(见图 1)要大。

试样温湿处理条件按 GB/T 22906.2 规定进行。

7 步骤

在与试样温湿处理条件相同的大气条件下进行测定。

集中安排试验，比如将试样置于棱柱支撑体(5.2)的中间(偏差±5 mm)，并将加载棱柱(5.3)置于两个支撑棱柱(5.2)的中间(偏差±2 mm)，且直接相对。两个支撑棱柱轴线间的距离就是芯层的测定长度 L(见图 1)。芯层的测定长度将与第 6 章的规定相一致，且精确至±2 mm。

以(25±2.5)mm/min 的速度施加载荷，直至试样断裂为止。记录最大载荷值(单位为牛顿)作为弯曲强度。

对其余试样重复以上测定步骤，计算平均弯曲强度。

8 试验报告

试验报告应包括下列项目：

a) 本国家标准的编号；
b) 试样鉴定和取样方法的全部资料；
c) 取样日期和地点；
d) 测试日期和地点，测试者的签名；
e) 试样数目；
f) 芯层尺寸，例如长度、内部直径、外部直径；
g) 芯层的测定长度(L)；
h) 单个弯曲强度值及平均值，单位为千牛(kN)；
i) 应注明所有偏离本部分规定的步骤和所有可能影响试验结果的环境。

ICS 85-010
Y 30

中华人民共和国国家标准

GB/T 22906.7—2008

纸芯的测定
第7部分:弹性模量的测定(三点法)

Testing of cores—Part 7:Determination of flexural modulus by the three-point method

(ISO 11093-7:1997,Paper and board—Testing of cores—Part 7:Determination of flexural modulus by the three-point method,MOD)

2008-12-30 发布　　　　2009-09-01 实施

中华人民共和国国家质量监督检验检疫总局
中国国家标准化管理委员会　发布

前　言

GB/T 22906《纸芯的测定》分为九个部分：

——第1部分：试样的采取；

——第2部分：试样的温湿处理；

——第3部分：水分含量的测定(烘箱干燥法)；

——第4部分：尺寸的测定；

——第5部分：同轴旋转特性的测定；

——第6部分：弯曲强度的测定(三点法)；

——第7部分：弹性模量的测定(三点法)；

——第8部分：固有频率和弹性模量的测定(试验模型分析法)；

——第9部分：平压强度的测定。

本部分为GB/T 22906的第7部分。

本部分修改采用ISO 11093-7：1997《纸和纸板　纸芯的测定　第7部分：利用三点法测定弹性模量》。

本部分与ISO 11093-7：1997相比，主要差异如下：

——在规范性引用文件中将ISO标准中引用的国际标准转化为与之相应的国家标准，即GB/T 22906.2　纸芯的测定　第2部分：试样的温湿处理(GB/T 22906.2—2008，ISO 11093-2：1994，MOD)；

——在规范性引用文件中将ISO标准中引用的国际标准转化为与之相应的国家标准，即GB/T 22906.8　纸芯的测定　第8部分：固有频率和弹性模量的测定(试验模型分析法)(GB/T 22906.8—2008，ISO 11093-8：1997，MOD)。

本部分由中国轻工业联合会提出。

本部分由全国造纸工业标准化技术委员会(SAC/TC 141)归口。

本部分起草单位：中国制浆造纸研究院、中国造纸协会标准化专业委员会。

本部分主要起草人：陈曦、崔立国。

纸芯的测定
第 7 部分：弹性模量的测定（三点法）

1 范围

GB/T 22906 的本部分规定了纸芯弹性模量的测定方法，该纸芯应满足以下条件：

——内径：50 mm～350 mm；

——最小壁厚：0.02×内径或不小于 2.0 mm；

——最小长度：8×内径或不小于 1 000 mm。

本部分适用于纸芯弹性模量的测定。

2 规范性引用文件

下列文件中的条款通过 GB/T 22906 的本部分的引用而成为本部分的条款。凡是注明日期的引用文件，其随后所有的修改单（不包括勘误的内容）或修订版均不适用于本部分，然而，鼓励根据本部分达成协议的各方研究是否可使用这些文件的最新版本。凡是不注明日期的引用文件，其最新版本适用于本部分。

GB/T 22906.1 纸芯的测定 第 1 部分：试样的采取（GB/T 22906.1—2008，ISO 11093-1：1994，IDT）

GB/T 22906.2 纸芯的测定 第 2 部分：试样的温湿处理（GB/T 22906.2—2008，ISO 11093-2：1994，MOD）

GB/T 22906.3 纸芯的测定 第 3 部分：水分含量的测定（烘箱干燥法）（GB/T 22906.3—2008，ISO 11093-3：1994，IDT）

GB/T 22906.8 纸芯的测定 第 8 部分：固有频率和弹性模量的测定（试验模型分析法）（GB/T 22906.8—2008，ISO 11093-8：1997，MOD）

3 术语和定义、代号

下列术语和定义、代号适用于 GB/T 22906 的本部分。

3.1

弹性模量 flexural modulus

E

一种材料特性，同纸芯尺寸一起用于表示纸芯耐弯曲偏移的性质。

4 原理

弯曲试验时，纸芯试样被认为是“弯曲梁”，应用“Timoshenko 弯曲梁理论”，测定试样的弯曲偏移。在该理论中，同时考虑了偏移时剪切变形的影响。试验过程中，对试样两端进行支撑，然后通过悬垂物在与试样轴向垂直的平面施加一个力。所采取的测定方法比较特殊，以避免试样的永久变形，从而确保计算公式准确可行。弹性模量应按第 8 章的规定进行计算。

5 仪器

5.1 试样支撑装置

两个支撑体（如图 1 所示）分别在试样两端支撑试样，每个支撑体上装有两个辊子，这两个辊子间的夹角为(120±2)°。辊子的直径(a)为(30±1) mm,且其宽度(b)应足够大,以使试样能放在辊子的圆柱形表面上。

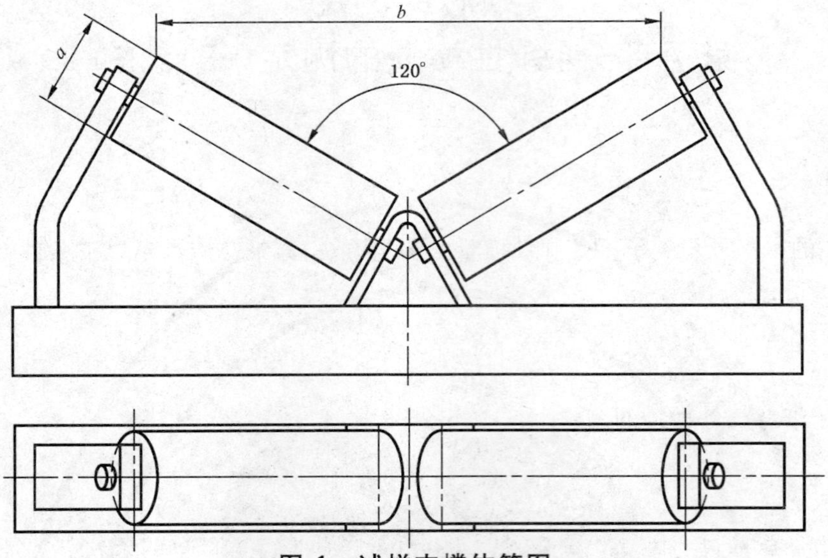

图 1 试样支撑体简图

5.2 测定装置

用安装在试样上面的传感器(如图 2 所示)测定试样在加载方向上的弯曲偏移量 f,此传感器应能感知 0.01 mm 的变化。该测定装置由两个支撑体、一根支撑杆和一个传感器三部分组成。其中两个支撑体的形状和上面提到的试样支撑体一样,且这两个支撑体之间的距离应易于调节。

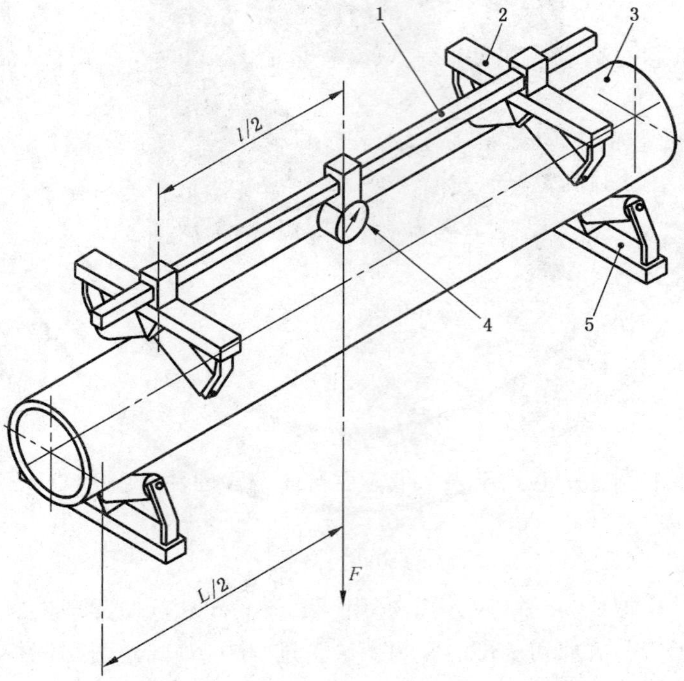

1——支撑杆;
2——测量装置的支撑体;
3——试样;
4——传感器;
5——带两辊的支撑体。
注:L、l 和 F 在第 8 章中有定义。

图 2 测量装置简图

6 试样的制备

6.1 取样

按照 GB/T 22906.1 进行取样。

6.2 试样尺寸

试样的最小长度应是纸芯内径的 8 倍，且试样长度应不小于 1 000 mm。

6.3 温湿处理

试样的温湿处理按 GB/T 22906.2 进行，并按 GB/T 22906.3 测定试样的水分。

试验时试样应进行温湿处理和干燥处理，以使其水分与同组中的其他试样相同。

7 试验步骤

7.1 总则

在与处理试样相同的大气条件下进行测定。

7.2 支撑体与试样的放置

为了施加载荷力 F，应将两个带两辊的支撑体(5)相对放置，并使这两个试样支撑体中点间的距离比试样的总长度少(300±2)mm。

支撑体中点间的距离就是支撑长度 L，该长度应准确至±2 mm。

将试样放在两支撑体中间，放置误差应不大于±5 mm。

为了施加载荷力 F，应对称放置测量装置的支撑体(2)。

调节测量装置的支撑体间的距离，该距离应比试样的总长度少(600±2)mm。

两个测量装置的支撑体中点间的距离为试验长度 l，该长度应准确至±2 mm。

7.3 传感器的放置

将传感器垂直安装在支撑杆(1)上，使其位于试样试验长度 l 的中间位置，确保试样上表面的横向偏差不大于±2 mm。

7.4 载荷的施加

通过吊带将适当大小的载荷施加在试样试验长度 l 的中间位置(如图 3 所示)。

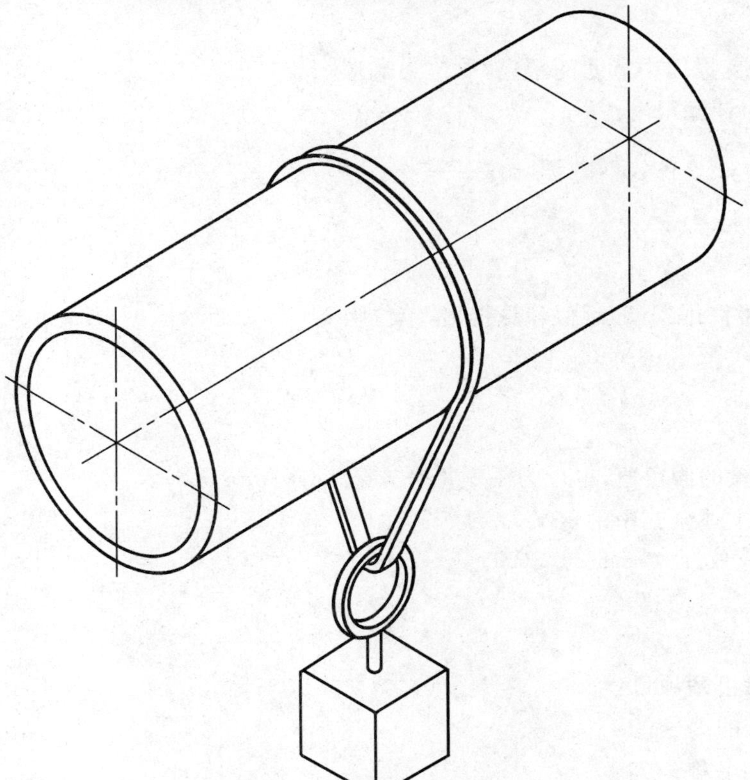

图 3 加载系统简图

7.5 测定

在施加载荷后的2 s内,立即读取传感器上的偏移量 f。将读取的 f 值和所施加的载荷 F 用于式(1)中,即可计算出每个试样的弹性模量。

8 弹性模量的计算

弹性模量 E,或称为杨氏(Young's)模量,可由式(1)算出,其单位为 N/mm^2。

$$E=\frac{Fl^3(1+C_e+C_s)}{48If} \qquad \cdots\cdots(1)$$

式中:

F——施加的垂直载荷,单位为牛顿(N);

l——测量装置的支撑体中点间的距离(试验长度),单位为毫米(mm);

C_e——长度修正系数;

C_s——因考虑到弯曲偏移过程中剪切力的影响,而引入的剪切修正系数;

I——截面二次矩(即惯性矩),单位为四次方毫米(mm^4);

f——载荷施加方向上所测得的,加载前后试样的偏移量,单位为毫米(mm)。

I 由式(2)计算得出:

$$I=\frac{\pi}{64}(D^4-d^4) \qquad \cdots\cdots(2)$$

式中:

D——试样外径,单位为毫米(mm);

d——试样内径,单位为毫米(mm)。

系数 C_e 由式(3)计算得出:

$$C_e=1.5\left(\frac{L}{l}-1\right) \qquad \cdots\cdots(3)$$

式中:

L——带两辊的支撑体中点间的距离,单位为毫米(mm)。

系数 C_s 由式(4)计算得出:

$$C_s=\frac{1.55(D^4+d^4)+7.25D^2d^2}{l^2(D^2+d^2)} \qquad \cdots\cdots(4)$$

9 测定条件

需要的载荷 F 可以用式(5)近似计算得出,单位为 N:

$$F=\frac{24\cdot E_{ass}\cdot I}{l^3(1+C_e+C_s)} \qquad \cdots\cdots(5)$$

式中:

E_{ass}——弹性模量的假定值,单位为牛顿每平方毫米(N/mm^2);

I,l,C_e 和 C_s 在上述公式中已定义。

注:纸芯的偏移量一般为0.2 mm~0.7 mm。

10 试验报告

试验报告应包括下列项目:

a) 本国家标准的编号;

b) 样品类型和名称;

c) 取样时间和地点;

d) 试验时间和地点；

e) 测试样品的数量；

f) 样品尺寸；

g) 样品的水分含量；

h) l,L,f 和 F；

i) 试样弹性模量的测定值和平均值；

j) 任何偏离本部分的情况；

k) 报告时间和报告人签名。

ICS 85-010
Y 30

中华人民共和国国家标准

GB/T 22906.8—2008

纸芯的测定 第8部分：固有频率和弹性模量的测定（试验模型分析法）

Testing of cores—Part 8: Determination of natural frequency and flexural modulus by experimental modal analysis

(ISO 11093-8:1997, Paper and board—Testing of cores—Part 8: Determination of natural frequency and flexural modulus by experimental modal analysis, MOD)

2008-12-30 发布 2009-09-01 实施

中华人民共和国国家质量监督检验检疫总局
中国国家标准化管理委员会 发布

前　言

GB/T 22906《纸芯的测定》分为九个部分：

——第1部分：试样的采取；

——第2部分：试样的温湿处理；

——第3部分：水分含量的测定(烘箱干燥法)；

——第4部分：尺寸的测定；

——第5部分：同轴旋转特性的测定；

——第6部分：弯曲强度的测定(三点法)；

——第7部分：弹性模量的测定(三点法)；

——第8部分：固有频率和弹性模量的测定(试验模型分析法)；

——第9部分：平压强度的测定。

本部分为GB/T 22906的第8部分。

本部分修改采用ISO 11093-8:1997《纸和纸板　纸芯的测定　第8部分：用试验模型分析法测定固有频率和弹性模量》。

本部分与ISO 11093-8:1997相比，主要差异如下：

——在规范性引用文件中将ISO标准中引用的国际标准转化为与之相应的国家标准，即GB/T 22906.2 纸芯的测定　第2部分：试样的温湿处理(ISO 11093-2:1994，MOD)。

本部分由中国轻工业联合会提出。

本部分由全国造纸工业标准化技术委员会(SAC/TC 141)归口。

本部分起草单位：中国制浆造纸研究院、中国造纸协会标准化专业委员会。

本部分主要起草人：崔立国。

纸芯的测定　第8部分：固有频率和弹性模量的测定（试验模型分析法）

1　范围

GB/T 22906的本部分规定了采用两端自由的横向振动试验模型来测定纸芯的固有频率和弹性模量的试验方法。

本部分适用于内径为50 mm～350 mm、最小壁厚为0.02倍内径或不小于2.0 mm、最小长度为8倍内径的纸芯。

2　规范性引用文件

下列文件中的条款通过GB/T 22906的本部分的引用而成为本部分的条款。凡是注日期的引用文件，其随后所有的修改单（不包括勘误的内容）或修订版均不适用于本部分，然而，鼓励根据本部分达成协议的各方研究是否可使用这些文件的最新版本。凡是不注日期的引用文件，其最新版本适用于本部分。

GB/T 22906.1　纸芯的测定　第1部分：试样的采取（GB/T 22906.1—2008，ISO 11093-1:1994，IDT）

GB/T 22906.2　纸芯的测定　第2部分：试样的温湿处理（GB/T 22906.2—2008，ISO 11093-2:1994，MOD）

GB/T 22906.3　纸芯的测定　第3部分：水分含量的测定（烘箱干燥法）（GB/T 22906.3—2008，ISO 11093-3:1994，IDT）

3　术语和定义、代号

下列术语和定义、代号适用于本部分。

3.1

固有频率　natural frequency

f

当一个物体振动时第一次产生的频率，由该物体的材料、形状和受到冲击振动时该物体的受力情况来决定。

3.2

弹性模量　flexural modulus

E

一种材料特性，同纸芯尺寸一起用于表示纸芯耐弯曲偏移的性质。

4　原理

在试验模型分析中，纸芯试样被认为是“弯曲梁”，应用“Timoshenko弯曲梁理论”，测定各向同性试样的横向振动情况。在该理论中，同时考虑了转动惯性和横向振动时产生的剪切变形。试验过程中，试样能在其横切面方向自由振动。弹性模量应按第8章的规定进行计算。

5　仪器

5.1　试样支撑装置

基本原理是在两端自由的横向振动的试验模型中，测定试样的固有频率。为确保试样在横切面方向处于自由状态，试样用金属丝垂直吊起，并使其轴向与地面垂直(如图1所示)。金属丝的最小长度约为300 mm，悬挂系统由两个试样夹持装置和一根金属丝组成。图2是试样夹持装置的示例。夹持装置的质量应小于试样质量的1%，其角度 α(如图2所示)应大于45°。夹持装置上的固定螺钉到试样边缘的距离应为5 mm～10 mm。

单位为毫米

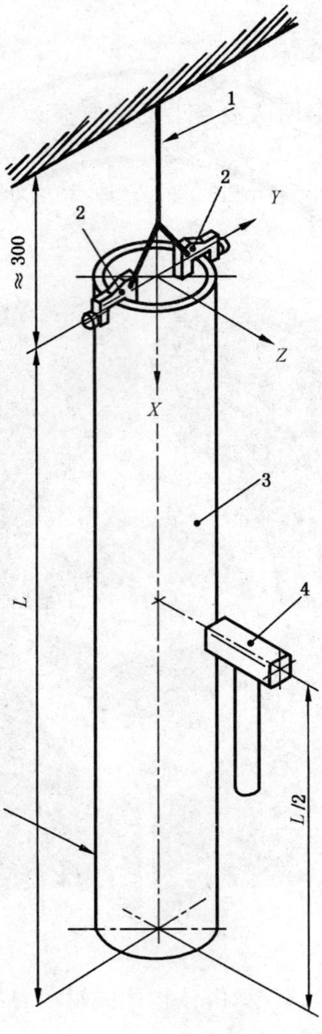

1——悬垂金属丝；
2——夹持装置；
3——试样；
4——锤子；
5——加速计。

图1 试验简图

单位为毫米

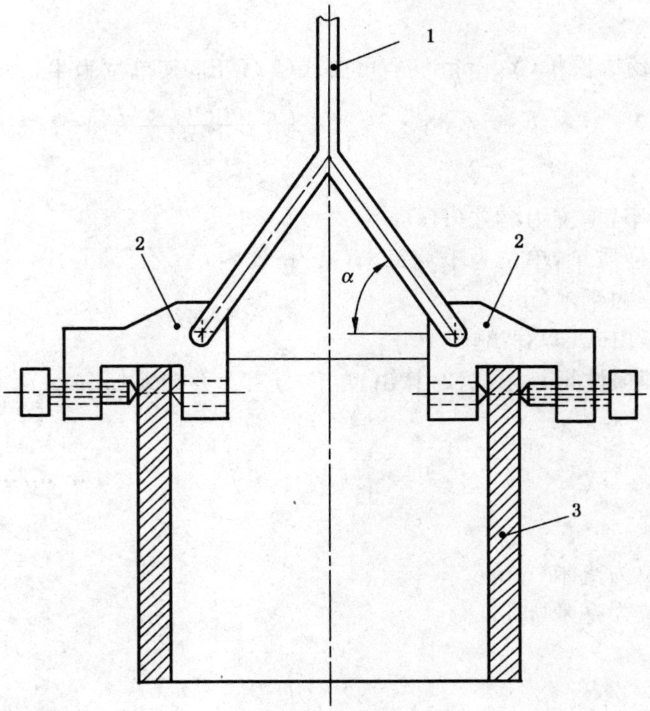

1——悬垂金属丝；
2——夹持装置；
3——试样。

图 2　试样夹持装置图

5.2　试验模型分析系统

固有频率由一信号分析器测定。在与悬垂金属丝所在平面（XY-面）垂直的方向上（Z-向），用锤子对试样进行撞击（如图 1 所示）。撞击反应用一个装在试样一端的，轴向为 Z-向的压电加速计进行测定，它的灵敏度应是 8 mV/g～100 mV/g，频率范围应是 0.1 Hz～10 000 Hz，而且它的质量应不大于 0.01×试样质量。通过信号分析器分析产生的信号，即使是很微小的弯曲振动产生的频率也可被测出。

6　试样的制备

6.1　取样

按 GB/T 22906.1 规定进行取样。

6.2　试样尺寸

试样的最小长度应是纸芯内径的 8 倍。

注 1：如果试样太短，将很难读出频率分析感应。

注 2：试样长度较长，计算出的弹性模量 E 值会更准确。

6.3　试样的处理

试样的温湿处理应按 GB/T 22906.2 的规定进行，并按 GB/T 22906.3 的规定测定试样的水分。

试验时试样应进行温湿处理和干燥处理，以使其水分与同组中的其他试样相同。

7　试验步骤

在与处理试样相同的大气条件下进行测定。

如图 1 所示，在 Z-向用锤子在试样长度的中间进行撞击，撞击后，弯曲时的固有频率 f 可从分析器的频率感应中读出。得到的 f 值在式(1)中用于计算每个试样的弹性模量 E。

8 弹性模量的计算

弹性模量 E,或称为杨氏模量(Youngs's),可由式(1)算出,其单位为牛顿每平方毫米(N/mm^2)。

$$E = 7.88 \times 10^{-8} \times \frac{f^2 \cdot m \cdot L^4 \cdot Q}{I} \qquad \cdots\cdots(1)$$

式中:

f——测得的固有频率,单位为赫兹(Hz);

m——单位长度的试样质量,单位为千克每米(kg/m);

L——试样长度,单位为毫米(mm);

Q——尺寸修正系数,由式(3)算出;

I——截面二次矩(即惯性矩),用式(2)算出,单位为四次方毫米(mm^4)。

I 由式(2)算出:

$$I = \frac{\pi}{64}(D^4 - d^4) \qquad \cdots\cdots(2)$$

式中:

D——试样外径,单位为毫米(mm);

d——试样内径,单位为毫米(mm)。

系数 Q 由式(3)算出:

$$Q = \frac{82.66I}{AL^2} + 1 \qquad \cdots\cdots(3)$$

式中:

A——试样横切面的面积,单位为平方毫米(mm^2),由式(4)计算:

$$A = \frac{\pi}{4}(D^2 - d^2) \qquad \cdots\cdots(4)$$

9 试验报告

试验报告应包括下列项目:

a) GB/T 22906 的本部分编号;

b) 样品类型和名称;

c) 取样时间和地点;

d) 试验时间和地点;

e) 试验样品的数量;

f) 样品尺寸;

g) 样品水分含量;

h) L 和 f;

i) 每个 E 值和平均 E 值;

j) 任何偏离本部分或可能影响结果的情况;

k) 报告日期和报告人签名。

ICS 85.010
Y 30

GB

中华人民共和国国家标准

GB/T 22906.9—2008

纸芯的测定 第9部分：平压强度的测定

Testing of cores—Part 9: Determination of flat crush resistance

(ISO 11093-9:2006, Paper and board—Testing of cores—Part 9: Determination of flat crush resistance, MOD)

2008-12-30 发布　　　　2009-09-01 实施

中华人民共和国国家质量监督检验检疫总局
中国国家标准化管理委员会　发布

前　言

GB/T 22906《纸芯的测定》分为九个部分：

——第 1 部分：试样的采取；

——第 2 部分：试样的温湿处理；

——第 3 部分：水分含量的测定(烘箱干燥法)；

——第 4 部分：尺寸的测定；

——第 5 部分：同轴旋转特性的测定；

——第 6 部分：弯曲强度的测定(三点法)；

——第 7 部分：弹性模量的测定(三点法)；

——第 8 部分：固有频率和弹性模量的测定(试验模型分析法)；

——第 9 部分：平压强度的测定。

本部分为 GB/T 22906 的第 9 部分。

本部分修改采用 ISO 11093-9:2006《纸和纸板　纸芯的测定　第 9 部分：平压强度的测定》。

本部分与 ISO 11093-9:2006 相比，主要差异如下：

——在规范性引用文件中将 ISO 标准中引用的国际标准转化为与之相应的国家标准，即 GB/T 22906.2　纸芯的测定　第 2 部分：试样的温湿处理(GB/T 22906.2—2008，ISO 11093-2:1994，MOD)；

——将 3.1 中的注合并到平压强度的定义中；

——将 8.1 和 8.2 中的式(1)和式(2)合并，修改为本部分的式(1)。

本部分由中国轻工业联合会提出。

本部分由全国造纸工业标准化技术委员会归口。

本部分起草单位：广东出入境检验检疫局技术中心、中国制浆造纸研究院、中国造纸协会标准化专业委员会。

本部分主要起草人：周颖红、郭仁宏。

纸芯的测定
第9部分:平压强度的测定

1 范围

GB/T 22906的本部分规定了纸芯平压强度的测定方法。

本部分适用于所有纸芯。

2 规范性引用文件

下列文件中的条款通过GB/T 22906的本部分的引用而成为本部分的条款。凡是注日期的引用文件,其随后所有的修改单(不包括勘误的内容)或修订版均不适用于本部分,然而,鼓励根据本部分达成协议的各方研究是否可使用这些文件的最新版本。凡是不注日期的引用文件,其最新版本适用于本部分。

GB/T 22906.1 纸芯的测定 第1部分:试样的采取(GB/T 22906.1—2008,ISO 11093-1:1994,IDT)

GB/T 22906.2 纸芯的测定 第2部分:试样的温湿处理(GB/T 22906.2—2008,ISO 11093-2:1994,MOD)

3 术语和定义

下列术语和定义适用于GB/T 22906的本部分。

3.1

平压强度 flat crush resistance

从与试样轴垂直的方向对试样加压,直至第一次达到最大压溃力或载荷变形曲线达到稳定时的载荷,单位为千牛每米(kN/m)。

4 原理

将试样放在两平行放置的金属板间,使试样轴心与产生压力的金属板所在的平面平行,以一恒定速率对其加压,当压力第一次达到最大时停止加压。

5 仪器

5.1 压缩试验机

压缩试验机的上金属板和下金属板应平整,测定时应保持水平状态,并只能在垂直方向上下移动。金属板控制的移动速度应是加压状态下金属板的实际速度。当使用最小压力载荷时,压缩试验机应达到±1%的精确度。压缩试验机应可设定成压溃时压力下降30 N或下降3%时自动停止。在整个测定过程中,金属板应能保持0.2%的平行度。

5.2 裁样设备

裁切出的样品与轴线间的夹角应为90°±1°,样品切面应整齐,不应带有任何碎屑,同时不应有变形。在实际操作中,推荐使用盘锯。

6 试样的制备

6.1 取样

按照GB/T 22906.1进行取样。

6.2 试样的数量

每个试样应取自不同的样品，使用裁样设备(5.2)，从距样品边缘至少100 mm处切取试样。

6.3 试样的尺寸

样品内径不大于300 mm时，试样长度应为(100±1.5)mm。

样品内径大于300 mm时，试样长度应为(300±1.5)mm。

6.4 试样的温湿处理

按照GB/T 22906.2对试样进行温湿处理。

7 试验步骤

7.1 在与处理试样相同的大气条件(6.4)下进行测定。

7.2 将试样放在两金属板中间，使其轴向平行于加压面。使一块金属板缓缓向另外一块金属板移动，或者两块金属板同时相对移动，相对移动时其速度应稳定在50 mm/min～65 mm/min之间。

7.3 对试样持续加压，当试样在压力达到最大时被明显压溃，记录测定的压力值。除非有其他特殊要求(例如用特定的压缩路径来测定平压强度)。

8 结果计算

按式(1)计算每个试样的平压强度：

$$X = \frac{Y}{L} \qquad \cdots\cdots (1)$$

式中：

X——平压强度，单位为千牛每米(kN/m)；

Y——试样压溃时的最大力，单位为牛顿(N)；

L——试样的长度，单位为毫米(mm)。

9 试验报告

试验报告应包括以下项目：

a) GB/T 22906的本部分编号；

b) 样品类型和名称；

c) 取样的时间和地点；

d) 测定的时间和地点；

e) 试样的长度和数量；

f) 每个试样的平压强度，并统计平均平压强度(修约到1%)，以千牛每米(kN/m)表示；

g) 任何偏离本部分的内容。

ICS 29.140.40
K 72

中华人民共和国国家标准

GB/T 22907—2008/CIE 121—1996

灯具的光度测试和分布光度学

Photometry and goniophotometry of luminaires

（CIE 121—1996，IDT）

2008-12-30 发布　　　　2009-09-01 实施

中华人民共和国国家质量监督检验检疫总局
中国国家标准化管理委员会　发布

前　　言

本标准等同采用 CIE 121—1996《灯具的光度测试和分布光度学》。

为便于使用，本标准做了下列编辑性修改：

a) "本技术报告"一词改为"本标准"；

b) 用小数点"."代替作为小数点的"，"；

c) 删除 CIE 121—1996 的前言。

本标准由中国轻工业联合会提出。

本标准由全国照明电器标准化技术委员会(SAC/TC 224)归口。

本标准起草单位：国家灯具质量监督检验中心、国家电光源质量监督检验中心(上海)、上海时代之光照明电器检测有限公司。

本标准主要起草人：王晔、施晓红、张方钢。

引　言

本标准提供了室内灯具和道路灯具光度测试的通用要求，并包括以下信息：

a)　进行试验的标准试验条件，在此条件下，实际误差是可以接受的；

b)　光源和灯具的选择程序；

c)　灯具光度特性的测量程序和可能的误差来源的评价程序；

d)　修正系数和服务转换系数；

e)　测试结果的表达。

本标准全面地为工业实验室提供一个可行的指导，并具有足够的信息去代替标准 CIE 24—1973《室内灯具类型的光度测试》和 CIE 27—1973《道路照明灯具的光度测试》。关于对更特殊的灯具类型 CIE 将出版补充报告。

灯具的光度测试和分布光度学

1 介绍

1.1 范围

本标准包含了大部分类型灯具光度测试的通用要求。

本标准规定了光度测试的标准条件,并推荐了测试程序,使所确定的灯具光度特性及其陈述报告有足够的准确度和复现性,这些规定为统一国家标准提供基础,并为光度实验室的试验和灯具性能数据的表达提供指导。对于实际测试条件不同于标准测试条件的灯具,标准给出了修正系数的测量要求。

对于实验室人员和工程师来说,光度测量方法的详细描述是最重要的,对于数据使用者来说这同样重要。对数据的适当解释通常依赖于对所涉及测量过程的充分了解,同时,本标准也提供给使用者理解光度测量程序和表达的数据。

为极其专业的设施设计的特殊灯具类型,对测量和数据表达要求相关的特殊推荐有需求时,此类通用标准不能覆盖其特性,应以许多补充标准来满足这种需要,这些补充标准将本标准适当章节内引用,并在必要时定义特殊要求和测量条件。

对于没有特定标准覆盖的灯具,可以使用最适合的标准和本通用标准的要求来指导实际的测量程序。

1.2 光度特性

光度特性可以被分为测量到的特性,即那些用实验设备直接测量到的,以及推导出的特性,即由测量数据计算得到的。推导的特性更接近相关的照明应用。本标准主要涉及被测量的光度特性。

2 术语

仅包含了直接相关的定义。本标准中列出的一些术语可能会在其他标准中以不同的名称(在方括号内给出)出现。

其他的相关定义见 CIE/IEC 17.4—1987[1]。

2.1 灯具的术语

2.1.1

灯具 luminaire

凡是能分配、透出或转变一个或多个光源发出光线一种器具,并包括支承、固定和保护光源必需的所有部件(但不包括光源本身),以及必需的电路辅助装置和将它们与电源连接的装置。

2.1.2

(灯具)设计姿态[通常应用中也可以倾斜] design attitude (of luminaire) [also tilt normal in application]

灯具设计的工作姿态(参考制造商的使用说明或常用方式来确定)。

2.1.3

(灯具)测试姿态[测量中也可以倾斜] measurement attitude (of luminaire)[also tilt normal in measurement]

灯具被测试时的姿态。

注:如果没有特别指出,采取与设计一致的姿态。

2.1.4

(光源)光中心 light center (of a source)

用作光度测试和计算的原点。

2.1.5

光度中心　photometric center

灯具或光源上的一点，从这一点运用光度距离法则可以最接近该方向上的最大光强。

注：此术语广泛用于关于灯具光度学的国家标准规范中。对裸光源来说，此定义等同于国际照明词汇定义的光中心。

2.1.6

第一根轴(灯具)[也称基准轴]　first axis (of a luminaire) [also reference axis]

一穿过光度中心的轴，在光度测量中作为一个基准方向用于校正光度测试中的灯具姿态。

2.1.7

第二根轴(灯具)[也称辅助轴]　second axis (of a luminaire) [also auxiliary axis]

一穿过光度中心的轴，垂直于第一根(基准)轴，与灯具连系，并且和第一根轴一起用来定义灯具的姿态。

注：第一根轴和第二根(辅助)轴的识别应由制造方定义，如果没有，由光度实验室定义。

第三根轴同样被用来定义灯具的姿态：这根轴穿过了光度中心且垂直于前两根轴。

2.1.8

实施的镇流器　practical ballast

代表适用于被测灯具和光源的镇流器产品范围的镇流器。

2.2　灯具测试参量的术语

2.2.1

每 1 000 lm 的灯具数据(光源光通量)　luminaire data per 1000 lm (of lamp flux)

与由灯具中所有光源的光通量折算的每 1 000 lm 的一个总的理论光通量相关联的灯具光度数据，这些光源在基准条件下，用相同的镇流器在灯具外点亮。

2.2.2

光强分布(灯具)　luminous intensity distribution (of a luminaire)

各个方向上的光强分布，光强分布可以用数字表格或图形表现，通常以坎德拉每 1000 lm 光源光通量为单位。

2.2.3

镇流器流明系数　ballast lumen factor

基准光源与实施镇流器在镇流器的额定电压下工作出射的光通量，与相同光源在基准镇流器下工作出射的光通量之比。

缩写词：BLF

2.2.4

光通输出比(灯具)[灯具效率(美国)]　light output ratio (of a luminaire) [luminaire efficiency (USA)]

在规定使用条件下，灯具使用它自己的光源和设备所测得的光通量与相同光源在灯具外的规定条件下使用相同的设备得到的单独光源光通量之和的比值。

缩写词：LOR

注：规定使用条件一般是 4.2 要求的标准试验条件。如有不同，应规定使用条件。

灯具外的光源光通量是出版的光源目录数据中规定的光源位置和光源工作温度下得到的。

2.2.5

有效光通输出比(灯具)　light output ratio working (of a luminaire)

在规定使用条件下，灯具使用它自己的光源和设备时测得的光通量与相同光源在灯具外的基准条件下使用基准镇流器得到的单独光源光通量之和的比值。

缩写词:LORW

注:LORW=LOR×BLF;因为大多数灯具能与 BLF 不同的镇流器工作,最好的情况是 LOR 就是 LORW。

2.2.6

(灯具)上(下)射光通　upward (downward) flux fraction (of a luminaire)

灯具的所有光通量中在穿过灯具光度中心的水平面以上(下)出射的部分。

缩写词:UFF

2.2.7

上(下)射光通输出比(灯具)　upward (downward) light output ratio (of a luminaire)

灯具光通输出比和上射(下射)光通部分的乘积。光输出比可以是光通输出比或者适当时是有效光通输出比。

缩写词:ULOR(DLOR)

2.2.8

(灯具)平均亮度　average luminance (of a luminaire)

在灯具给定方向上,单位投影发光面积的光强。

2.2.9

使用转换系数　service conversion factor

当使用条件不同于标准测试条件时,将标准测试条件下的光度数据转换成使用条件下数据的系数。

2.3　测量术语

2.3.1

绝对测量　absolute measurement

以适当的 SI 单位度量的测量。

2.3.2

相对测量　relative measurement

用任意单位相同类型的两个参量的比率进行的测量或者相关于特定裸光源光通量的 SI 单位制的测量。

2.3.3

裸光源测量　bare lamp measurement

为了确定光输出比或每 1000 lm 光源光通的灯具数据,光源独立于灯具的测量。

2.3.4

(灯具)基准条件　reference conditions (luminaire)

根据本标准第 4 章的要求进行灯具光度测量的条件。

2.3.5

(光源)基准条件　reference conditions (lamps)

根据 IEC 光源相关规定[5-11]测量光源光通量的条件。

2.3.6

基准镇流器　reference ballast

为镇流器测试提供一个参比标准而设计的一种电感型镇流器,用来选择基准光源和在标准条件下测试常规的光源产品。

注:每种光源类型的基准镇流器的电气参数在适用的 IEC 光源规范[5-11]中给出,而电气要求则在适用的 IEC 镇流器规范[12-16]中给出。

2.4　测试设备的术语

2.4.1

光度计　photometer

测量光度参数的设备。

2.4.2

分布光度计 goniophotometer [also distribution photometer]

测量光源、灯具、媒质和表面定向光分布特征的光度计。

2.4.3

光度探头 photometer head

包括光度计本身在内的分布光度计的那一部分(通常是一个带有光谱探测响应修正的滤色器的硅光二极管)。同样可以包括用于方向性评估的手段(例如,漫射窗口、透镜和光圈)。光度计将入射光量转化为电量。

2.4.4

照度计 illuminance meter

用于测量照度的光度计。

3 灯具的光度学坐标系统

3.1 通用部分

灯具的基本光度数据包括一组不同方向上的光强值,它们由直接光度测量得到。

光强分布的测量涉及灯具在受控的工作条件下(电气和温度的测量)的光度和角度的测量(分布光度计)。

对于这样涉及方向的光度测量,应围绕灯具定义一个空间体系(坐标系统)。

3.2 分布光度计的基本要求

为了测量不同方向上的光强,将灯具安装在分布光度计上,以便于将其定位在规定的角度。分布光度计通常由一个用以支撑和定位灯具或光源以及光度探头的机械装置,连同一些获取和处理数据的辅助设备组成。

分布光度计基本上可以分为三种:

——一种使灯具绕两根相互垂直的轴旋转,且两根轴的交点是分布光度计光度中心的分布光度计。这类分布光度计通常使用一个单独的且安装在离光度中心距离足够远的光度计探头。

——一种分布光度计,灯具仅绕一根轴旋转,灯具与光度探头的相对运动,光度探头在穿过分布光度计的光度中心面内相对于第一根轴的角度并跨越第一根轴,绕第二根轴作第二种旋转。

——一种灯具完全不动的分布光度计。光度探头绕两根穿过分布光度计光度中心且相互垂直的轴旋转。

注:在第一种型式里,由于光源的燃点位置在测试过程中持续的变化,所以限制了这类分布光度计的使用。

在第二种型式里,即使测试时灯具在空间内移动或旋转,光源的燃点位置就是灯具正常使用时的燃点位置。因为现实的考虑限制了后两种类型的分布光度计的整体尺寸,因此这些类型的分布光度计通常会在光度头和灯具之间使用镜子以增加光程,或者把适当尺寸的亮度仪用作为探头。同样镜子也用于将光度计保持在一个固定的位置。

以上列出的三种分布光度计的基本类型能在多种结构设置中使用,每一种适用于一个特定的目的。不同之处在于分布光度计在地面的安装位置、分布光度计基准轴的方位以及灯具安装在分布光度计上的方式。

在标准 CIE 70 1987[17]中给出了分布光度计的构造原理和选择方法。

3.3 坐标系统

确定灯具的光强分布需使用坐标系统来定义光强测试的方向。使用的坐标系统是球形坐标系,坐标系中心就是灯具的光度测试中心。

一般认为,坐标系统包括一组通过交集轴的平面。空间方向由两个角度来表示:

——初始半平面与含测试方向的半平面间的夹角;

——交集轴与测试方向的夹角或者此角的余角。

为了得到更准确的测量或简化随后的照明计算，在选择与灯具的第一根（或基准）轴和第二根（或辅助）轴有关的系统方位时，应特别考虑灯具的类型、光源类型、灯具的安装姿态和灯具的应用。

目前的做法已限制了方位的数量。交集轴应是垂直的或水平的；对于后者，轴线可以与灯具的第二根轴垂直或者重合。

3.4 平面测量系统

灯具的光强通常在许多平面中测得。在各式各样可能的测试平面中，有三种平面系统已被证明特别有用。

3.4.1 A-平面

图 1 **A-α 分布光度计的灯具方位**

A-平面系统是通过光度中心的交集线（极轴）的一组平面且垂直于含灯具的第一根和第二根轴的平面。

A-平面系统严格地与灯具耦合，并且随灯具一起倾斜。第一根轴通过光度中心且垂直于灯具的出光口面。它位于 $A=0°$ 的半平面内，通常在 $\alpha=0°$ 的方向。第二根轴也通过灯具光度中心，且垂直于 $A=0°$ 的平面。

某些类型的分布光度计用这种系统提供数据，并且被用于室内照明灯具的光度测试。如果灯具的第三根轴（与极轴重合）是灯具的长轴，应用 3.4.4 给出的转换公式。

3.4.2 ***B*-平面**

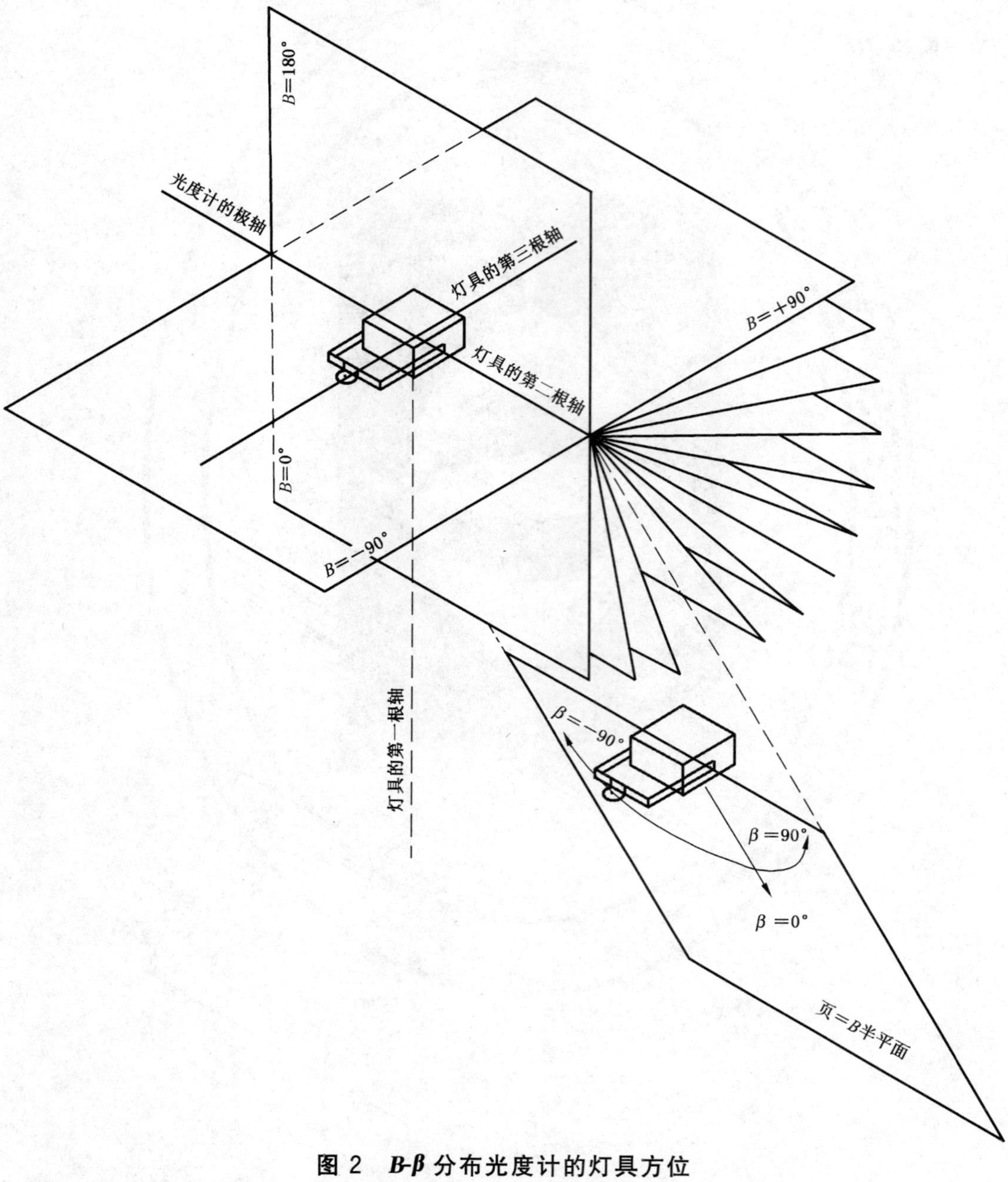

图 2 *B*-*β* 分布光度计的灯具方位

B-平面系统是通过光度中心的交集线（极轴）的一组平面且平行于第二根轴。

B-平面系统严格地与灯具耦合，并且随灯具一起倾斜。第一根轴通过光度中心且垂直于灯具的出光口面。它位于 $B=0°$ 的半平面内，通常方向 $\beta=0°$。第二根轴与 $B=0°$ 平面的交集线重合。

这种坐标系统通常用于泛光灯具的光度测试。而且，垂直于灯具发光口面的基准轴经常被水平放置，系统可以使用另一种形式（V，H 系统）。见 CIE N°43.1979[18]。

3.4.3 *C*-平面

C-平面系统是通过光度中心的垂直线(极轴)为交集线的一组平面。

C-平面系统在空间内严格地定位,并且不随灯具倾斜。在灯具0°倾斜时,*C*-平面的交集线仅垂直于*A*-和*B*-平面的交集线。除了灯具是0°倾斜以外,它不必与灯具的第一根轴重合。第一根轴通常通过光度中心,而且垂直于出光口面。第二根轴位于*C*=0°平面内。

该系统通常用于室内照明和道路照明的光度测试中。在室内灯测试中,灯具的第三根轴是长轴,而在公共场所照明中(见34-1977[19]),灯具的第二根轴通常平行于道路轴线。

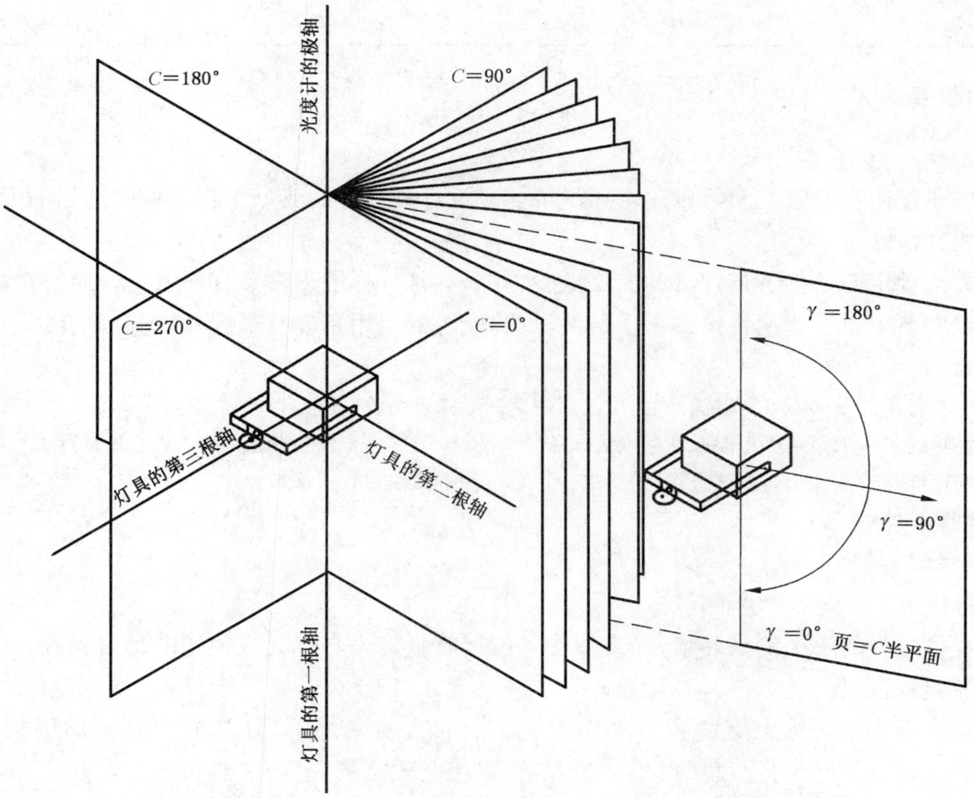

图3 *C*-γ 分布光度计的灯具方位

3.4.4 相互关系

在每个平面系统内的某个方向被分别用两个角度来表示:

a) 一个是用角度*A*、*B*或*C*表示的*A*-平面、*B*-平面或*C*-平面的倾斜角度;

b) 一个是在相关的*A*、*B*或*C*半平面内的角度α、β、γ。

A-平面系统(或*B*-平面系统)内的α角(或β角)从垂直于*A*-平面系统(或*B*-平面系统)的交集轴的方向起测量至±90°。作为0°的*A*(或*B*)半平面,包含了第一根轴,且正交于灯具的第二根轴(*A*-平面)或包含了第二根轴(*B*-平面)。*A*-平面和*B*-平面取0°至±180°。

C-平面内的γ角从垂直于*C*-平面交集轴方向起测量至180°。由于灯具可能倾斜,这根轴不必与灯具的第一根轴重合。作为0°的*C*半平面包含灯具的第二根轴。从灯具上方看去以逆时针方向从0°半平面起测量,其他半平面被指示至360°。如果灯具有一个对称平面,这个平面包含灯具的第三根轴,并且与*C*=90°/270°平面重合。如果灯具有两个对称平面,那么横截面包含灯具的第二根轴,并且通常做法是使其与*C*=0°/180°平面重合。

下面表1列出的转换方程能用于不同系统间的坐标转换,并且在按上述的规范表示时是有效的(坐标系统中灯具轴线的方位)

表 1 平面系统间的转换方程

方向		转换公式	
已知的	要求的	平面的经度角	平面内的角度
A,α	B,β	$\tan B=\tan\alpha/\cos A$	$\sin\beta=\sin A\times\cos\alpha$
A,α	C,γ	$\tan C=\tan\alpha/\sin A$	$\cos\gamma=\cos A\times\cos\alpha$
B,β	A,α	$\tan A=\tan\beta/\cos B$	$\sin\alpha=\sin B\times\cos\beta$
B,β	C,γ	$\tan C=\sin B/\tan\beta$	$\cos\gamma=\cos B\times\cos\beta$
C,γ	A,α	$\tan A=\cos C\times\tan\gamma$	$\sin\alpha=\sin C\times\sin\gamma$
C,γ	B,β	$\tan B=\sin C\times\tan\gamma$	$\sin\beta=\cos C\times\sin\gamma$

4 试验的实验室要求

4.1 总则

试验目的是使用实验室之间可以比对和尽可能接近灯具设计的典型工作条件的适当的设备和方法检测灯具的特性。

应按照本章规定的条件进行灯具的光度试验，并出具符合标准测试条件的报告。对特定的情况，光通输出比测试的要求没有指明特定的工作条件，灯和光源的使用条件有疑问时，测试应在以下所述的标准条件下进行。

注：如果一个特定的条件不可能被满足时，应该用一个测量修正系数(见第 7 章)。

如果灯具的实际工作条件不能服从标准测试条件，那么应确定一个使用转换系数(见第 7 章)。在这种情况下，建议按标准试验条件出具测试报告，并且报告特定条件下的使用转换系数。

4.2 标准试验条件

4.2.1 试验房间

a) 测量位置

应提供这样的一个测试环境，光度探头只能接收直接来自灯具或预期的反射光线。

b) 气流，环境温度

测量应在无烟无尘无雾静止空气中进行。除非有特别规定，灯具或裸光源周围的温度应是(25±1)℃。对于对温度不敏感的光源，可以接受较宽的温度范围(见 4.3.1 和 4.5.4)。

4.2.2 试验光源

光源应符合相关 IEC 推荐文件[2-11]的要求，并按文件进行测量。如果没有相关的推荐性文件，尽可能地符合光源制造商标称的规范。

如果光源制造商在产品目录中提供了非 25 ℃的环境工作温度的光通量，那么裸光源在 25 ℃下测量时，应使用灯泡制造商提供或实验室确定的温度修正系数，使相关光源的测量更接近于光源目录中的数据。

光源应按照第 5 章推荐的办法选择。

4.2.3 测试镇流器

灯具和光源的测量应使用内装式镇流器。如果镇流器不是内装式的，应该使用灯具制造商认可的镇流器，并且灯具和裸光源的测量应使用相同的镇流器。

在型式试验时，应按第 5 章的推荐选择镇流器。

4.2.4 测试灯具

灯具应代表制造商的常规产品。

灯具应被正常安装在设计的使用位置，但被明确提供的测试位置可以略微不同。比如，对于大众化的照明灯具，选择测量位置的普通的做法是将灯罩的出光口面处于水平面内。

在型式试验时，应按照第 5 章的推荐选择灯具。

4.2.5 试验电压

电源端的试验电压应是额定灯电压，如果有镇流器，应是适于镇流器使用的额定线路电压。

电压应按第5章推荐的进行控制。

4.3 现行的试验条件

当事实上不可能使光源和灯具的试验在无环境温度的变化和无气流的环境里进行时，应做测试以保证实验室的条件是令人满意的。

当因为4.3.1和4.3.2推荐的环境温度和气流发生变化，光源或灯具的光输出受到影响时，应被观察到。通常，这些考虑仅应用于测试管形荧光灯或用管形荧光灯的灯具，而且，对其他某些类型的气体放电灯管也许同样是重要的。

4.3.1 环境温度变化

在光源或灯具的测试过程中，平均环境温度应是(25±1)℃。

第5章中规定，对某些类型光源可以接受较大的范围。

如果测量中温度超出了接受范围，那么应按7.3.2.2的规定确定一个修正系数，并应用到每一个读数。如果因为试验不在25 ℃进行而导致光源或灯具的光通量的变化超过1%，那么修正系数是必需的。

如果光度试验是按照这些要求进行的，那么这些可以视作在相关于标准环境温度25 ℃条件下进行的测量。

4.3.2 气流

裸光源或灯具周围的空气运动会降低工作温度，使一些类型的光源光输出受到影响。引起空气运动的原因有气流、空调或测试设备上的灯具的移动。灯具周围的空气运动速度不能超过0.2 m/s。对于允许较大环境温度范围的光源，较快的空气运动速度可以被接受。

为保证实验室条件令人满意，应进行以下检验，在进行低气压汞荧光灯的测试时，检验尤其重要。

4.3.2.1 光源或灯具的运动

光源稳定后在特定方向上读取一个光强值。然后，通过光度探头在垂直面内转过360°的等效方式，光源以一个正常的速度运动，随后立即测量光强。这两个读数应是在相同的试验条件和相同方向上的光强值，通常在最低点。两个读数之差不应超过2%。第二种相同的试验检验光源以正常速度通过360°方位角旋转时的影响。

在分布光度计所有垂直和水平转动范围内对灯具进行相同的试验。

当然，对于光源与光度探头相对运动时光源或灯具被固定在测试空间内的系统形式不进行这个试验。

4.3.2.2 气流和空调

将一个安装在光度计上的裸光源在建议的实验室条件下稳定，在已知的环境温度下测出某一特定方向上的光强值。然后关掉空调，尽可能减少剩余气流，再使光源稳定，然后在相同的环境温度里测试光强。两个读数之间的差异不能超过2%。

同样的试验在灯具上进行。

应在光源或灯具位于分布光度计的不同位置上重复进行这样的试验。

4.4 光度设备

分布光度计上的照度计的稳定性在灯具光度测试中是至关重要的。照度计通常由一个内置的或可分离的光度探头和连接设备组成。

4.4.1 分布光度计的照度计的要求

连接到分布光度计和积分球的光度计应完全地满足表2的要求。表格所示的误差是基于CIE69—1987[20]为适用于商业的设备作出的评估(有些国家的国家标准中最大允许误差可能不同，见举例DIN5032-7[21])。表2应与下述各个分条款一起阅读，在最初使用时应检查每个仪表的数值，厂家应提供必要的数据。使用者应考虑到与具体测试任务有关的测量误差。在每次计量时校验总响应通常是够了,但如发现有显著差异时,应检查光谱响应和线性。

表 2　光度计的容差

参数	相关的误差参数符号	最大值
V(λ)匹配	f_1	2%
紫外线(UV)响应	u	0.2%
红外线(IR)响应	r	0.2%
余弦响应*	f_2	1.5%
偏振函数	f_8	0.2%
不均匀照明的影响	f_9	0.2%
线性	f_3	0.2%
疲劳	f_5	0.2%
温度函数*	a	0.2%/K
调整光线的评估	f_7	0.1%
显示单元的误差	f_4	0.2%
量程变化	f_{11}	0.1%
* 仅在适用时,见 4.4.1.6 和 4.4.1.7。		

在灯具光度测试中,应特别注意下面提到的性质和要求。应结合 CIE 69-1987[20]来阅读,对于可能进行数值评价的地方提供了客观的误差评价方法。

4.4.1.1　校准

在整个测量范围直至照度计要测的最大照度,标准计量条件下(标准照明体 A 实施的同源的正常照明)测得的光度计的校准参数应达到规定的准确度±1.5%。

为了确保仪器维持在要求的限值以内,应进行最初的全性能检查,然后进行定期复查。

4.4.1.2　线性

在整个工作范围内,光度计的响应应是线性的。在显示范围的可用部分里,线性误差不应超过 0.2%(比如,高于满量程值的 10%)。

建议用 CIE 报告 69—1987 描述的类似方法测量光度头的线性响应。

用于这种测量的设备范例可以在 Sanders(1962) [22]和 Hoppmann(1958)[23]的论文中找到。

4.4.1.3　疲劳

在任何一个测量过程中,当接收一个不变的光度时,光度计应是稳定的。在测量 1 000 lx 时,因疲劳引起的误差不应超过 0.2%。

在整个测量范围内包括光度计需用到的最大光度值处都应检查光源稳定输出时的响应。至少在 30 min 内,读数应在±0.2%内保持稳定。检查时,应在重复读数之间插入黑暗的时间,以考察光度计是否会受长时间亮或暗的不利影响。由于不能对光电池过度疲劳的影响进行测量误查修正,所以应将试验时有此现象的光电池抛弃。

为了避免光度计暴露于超过厂家声称的安全限值的高的照度下,用来减少光量的阻光孔或经校准的中性滤光器,应在整个感光表面均匀地起到作用。阻光器的每次定位的位置应是唯一的,而且被牢固地固定。阻光器的工作不应影响光度探头的“观察”或是其他附件对光度探头附件的“观察”,比如,对倾斜入射光线的修正。

4.4.1.4　响应时间

光度探头应即时响应任何光度变化。

用自动设备记录读数时，应检查整个设备的动态误差。这种误差的例子如：因光度计模拟部分时间常数的延迟，模拟转换成数字的转换率或自动量程转换仪的开关时间。

对带有可连续运动的光度探头或灯具的分布光度计，同样有必要在记录角度时没有动态误差。光度计的响应时间与可移动部件的速度应匹配，以保证足够的准确性，以及考虑了所测的光强分布的光滑性。使用者应将设备记录的光强分布与分步测到的结果进行比较来检查设备。在必要时，应对不同的光分布重复做这种检查。

4.4.1.5 光谱响应

光度探头的光谱响应应严格地跟随的 CIE 光谱光效率函数 $V(\lambda)$。

在对气体放电光源的绝对测量中，如果 $V(\lambda)\mathrm{fit}(f_1)$ 的误差超出 2%，就应使用一个系统光谱修正系数。在确定这个修正系数时，光度探头的光谱响应和被测量光源的光谱分布应是已知的。

在相对测量中，$V(\lambda)\mathrm{fit}(f_1)$ 的误差应不超出 3%。因为灯具可以修改光源的光谱，所以这个要求提高了。

光谱响应的初始测量通常是由光度探头的制造商进行。

使用者应周期性地检查保证没有明显的改变。这可以用照度计测量三个稳定滤色器的光透过率来进行。测量应始终在相同测试条件下进行，以减少外来影响引起的误差。在每一次测量中，光源应使用白炽灯泡并在同一色温下工作，通常是 2856K(CIE 照明体 A)。具有以下类似特性的滤光器适用于这种测量。

蓝色滤光器：Schott	玻璃	型号	BG28，2 mm	或者	Kopp CS 5-59，玻璃	型号	5433
绿色滤光器：Schott	玻璃	型号	VG14，2 mm	或者	Kopp CS 4-64，玻璃	型号	4010
红色滤光器：Schott	玻璃	型号	RG610，2-3 mm	或者	Kopp CS 2-61，玻璃	型号	2412

注：Kopp 过滤玻璃原来以 Corning 为商标销售。

过滤器的透过率，特别是红色过滤器，会对温度的变化敏感。因为这个原因，不应将它们靠近光源安放。

4.4.1.6 温度影响

光度计的输出也许会受环境空气温度的变化的影响。比如，在温度每上升 1 ℃时一个硅光二极管的响应会下降大约 0.1%。

如果光度计被恒温控制，就可以消除由此引起的问题。如果未提供这种设备，光度探头的环境温度被控制在以下限值内。

a) 相对测量：空气温度控制在目标值(最好 25 ℃)±2 ℃以内。

b) 绝对测量：与相对测量一样。测量期间的目标温度应与计量时常用的温度一致。

如果温度和响应存在线性关系，可以使用修正系数。

4.4.1.7 余弦响应

在整个入射角的工作范围里，光度探头对一个给定照度的响应不应有明显的变化。

如果将光度探头安装成接受与法线的夹角大于 20°左右的光线，那么大多普通类型的光电池将仅需要修正。角度响应(f_2)误差应不高于 2%。

4.4.2 用于监视光源的辅助探头的要求

有些类型的分布光度计，灯具不能在它的设计工作位置上测量，而且某些气体放电灯在倾斜时光输出发生变化。有时用一个辅助探头监视光输出来修正这种变化是可能的。

用于这种目的探头无需对光谱响应或是倾斜入射光线进行严格地修正。仅对低疲劳和数值飘移有严格要求。

辅助探头应与被监视的灯具刚性地固定在一起，以保证其跟随灯具移动。它最好是受到整个发光面的照射，并被遮挡使之仅对来自灯具的直射光响应。在所有正常的测试位置，选择的辅助探头的位置不能对到达主光度探头的光线造成任何干扰。

4.4.3 一个准直光度探头的要求

在专业设备上，分布光度计有一个准直光度探头，探头只接收与探头法线成夹角 α 以内的到达测试表面的光线。

这个 α 角应不大于 2.5°。对于光强分布尖锐变化的特殊灯具类型，甚至这个角度也许还不够小。

光度探头的尺寸大小应足以使它有效地看到整个灯具。这个探头直径应是：

$$d = D + 2r\tan\alpha$$

式中：

D——灯具的最大尺寸；

r——灯具离探头表面的距离。

光度探头的响应在它整个测试表面应基本上是一样的。

这种类型的光度头的描述可以在 Frederiken(1967)[24]、Soardo(1979)[25]或是 CIE70-1987[18]中找到。

4.4.4 分布光度计的要求

见 6.2.1。

4.5 其他实验室设备

4.5.1 电源

a) 电流容量

电源供电应为连接的负载提供足够电流容量。在特殊情况下，电源包括辅助变压器应具有非常低的阻抗。

b) 电压稳定性

应设定灯具的电源或裸光源终端电压，并按照第 5 章的要求保持稳定。

c) 交流频率

对使用放电灯管的灯具，交流电源的频率应维持在要求频率的±0.2%以内。

d) 交流波形

交流电源的电压波形的谐波含量应尽可能低，并且不应超过基波的 3%。如果仅测量钨丝光源灯具，可以放松这个要求。

注：谐波含量是指单个谐波的有效值(r.m.s.)总和，基波为 100%。

e) 直流纹波

如果是直流电源，灯具的接线端子处的交流成分应不超过 0.5%。

f) 电磁场

由电源和灯具或裸光源的供电回路产生的电磁场应被忽略，并且在光度检测线路内不应产生电动势。光度探测器的暗电流的检查应在最不利的条件下进行，以检查读数被影响的量值。同样应关注附近计算机和视屏可能引起的干扰。

4.5.2 电气测量设备

电压表、电流表和功率表应达到 0.5 级或者更好。

注：由于计量以后可以对读数做足够的修正，电源电压控制在设定值±0.2%以内的要求并不意味着需要用准确度优于 0.5 级的电压表。

需要测量有效值(r.m.s.)的设备不应有波形失真引起的误差。当测量高频放电光源时，应特别关注设备的频率范围。

因为电气测试设备的准确度易随时间而改变，所以应周期性给予检查并以适当时间间隔进行校准。

潜在回路：与一个放电灯管交叉连接的电压表和功率表的潜在回路应不导致增加的额定运转电流大于 0.5%。

电流电路：与放电灯管串连的电表和功率表的电流电路应有足够低的阻抗以保证电压降不超过额

定光源电压的0.5%。

4.5.3 电气回路

所有导线和连接器应用足够小的阻抗，使得全部的电压降不超过光源或灯具额定电压的0.5%。测量电路应按照IEC光源推荐内容[2-11]。

4.5.4 温度测量设备

空气温度可以用任何简便型式的温度计测量(比如：玻璃内注液体，热电偶，热敏元件)，准确度为±0.5 ℃。温度计应被封闭在一个金属容器内，其外表面抛光以反射辐射(但需要时用遮拦的办法阻挡反射光线到达光度头)。然而，应当心处理以保证温度仪不会阻挡灯具发出的所有直射光到达光度探头。

5 光源、镇流器与灯具的测试设备

5.1 光源

5.1.1 所有种类的光源的总要求

为灯具型式试验使用的光源应按照相关的IEC光源标准[2-11]。如果此类推荐内容不存在，应遵照光源制造厂的规格。

a) 物理特性

由于与测量有关的光源尺寸应该尽可能地接近标称值。光源灯头和光源泡壳应尽可能地按标称位置安装。

应尽量避免光源属于不同的类型。

b) 电气参数

按照IEC光源标准[2-11]的基准条件下测试时，光源功率应不超过额定值的±5%。

c) 光度特性

光度测试中需要光源有稳定的光输出。在不变的电源电压下和重复的操作时，光源的光通输出应不变。

所有的光源应进行周期性的老炼工作直到光通输出显示稳定。如果热稳定后，以15 min为间隔的三次连续的光输出读数的差异少于1%，光源可以暂时地被看作是稳定的并适于试验要求。然后，测试光源应允许被冷却至房间环境温度，然后再次点亮。当光输出稳定后，它的读数应不超过前三次读数的最后一次的2%。这样的光源可以被看作测试光源。这样的检查应周期性地重复进行。

如果多光源灯具的光源具有相同型号和功率，应选用在相同参考条件下工作时光通输出差异不超过3%的光源。

d) 工作和处理

在连续的裸光源试验中，测试光源工作时的位置和电气连接应始终不改变。为方便起见，光源应适当标志。在装进灯具时，光源的电气连接应尽可能地始终保持不变。当灯具中的光源工作在灯具的设计位置时，裸光源应工作在依照相关的IEC光源推荐资料[2-11]进行额定光通测量的位置上。

应在老炼前确定荧光灯的电流路径。

e) 灯具中光源的摆放

灯具的光度分布常取决于光源的摆放、涉及钨丝的开口、放电管的支架、灯头和灯座的允差等。应注意服从制造厂的规定要求。

5.1.2 光源的光中心

在测试裸光源时，光学中心应依照以下标准方法确定，见图4。

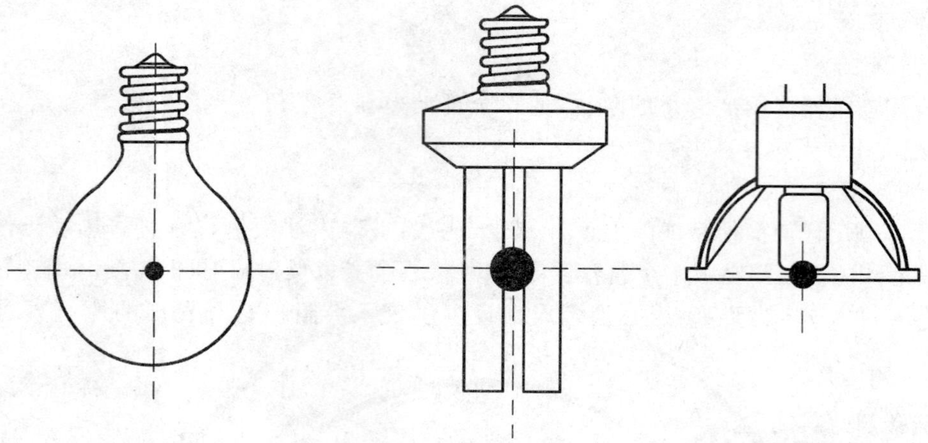

a）白炽灯　　b）紧凑型荧光灯　　c）带反射器的光源

图 4　白炽灯、紧凑型荧光灯和带反射器光源的光中心

a）　钨丝灯，透明的或少许漫射的灯泡

依照钨丝的外形轮廓的立体几何中心。

b）　漫射或荧光灯泡的光源

光源玻壳漫射部分的中心。

注：这种类型包括直管荧光灯和带漫射或颜色修正玻壳的管形气体放电灯。

c）　气体放电光源，曲状的放电弧

由放电弧中心线构成轮廓形成的平面图形的重心。

注：这种类型包括 U 型管脚钠灯以及环形和成弯曲状的荧光灯。

d）　带内部反射器的光源

反射器总体开口形状的平面图形的重心。

5.1.3　不同类型光源的特殊要求

5.1.3.1　白炽卤钨光源

a）　物理特性

对于带漫射泡壳的光源，灯泡的漫射质量应达到产品的平均水平。

注：光源泡壳的漫射质量的测量方法正在考虑之中。

当透明泡壳的光源与镜子一起安装使用在灯具里，钨丝中心位置应在相关 IEC 标准[2-4]限定的范围内。

b）　电气参数

测试过程中，电压应控制在不超过试验电压的 0.1%。

对于裸光源的测量，推荐用一个特殊的四极灯座以准确地进行电气测试。这个测量座包括两组单独的电源连接，每组与光源应有一个接触点，一组提供光源的电源而另一组用于电压的测量。

注：对于测试数量大的光源，需要对光源重复进行操作，可以采用降低测试电压的方法（额定电压的 95%较好）来减少光输出时的飘移，延长光源的寿命。这个做法不能用于强调颜色的灯具。

对于使用绝对单位的测量，测试电压应是额定电压。

c）　光度参数

白炽灯的光通量与电源电压密切相关。应注意避免变化的电阻性触点和导线上的电压降。

如果与测试电压有关的适当电流是根据特定的测试光源确定的，那么建议对光源进行电流控制。然而应注意的是，由于光通量对电流变化的敏感程度比电压变化更大，所以电流控制的容差仅是电压控制的一半。

连续光通量测试的重复性应在±1%。如果一个稳定的基准光源用于一连串的测量中，应该不需要每次测量裸光源的光通量。

老炼：在额定电压下，时间是额定寿命的1%(或者额定寿命短于100 h为1 h)。

燃点位置：垂直，灯头在上，光源制造商另外指定的除外。

d) 操作和处理

裸光源应仅在厂家允许的位置上工作。透明泡壳的光源应在灯头上作出标记，以保证光源在灯具中相同位置工作。

环境温度应在20 ℃～27 ℃。测量期间，温度变化应不超过±3 ℃。

卤钨光源在热的时候不应被移动。在偶尔手指接触后，即使是冷的，光源也应用酒精仔细擦拭去除所有的油脂沉积物。

5.1.3.2 管形和紧凑型荧光灯(包括汞齐光源)

a) 物理特性

光源玻管的漫射质量应与产品的平均水平一致。

光源应没有明显的黑端，与轴垂直的中心平面在各个方向的光强应不超过平均光强的3%。

b) 电气参数

测试电压应是灯具额定的线路电压。

测量期间，应用电压应不超过指定电压的±0.5%。

c) 光度参数

管形荧光灯的光通量与环境温度、气流和光源的位置密切相关。

连续光通测量的重复性应在±2%以内。

老炼：至少100 h，镇流器应依照相关的IEC光源标准(比如，81，901，969[5-8])，在额定的电路电压下，每24 h关闭最少8次，关闭时间10 min。气压控制的光源应至少老炼200 h。光源的老炼位置：水平或依照相关的IEC光源标准。

d) 操作和处理

裸光源应在光源制造商规定的燃点位置上工作。

灯具内的光源应在灯具的设计位置工作。光源引线和镇流器的连接应作标记，以保证引线和连接器在整个测试过程中保持不变。

环境温度应在25 ℃±1 ℃。光源周围应尽可能地没有气流。

对于其他工作条件，需要引进测量修正系数(见第7章)。

单端紧凑型荧光灯：经验表明光源在正常工作时，所有过量的汞在放电管内会以小滴状分布。稳定这类灯具的时间可能要求达到15 h，使过量汞移至灯管的冷端。一旦它通过了老化阶段，在光源保持在相同位置并且没有受到振动和摇晃的情况下，每次重新点燃时，光源通常将仅需15 min稳定时间。

自镇流光源：自镇流光源的稳定时间可能要求达到15 h。

5.1.3.3 高压汞蒸气光源

a) 物理特性

对于涂敷有荧光的或漫射层的光源，光源泡壳的质量应达到产品的平均水平。

b) 电气特性

测试电压应是与所用镇流器相适应的额定线路电压。测量过程中电压应不超过指定值的±0.2%。

c) 光度特性

高压汞蒸气光源的光通量与光源的位置有关。因为光源位置变化时，透明泡壳的放电弧内产生放电位移，所以光度分布随光源位置而变化。

老化：使用符合IEC标准188和923[8,13]的镇流器至少100 h，在额定线路电压下，每6 h关闭 30 min。光源的老化位置:垂直,灯头在上,除非厂家另有规定。

d) 操作和处理

通常裸光源以垂直位置燃点,灯头在上。

灯具内的光源应在灯具设计的位置工作。其他工作条件下应引入测量修正系数。

环境温度应在 20 ℃～27 ℃范围内。测量过程中,温度变化不应超过±3 ℃。

5.1.3.4 金卤光源

a) 物理特性

对于涂敷有荧光的或漫射层的光源,光源泡壳的质量应达到产品的平均水平。

注:光源玻壳漫射质量的测量方法正在考虑之中。

b) 电气特性

测试电压应是与所用的镇流器相适应的额定线路电压。测量中电压应不超过指定值的±0.2%。

c) 光学特性

金卤灯的光通量与燃点位置和最近的前一阶段的工作条件关系密切,光度的几何分布、颜色和光通量随位置的变化而变化。

老化:在额定线路电压下 100 h,使用符合 IEC 标准 1167 和 923[9,13]或者符合厂家要求的镇流器,在所在的试验位置上每 6 h 关闭 30 min。如果要求光源在多于一个燃点位置工作,应为每个燃点位置分别准备光源。如果光源在老化过程中光弧呈现螺旋滚动,应尝试用另一个光源。如果在给定的燃点位置,不能找到具有稳定几何形状的光弧的光源(光弧螺旋滚动经常会发生在垂直位置),那么光源可以工作在允许范围内的倾斜位置进行试验。

再老化过程:如果光源不是在老炼时的燃点位置工作时,应要求一个再老化过程,直到再次达到稳定的输出。

d) 操作和处理

裸光源应仅工作在光源老化时的位置。灯具内的光源应通常工作在灯具的设计位置。这可能要求不同的燃点位置用不同的光源进行老炼。

环境温度应在 20 ℃～27 ℃。测量中,温度变化应不超过±3 ℃。

当光源热时,这种类型的光源不应被移动,因为会影响光源内金属的分布而改变光源的特性。在关闭光源后,需冷却至少 5 min。光源应按其工作位置存放。应在光源灯头上作标记指示它们的工作位置。

5.1.3.5 低压钠灯

a) 物理特性

低压钠灯的钠滴应均匀分布。

b) 电气特性

测试电压应是与所用镇流器相适应的额定线路电压。在测量中,电压应不超过指定值的 0.2%。

c) 光度特性

老炼:在额定电压下,使用符合 IEC 标准 192 和 923[10,13]的镇流器至少老炼 100 h,每 6 h 关闭 30 min。光源的老炼位置:水平,通常 U 型管的轴处于垂直面内。

d) 操作和处理

裸光源应工作在水平面内。

灯具内的光源应在灯具的设计位置工作。操作中允许的光源工作位置应限制钠的移动。没有钠保持措施的光源水平燃点位置应限制在灯头水平朝下倾斜 5°以内和灯头水平朝上倾斜 15°以内。其他光源可以在与水平方向 20°夹角内工作,除非厂家另外指定。

环境温度应在 20 ℃～27 ℃。测量中，温度变化应不超过±3 ℃。

操作低气压钠灯时需要特别当心。当光源热时，不应移动它们，因为会影响光源内金属的分布而改变光源的特性。即使已冷却，应仍旧小心的处理它们。

5.1.3.6 高压钠灯

a) 物理特性

对于涂敷漫射层的光源，光源泡壳的质量应达到产品的平均水平。

对于透明泡壳的光源，放电管的轴应不偏离灯头方向 3°。

b) 电气特性

测试电压应是与所用镇流器相适应的额定线路电压。测量中电压应不超过指定值的±0.2%。光源电压应服从 IEC 推荐的要求[11]。

c) 光学特性

环境温度对光源工作影响程度小，但更多严重的影响发生在一个封闭的灯具内，这是因为红外反射。应在弧电压稳定后对灯具内的光源进行测试。

老炼：在额定线路电压下老炼 100 h，使用符合 IEC 标准 662 和 923[11,13]或者服从厂家的规格要求的镇流器，在额定的电压下，每 6 h 关闭 30 min。光源老炼位置：水平。

d) 操作和处置

裸光源通常应工作在水平位置。灯具内的光源应工作在灯具的设计位置。

环境温度应在 20 ℃～27 ℃。测量中，温度变化不应超过±3 ℃。

5.2 试验用镇流器

灯具试验用的试验镇流器应是装在灯具内的镇流器或者是外部连接装置。镇流器应符合相关 IEC 标准[12-15]的电气要求或者符合灯具制造商的要求。镇流器的设置（基准条件下光源的电源输送）应不超过相关基准镇流器的±5%，并且应代表镇流器产品的设置和功率的损耗。如果镇流器设置超出这些限值，那么应引入一个镇流器的流明系数。

注：对于光输出比(light output ratio working)的测量，裸光源测量用的镇流器应是基准镇流器。基准镇流器的电气特性在相关的 IEC 光源标准[2-11]给出。

5.3 测试用的灯具

5.3.1 灯具的选择和操作

选择的灯具应代表厂家的常规产品。应按照制造厂的资料检查灯具的尺寸。

应关注所有影响光度性能的特征。光学部件应干净，所有部件应刚性定位于其设计位置。可调节的灯座应设置在厂家指示的位置。

灯具应依照厂家的指导安装，以保证其准确的机械位置。如果没有提供明确的说明，那么灯罩较低边缘所在的平面（或者穿过反射器口面，如果它是较低的）应被作为一个基准，而在平面图上看到的外轮廓的纵向轴应被作为第二个轴。

5.3.2 灯具的光度中心

灯具光度中心位置的确定应依照下文并参考图 5。但对于特殊类型的灯具可以指定其他标准。

a) 带有完全不透明侧面的灯具

如果光源腔是完全白的或发光的，位于主体灯具开口（或者穿过出口面的任何漫射或棱镜材料）的中心，而如果光源超出了灯具出光口平面或者如果光源腔是完全黑的或者不发光的，并且在出光口没有漫射或棱镜材料，灯具的光中心位于光源的发光中心。

b) 带有漫射/棱镜侧面的灯具

位于发光表面轮廓立体形状的中心；但如果光源超出了这个实体轮廓，应位于光源的中心。

c) 带有透明的侧面或没有侧面构件的灯具

位于光源的光中心。

注：装有两个或更多光源的灯具（具有近似相等的光通输出），光度中心是单个光源的发光中心构成的几何中心。

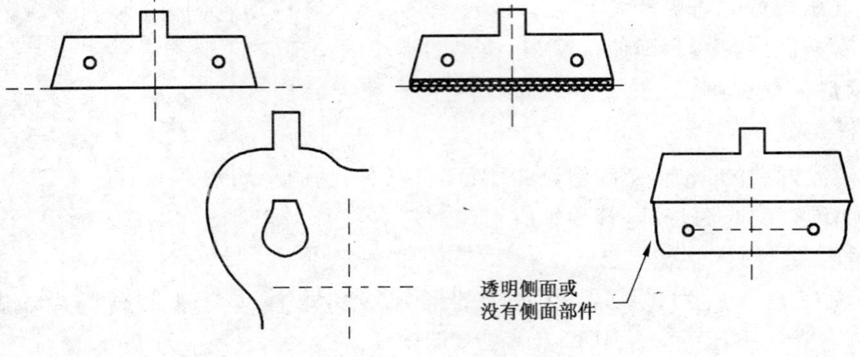

a) 带有不透明侧面、光源腔是全白的灯具

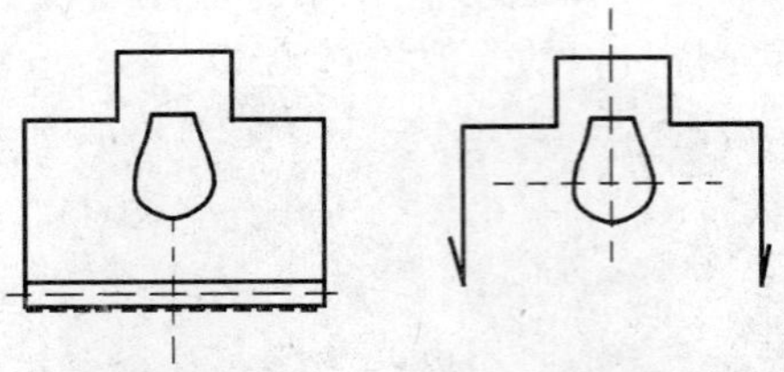

b) 带有透明侧面、光源腔是全黑的灯具

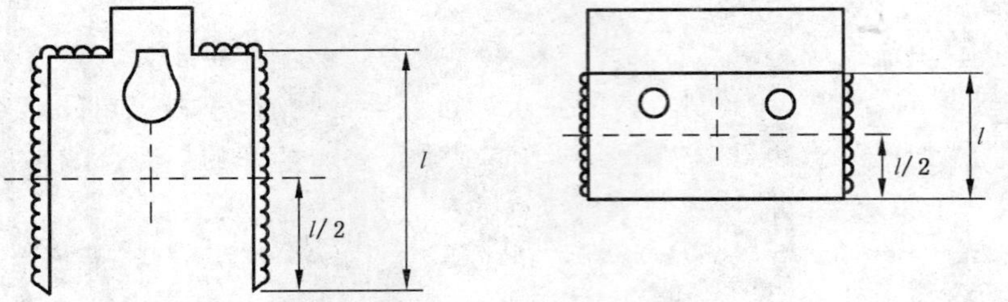

c) 带有漫射侧面或棱镜侧面的灯具

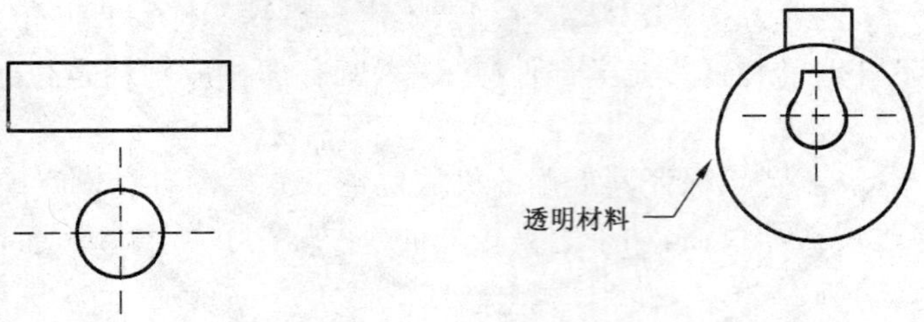

d) 带有透明的侧面或没有侧面构件的灯具都位于光源的光中心

图 5　不同灯具类型的光度中心

6　光度测试方法和实际测试程序

6.1　总则

6.1.1　绝对法测试

绝对法测试包括用适当的 SI 单位制校准过的设备测试。

因此分布光度计本身应被校准。在光强分布测量时，可以用一个校准过的光强标准灯或一个校准过的照度计测试照度后，用光学距离法则转换成光强。

6.1.2　相对法测试

通常不必对灯具使用绝对法的测试。

灯具的光输出经常相对于光源的光输出来确定，两者用任意的单位在相同的分布光度计上，与灯具的镇流器（如有）连接进行测量。测试结果可用每 1 000 lm 的光源光通量来表示。

这种用比率的表示办法可以用于所有的光度测试，测试使用任意的单位导出：灯具和裸光源使用相同的测试设备。设备的标尺比例被消除掉，测试中的误差也消除了。

6.1.3 灯具光度测量

6.1.3.1 光度测量

a） 光输出比（LOR）

要求对灯具和裸光源的光通进行测量。可以用光学积分球（见 6.3.2）确定或者用分布光度计测试光强分布来导出（见 6.3.1）。

b） 光强分布（相对法）

用分布光度计测量（见 6.2.1）。裸光源不需要测量。

c） 光强分布（单位 cd）

要求与 b）相同，但要用校准过的分布光度计，结果用坎德拉表示。

d） 光强分布（单位：cd/ 1 000 lm 光源光通）

用分布光度计（不需要校准）测量，但对裸光源也要求测量。

e） 灯具亮度（单位 cdm^{-2} 或 cdm^{-2}/ 1 000 lm 光源光通）

亮度可以测量或依照 6.5 从某特定方向的投影面积和光强来计算。

f） 照度分布（单位 lx 或 lx/ 1 000 lm 光源光通）

按照 6.6 测量一个面或一组面上的照度。

6.1.3.2 辅助测量

可能要求以下辅助测量（见第 7 章）。

a） 测量修正系数

为了把非标准条件的测量与标准试验条件下的测量联系起来，对非标准条件下测量的修正系数。

b） 工作转换系数

将标准数据转换到非标准工作条件的系数。

c） 镇流器流明系数

对特定镇流器对灯具的影响时通常要考虑镇流器流明系数。它可以用光学测试设备来确定。

6.1.3.3 导出数据

灯具的其他光度特性可以通过 6.1.3.1 和 6.1.3.2 列出的主要和辅助光度测量来推导。特定的区域光通量可以用绝对法或相对光强分布来推导。

推导计算的标准条件下的等光强数据或等照度数据的使用也非常广泛。

6.1.4 总的测量要求

应在 4.2 所述的标准测试条件和本标准相应章节的要求下测试灯具和光源。有关光源的操作应符合 5.1 的要求。

在灯具或光源光度稳定后才能开始测量。测量设备在使用前也应稳定。

应以 5 min 的时间间隔进行测量检查（例如：光强度），光度的稳定准则是在 15 min 内光强的变化少于 1%。

在读数据前应检查杂散光，并且用盖上光度头的方法检查零位。

在测试以及任何会影响测试结果的预备过程中，电源电压和环境温度应按照 4.2 和 5.1 的要求严格控制。如果 AC 电源有反馈电路，还应检查电源的频率。

在以后的测量中（比如使用分布光度计）应检查稳定性的保持情况。在测量的最后（以及在长期的测量内定期）应转回至初始位置（在分布光度计的 0°位置）检查初始光度读数误差是否在±1%内。这项检查非常重要。

如果不可能得到标准测试条件，应确定一个与主要测量有关的测量修正因数，见第7章。该因数应在进一步的计算前用于对读数的修正。

需要时，应确定镇流器流明系数。当镇流器流明系数超过1±0.05，就应该被声明。

6.2 光强分布测量

6.2.1 分布光度计

分布光度计的基本类型在3.2中有简单地概述，光强分布测试原理和不同分光度计的特性在CIE70-1987中有更全面的描述。

6.2.1.1 目的

灯具光度测试中，分布光度计主要用于测量给定方向上灯具的光强。测量可以得到光学特性或者可以转换成用于发布的图表形式，比如极坐标曲线。曲线可以是相对的(即取任意单位)或可以用cd/1 000 lm光源光通表示。

分布光度计也可以用来测试灯具的光通输出比，这要求使用相同的单位测量灯具和光源。

光通输出比可以用光度积分球测量(见6.3.2)，并且仅需分布光度计测量相对光强分布。然后可以用光通输出比来评价用cd/1 000 lm光源光通表示的相对分布。

分布光度度计也可以用来确定光度修正因数(见第7章)和测试灯具的亮度(见6.5)。

6.2.1.2 结构

在分布光度计的设计中，主要目的是要在可用空间里得到一个足够长的光程并使灯具保持在设计位置上。

分布光度计应能刚性地支撑灯具，而且在所有测试方向上，从光度探头感应表面的每一点应能完整地看到分布光度计设计测量的尺寸最大的灯具。在许多分布光度计上，灯具的支撑部件会阻挡光的路径，应将这种阻挡最小化。

设备结构应有相对光度探头的灯具位置的精确的角度测量装置，测量位置应准确到±0.5°，更严格的要求可以根据灯具的光分布情况，比如投光灯。

用于分布光度计结构内使用的镜子应被刚性支撑，且在所有正常旋转位置上应保持平展面。

6.2.1.3 杂散光的挡屏

杂散光是指除了直接来自被测光源以外，由反射光线或存在的其他光源到达光度探头的其他所有光线。应进行以下步骤使杂散光保持在最低水平。

光度应被遮蔽，使之尽可能地只看见灯具和安装板的较低表面(适当时)，使用镜子的光度探头应被遮蔽，使得只能看到灯具的像，而不能接收来自灯具部件的直射光。

光度探头看到的所有表面应刷无光黑漆，包括镜子的倾斜边缘。应注意，许多所谓的无光黑漆有一个亮度因数，它在表面近法线方向可达4%，甚至在入射的观察角度上更高些。布置挡屏时应使来自灯具的杂光需经两个至更多的反射面才能到达光度探头。在做不到时，应用黑色的天鹅绒、黑毯将表面覆盖住。挡屏上所有平行于光度头轴线或灯具轴线的边缘应被开槽、倒角或斜切成一个锐角以使到达光度探头的反射光线最少。

可以被光度探头看到的灯具周围的所有部分应是无光黑色，也许包括地板和顶棚。如果已采取了消除杂光的预防措施，房间的其余部分可以用稍亮的颜色。

不能忽略的杂散光的可能途径有：

a) 灯具——涂黑表面(地板、挡屏等)——镜子——光度探头；

b) 灯具——涂黑表面(地板、挡屏等)——灯具——镜子——光度探头；

c) 灯具——镜子——灯具——镜子——光度探头。

不能消除的杂散光应考虑在读数中减去随灯具位置变化的杂散光。

残余杂光的测量是困难的。例如，此类测试用的灯具与光度探头间的挡屏也可能挡掉经镜子到光度探头的杂散光的途径。

6.2.1.4　**测试距离(对基于光度距离法则的测量)**

光学测试距离是指灯具光度中心(见5.3.2)到光度探头表面的距离。

光强测试的距离应在可行的范围内遵循平方反比定律。总的来说,测试距离不应少于灯具出光口面最大尺寸的15倍。但是,对于过灯具长轴的平面上有近似余弦分布的灯具,最小测试距离可以是垂直于光源轴的发光面尺寸的15倍或者平行于光源轴的发光面尺寸的5倍。使用的最小测试距离应取两个距离的较大者。

应注意在某种情况下,比如光束非常窄的灯具,即使15倍的测试距离也许仍是不够的。

6.2.1.5　**光源、镇流器和灯具的选择**

应用第5章。

6.2.2　**灯具的测试**

6.2.2.1　**安装**

灯具应以它的设计位置安装在分布光度计上。灯具的光学中心(见图5)应与分布光度计的有效旋转中心一致。灯具定位的正确性应考虑分布光度计的方位角标尺和灯具的方位基准位置。

注:许多灯具的结构使之只能在其正常的安装位置进行光学测试。应做好预防措施以避免在重要的光学部件上发生下垂、变形或者移动等引起的机械性的干扰。

直接安装在顶棚或墙面的灯具应被固定在木质或木质纤维板构成的安装表面,板的尺寸不应超过灯具光滑外形的正投影。

6.2.2.2　**测量**

应用6.1.4的要求。

除特别指定,应使用c-γ坐标系统。在照明计算时,在准确度可被接受的范围内应允许在不同垂直面内的光强读数的数据和测量角度间隔内插入光强值。应从光分布的特性:对称或非对称,以及从测试中得到的最终结果、后续照明计算要求的精度来确定平面的数量。

灯具应平滑地没有摇摆地移动,对于使用对环境温度敏感的光源的灯具的移动应足够地缓慢使干扰灯具热平衡的程度最小化。敞开式荧光灯管灯具旋转时,周围空气的流速不应超过0.2 m/s。

光源特别是气体放电灯的光输出特性(见第5章),当光源不在正常工作位置工作时,会发生明显的变化。应用测量修正系数,见7.2。

因为光学部件存在微小变化,设计成对称分布的灯具始终应以两个半平面对称的方式进行测量。

建议做试验性的运转以找到光强的最大变化位置和变化率。

应修正分布光度计的支撑件和构件对光分布的测量的所有不利影响,这可能要求灯具位置做暂时的改变。

6.2.2.3　**偏振测量**

对给定方向上来自灯具的光线中偏振比例(典型垂直偏振)测量,应有措施使光度探头响应水平方向或者垂直方向的偏振光线。因为偏光器所具有的光线吸收特性,应测量垂直和水平分量以得到每个平面内偏振光的比例。

应注意的是,因为镜子本身的偏振特性,偏振测量会引入一个由分布光度计中的镜子带来的误差。

6.2.3　**裸光源的测试**

6.2.3.1　**安装**

裸光源应按与光源的光度数据相关的设计位置安装。光源的操作和处置要求见5.1。

设计成通用安装方式的光源(比如,一些高压汞蒸气光源),不着可以以任何位置安装,并被提供了与选择位置有关的光源数据,它的位置就应该与在灯具里的工作位置相同,这种情况下测量的光源位置应标示在检测报告中。

光源的光度中心应是分布光度计旋转的有效中心(见5.1.2)。

光源应被正确放置。一些光源比如光源装有卡销灯头，可要求修改灯座以提供一个刚性足够的支持。对于白炽灯泡，建议使用一个特殊的四极灯座以确保电气测量的准确度。

6.2.3.2 测量

通过裸光源的光强测量对光度探头或裸光源的光通量进行校准(见6.3.1)。

应用6.1.4的要求。

裸光源的测试应最好在灯具测试之前或之后立即进行。测量单位与灯具测量相同。可以进行完整的光源光强分布的测试或者选择与光源光通量有关的方向做简化的测量。

如果光程足够，并满足6.2.1.4的要求，可以缩短光程以提高光度读数。

a) 完全测量

在许多方向上采集光强读数，测试程序与灯具的测量相类似(见6.2.2.2)。

b) 简化的方法

需要求一个以前校准过的光源。大多数的光源如果被细心地保护，可以保持光源的光通量 A 与选择的方向上的光强 B 的比值近乎不变。这种比例可以在一个完整的测量中建立起来。在以后的测量中，在选择的方向上测量光强 C，裸光源的光通量 Φ 用公式来确定。

$$\Phi = C \cdot A/B$$

建议 B 和 C 各取两个方向的值，然后取平均值。应选择光强接近于最大光强的区域且光强随角度不快速变化。

通常在光源的对面，与光源轴成90°方向进行测量。如果光源光强随角度快速变化，读的数据量应成倍地增加，然后取平均值。A/B 的值应定期地检查，除了管型荧光灯外。这个方法不推荐透明泡使用。

c) 多光源灯具

对于多光源灯具，每个光源分别测试(需要时，每个灯使用自己的镇流器)。使用一个镇流器的所有光源应在相同环境温度条件下测量。

6.3 灯具光通量测试

6.3.1 总则

在灯具光度测试中，需要测定光通量来确定光输出，总光通量或向上、向下光通以及灯具的区域光通。裸光源的光通量测试允许灯具光输出特性用每1 000 lm光源光通表示。

6.3.2 光强求积法

6.3.2.1 目的

这种方法需应用到环带光通或总向上光通或向下光通的电脑计算。光通量的确定根据光强读数的数目以及一个适当的计算方式，比如直接计算、罗素角、环带常数等。

6.3.2.2 分布光度计的相关计算

用光强求积的方法对裸光源光通量的计算允许将任意单位的灯具光强分布测量转换为坎德拉每1 000 lm裸光源光通量。条件是光源是在相同的任意单位下测量。不需用绝对的单位来计算。

计算的相关方法的原理表示如下(用 c,γ 体系测量)。在给定的 c、γ 方向上的光强 $I_{c,\gamma}$ 与1 000 lm光源光通相关，见式(1)：

$$I_{c,\gamma} = kR_{c,\gamma} \cdot 1\,000/\Phi \quad \cdots\cdots(1)$$

式中：

$R_{c,\gamma}$——光度计以任意单位的读数；

k——一个不变的比例系数；

Φ——所有光源的总光通量。

如果光度头以相同的任意单位测量，光源的光通量公式：

$$\Phi = \int_0^{2\pi}\int_0^{\pi} I_{c,\gamma}\sin\gamma \mathrm{d}\Phi \mathrm{d}c = k\int_0^{2\pi}\int_0^{\pi} R_{c,\gamma}\sin\gamma \mathrm{d}\Phi \mathrm{d}c = k\Phi_{\mathrm{R}}$$

式中 Φ_{R} 是用任意单位的读数计算出的相对光通量。

此时式(1)可以转换成：

$$I_{c,\gamma} = kR_{c,\gamma}1\ 000/k\Phi_{\mathrm{R}} = R_{c,\gamma}1\ 000/\Phi_{\mathrm{R}}$$

因为比例系数 k 已从公式中消掉了，测量可以全部用任意单位来进行。

注：用光度探头测到的裸光源的照度经常低于灯具很多。这时，低的测量灵敏度和线性会引起问题。因此为得到一个足够的照度值，可以缩短测试距离，然后用距离反平方比转换测试结果。用较长的距离进行灯具的光度测试。

6.3.3 积分光度计

6.3.3.1 目的

在灯具的光度测试中，积分光度计用于裸光源光通量的绝对光度测试是方便的。它可以用于确定几种光度因数，包括镇流器流明系数(见第7章)。

用积分光度计来测量光通量不用像分布光度计的测量有许多读数，且灯具或光源的热稳定较容易控制。

如果光源的光强分布与灯具非常不同，不推荐用积分光度计来确定光输出比。

6.3.3.2 结构

一个积分光度计应相对于被测物体有足够大的尺寸且形状最好是球形。

应提供一个辅助光源来得到一个修正系数以修正在测试中被灯具或光源相互反射的光线的吸收。

应提供方式来控制积分器内的空气温度。使用的系统不应在灯具工作时在其周围造成气流。

经验表明，除球队形以外其他形状的积分器可以用于一些场合下，但它们的使用应限于比较相同类型的灯具的性能或确定光度修正系数。

关于这些以及积分器的设计和使用的其他方面在 CIE 84-1989[26]中有更详细的描述。

6.3.3.3 光源、镇流器和灯具的选择

应用第5章的要求。

6.3.3.4 裸光源的安装和测量

裸光源应放置在它的设计工作位置和光度数据基准位置。安装和处置要求应见5.1。

设计为多种方式安装的光源(比如：高压汞灯的一些类型)，且每一个安装位置都提供了光度数据，应选择与在灯具里的工作位置一样的位置来测试。这种情况下，光源的测试位置应在检测报告中指示出来。

应将裸光源的光中心放置在积分器的中心。如果光源是水平工作的，它的长轴应与积分器的中心到光度探头的中心连线平行。裸光源测试时直接光的遮挡位置应与灯具的测量时一样。

应用6.1.4的要求进行测量。

6.3.3.5 灯具的安装和测量

灯具的光度中心应放置在积分器的中心(见5.3.2)。如果灯具的外形是线型的且水平放置，它应平行于积分器的中心与光度中心的连线。应检查直接光的挡板是否被可靠地固定，且从光度探头观察时，仅遮挡了灯具和所有的安装板。如果裸光源的工作位置与在灯具里时不同，那么直接光的挡板应被调整得也能挡住裸光源。

应用6.1.4的要求。

6.3.3.6 光源的误差

在积分光度计内的光通量测试结果会受以下因素的影响：

——(光通量)标准灯与被测光源的不同光谱和(或)空间光通分布；

——裸光源与灯具的不同空间光通分布；

——裸光源和灯具的不同尺寸和吸收比例；

——尺寸不合适的挡屏；

——球内壁反射率的变化。

如果光度积分器用于光通输出比的测量，不同尺寸和光度分布的一系列灯具的光输出比值应与分布光度计测得的值比较，这个分布光度计应符合6.2及正确的光源工作位置的特殊要求(见第5章)。

对于每一盏灯具，用这两种中的每一种方法得到的光输出比值不应与它们的平均值的相差多于±2%。在差值较大时，应进行详细的调查。检查积分器的方法在CIE84—1989中被讨论。

6.4 灯具光输出比

6.4.1 总则

灯具光输出比受以下因素影响：

——因为工作温度的变化造成光源光通量的变化；

——因为光源在灯具中的工作位置不同于光源光度数据对应的设计位置而造成的光源光通量的变化；

——由实施的镇流器提供的电力与基准镇流器提供的不同。

光输出比(LOR)：前两个影响因素被考虑进LOR。应注意到在确定计算LOR需要的裸光源的光通量的时候，光源应工作在额定电压下且使用相同的工作镇流器，但光源的位置和工作温度与光源数据相关。对待特殊的新型节能光源时，光源的位置和工作温度会非常的严格。光源位置和工作温度在相关IEC光源规定中定义或者如果没有给出应被光源生产厂声称[2-11]。

注：在一些国家LOR被称作LORL(光通输出比灯具 Light Output Ration Luminaire)。

有效光输出比(LORW)：LORW考虑了所有的影响因素。

6.4.2 推荐的光输出比

应注意：

——某些灯具要求独立的镇流器，它们由使用者选择，比如安装在路灯柱内；

——装配镇流器的灯具可以提供一个镇流器类型的选项，而在灯具的生产过程中镇流器的设计也许会发生改变；

——镇流器规格允许功率差异近似在目标值的±10%。配有较新的镇流器类型，包括电子镇流器，甚至会有更大的差异。

装有镇流器的灯具的LOR值应同时声称这种镇流器型号的流明系数。使用者发布光度数据时需要将适当的BLF乘以LOR得到工作时的LORW。在LORW被提供的地方，适当的BLF应该已考虑进测量方法中。如果实施的镇流器使光源的光通量达到了目标值(比如BLF为1)，那么LOR和LORW值相等。

总而言之，灯具的光通量应用以下关系式计算：

$$\text{光通量}_{\text{灯具}} = \text{光源光通量}_{\text{基准镇流器}} \times \text{LOR} \times \text{BLF}$$

因为以下特定原因，正确测量和报告的灯具性能会与现场的性能有差异：

——在光度测量期间，灯具工作在无气流的环境内而在实际的工作场所内会有一些气流的干扰，比如在室内照明中由顶棚和通风结构；

——在光学测试期间，灯具工作在(25±1)℃的环境温度和额定电压下，而在实际的使用条件下这些工作条件会明显地不同；

——光源/基准镇流器的组合产生厂家声称的光通量是臆想的。光源的规格允许单个光源的输出低于额定值的10%；

——灯具陈旧(灰，潮湿)。

当被清楚地指明了现场条件，应提供使用转换系数(见第7章)。

注：以上提到的对光通输出比的考虑同样应用到与光源性能有关的所有灯具数据中。如果在没有条件的情况下提出了每1 000 lm的灯具数据，使用者应假设裸光源的光通量是在与LOR相同条件下测量的，必要时，BLF应被考虑进照明计算中。

6.4.3 光输出比的测量程序

6.4.3.1 单光源灯具

为确定一盏灯具的光输出比应进行以下光通量的测量，最好，但不是必须地，按以下表3所示的次序进行。

表3 确定一盏灯具的光输出比的测量次序

读　数	球内安排	光　源	辅助光源
A	球内放置灯具	灯具开	关
B	球内放置灯具	灯具关	开
C	球内仅放置光源	裸光源关	开
D	球内仅放置光源	裸光源开	关

读数可以是任意单位，但是A的单位应与D的一致，B的单位应与C的一致。应理想地被安排成在需要的量程内没有发生变化。比如，对一个单光源灯具，应设置总的感应量，致使读数D尽可能地接近满量程。

灯具的光输出比可以用以下公式计算：

$$\mathrm{LOR}=(A/D)\cdot(C/B)$$

6.4.3.2 多光源灯具

一盏多光源灯具的光输出比应与单光源灯具采取一样的方法测量。裸光源测量值D应单独从每一个光源上得到。使用单个镇流器的所有光源应在整个测量过程中工作在相同的环境温度里。

6.5 亮度测试

6.5.1 总则

灯具亮度测试的标准程序。

可以要求进行以下一种或两种类型的亮度测量，一种给定方向上灯具的平均亮度或者一种给定方向上一个特定发光面上的亮度。

除非特别指定，两种类型测试的测试方向在方位角和仰角的空间布置应接近于光强测量。

两种类型的测量可以用$\mathrm{cd\cdot m^{-2}}$/1 000 lm单位来计算，或者如果仅要求亮度分布形状时，它们的值可以是相对的。

测试方向应用以灯具的光度中心为原点的光强测试(见第3章)的坐标系(见5.3.2)来定义。除非特别指定，方位角和仰角应与光强测量的空间位置相一致。

应用第4章和第5章的相关要求。

6.5.2 平均亮度

可以要求在单个方向上或几个方向上观察。

相关方向的光强的测量依照6.2。在某个方向上的光强应除以那个方向上灯具所有发光面上正交投影面积。不发光的区域不包括在内。

6.5.3 斑点亮度

为确定一个给定方向上的最大亮度，经常用这个测量方法来浏览灯具的发光面。可以在不同的观察方向上重复这种浏览。

被测的斑点尺寸的正交投影面积通常应在450 $\mathrm{mm^2}$和550 $\mathrm{mm^2}$之间，主要是圆形的或是正方形的，在某些情况下，这个面积尺寸不是一定适合描绘一个光源的详细的亮度分布。在电视显示装置上，反射眩光限值的测量中，斑点尺寸通常可减少至100 $\mathrm{mm^2}$。

测量可以用亮度仪或是分布光度计。

6.5.3.1 用亮度仪测量

亮度仪应该被设置去测量那块尺寸大小的斑。如果亮度仪形成被测区域的影象，对帮助瞄准是有利的。斑点距亮度仪入射光孔的距离应至少 100 mm。灯具相对亮度仪旋转，亮度仪始终是一个方向瞄准。如果测试距离大于被扫描的发光面长度的 10 倍时，亮度仪瞄准灯具的发光面的中心，并可以回转亮度仪进行测量。需几次扫瞄灯具使测量到所有发光区域。应重复最初的测量来进行检查。

如果在近的距离范围内测量光斑，可以通过从灯具的光度中心至斑中心平移坐标系统来识别而无需旋转。

绝对单位制的测量可以被转换成更通用的形式，即 $cd \cdot m^{-2}/1\ 000\ lm$。这要求测试值被光源光通量（每 1 000 lm）除，光源光通的测试与 LOR 的确定一样（见 6.4）。

适用时，应指示镇流器流明系数（BLF）。

6.5.3.2 用分布光度计测量

分布光度计应被设置在相关的方向。一个大的磨光、无光黑色遮挡物带有适当斑尺寸的孔，直交地挡在灯具的前面。灯具应相对孔往返移动，可能需数次，使得包括所有的发光面。任何位置的亮度正比于光强的读数。

应仔细观察使得仅通过孔的光线到达光度探头。

遮挡物的插入不应影响对温度灵敏的光源的灯具的环境温度。

如果要求计算结果，可以用换算成的每 1 000 lm 的整体灯具的光强值来比较。被称作 cd/1 000 lm 光源光通的光斑光强，除以孔的面积（m^2），得到亮度 $cd \cdot m^{-2}/1\ 000\ lm$ 光源光通量。

6.6 照度测量

6.6.1 总则

来自一个灯具直接的照度通常用反平方比法则或在特殊安装条件下，灯具与安装高度相比较尺寸偏大的情况下，用外貌系数或近似的面光源公式来计算。对需要直接测量的，应使用这章指定的程序。

照度的测量应在一个或更多个安装高度的典型工作条件下进行。安装高度是测量平面到灯具光度中心的垂直距离。

6.6.2 测量的总要求

6.6.2.1 测量设备

应作安排保证光度探头仅接收直接光。测量网格的坐标通常是矩形，以灯具光度中心垂直方向下为原点，处于相对灯具的一个适当的方位。

光度探头和相关的设备应服从 4.4 的要求。应注意在光度探头接收面内对倾斜的入射光线的修正。这个面应足够小以感应到照度分布中所有强的光量。

6.6.2.2 光源、镇流器和灯具的选择

应用第 5 章的要求。

6.6.3 测量程序

应用 6.1.4 的要求。

应在测量网格上以适当的间隔测量照度，应再次检查对开始点的测量。

当连续两点的照度差值大于最大值的 20%时，进行插入法测量。测量的区域应包括超过最大值 2%的所有位置。

使用绝对单位的测量应转换到标准形式，即 lx 每 1 000 lm 光源光通量。这要求测量值被光源光输出（每 1 000 lm）除，光源光输出的测量与 LORL 的确定一样。适用时，应指示镇流器流明系数（BLF）。

7 光度修正系数

7.1 总则

灯具的光度测试应在第4章的标准测试条件下进行。直接测量应尽可能地在所有指定的条件下进行，否则光度系数应被引入。

7.2 测量修正系数

7.2.1 目的

当不可能在实验室的标准测试条件下测量一个灯具或一个裸光源，应使用测量修正系数。它们可以被要求用来修正光输出比或计算的光度值，使能与标准试验条件相关。

以下是对要求使用测量修正系数的条件举例：

a) 当实验室环境温度不是25 ℃，而被测光源对温度敏感时；

b) 当测量不能在25 ℃环境温度里进行(比如，对于控制蒸汽压的裸光源进行测试以及声称较高光通值，大多在35 ℃的某种单端紧凑型荧光灯)；

c) 当安装方式不是标准的。(例如，在分布光度计上，灯具绕着一个水平的或垂直的轴转动。)

7.2.2 确认

7.2.2.1 总方法

为了确定一个测量修正系数，应在标准测试条件下做一次测量，然后在变化的适当测试条件下再做一次相关的测量。第一次测量与第二次测量的结果相比，得到修正系数。

7.2.2.2 灯具在一个非标准位置测量的修正系数(监视光源的办法)

这个方法应用到这种分布光度计上，在测试中灯具的位置改变导致灯具总光通量变化，但配光的几何形状没有改变的情况。

在离光源或灯具的短距离上，刚性良好地固定一个辅助探测器，使它跟着光源或灯具移动，用来持续地跟踪光输出的变化。探头应符合4.4.2的要求。

修正系数应该用以下公式确定：

$$k_\theta = E_{st}/E_\theta$$

式中：

k_θ——用在光源或灯具光度测量中，当倾斜角度为θ，相对于标准测试的修正系数；

E_{st}——当灯具以正常的设计位置安装时，用辅助探头测到的照度值；

E_θ——当光源或灯具倾斜的角度为θ，要求修正系数，使用与E_{st}相同的辅助探头测量的照度。

通常，每一次光强测试应用不同的修正系数。

注：E_θ的测量应与主要测试同时进行。

E_{st}应在光源稳定后在标准条件下测量。

另一种应用辅助探头的方法是通过调整供电电压来使E_θ等于E_{st}。

7.2.2.3 温度修正系数

这个系数应用于热敏感光源，它们的最佳工作温度较高，出具的性能数据对应于超过25 ℃的温度。同样可以应用于最佳温度低于25 ℃的光源(比如，一些公共照明使用的荧光灯)，并且光源的性能数据有时在这种温度下给出。

裸光源的测试条件(6.4.1)应与出具的数据相一致，并且应在声称的温度下进行。当使用积分球或分布光度计，且在非25 ℃的环境温度下进行光度测量有困难时，光源在25 ℃下的测量结果应与k_T相乘。

$$k_T = F_T/F_{25}$$

式中：

F_T——在生产厂声称的温度下测量的光通量；

F_{25}——在 25 ℃测量的光通量。

系数应被光源生产厂声称或测量得到。除了应用到裸光源的测量，其他测量方法与 7.3.2.2 描述的相似。

7.3 使用转换系数

7.3.1 目的

当灯具的使用条件不同于标准测试条件时，应用使用转换系数。它们被照明设计者使用。

为了使光输出比和计算的光度值可以被转换，致使不同于标准条件的使用条件被允许，在实验室内确定这些系数。它们被要求给照明设计者使用。相对数值不要求使用转换系数。

下列是对要求使用转换系数的条件举例：

a) 当使用时，环境温度不是 25 ℃，并且光源属热敏感型；

b) 当使用时，安装姿态不同于标准姿态而影响光度数据；

c) 当光源在灯具内点燃时有高的光输出，而这时光源的环境温度不是测试裸光源时的温度(例如，汞齐光源)；

d) 当使用气流的灯具在选定的气流速率下使用。而标准测试条件没有强制气流且气孔被塞住；

e) 当使用时，供电电压的中位值不同于光源或灯具的额定电压。

7.3.2 确定

7.3.2.1 总则

除了系数是相反的，应使用与测量修正系数相同的方法来确定使用转换系数(见 7.2.2)，即不同的条件下的测量与标准测试条件下的测量的比值。存在两个或更多不同的使用条件的，如果需要，应确定每个使用转换系数，并且被单独出具报告。

7.3.2.2 环境温度非 25 ℃的使用转换系数

转换系数由以下公式给出：

$$k_T = E_T / E_{25}$$

式中：

k_T——将在标准测试条件下的光度测量转换到环境温度非 25 ℃的条件的转换系数；

E_{25}——将灯具放置在设计位置以及(25±1)℃的环境温度里工作，以一个固定距离和一个固定方向测试的照度值；

E_T——测量照度的方式同 E_{25}，只是灯具工作在环境温度 T 下，在此温度下要求转换系数 k_T。

注：E_{25} 和 E_T 的测量可以在一个室空间内(比如，一个冷藏库)进行，不需要杂散光挡屏，在测量间，屋内的反射条件不要改变。测量应在光源稳定后，无气流的区域内进行。

7.3.2.3 对于汞齐光源的转换系数(模拟光源的方法)

一汞齐光源是装有控制燃点蒸汽压的汞齐的荧光灯。因为控制蒸汽压的光源的最佳工作温度较高，通常在高于 25 ℃的温度下给出光源的性能数据。

对装有汞齐光源的灯具进行完整的光度测量是有困难的。稳定时间应考虑比常规类型的光源长一些。但这也许是不切实际的，特别当在分布光度计上测量一个裸汞齐光源时，需要使光源达到声称的光输出的环境温度。

因此，标准程序是在 25 ℃的环境温度里对装有非汞齐荧光灯的灯具进行光度测量并按以下方式确定一个汞齐光源的系数。这个汞齐光源系数可以被用作为测量修正系数(见 7.2)，并且出具的光度数据就好似测量是对装有汞齐光源的灯具进行的。汞齐光源系数也可以用于已经以非汞齐光源为名出具性能数据的灯具。然后，汞齐光源系数可以用作为使用换系数被使用者应用到数据计算中。

汞齐光源系数的计算应用以下公式：

$$k_A = (A/B) \cdot (C/D)$$

式中：

k_A——汞齐光源系数；

A——在灯具的标准测量条件下测试的汞齐光源灯具的读数；

B——在灯具的标准测量条件下测试的非汞齐光源灯具的读数；

C——在光源的标准测量条件下测试的裸非汞齐光源的读数；

D——裸汞齐光源在 C 的测试条件下，但是在和声称的光输出一致的环境温度里工作时测试的读数。

A 与 B 的测量应使用相同的参量和相同的单位。单位可以是相对值或是光强、亮度或照度的绝对值。C 和 D 的测量单位应相同，但不必与 A 和 B 的单位一致。当一个汞齐光源系数是用作为普通光源的一个使用转换系数，出具信息的使用者应将光度参数和 LOR 乘以汞光源系数。

注：这个方法也可以类似地应用到当某种类型的光源被另一种光度分布相同且外形尺寸和形状相近，但在灯具内光通量表现不同光源替代的情况（比如：普通的高压钠灯被无汞高压钠灯代替）

7.4 镇流器流明系数

7.4.1 目的

在 2.2.3 中定义了镇流器流明系数。

基于光度数据的照明计算是以每 1 000 lm 总裸光源光通量的灯具光输出的型式表示，臆想光源与灯具的镇流器连接，在标准测试条件下出射额定光通量。这也许是完全不现实的。因为技术的或商业的原因，低于额定值的镇流器可以在灯具内使用，在这种情况下，使用者会得到一个低于期望值的光通量。

因此在所有照明计算中，如果与额定值的差异超过 5%，光度数据（和 LOR）应被乘以镇流器流明系数来修正。

7.4.2 确定

通常在积分球内通过对裸光源测试来确定镇流器流明系数，但也可以用与确定使用转换系数相同的方法来确定（见 7.3.2）。

用基准镇流器在标准条件下测量一次，再用实施的镇流器在相同的标准测试条件下做一次相关测量。镇流器流明系数是第二次测量结果与第一次的比值，公式如下：

$$\mathrm{BLF} = \Phi_B / \Phi_R$$

式中：

BLF——实施的镇流器的镇流器流明系数；

Φ_R——用基准镇流器在标准测试条件下裸光源的光通量；

Φ_B——用实施的镇流器在标准测试条件下裸光源的光通量。

测试的光源应符合 4.2.2 的要求。

8 测试结果的准确度和表达

8.1 测量的准确度

照明设计的正确程度依据的是对受照面的特性、灯具的性能和配套光源的性能的了解。因此，最终设施的性能质量会与灯具测试的可接受容差范围有关。

光度测量的准确度最终依赖于使用的设备和采用的试验程序。这样，在给测试设备选择光度测量程序和设计之前，应考虑可能导致的测量结果的准确度。但是，因为准确度很大程度上依赖于被测量的灯具（配光类型、灯具尺寸、光源类型等），所以准确度的量化是困难的。误差可以进行补偿或加算。在这种情况下，更为现实的做法是为几种影响到测量的不同的特性确定单独的不确定度。

8.1.1 误差的来源

实际的光度测量包含了许多的因数，因此研究可能引起的误差的来源是必要的。

可能区分误差的两种类型是系统影响造成的误差，比如使用的测试方法中固有的误差或是设备不完善引起的误差，以及不受光度测试者控制的试验条件变化的随机误差。随机误差影响再现性。

再现性，随机误差的这种影响可以通过对相同灯具进行简单地重复测量来检查。另一方面，系统误差非常难量化。但既然结果会用误差来修正，所以如果要将它们量化，就要对它们进行评估。检查这类系统误差的可行方法是通过在其他地方对相同的灯具进行相似试验的比较来实现。

8.1.1.1 可能存在的系统误差

房间：

a) 温度的测量；

b) 杂散光；

c) 干扰光线。

分布光度计：

a) 机械对位和机械变形；

b) 杂散光和干扰光线；

c) 角度的测量；

d) 灯具的燃点位置和移动(光滑度和速度)；

e) 镜面的缺陷，整体的不平整(比例，因为弯压)，局部的不平整(比如，因为玻璃的波纹)，擦痕引起的光散射，不同的波长反射，表面的不同反射，偏振；

f) 由灰尘引起镜面的不同反射性。

光度探头和连接设备：

a) 校准；

b) 非线性和疲劳；

c) 光谱响应；

d) 测量表面的响应变化；

e) 校准光度探头的孔径张角；

f) 晕映图像(vignetting)；

g) 距离的测量和距离未调准；

h) 距离太短；

i) 响应时间和时间积分。

灯具：

a) 不正确的光源位置；

b) 不正确的光学部件位置；

c) 光度中心的选择；

d) 分布光度计上灯具的位置未对准；

e) 移动中灯具的机械变形。

光源和辅助设备：

a) 镇流器的电气设置；

b) 光通量的测试(当结果以每 1 000 lm 光源光通量表示时)；

c) 不正确的电源电压(电压计的校准，电源引线上的电压降)。

8.1.1.2 可能存在的随机误差

a) 电源供电电压或频率的变化；

b) 光源的不稳定性(光通量的波动、光弧的偏移或不稳定性)；

c） 在不同燃点阶段内光源特性的变化；

d） 灯具移动导致的温度变化和空气的移动；

e） 空调引起的气流影响。

注：系统误差和随机误差的区别并不像以上列表建议的那样简单。比如，一个灯具的装配错误（比如，反射器、折射器、光源）对于一个特定的测试表现为系统的误差。然而，从灯具类型考虑，它表现为随机误差。

同样有另外一个例子：因疲痨引起的光度探头响应的变化根据照度水平可以是正的或是负的。因此，在整个测量过程中的疲痨影响表现为随机误差是有争议的。

8.1.2 不确定度

通过对一系列观察的统计分析进行评估的不确定属于A类不确定。它们通常是因为以上提及的随机误差导致的。一系列测量的平均值的标准偏差的计算可以是一个例子，比如，试验光源的稳定性评估。

不能用这个方法进行评价的不确定被称为B类不确定度。B类不确定度通常是因为以上提及的系统误差导致的，并且都是基于科学的判定。一种方式是评估给定量值的上限和下限，去表现测量值位于限值间隔△的某个位置。不确定度的标准偏差的最佳估计是$(\triangle/2)/\sqrt{3}$（矩形概率分布）。

在光强分布中，应分别给出光强测量和角度测量的不确定度。更多的指导可参见：BIPM，IEC，IFCC，ISO，IUPAC，IUPAP，OIML（1993）[27]，和NIST TN 1297[28]。

8.2 测试结果的陈述

8.2.1 总则

测试报告应提供全部有用且必要的信息以对光度数据做适当的解释，以及后续的照明计算。

提供信息的目的应该是：

a） 准确地告知数据的使用者，使之了解被测量灯具不同的控制条件的性质。

b） 为特定的测试灯具提供足够的光学信息。

8.2.2 测试报告

以下列表可以作为一种引导出具一份灯具光度测量的测试报告应该包含的信息。

8.2.2.1 概要信息

测试类型：

——描述的标题以指明报告的内容；

——测试中介的名称、报告编号和日期。

灯具的描述：

——工厂的名称、型号、目录编号；

——照片，用于识别灯具或者具体的表述，包括对光学部件的描述，比如折射器、反射器等，特别是如果灯具使用在几种形式里；

——相关尺寸；

——其他重要信息，包括样本的选择方式。

辅助设备的描述（镇流器、电容器、启动器）：

——工厂的名称、型号、目录编号；

——电路类型；

——额定电压、功率和频率。

测试光源的描述：

——工厂的名称、型号、目录编号；

——额定功率、颜色和光源形状、灯头类型；

——光源数和选择方式。

测试程序：

——光度测试程序和使用设备的简短描述；

——测试距离。

测试条件：

——参考 CIE 的标准条件或者指定使用条件：任何相关的测量修正系数都应在出具报告前应用；

——灯具中光源的摆放(外壳为明泡的放电灯管或钨丝灯泡)；

——灯具的安装姿态，测量的倾斜角度；

——灯具测量的基本中心以及灯具与坐标系统的相对位置；

——测试电压和频率；

——不确定性。

8.2.2.2 **光度数据**

测试报告提供的光度数据是与一个特定的灯具有关，但它的目的是为后面的计算提供基础，比如，照明设施的设计。包括的信息可以是裸光源的光通值、光输出比、光强分布、闪亮的外形等。

应提出单位，并且单位应是 SI 单位制。除非另外说明，结果应以每 1 000 lm 光源光通来表示。

在适当时，应包含以下信息：

a) 放电灯管灯具的镇流器流明系数，如果它不在 1±0.05 的范围内；

b) 使用转换系数。

特定类型灯具的补充报告(见 1.1 的论述)可以为测试结果指定一种较适合的表现形式。

参 考 文 献

注：IEC 参考文献：灯的 IEC 标准涉及的是灯的性能（尺寸、电气特性和灯具特性、以及相关基准镇流器的电参数，如适用），参考镇流器的出版物 IEC 涉及的是整流器的性能。

[1] Commission Internationale de l'Éclairage, International Lighting Vocabulary, CIE/IEC 17.4—1987.

[2] IEC 64, Tungsten filament lamps for domestic and similar general lighting purposes

[3] IEC 357, Tungsten halogen lamps

[4] IEC 1341, Method of measurement of centre beam intensity and beam angle (s) of reflector lamps

[5] IEC 81, Tubular fluorescent lamps for general lighting services

[6] IEC 901, Single-capped fluorescent lamps

[7] IEC 969, Tubular fluorescent lamps for general lighting services

[8] IEC 188, High pressure mercury vapour lamp

[9] IEC 1167, Metal halide lamps

[10] IEC 192, Low pressure sodium vapour lamps

[11] IEC 662, High pressure sodium vapour lamps

[12] IEC 92, Ballasts for tubular fluorescent lamps

[13] IEC 923, Ballasts for discharge lamps

[14] IEC 925, D. C. supplied electronic ballasts for tubular fluorescent lamps

[15] IEC 929, A. C. supplied electronic ballasts for tubular fluorescent lamps

[16] Commission Internationale de I'Éclairage, The Measurement of Absolute Luminous Intensity Distributions, CIE 70—1987.

[17] Commission Internationale de I'Éclairage, Photometry of Floodlights, CIE 43—1979.

[18] Commission Internationale de I'Éclairage, Road lighting lantern and installation data: Photometrics, Classification And Their Measurement, CIE 34—1977.

[19] Commission Internationale de I'Éclairage, Methods of Characterizing Illuminance Meters and Luminance Meters, CIE 69—1987.

[20] DIN 5032-7/1985, Lichtmessung—Klasseneinteilung von Beleuchtungsstärke-undLeuchtdichtemeβgeräten

[21] Sanders CL, A Photocell Linearity Tester, Appl. Optics 1,3,1962.

[22] Hoppmann H, Gerät zur Prüfung des Proportionalitätsverhaltens Physikalischer Strahlungsempfänger, *Technischwissenschaftliche Abhandlungen des OSRAM GmbH*, 7, 1958, Springer Verlag.

[23] Frederiksen E, New Light Distribution Photometer, CIE Compte Rendu, Report 14, 1967.

[24] Soardo P, Pasta M and Languasco F, Photometry of luminaires at IEN: a new goniophotometer, CIE Compte Rendu, Report 50—1979.

[25] Commission Internationale de I'Éclairage, The Measurement of Luminous Flux, CIE 84—1989.

[26] BIPM, IEC, IFCC, ISO, IUPAC, IUPAP, OIML. A Guide to the Expression of Uncertainty in Measurement. Geneva: International Organisation for Standardisation, 1993.

[27] National Institute of Science and Technology Gaithersburg, USA, Guidelines for Evaluating and Expressing the Uncertainty of NIST Measurement Results, NIST Technical Note 1297.

ICS 29.140.01
K 70

中华人民共和国国家标准

GB/T 22908—2008

废弃荧光灯回收再利用　技术规范

Abandoned fluorescent lamp's recycling and reuse—Technical specification

2008-12-30 发布　　2009-09-01 实施

中华人民共和国国家质量监督检验检疫总局
中国国家标准化管理委员会　发布

前　言

本标准由中国轻工业联合会提出。

本标准由全国照明电器标准化技术委员会(SAC/TC 224)归口。

本标准起草单位:北京电光源研究所、北京松下照明光源有限公司、浙江阳光集团股份有限公司、浙江晨辉照明有限公司、霍尼韦尔朗能电器系统技术(广东)有限公司。

本标准主要起草人:姚念稷、屈素辉、吴国明、陆光明、付宝成、李维升、赵秀荣。

引　言

我国目前荧光灯产量和使用量居世界首位，而其中的绝大多数均随生活垃圾进入了垃圾填埋场，每年的废弃物数量以数十吨计，严重污染土壤和地下水源，慢性毒害人体健康。制定本标准的目的就是对废弃的荧光灯的无害化回收处理进行规范，实现这些废弃荧光灯材料的再利用、再循环使用，以减少废弃物对环境的污染。

废弃荧光灯回收再利用　技术规范

1　范围

本标准规定了单端、双端荧光灯的回收、再利用和再循环。

本标准适用于单端、双端荧光灯的回收、再利用和再循环。

2　术语和定义

下列术语和定义适用于本标准。

2.1

废弃荧光灯　abandoned fluorescent lamps

上述范围所列的产品，包括作为其一部分的有害物质的部件。

2.2

处理　disposal

废弃荧光灯为防止污染，分解、切碎、回收或处置准备而被运送到一设施后的任何行为，和其他任何为回收和/或处置废弃荧光灯而实施的操作。

2.3

再利用　reuse

将废弃荧光灯或者其组件用于该产品设计的同一用途的任何行为。

2.4

再循环　recycling

废物材料为其原有目的或其他目的在生产过程中的再加工，但是不包括将可燃性废物作为产生能量的方式通过直接与或不与其他废物一起焚烧仅回收热能的能源回收。

2.5

湿处理　wet disposal

在处理的工艺中含有水清洗过程。

2.6

干处理　dry disposal

在处理的工艺中不含水清洗过程。

3　荧光灯的结构

管形荧光灯和单端荧光灯的典型结构如图1所示。

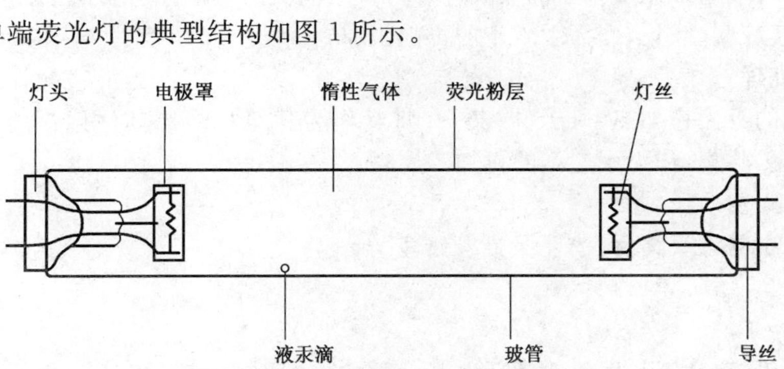

a）管形荧光灯结构

图 1

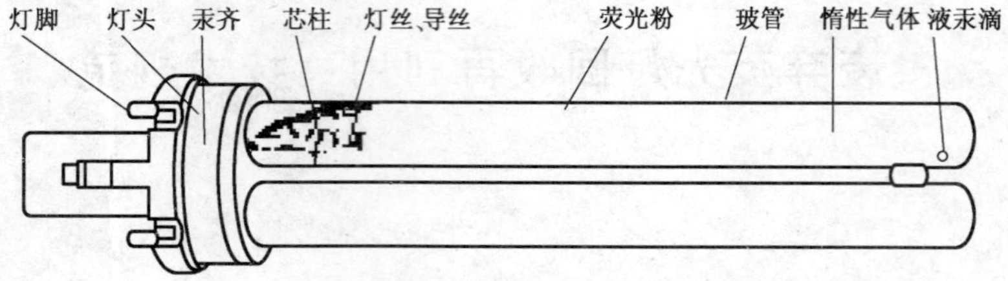

b) 单端荧光灯结构

图 1(续)

4 废弃荧光灯的贮存(收集到的废弃荧光灯处理前)

在废弃荧光灯贮存场地不应进行拆解作业,不应破坏废弃荧光灯及其(零)部件。废弃荧光灯应置于避风、防雨的专用贮存场地,不应将废弃荧光灯堆放在露天场地使其遭受雨淋水浸。废弃荧光灯贮存场地应设有隔离设施,不同种类的废弃荧光灯应予以隔离,分别贮存。废弃荧光灯储存间应设有火险预警装置并设有消防设施。破损的废弃荧光灯应及时收集到专用容器内,且需要密闭并单独存放。

5 分类

将所收集的荧光灯按类别区分,如:按形状(双端、单端等),按灯管玻璃(石灰料玻璃、铅玻璃、无铅玻璃等),按灯头材料结构(铝质、树脂等),便于后序处理、再循环。

6 废弃荧光灯的再循环回收处理方法

6.1 灯头切割

用物理方法将灯头(含金属部件或树脂部件部分)切割,并与灯管部分分离。

6.2 湿处理

6.2.1 灯头及灯管处理

将分离后的灯头(含金属部件或树脂部件部分)通过物理方法进一步分离、收集,对于金属部分(铝、铜、导丝等)和非金属部分(铅玻璃、石灰料玻璃、树脂等),金属部分可进一步处理、再加工使用,非金属部分可用作建筑材料。

将分离后的灯管用机械方法敲成玻璃碎片。

6.2.2 玻璃碎片与荧光粉分离

通过滚动、水洗方式将玻璃碎片与荧光粉分离。

6.2.3 玻璃碎片的烘干

加热含有汞的玻璃碎片。烘干后的玻璃碎片可作为同类玻璃的原料再加工使用。

同时,将汞蒸气冷凝、收集,作为汞生产的再加工原料。

6.2.4 荧光粉的处理

将水洗过滤后的荧光粉加热、烘干、收集,并将其作为建筑材料等其他用途的原材料再加工使用。同时,将汞蒸气冷凝、收集,作为汞生产的再加工原料。

6.2.5 汞回收处理

将沉积于最底层的汞收集后,按环保要求处理。

6.3 干处理

6.3.1 灯头处理

将分离后的灯头(含金属部件或树脂部件部分)通过物理方法进一步分离、收集,对于金属部分(铝、铜、导丝等)和非金属部分(铅玻璃、石灰料玻璃、树脂等),金属部分可进一步处理、再加工使用,非金属部分可用作建筑材料的一部分使用。

6.3.2 分离后的灯管的处理

用压缩空气从灯管的一端将附有汞的荧光粉吹至位于灯管另一端的收集装置，以实现灯管玻璃与颗粒状物质（荧光粉、汞等）的分离。这样将分离后的灯管用机械方法敲成玻璃碎片收集，并作为同类玻璃的原料再加工使用。

6.3.3 汞的蒸馏及荧光粉的分离处理

将含有汞的荧光粉置于真空加热装置中并加热，一方面，有机物得以氧化、燃烧去除。另一方面，受热后呈蒸气态的汞流向冷凝器后成为液态汞。这样，同时实现了汞的蒸馏、收集与荧光粉的分离、收集。收集的汞作为汞生产的再加工原料，收集的荧光粉可作为建筑材料的一部分使用。

7 荧光灯的再利用处理方法

荧光灯的再利用是指在荧光灯生产过程中对有缺陷的半成品的再处理、利用。除下述情况外的有缺陷的半成品均作为废弃荧光灯进行再循环处理。

7.1 荧光粉涂粉工序的有缺陷的半成品的再利用

7.1.1 涂完荧光粉的玻管存在荧光粉层外观缺陷

用物理方法将荧光粉去除（一般采用水或有机溶剂浸泡后用毛刷刷除的方法），将玻管清洗、干燥后可直接再使用。收集所刷掉的荧光粉，集中进行溶解、清洗、过滤、干燥等处理，并可将其用于本工序相同颜色规格的产品生产。

注：玻管再利用的前提条件是经过切割、清洗、干燥处理后的玻管应无明显的析晶等缺陷影响光通维持率现象，这样方可实施再利用。

7.1.2 涂完荧光粉的玻管存在端部破损缺陷（仅限双端荧光灯）

用物理方法将收集到的涂完荧光粉的玻管的破损端部切割。原则是长管切成短管再利用，如：T8 36 W改作30 W，30 W改作18 W。用火头将切割后的玻管端口适当烧圆并进行退火处理。处理后的玻管可用于本工序同种规格的产品的生产。

注：切割的玻璃料头可进行6.2.2和6.2.3或6.3.2和6.3.3的再循环处理。

7.2 烤管工序的有缺陷的半成品的再利用（仅限双端荧光灯）

7.2.1 经过烤管工序加工的玻管存在荧光粉层外观缺陷

按照7.1.1的方法进行处理。

7.2.2 经过烤管工序加工的玻管存在端部破损缺陷

用物理方法将收集到的玻管的破损端部切割。原则是将长管切成短管再利用，如：T8 36 W改作30 W，30 W改作18 W。用火头将切割后的玻管端口适当烧圆并进行退火处理。处理后的玻管可用于本工序同种规格的产品的生产。

注：切割的玻璃料头可进行6.2.2和6.2.3或6.3.2和6.3.3的再循环处理。

7.3 封口工序的有缺陷的半成品的再利用

7.3.1 经封口工序加工的灯管存在荧光粉层外观缺陷

用物理方法将收集到的灯管的电极部分切割、分离，切割后的玻管按照7.1.1的方法进行处理。切割后的电极部分进行6.2.1或6.3.1的再循环处理。

7.3.2 经封口工序加工的灯管存在封口部缺陷

用物理方法将收集到的灯管的电极部分切割、分离，切割后的玻管按照7.1.2的方法进行处理。切割后的电极部分进行6.2.1或6.3.1的再循环处理。

7.4 装头工序的有缺陷的半成品的再利用

经装头工序加工的灯管的灯头存在缺陷时，用物理方法将有缺陷的灯头与灯管分离，将分离后的灯管的导丝再连接后，与合格的灯头进行再次装头加工。

存在除此以外缺陷的灯管均作为废弃荧光灯进行再循环处理。

ICS 65.020.30
B 43

中华人民共和国国家标准

GB/T 22909—2008

小 尾 寒 羊

Small-tailed Han sheep

2008-12-31 发布　　2009-05-01 实施

中华人民共和国国家质量监督检验检疫总局
中国国家标准化管理委员会　发布

前　言

本标准的附录A为规范性附录,附录B为资料性附录。

本标准由中华人民共和国农业部提出。

本标准由全国畜牧业标准化技术委员会归口。

本标准起草单位:山东省畜牧总站。

本标准主要起草人:唐建俊、曲绪仙、王建民、王卫国、国庆坤。

小 尾 寒 羊

1 范围

本标准规定了小尾寒羊的品种特性和等级评定。

本标准适用于小尾寒羊的品种鉴别和等级评定。

2 品种特性

2.1 原产地

小尾寒羊原产于山东省西南部的梁山、郓城、嘉祥、东平、鄄城、汶上、巨野、阳谷等县，河南省东北部和河北省东南部。

2.2 外貌特征

体格高大，体躯匀称，呈圆筒形。头大小适中，头颈结合良好。眼大有神，嘴头齐，鼻大且鼻梁隆起，耳中等大小、下垂。头部有黑色或褐色斑点。公羊头大颈粗，有螺旋形大角，角形端正；母羊头小颈长，无角或有小角。四肢高，健壮端正。脂尾呈圆扇形，尾尖上翻内扣，尾长不超过飞节。公羊睾丸大小适中，发育良好，附睾明显。母羊乳房发育良好，皮薄毛稀，弹性适中，乳头分布均匀、大小适中，泌乳力好。被毛白色，毛股清晰，花穗明显。被毛可分为裘皮型、细毛型和粗毛型，裘皮型毛股清晰、弯曲明显；细毛型毛细密、弯曲小；粗毛型毛粗、弯曲大。小尾寒羊照片参见附录B。

2.3 生产性能

2.3.1 体重体尺

一级羊体重体尺见表1。

表1 一级羊体重体尺指标

性别	年龄	体重/kg	体高/cm	体长/cm	胸围/cm
公羊	6月龄	60	80	82	95
	周岁	104	91	92	106
	2岁	115	95	96	118
母羊	6月龄	32	71	72	85
	周岁	50	75	78	90
	2岁	58	82	84	98

2.3.2 产肉性能

6月龄公羊屠宰率在47%以上，净肉率在37%以上。

2.3.3 繁殖性能

公、母羊初情期5月龄～6月龄。公羊初次配种时间为7.5月龄～8月龄，母羊初次配种时间为6月龄～7月龄。公羊平均每次射精量1.5 mL以上，精子密度2.5×10^9个以上，精子活力0.7以上。母羊发情周期17 d～18 d，妊娠期148 d±3 d。母羊常年发情，春秋季较为集中。初产母羊产羔率200%以上，经产母羊250%以上。

2.3.4 毛皮品质

裘皮皮板轻薄、花穗明显、花案美观；板皮质地坚韧，弹性好，适宜制裘、制革。

2.3.5 产毛性能

成年公羊年剪毛量 4 kg，母羊 2 kg 以上；净毛率在 60％以上；被毛白色，异质毛，有少量干死毛。

3 等级评定

3.1 评定时间

等级评定在 6 月龄、1 周岁和 2 岁进行。

3.2 评定内容

体质外貌，体尺体重，生产性能。

3.3 评定方法

3.3.1 体质外貌评定

按照评定标准（见第 A.1 章）进行体质外貌评定，确定等级。

3.3.2 体重体尺评定

根据体重体尺实测值，按照评定标准（见第 A.2 章）评分，确定等级。

3.3.3 繁殖性能评定

以窝产羔数定等级，母羊窝产 3 羔以上的为特级，经产母羊产 3 羔者为一级、产 2 羔者为二级，产 1 羔者为三级。

3.3.4 综合评定

按照体质外貌、体重体尺、繁殖性能的单项评定办法，分别确定体质外貌、体重体尺、繁殖性能的等级。然后按照综合评定方法（见第 A.3 章）确定个体综合等级。

附 录 A
（规范性附录）
小尾寒羊评定标准

A.1 体质外貌评定方法见表 A.1。

表 A.1 体质外貌评定表

部位	评 定 要 求	评分	
		公羊	母羊
整体结构	体质结实，结构匀称，体格高大，体躯呈圆筒形；被毛白色、异质、有少量干死毛，头部有黑色或褐色色斑；裘皮型毛股清晰、弯曲明显，细毛型毛细密、弯曲小，粗毛型毛粗、弯曲大	25	25
头颈部	头大小适中，头颈结合良好；眼大有神，嘴头齐，鼻大且鼻梁隆起，耳中等大小、下垂；公羊头大颈粗，有螺旋形大角，角形端正；母羊头小颈长，无角或有小角	10	10
体躯部	胸背腰发育和结合良好，胸部宽深，前胸宽阔，肋骨开张；腹部紧凑而不下垂；尻部长、宽、平；四肢高，四肢粗壮、健壮，蹄圆大、坚实，蹄形端正；脂尾呈圆扇形，尾尖上翻内扣，尾长不超过飞节	45	50
生殖器官	母羊乳房发育良好，皮薄毛稀，乳头大小适中；公羊睾丸大小适中，发育良好，附睾明显	20	15
合 计	—	100	100
分级	特级 100～90，一级 89～80，二级 79～70，三级 69～60		

A.2 小尾寒羊体重体尺评定方法见表 A.2、表 A.3 、表 A.4。

表 A.2 6 月龄小尾寒羊体重体尺评定表

项目	母羊					公羊				
评分范围	特级 100～90	一级 89～80	二级 79～70	三级 69～60	系数/ %	特级 100～90	一级 89～80	二级 79～70	三级 69～60	系数/ %
体重/kg	36 以上	36～32	31～28	27～25	27	64 以上	64～60	59～55	54～50	27
体长/cm	74 以上	74～72	71～69	68～66	23	85 以上	85～82	81～78	77～74	23
体高/cm	73 以上	73～71	70～68	67～65	23	83 以上	83～80	80～77	76～73	23
胸围/cm	88 以上	87～85	84～82	81～79	27	100 以上	100～95	94～90	89～85	27
合 计					100	合 计				100

表 A.3 1 周岁小尾寒羊体重体尺评定表

项目	母羊					公羊				
评分 范围	特级 100～90	一级 89～80	二级 79～70	三级 69～60	系数/ %	特级 100～90	一级 89～80	二级 79～70	三级 69～60	系数/ %
体重/kg	53 以上	53～50	49～46	45～42	27	108 以上	108～104	103～99	98～95	27
体长/cm	80 以上	80～78	77～75	74～72	23	85 以上	85～82	81～78	77～74	23
体高/cm	78 以上	78～76	75～73	72～70	23	83 以上	83～80	80～77	76～73	23
胸围/cm	93 以上	93～90	89～86	85～82	27	100 以上	100～95	94～90	89～85	27
合 计					100	合 计				100

表 A.4 2岁小尾寒羊体重体尺评定表

项目	母羊					公羊				
评分范围	特级 100～90	一级 89～80	二级 79～70	三级 69～60	系数/%	特级 100～90	一级 89～80	二级 79～70	三级 69～60	系数/%
体重/kg	61 以上	61～58	57～53	52～49	27	120 以上	120～115	110～114	115～108	27
体长/cm	86 以上	86～84	83～81	80～78	23	100 以上	99～95	94～90	89～85	23
体高/cm	84 以上	84～82	81～79	78～76	23	95 以上	94～90	89～85	84～80	23
胸围/cm	101 以上	101～98	97～94	93～90	27	110 以上	109～105	104～100	99～95	27
合计					100	合计				100

A.3 小尾寒羊综合评定方法见表 A.5。

表 A.5 小尾寒羊综合评定表

体质外貌等级	体重体尺等级	繁殖性能等级	总评等级	体质外貌等级	体重体尺等级	繁殖性能等级	总评等级
特	特	特	特	一	一	一	一
特	特	一	特	一	一	二	一
特	特	二	一	一	一	三	二
特	特	三	二	一	二	二	二
特	一	一	一	一	二	三	二
特	一	二	一	一	三	三	三
特	一	三	二	二	二	二	二
特	二	二	二	二	二	三	二
特	二	三	二	二	三	三	三
特	三	三	三	三	三	三	三

附　录　B
（资料性附录）
小尾寒羊照片

图 B.1　小尾寒羊公羊侧面照片

图 B.2　小尾寒羊母羊侧面照片

ICS 11.220
B 41

中华人民共和国国家标准

GB/T 22910—2008

痒病诊断技术

Diagnostic techniques for scrapie

2008-12-31 发布

2009-05-01 实施

中华人民共和国国家质量监督检验检疫总局
中国国家标准化管理委员会
发布

前　言

本标准是参照OIE《国际动物卫生法典》(2000年版)及《诊断试验和疫苗标准手册》(2000年版),以及美国农业部动物病研究所和瑞士的OIE传染性海绵状脑病参考实验室的有关规程和技术资料,结合我国农业部动物检疫所的验证试验结果编制而成。

本标准的附录A、附录B、附录C为规范性附录。

本标准由中华人民共和国农业部提出。

本标准由全国动物防疫标准化技术委员会(SAC/TC 181)归口。

本标准起草单位:中国动物卫生与流行病学中心。

本标准主要起草人:王志亮、刘雨田、吴鑑三、吴晓东、于建敏、邹艳丽、王树双。

痒病诊断技术

1 范围

本标准规定了痒病临床诊断和实验室诊断的技术要求。

本标准适用于绵羊和山羊的痒病诊断。

2 临床诊断

痒病临床症状各种各样，病程短则几周，长则1年以上，终归死亡。患病母羊可发生流产。少数病例取急性经过，症状轻微，发病数日后突然死亡。病羊死后内脏常无肉眼可见的病变。当病羊出现以下全部或部分症状而又不能确定为其他疾病时，应怀疑痒病的可能：

——行为异常

病初症状不易觉察，表现为耐力下降，然后步态不稳并逐渐加重。时常欲饮水却饮得很少。此外，表现为焦躁不安、恐惧、精神错乱；呈攻击性或离群独处，呆立一旁，或摇头竖耳、凝视，或高抬腿跑步。初显症状3至4个月后，患羊感染加重而进一步消瘦，行为异常逐渐加剧。

——瘙痒

瘙痒是痒病的重要临床症状。表现为头顶、臀部和尾部开始擦痒，甚至强烈摩擦，啃咬或用后蹄搔抓身体痒感处，致使头顶、颜面、耳部、躯干体表和四肢皮肤脱毛、破损甚至撕脱。尤其胸部、胁部和后肢被毛广泛脱落。人为摩擦病羊尻部脊梁可诱导啃咬反应，或反射性伸颈摇头，咬唇和舌头运动。

——感觉或反应过敏

患羊反应过敏，对声音敏感，易受惊。有的病例的随意肌，特别是头、颈、胁腹和股部，呈现肌肉震颤，因人接近而兴奋使震颤加重，安静时则震颤变轻。

——运动失调

运动失调首先表现在转弯僵硬，后肢落地困难。随后，病羊蹒跚或倒地不起。

——体重和体况

患羊的体重和体况明显下降，并随着病程的发展而进一步恶化，最后消瘦而死亡。

3 实验室诊断

3.1 组织病理学检查

3.1.1 采样

临床症状可疑的痒病病羊经注射麻醉药物致死后，按剖检术式取出全脑，包括大脑和完整脑干。

3.1.2 固定

将全脑和脑干直接放入10倍～20倍脑体积的10%中性福尔马林溶液中渗透固定5 d，换液后再维持一周。固定液配法见附录A。

3.1.3 组织切片制作

3.1.3.1 组织切块

把脑组织横切3 mm～5 mm厚的组织块，选取以下部位组织作进一步处理：脑闩尾侧处延髓（闭合部与开张部），脑干的桥脑、中脑、丘脑及大脑纹状体，以上5块供检测用，保存其他部位备用。先切延髓，再切脑干。用新配制的固定液再固定一周，其间更换固定液3次。

3.1.3.2 甲酸处理组织块

将固定的组织块放入流水中漂洗24 h后，移入95%～98%甲酸中作用2 h，水洗2遍，每遍10 min，然后再移入新配制的福尔马林溶液中保存至少 24 h。

3.1.3.3 **脱甲醛**

将组织块放入流水中漂洗 24 h 以上。

3.1.3.4 **脱水**

依次在以下梯度酒精中分别脱水：

a) 75%酒精中 3 h；

b) 85%酒精中 3 h；

c) 95%酒精Ⅰ中 3 h；

d) 95%酒精Ⅱ中 3 h；

e) 100%酒精Ⅰ中 3 h；

f) 100%酒精Ⅱ中 2 h。

3.1.3.5 **透明**

依次在以下试剂中透明：

a) 二甲苯Ⅰ中 20 min；

b) 二甲苯Ⅱ中 20 min。

3.1.3.6 **浸蜡**

依次在以下试剂中浸蜡：

a) 软蜡 40 min；

b) 硬蜡Ⅰ(熔点 57 ℃～58 ℃)1 h；

c) 硬蜡Ⅱ(熔点 57 ℃～58 ℃)1 h。

3.1.3.7 **包埋**

将浸过蜡的组织块放入包埋框内用熔化的新硬蜡(熔点 57 ℃～58 ℃)包埋，切面朝下放平。放冷后过夜修切成形。

3.1.3.8 **切片**

将石蜡组织块切成 5 μm 厚的组织薄片。每块组织连续切片 3 片～10 片，切片碎屑和废弃组织经 134 ℃～138 ℃高压蒸汽消毒 15 min 方能废弃或者直接焚烧处理。组织薄片用干净的粘附剂预处理过的载玻片贴片，也可用特殊处理的进口玻片贴片。

3.1.3.9 **烤片**

贴好组织薄片的载玻片先在自然条件下晾干，然后放入 45 ℃～50 ℃的恒温箱或烤箱中烘干 4 h 以上。

3.1.3.10 **脱蜡和脱二甲苯**

依次在二甲苯和梯度酒精中脱蜡去二甲苯：

a) 二甲苯Ⅰ10 min；

b) 二甲苯Ⅱ10 min；

c) 100%酒精Ⅰ2 min；

d) 100%酒精Ⅱ2 min；

e) 95%酒精Ⅰ2 min；

f) 95%酒精Ⅱ2 min；

g) 85%酒精 2 min；

h) 75%酒精 2 min；

i) 自来水洗 2 min。

3.1.4 **苏木素(H·E)染色**

有关试剂配制见附录 B。

依次按以下程序染色：

a） 苏木素染液 15 min；

b） 自来水漂洗 2 min；

c） 1%盐酸酒精 10 s；

d） 自来水漂洗 5 min；

e） 饱和碳酸锂水溶液 30 s；

f） 自来水漂洗 10 min；

g） 75%酒精 2 min；

h） 85%酒精 2 min；

i） 95%酒精伊红液 1 min。

3.1.5 脱水、透明

依次处理的程序如下：

a） 95%酒精 2 min；

b） 100%酒精Ⅰ 2 min；

c） 100%酒精Ⅱ 2 min；

d） 二甲苯Ⅰ 2 min；

e） 二甲苯Ⅱ 2 min。

3.1.6 封片

以适量中性树胶封片，置 38 ℃温箱干燥或自然干燥。

3.1.7 贴签

用适当大小的不干胶签贴在载玻片的磨砂端，然后用铅笔或记号笔将切片的编号、名称、实验时间等记录在不干胶签上。

3.1.8 镜检及判定

3.1.8.1 镜检观察

在光学显微镜下观察切片，倍数分别为 10×10、10×20 和 10×40。

3.1.8.2 阳性结果

灰质区神经细胞或神经纤维网浆中出现空泡变性。神经细胞内呈规则的圆形或卵圆形，空泡内不着色或被伊红淡染，界限明显，胞核被挤压于一侧，甚至消失；有的神经细胞被单个或多个特异性空泡胀大，成为“气球样”空泡性神经细胞。特别容易出现病变的部位有延髓的迷走神经背核、舌下神经核、橄榄核、网状结构，桥脑的桥核、网状结构，中脑的红核、被盖核和丘脑内诸核等处。这些部位的神经细胞出现特异的大空泡以及丘脑、大脑纹状体空泡病变，且呈双侧对称性分布。在正常情况下，动眼神经核和红核处也可能有少量空泡出现，但不呈双侧对称，应注意区别。

3.1.8.3 阴性结果

灰质区无特征性空泡变性。

3.1.8.4 确诊

组织病理学检查只是痒病确诊的辅助方法，进行确诊时还应结合免疫组织化学方法或其他免疫学方法来进一步诊断。

3.2 免疫组织化学法检查

3.2.1 试剂配制

见附录 C。

3.2.2 采样

3.2.2.1 脑组织采样同 3.1.1。

3.2.2.2 活体采集第三眼睑淋巴组织的方法如下：在被检羊眼角滴加 2%盐酸利多卡因局部麻醉后，

用消毒的眼科器械翻转并固定第三眼睑，采集粘膜表层淋巴组织。

3.2.3 **固定**

将剖检取出的全脑或活体采集的淋巴组织，直接放入10倍～20倍组织体积的10%中性福尔马林溶液中渗透固定5 d，换液后再维持一周。固定液配法见附录A。

3.2.4 **操作方法**

3.2.4.1 每次免疫组织化学检查，都要设置阳性和阴性痒病组织切片作为免疫组织化学检测对照用。

3.2.4.2 组织切片制作法同3.1.3。

3.2.4.3 自水中取出经脱蜡、去二甲苯的切片，在磷酸盐缓冲液(PBS)中洗3次，每次5 min。

3.2.4.4 甲酸(98%)作用5 min，然后在PBS中洗3次，每次2 min(系处理高度感染组织特别需要的)。

3.2.4.5 将蛋白酶缓冲液水浴加温至37 ℃，按5 μg/mL加入蛋白酶K，立即放入切片确保切片全部浸入，消化15 min。

3.2.4.6 在一个不锈钢饭盒中倒入刚煮沸的蒸馏水，并立即将切片放入盒中确保切片完全浸入水中，盖好盒盖，在121 ℃高压(约103 kPa)处理20 min，自然冷却至60 ℃以下取出。

3.2.4.7 在PBS中洗3次，每次5 min。

3.2.4.8 将切片完全浸入3%双氧水甲醇溶液中室温处理5 min。

3.2.4.9 在PBS中洗3次，每次5 min。

3.2.4.10 在切片的组织上滴满5%正常猪血清，置湿盒中室温作用20 min。

3.2.4.11 弃去正常猪血清，用吸水纸吸干组织切片四周的液体。

3.2.4.12 将抗PrP^{Sc}核心片段单克隆抗体(有商品)稀释为5 μg/mL，滴加在组织切片上，确保组织完全覆盖，湿盒中37 ℃作用4 h，或者在2 ℃～8 ℃下作用过夜。

3.2.4.13 在PBS中洗3次，每次5 min。

3.2.4.14 洗完后用吸水纸吸干组织切片四周的液体，然后在组织切片上滴加适量工作浓度的生物素标记的抗鼠抗体(有商品)，确保组织完全覆盖，湿盒中室温作用10 min。

3.2.4.15 在PBS中洗3次，每次5 min。

3.2.4.16 洗完后用吸水纸吸干组织切片四周的液体，然后在组织切片上滴加适量工作浓度的亲和素辣根过氧化物酶结合物(有商品)，确保组织完全覆盖，湿盒中室温作用10 min。

3.2.4.17 在PBS中洗3次，每次5 min。

3.2.4.18 在蒸馏水中放置2 min。

3.2.4.19 洗完后用吸水纸吸干组织切片四周的液体，然后在组织切片上滴加适量工作浓度的AEC(3-氨基-9-乙基咔唑)底物显色液(有商品)，确保组织完全覆盖，湿盒中室温作用5 min～10 min。

3.2.4.20 用Mayer氏苏木素液复染脑组织1 min，淋巴组织30 s。

3.2.4.21 在蒸馏水中放置2 min。

3.2.4.22 专用封片剂封片。

3.2.5 **结果判定**

在光学显微镜下(倍数为10×10、10×20和10×40)观察切片，结果判定如下：

a) 阳性结果：在阳性和阴性对照片染色结果正确的条件下，若组织切片灰质区(特别是脑门部的迷走神经背核、孤束核等处)或淋巴组织的生化中心出现特异性铁锈红色染色颗粒，则将该样品判为痒病阳性；

b) 阴性结果：若组织切片灰质区(特别是脑门部的迷走神经背核、孤束核等处)或淋巴组织的生化中心未见特异性铁锈红色染色颗粒，则将该样品判为痒病阴性。

附　录　A
（规范性附录）
10%中性福尔马林固定液的配制

10%中性福尔马林固定液的配制：

氯化钠	8.5 g
蒸馏水	900 mL
40%甲醛	100 mL

把以上材料混匀溶解即可使用。

附 录 B
（规范性附录）
组织病理学检查（H·E染色）试剂配制

B.1 苏木素染色液

B.1.1 配方

苏木精	1.0 g
无水乙醇	10 mL
蒸馏水	200 mL
氧化汞	0.5 g
冰乙酸	8 mL
钾明矾	20.0 g

B.1.2 配法

先将苏木精溶于无水乙醇，然后将钾明矾和蒸馏水煮沸溶化，去火并迅速加入苏木精无水乙醇溶液中，立即加入氧化汞并煮沸，迅速冷却后加入冰乙酸，过滤后使用。

B.2 1%盐酸酒精

在100 mL的70%或80%酒精中加入0.5 mL或1 mL的浓盐酸。

B.3 碳酸锂饱和水溶液

在100 mL的70%或80%酒精中加入0.5 mL或1 mL的浓盐酸。

B.4 碳酸锂饱和水溶液

碳酸锂2 g加100 mL蒸馏水，充分溶解。

B.5 95%酒精伊红溶液

伊红0.5 g加入100 mL 95%酒精中溶化。

附 录 C
（规范性附录）
免疫组织化学检查的试剂配制

C.1 蛋白酶 K 缓冲溶液

C.1.1 配方

Tris/HCl(1 mol/L,pH8.0)	2.5 mL
$CaCl_2$(0.1 mol/L)	0.75 mL
加蒸馏水至	50 mL

C.1.2 配法

用前加蛋白酶 K(14.7 mg/mL)17 μL 使终浓度达 5 μg/mL。

C.2 3%双氧水-甲醇(使用前 5 min 配制)

甲醇	50 mL
H_2O_2(30%)	1.5 mL

C.3 10×0.1 mol/L PBS(pH7.4)

NaCl	80 g
KCl	2 g
Na_2HPO_4	14.4 g
KH_2PO_4	2.4 g

加水 800 mL 溶解，调 pH 到 7.4，加水至 1 L。使用时作 10 倍稀释。

C.4 5%正常猪血清(NSS)

0.1 mol/L PBS (pH7.4)	4 mL
NSS	200 μL

C.5 Mayer 氏苏木素液

C.5.1 配方

苏木精	1 g
钾明矾	50 g
碘酸钠	0.2 g
水合氯醛	50 g
枸橼酸	1 g
蒸馏水	1 000 mL

C.5.2 配法

将苏木精、钾明矾及碘酸钠依次加入水中，略加热并搅拌，待全部溶解后过夜。再加入水合氯醛及枸橼酸并加热煮沸 5 min。冷却后过滤备用。如不急用可以不煮沸而在室温下待其成熟后使用，染液可以贮存较长时间。

ICS 65.150
B 52

GB

中华人民共和国国家标准

GB/T 22911—2008

STANDARDS PRESS OF CHINA

黄鳝

Swamp eel

2008-12-31 发布　　2009-05-01 实施

中华人民共和国国家质量监督检验检疫总局
中国国家标准化管理委员会　发布

前　言

本标准由中华人民共和国农业部提出。

本标准由全国水产标准化技术委员会归口。

本标准起草单位:农业部淡水鱼类种质监督检验测试中心。

本标准主要起草人:肖汉兵、邹世平、杨焱清、方耀林、汪登强、周瑞琼。

黄　鳝

1　范围

本标准规定了黄鳝[*Monopterus albus*(Zuiew)]的主要形态构造特征、生长与繁殖、遗传学特性以及检测方法。

本标准适用于黄鳝的种质检测鉴定。

2　规范性引用文件

下列文件中的条款通过本标准的引用而成为本标准的条款。凡是注日期的引用文件，其随后所有的修改单(不包括勘误的内容)或修订版均不适用于本标准，然而，鼓励根据本标准达成协议的各方研究是否可使用这些文件的最新版本。凡是不注日期的引用文件，其最新版本适用于本标准。

GB/T 18654.1　养殖鱼类种质检验　第1部分:检验规则

GB/T 18654.2　养殖鱼类种质检验　第2部分:抽样方法

GB/T 18654.3　养殖鱼类种质检验　第3部分:性状测定

GB/T 18654.12　养殖鱼类种质检验　第12部分:染色体组型分析

3　学名与分类

3.1　学名

黄鳝 *Monopterus albus*(Zuiew,1793)。

3.2　分类

属合鳃目(Synbranchiformes)、合鳃科(Symbranchidae)、黄鳝属(*Monopterus*)。

4　主要形态构造特征

4.1　外部形态

4.1.1　外形

体细长，前部圆筒形，后段稍侧扁，尾部尖细。头部膨大，吻尖，下颌稍短于上颌。眼小，为透明的皮质膜所覆盖。口裂大，唇发达；上、下颌有细齿，齿呈不规则排列，大小不一。鼻孔两对，前、后鼻孔分离较远，前鼻孔近吻端，后鼻孔近眼前缘上方。左右鳃孔在头的腹面合为一孔。体裸露无鳞。侧线发达，稍向内凹。无胸鳍及腹鳍，背鳍、臀鳍及尾鳍均退化，仅有不明显的皮褶。

体黄褐色，体表布满许多不规则黑色斑点，腹部灰白色，体色常随栖居环境不同而不同。

黄鳝的外形见图1。

图1　黄鳝外形图

4.1.2　可数性状

鳃3对，退化，无鳃耙；鳃丝短，羽毛状，鳃丝数21条～25条。

4.1.3 可量性状

黄鳝的可量性状比值见表1。

表1 可量性状比值

性 状	比 值 范 围
体长/体高	20.2～27.7
体长/头长	10.2～13.7
头长/吻长	4.1～6.1
头长/眼间距	4.3～7.9
头长/眼径	9.0～20.8

4.2 内部构造特征

4.2.1 鳔

鳔退化。

4.2.2 呼吸器官

鳃不发达，具有由口咽腔粘膜组成的辅助呼吸器。

4.2.3 咽齿

具绒毛状的上咽齿和下咽齿。

4.2.4 脊椎骨

脊椎骨数：脊椎骨数159节～174节，常见168节。

5 生长与繁殖

5.1 生长

自然条件下，不同年龄组的体长和体重实测值见表2。

表2 各年龄组的体长和体重的实测值

年龄/龄	0^+	1^+	2^+	3^+	4^+	5^+	6^+
体长/cm	18.0～24.5	23.0～30.0	27.5～41.0	37.0～46.0	48.5～55.0	55.5～65.0	65.0～70.0
体重/g	6～13	12～22	19～54	48～97	99～150	200～250	355～373

5.2 繁殖

5.2.1 繁殖习性：黄鳝雌雄异体，性成熟年龄：雌性1^+龄，雄性2^+龄。亲鱼有吐沫筑巢的护卵习性。

5.2.2 性逆转：从胚胎到第一次性成熟，均为雌性。产卵以后，卵巢逐渐退化，慢慢变成精巢而成为终生的雄性。

5.2.3 产卵类型：属分批产卵类型。

5.2.4 繁殖季节：繁殖适宜水温为21 ℃～30 ℃。在长江流域，繁殖期为5月份～8月份。

5.2.5 繁殖力：绝对繁殖力与雌鱼个体大小有关。体重35 g～100 g的个体，绝对怀卵量一般为300粒～800粒。

6 遗传学特性

6.1 体细胞染色体数：$2n=24$。

6.2 核型：染色体全部为端部着丝粒染色体，核型公式$2n=24\ t$，染色体臂数(NF)为24。黄鳝染色体组型见图2。

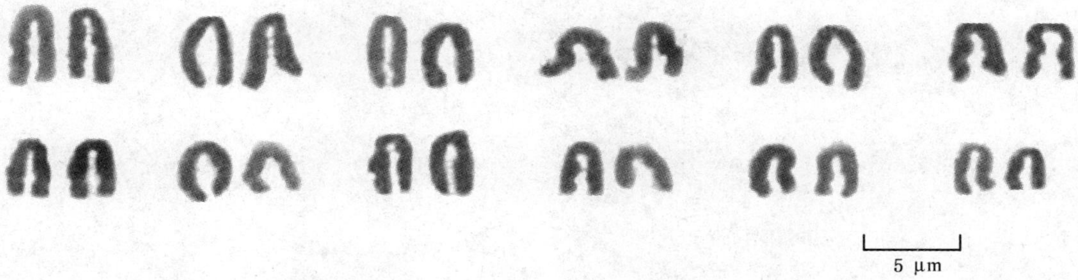

图 2　黄鳝染色体组型图

7　检测方法

7.1　抽样

按 GB/T 18654.2 的规定执行。

7.2　性状测定

按 GB/T 18654.3 的规定执行。

7.3　年龄测定

黄鳝头骨在沸水中煮 5 min,取出基舌骨和上舌骨,剔除肌肉,用清水洗净,解剖镜下观察。一个明带与一个暗带构成一个生长年带。

7.4　繁殖力测定

在繁殖期,取性成熟雌性个体 30 尾,剖开鱼的腹部,取出卵巢,直接计数全部卵粒,取平均值。

7.5　染色体检测

按 GB/T 18654.12 的规定执行。

8　综合判定

按 GB/T 18654.1 的规定执行。

ICS 65.020.30
B 43

中华人民共和国国家标准

GB/T 22912—2008

马头山羊

Matou goat

2008-12-31 发布 2009-05-01 实施

中华人民共和国国家质量监督检验检疫总局
中国国家标准化管理委员会 发布

前　言

本标准的附录A为资料性附录。

本标准由中华人民共和国农业部提出。

本标准由全国畜牧业标准化技术委员会归口。

本标准起草单位：湖北省十堰市畜牧兽医局、湖北省十堰市质量技术监督局、华中农业大学动物科技学院、湖北省畜牧兽医局、湖北省质量技术监督局、湖北省农业科学院畜牧兽医研究所、湖北省郧西县畜牧兽医局、湖北省竹山县畜牧兽医局。

本标准主要起草人：闻群英、杨利国、张作仁、李建平、罗锦平、熊金洲、余礼奎、陶克艳、王琦、陈明新、后家根、曹钟鑫、林勇、刘文津、戴猛。

马 头 山 羊

1 范围

本标准规定了马头山羊的品种特性、外貌特征、生产性能和等级评定。

本标准适用于马头山羊的品种鉴定和等级评定。

2 术语和定义

下列术语和定义适用于本标准。

2.1

屠宰前活重 pre-slaughter weight

屠宰前停食 24 h 的体重，单位为 kg。

2.2

胴体重 carcass weight

屠宰放血后去皮、头(由环椎处分割)、前肢膝关节和后肢趾关节以下的部分及内脏后整个躯体(包括肾脏及其周围脂肪)静置 30 min 后的重量。

2.3

屠宰率 dressing percentage

胴体重加内脏脂肪(包括大网膜脂肪及肠系膜脂肪)重与屠宰前活重之比。

2.4

胴体净肉重 net meat weight

胴体去骨、肾脏、脂肪后的重量。

2.5

净肉率 net meat percentage

胴体净肉重占屠宰前活重的百分率。

2.6

尻部 rump

荐椎骨体表两侧部位。

2.7

肷窝 rear flank

躯体肋骨和胯骨之间的部分。

2.8

窝产活羔数 number of alive kids per litter

平均每胎所产活羔羊数。

2.9

杂交亲和力 cross affility

用作父本或母本与其他山羊品种杂交的效果。

3 品种特性

属肉皮兼用型，具有体型大、生长快、屠宰率高、肉质细嫩、板皮性能好、繁殖力强、杂交亲和力好、适应性强等特点。

4 外貌特征

公羊和母羊均无角；两耳平直略向下垂；被毛全白。参见附录A。

5 生产性能

5.1 肉用性能

用6月龄、12月龄、18月龄公、母、羯羊的胴体重和屠宰率表示，在放牧加舍饲条件下应符合表1的规定。

表1 6月龄、12月龄和18月龄羊只肉用性能

月龄	性别	屠宰前活重/kg		胴体重/kg		屠宰率/%	
		平均数	范围	平均数	范围	平均数	范围
6	公	18.7	15.5～21.0	7.7	5.1～9.3	41.4	38～44.0
	母	17.3	14.7～19.5	6.9	5.7～7.4	39.8	37～43
	羯	20.5	18.4～23.9	8.7	6.4～9.6	42.6	39～47
12	公	28.5	23.5～30.0	12.6	9.8～14.5	44.1	41～47
	母	24.8	21.5～27.7	10.7	8.6～12.7	43.2	40～46
	羯	31.8	28.3～35.8	15.8	13.9～18.3	49.8	46～54
18	公	35.6	32.4～40.5	17.9	15～21.1	50.4	48～52
	母	32.3	29.3～36.1	15.6	13.3～20.2	48.3	46～50
	羯	40.2	35.8～41.5	21.2	17.5～23.2	52.8	50～56

5.2 繁殖性能

公羊和母羊全年均可繁殖。母羊初情期3月龄～3.5月龄，适配年龄6月龄～8月龄；初产母羊窝产羔数不低于1.7，经产母羊窝产羔数不低于2.2；母羊利用年限不低于5年。公羊初情期3月龄～4月龄，适配年龄9月龄～10月龄，全年均可配种；采精频率每天1次～2次(间隔6 h)，射精量1 mL/次～2 mL/次，利用年限5年～7年。

5.3 板皮性能

板皮厚薄均匀，油性足，弹性好，出革率高，成年板皮平均厚0.3 cm，特级板皮面积8 500 cm^2 以上，一级板皮面积7 000 cm^2 以上，二级板皮面积6 500 cm^2 以上。

6 等级评定

6.1 等级评定方法

以综合评分方法评定等级；分特级、一级、二级三个等级。

6.2 评定依据

以体型外貌(见表2)、生长性状(体尺、体重)(见表3)、繁殖性状(见表4，表5)为评定依据。

表2 体型外貌综合评定表

项　目	体型外貌标准
整体结构	体质结实，结构匀称；公羊雄壮，母羊清秀敏捷
头、颈肩部	头部大小适中，面长额宽，眼大突出有神，嘴齐，头顶横轴凹下，密生卷曲鬃毛，鼻梁平直，耳平直略向下倾斜，部分羊颌下有两个肉垂；母羊颈部细长，公羊颈短粗壮，颈肩结合良好
前躯	发达，肌肉丰满，胸宽而深，肋骨开张良好
背、腹部	背腰平直，腹圆、大而紧凑
后躯	较前躯略宽，尻部宽，倾斜适度，臀部和腿部肌肉丰满，肷窝明显；母羊乳房基部宽广、方圆，附着紧凑，向前延伸，向后突出，质地柔软，大小适中，有效乳头两个；公羊睾丸发育良好，左右对称，附睾明显，富有弹性，适度下垂
四肢	四肢匀称，刚劲有力；系部紧凑强健，关节灵活；蹄质坚实，蹄壳呈乳白色；无内向、外向、刀状姿势
皮肤与被毛	皮肤致密富有弹性，肤色粉红；全身被毛短密贴身，毛色全白而有光泽

表3 生长性状评定标准

月龄	性别	等级	体重/kg	胸围/cm	体斜长/cm
3	公羊	特级	14	54	52
		一级	11	51	49
		二级	8	48	46
	母羊	特级	14	53	51
		一级	11	50	48
		二级	8	47	45
6	公羊	特级	23	64	60
		一级	19	60	56
		二级	15	56	52
	母羊	特级	22	63	58
		一级	18	59	54
		二级	14	55	50
12	公羊	特级	33	75	70
		一级	29	71	66
		二级	25	67	62
	母羊	特级	30	73	68
		一级	26	69	64
		二级	22	65	60
18	公羊	特级	42	83	77
		一级	37	78	72
		二级	32	73	67
	母羊	特级	38	80	75
		一级	33	75	70
		二级	28	70	65

表 4 公羊繁殖性能评定标准

等 级	3 月龄、6 月龄	12 月龄、18 月龄		
	同胞数/只	性欲强弱 爬跨间隔时间/min	射精量/mL	鲜精活率/%
特级	≥4	1	1.6～2.0	≥90
一级	≥2	2	1.3～1.5	85～89
二级	1	5	1.0～1.2	80～84

表 5 母羊繁殖性能评定标准

等 级	3 月龄、6 月龄	12 月龄、18 月龄
	同胞数/只	窝产活羔数/只
特级	≥4	≥3
一级	≥2	2
二级	1	1

附 录 A
（资料性附录）
马头山羊外貌特征

A.1 马头山羊公羊

马头山羊公羊外貌特征见图 A.1。

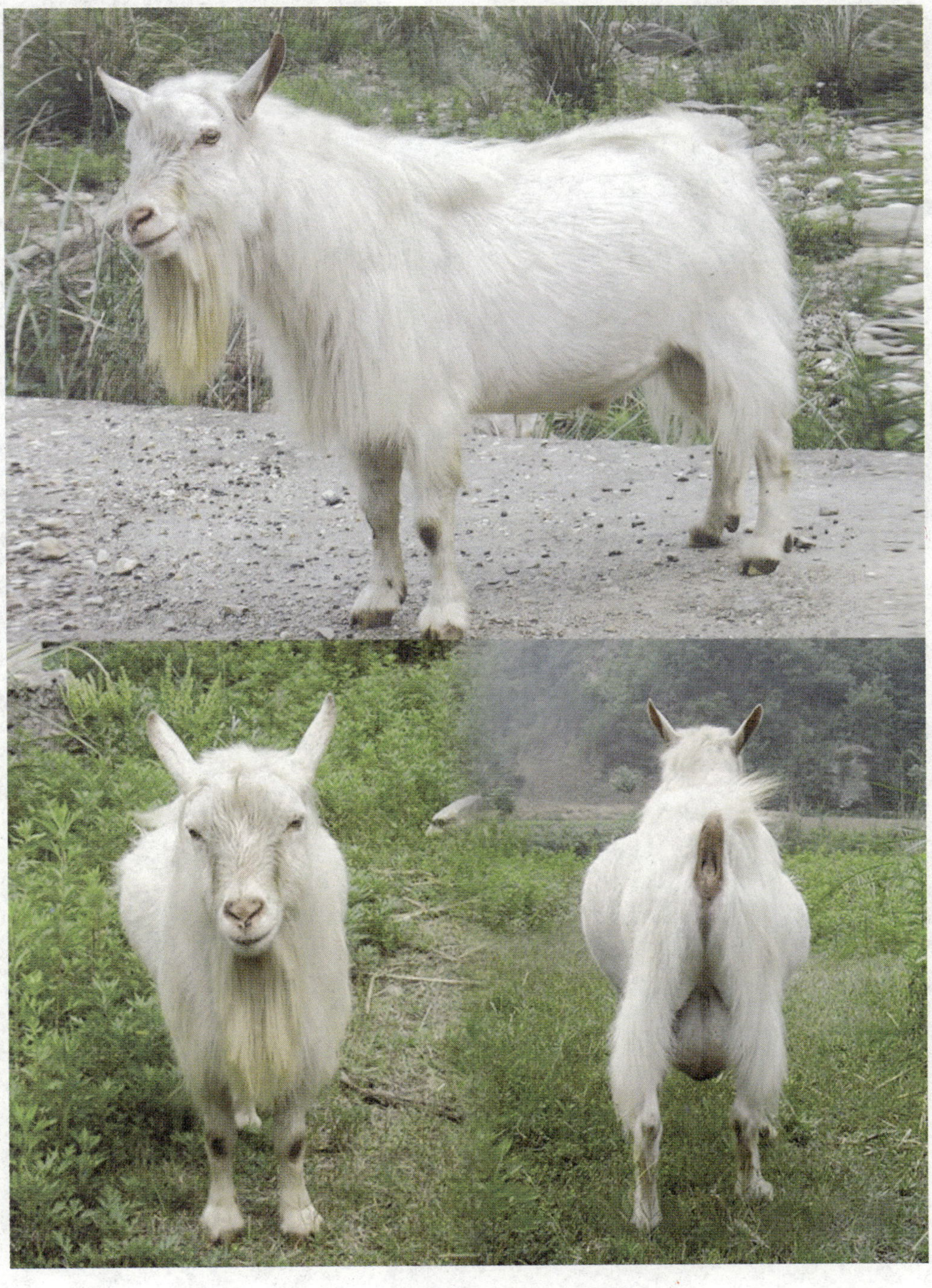

图 A.1 马头山羊公羊外貌特征

A.2 马头山羊母羊

马头山羊母羊外貌特征见图 A.2。

图 A.2 马头山羊母羊外貌特征

ICS 65.150
B 51

中华人民共和国国家标准

GB/T 22913—2008

石　　鲽

Stone flounder

2008-12-31 发布　　2009-05-01 实施

中华人民共和国国家质量监督检验检疫总局
中国国家标准化管理委员会　发布

前　言

本标准的附录A为资料性附录。

本标准由中华人民共和国农业部提出。

本标准由全国水产标准化技术委员会海水养殖分技术委员会归口。

本标准起草单位:中国水产科学研究院黄海水产研究所。

本标准主要起草人:张岩、刘曼红、肖永双、于函。

石　　鲽

1　范围

本标准规定了石鲽（*Kareius bicoloratus*）的主要形态特征、生长与繁殖、遗传学特性，以及检测方法。

本标准适用于石鲽的种质检测与鉴定。

2　规范性引用文件

下列文件中的条款通过本标准的引用而成为本标准的条款。凡是注日期的引用文件，其随后所有的修改单（不包括勘误的内容）或修订版均不适用于本标准，然而，鼓励根据本标准达成协议的各方研究是否可使用这些文件的最新版本。凡是不注日期的引用文件，其最新版本适用于本标准。

GB/T 18654.12　养殖鱼类种质检验　第12部分：染色体组型分析

GB/T 19782　中国对虾

GB 20556—2006　三疣梭子蟹

3　名称与分类

3.1　学名

石鲽 *Kareius bicoloratus* Basilewsky，1855。

3.2　分类位置

鲽形目（Pleuronectiformes）、鲽科（Pleuronectidae）、鲽亚科（Pleuronectinae）、石鲽属（*Kareius*）。

4　主要形态特征

4.1　外部形态特征

体长椭圆形，背腹缘凸度相似。尾柄长与高相近。头部背缘在上眼前缘上方有一凹刻。大鱼有粗骨质突起，前端延向两眼前缘。前鼻孔有管状皮突起；右鼻孔位眼间隔前端吻右侧；左鼻孔约位上眼前缘中央头左侧。两颌左侧略长，右上颌约达下眼瞳孔前缘下方。口闭时下颌微突出。有一下颏突起。两颌有扁牙一行，牙端截形。前鳃盖后缘外露而不游离。鳃孔上端略过胸鳍基。鳃峡后端距眼较距前鳃盖骨后缘近。

小鱼皮内埋有退化的小鳞。成年鱼无鳞，在体右侧沿侧线及侧线与背、腹缘间各有一纵行粗骨板，下方两行骨板较小；左侧除侧线前方头部有一纵行粗骨嵴外，常无粗骨板，仅少数在侧线与背缘间有一纵行分散的小骨板。左右侧线无明显的弧状弯曲部，颞上枝短，约达第6背鳍条附近；有眼下枝。

背鳍鳍条不分枝，后端鳍条很细小。臀鳍形似背鳍。第一间脉棘突出。右胸鳍小刀状，第4鳍条最长，中央6鳍条～8鳍条分枝；左胸鳍圆形，中央无或有1鳍条～3鳍条分枝，长约为左胸鳍4/7～3/4。腹鳍基短，近似对称，鳍条不分枝，第3鳍条最长，约达臀鳍始点前后。尾鳍圆截形，中央11鳍条～13鳍条分枝。

头体右侧黄褐色，粗骨板微红，鳍橙黄色，尾鳍较暗。体侧及鳍上常有白斑。石鲽的外部形态见图1。

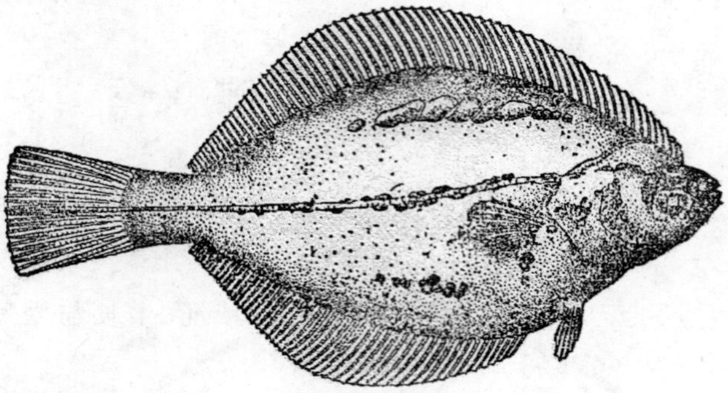

图 1　石鲽的外部形态

4.2　可量性状

可量性状实测比值见表 1。

表 1　可量性状实测比值

项　目	比　值
体长/体高	2.2～2.4
体长/头长	3.4～3.7
头长/吻长	4.5～6.4
头长/眼间距	12.4～16.8
头长/眼径	4.7～6.5

4.3　可数性状

4.3.1　背鳍鳍式:D. 64～72。

4.3.2　臀鳍鳍式:A. 49～54。

4.3.3　胸鳍鳍式:P. 12。

4.3.4　腹鳍鳍式:V. 6。

4.3.5　尾鳍鳍式:C. 18。

4.3.6　侧线鳞:74～80。

4.3.7　鳃耙数:3～5+5～6。

4.3.8　牙式:10～11+15～20/11～16+18～25。

4.3.9　脊椎骨数为 11+27～28。

5　生长与繁殖

5.1　生长

石鲽生长方程和体长体重关系参见附录 A。石鲽的体长与体重的实测值见表 2。

表 2　石鲽体长与体重的实测值

体长/cm	体重/g	体长/cm	体重/g	体长/cm	体重/g
136	61.07	139	71.39	144	83.35
136	67.23	140	67.80	144	76.21
138	72.36	140	67.05	145	66.31
138	65.56	141	71.13	145	75.05
139	67.92	144	67.97	145	80.81

表 2（续）

体长/cm	体重/g	体长/cm	体重/g	体长/cm	体重/g
145	64.58	148	82.90	154	89.76
146	83.87	149	90.28	157	99.59
146	86.58	149	81.40	157	89.26
146	70.96	152	84.70	158	100.51
146	75.24	152	89.70	159	87.10
147	78.20	152	84.40	160	85.70
147	73.52	153	71.60	160	93.10
147	70.70	153	88.57	173	101.16
147	82.62	154	81.40		

5.2 繁殖

5.2.1 性成熟年龄

石鲽雌鱼和雄鱼的性成熟年龄均为二龄。

5.2.2 繁殖期

石鲽属于秋季降温型产卵鱼类，繁殖期为 10 月底到 12 月初。秋季水温在 13 ℃以下性腺开始发育，10 ℃以下可以达到成熟排卵。

5.2.3 繁殖力

石鲽性成熟时，分批多次产卵，一尾体重 1 kg 的亲鱼一次产卵量为 2.8×10^4 粒～32×10^4 粒，一个产卵期的产卵量高者可达 0.73×10^6 粒～2.65×10^6 粒。

6 遗传学特性

6.1 细胞遗传学特性

石鲽的染色体数目为 $2n=48$，核型为 $2n=48$ t，石鲽的染色体核型见图 2。

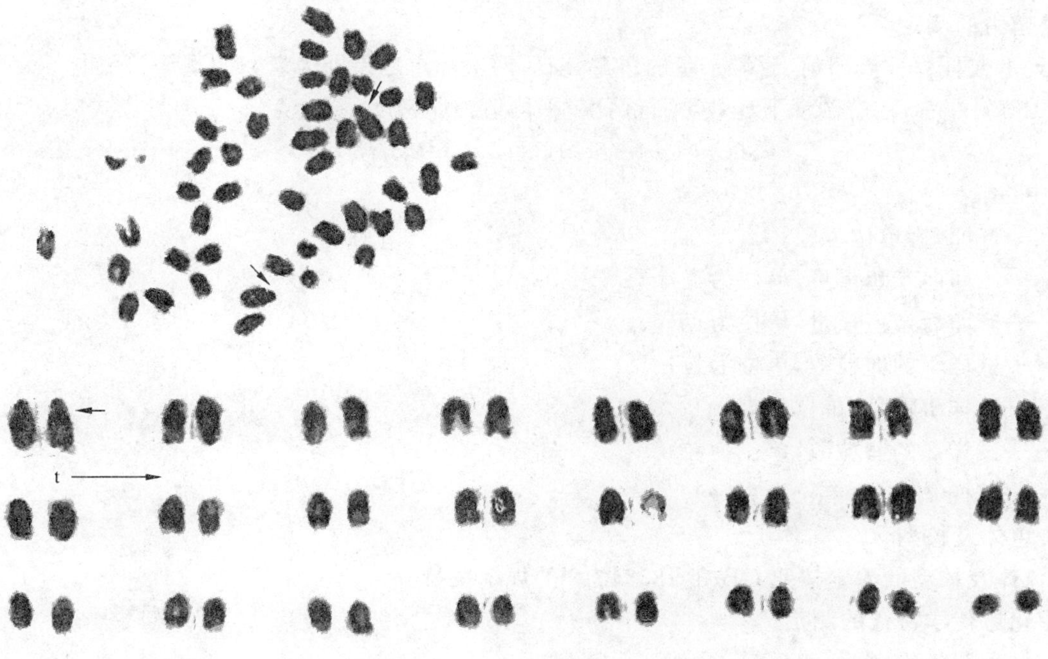

图 2 石鲽的染色体核型

6.2 生化遗传特性

石鲽肌肉乳酸脱氢酶(LDH)同工酶电泳图谱见图 3,表现为一条带。

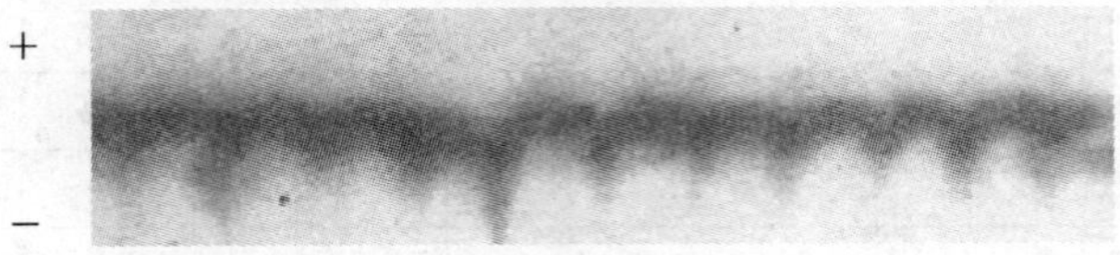

图 3 石鲽肌肉 LDH 同工酶电泳图谱

6.3 分子遗传特性

采用 DNA 序列分析技术,对石鲽的线粒体 16S rRNA(核糖体 16S rRNA)基因片段进行了 PCR 扩增和序列测定,16S rRNA 基因片段序列见图 4。

TTGCG TAACC	ACAGT ATAAG	AGGTC CCGCC	TGCCC AGTGA	CAACT TAGTT	CAACG GCCGC	60
GGTAT TTTGA	CCGTG CAAAG	GTAGC GTAAT	CACTT GTCTT	TTAA ATGAAG	AC CTGT ATGA	120
ATGG CATAAC	GA GGGC TTAA	CTGT CTCCTT	CC CCCA GTCA	AGGA AATTGA	TC TCCC CGTG	180
CAGAA GCGGG	GATAA CCTCA	TAAGA CGAGA	AGACC CTATG	GAGCT TTAGA	CGCAC GGGTG	240
GACCA TGTCA	AGTAC CCCCA	GCTAA GGGTC	CGAAC TAAAT	CGAGC CTGCC	TTGAT GTGTT	300
CGGTT GGGGC	GACCA TGGGG	AATAC AAAAC	CCCCA CGTGG	AAAGG GAGCA	CACCC CTAAG	360
TTACT TCTTC	TCCCG CAAGC	CAGAG CAACA	GCTCT AACAA	GCAGA AATTC	TGACC AAACT	420
GATCC GTTAA	AACCG ATCAA	CGAAC CAAGT	TACCC TAGGG	ATAAC AGCGC	AATCC CCTTT	480
TAGAG CCCAT	ATCGA CAAGG	GGGTT TACGA	CCTCG ATGTG	GGATC AGGAC	ATCCT AATGG	540
TGCAG CCGCT	ATTAA GGTG	CGTGT GTGCA	ACGAT			575

图 4 16S rRNA 基因片段序列

7 检测方法

7.1 繁殖力的测定

用天平或杆秤称产卵前、后雌亲鱼的重量,前后两次称重之差即为产卵的重量。用电子天平称刚产出的卵 1.0 g 左右,在解剖镜下计数,平行两次,平均值为卵密度(粒每克)。产卵量按式(1)计算。

$$G=(w_1-w_2)(n_1/2w_{样1}+n_2/2w_{样2}) \qquad \cdots\cdots(1)$$

式中:

G——产卵量,单位为粒;

w_1——产卵前亲鱼重量,单位为克(g);

w_2——产卵后亲鱼重量,单位为克(g);

n_1——试样 1 的卵粒数,单位为粒;

$w_{样1}$——试样 1 重量,单位为克(g);

n_2——试样 2 的卵粒数,单位为粒;

$w_{样2}$——试样 2 重量,单位为克(g)。

7.2 染色体及核型

染色体及核型的测定按照 GB/T 18654.12 的规定执行。

7.3 生化遗传学特征的测定

7.3.1 样品制备

活体或低温样品带回实验室。取肌肉密封放入超低温冰箱(−76 ℃)或液氮罐中贮存。将部分组织(约 0.5 g)取出放入玻璃匀浆器中,加入等体积双蒸水或 1∶1(体积重量比)的 0.1 mol/L 磷酸缓冲液(pH 7.0)(配制方法见 GB 20556—2006 附录 A),冰水浴中匀浆后,倒入 1.5 mL 离心管内,在 0 ℃~4 ℃冷冻离心机中,以 15 000 r/min 离心 15 min,离心后取上清液作为电泳样品。

7.3.2 电泳分析

采用淀粉凝胶电泳方法,凝胶浓度为 12%,电泳缓冲系统为 TC,pH 7.0(配制方法见 GB 20556—2006 附录 A),恒流(电压大小为 8 V/cm)电泳 5 h~6 h。电泳过程在 4 ℃冰箱中进行。凝胶厚度为 6 mm,电泳后切成 4 片~5 片进行染色,染色过程在 37 ℃恒温箱中进行,染色液的配制按 GB/T 19782 的规定执行。

7.4 分子遗传学特征的测定

7.4.1 DNA 提取

取肌肉组织,尽量剪碎,用 DNA 提取试剂盒或常规酚方法提取基因组 DNA,TE 溶解后 −20 ℃保存备用,TE 溶液的配制见 GB 20556—2006 附录 A。

7.4.2 PCR 扩增

7.4.2.1 引物

引物 16sAR/BR 序列为:16sAR:5′ GCCTGTTTATCAAAAACAT 3′;16sBR:5′ CCGGTCT-GAACTCAGATCACGT 3′。

7.4.2.2 PCR 反应体系

25 μL PCR 扩增反应体系内含:2.0 mmol/L 氯化镁($MgCl_2$),0.2 mmol/L 每种 dNTPs,0.2 μmol/L每种引物,30 ng DNA 模板,1 单位 *Taq* 酶,及 1×缓冲液。

7.4.2.3 PCR 反应程序

94 ℃预变性 2 min,然后 94 ℃ 45 s,50 ℃ 1 min,72 ℃ 1 min,使用热盖,循环 35 次,最后 72 ℃延伸5 min。

7.4.2.4 结果的记录

PCR 产物 1.4%琼脂糖凝胶电泳,EB 染色,凝胶成像系统观察、照相。

7.4.3 PCR 产物克隆

PCR 产物经回收纯化后,连接到 PMD18-T 载体上。连接反应体积 10 μL,其中载体 1 μL,连接酶Ⅰ5 μL,PCR 产物 4 μL,16 ℃连接 1 h 或 4 ℃过夜,然后连接液转化感受态大肠杆菌,涂平板,蓝-白斑筛选阳性克隆,液体培养基培养,提纯质粒后用 EcoRⅠ和 HindⅢ酶切检测有无插入片段。

7.4.4 序列测定

对回收质粒进行测序反应,产物纯化后在 DNA 测序仪上测序;为保证测序的可靠性和准确性,采用双向测序,并进行人工核对、校正。

8 判定规则

被检样品符合第 4 章、第 6 章要求的为合格样品。

附　录　A
（资料性附录）
石鲽生长方程和体长体重关系

A.1　石鲽生长方程

石鲽的生长可用 Von-Bertalanffy 生长方程表示，通过对黄海、渤海沿岸拖网调查取得的 293 个样品的回归分析，石鲽的生长方程式见式(A.1)～式(A.4)。

$$♀: L_t = 497.28[1 - e^{-0.26(t-0.73)}] \quad \cdots\cdots (A.1)$$

$$♂: L_t = 365.42[1 - e^{-0.41(t-0.73)}] \quad \cdots\cdots (A.2)$$

$$♀: w_t = 497.28[1 - e^{-0.26(t-0.73)}]^{3.18} \quad \cdots\cdots (A.3)$$

$$♂: w_t = 365.42[1 - e^{-0.41(t-0.73)}]^{3.05} \quad \cdots\cdots (A.4)$$

式中：

L_t——体长，单位为毫米(mm)；

w_t——体重，单位为克(g)；

t——年龄，单位为龄；

497.28——系数；

365.42——系数。

A.2　石鲽体长体重关系

通过对黄海、渤海沿岸拖网调查取得的 293 个样品的回归分析，石鲽的体长、体重关系见式(A.5)、式(A.6)。

$$♀: w = 0.006\,1L^{3.18} \quad \cdots\cdots (A.5)$$

$$♂: w = 0.014\,4L^{3.05} \quad \cdots\cdots (A.6)$$

式中：

w——鱼体体重，单位为克(g)；

L——鱼体体长，单位为厘米(cm)；

0.006 1——系数；

0.014 4——系数。

ICS 11.220
B 41

中华人民共和国国家标准

GB/T 22914—2008

SPF 猪病原的控制与监测

Control and monitoring of SPF swine pathogens

2008-12-31 发布 2009-05-01 实施

中华人民共和国国家质量监督检验检疫总局
中国国家标准化管理委员会 发布

前 言

本标准的制定参照了丹麦等畜牧业发达国家 SPF 猪病原控制技术，并充分考虑了我国养猪业的现状。

本标准由中华人民共和国农业部提出。

本标准由全国动物防疫标准化技术委员会(SAC/TC 181)归口。

本标准起草单位：北京市 SPF 猪育种管理中心。

本标准主要起草人：张宗义、刘志南、董桂华、严彩红、王朝军、马振强、杨汉春。

5 采样方法

按照 NY/T 541 规定的采样方法采样。

6 病原检测方法

6.1 猪伪狂犬病病原检测

按 GB/T 18641 或 NY/T 678 的方法进行检测。

6.2 猪繁殖与呼吸综合征病原检测

按 NY/T679 的方法进行检测。

6.3 猪传染性胃肠炎病原检测

按 NY/T 548 的方法进行检测。

6.4 猪流行性腹泻病原检测

按 NY/T 544 的方法进行检测。

6.5 古典猪瘟病原检测

按 GB 16551 的方法进行检测。

6.6 布鲁氏杆菌检测

按 GB/T 18646 的方法进行检测。

6.7 猪痢疾密螺旋体检测

按 NY/T 545 的方法进行检测。

6.8 猪肺炎支原体检测

按 NY/T 1186 的方法进行检测。

6.9 猪胸膜肺炎放线杆菌检测

按 NY/T 537 的方法进行检测。

6.10 产毒素多杀性巴氏杆菌检测

按 NY/T 546 的方法进行检测。

6.11 血虱检测方法

于颈部、颊部四周、体侧及四肢内侧直接检查虫体。

6.12 疥螨检测方法

对临床检查可疑猪，刮皮屑至皮肤微出血，置平皿内，直接检查或加 10%氢氧化钠溶液检查虫体或虫卵。

7 结果判定及处置

6.1～6.12 的检测结果全部为阴性时，则判定为 SPF 猪，6.1～6.12 的任何一项检测结果阳性时，则判为非 SPF 猪。对已经感染、发病和死亡的猪立即按国家有关规定处置；国家没有规定的，予以淘汰。

ICS 11.220
B 41

GB

中华人民共和国国家标准

GB/T 22915—2008

口蹄疫病毒荧光 RT-PCR 检测方法

Protocol of universal fluorogenic RT-PCR for foot and mouth disease virus

2008-12-31 发布　　2009-05-01 实施

中华人民共和国国家质量监督检验检疫总局
中国国家标准化管理委员会　发布

前　言

本标准参考了世界动物卫生组织(OIE)《陆生动物诊断试验和疫苗手册(哺乳动物、禽鸟与蜜蜂)》(第5版)。

本标准的附录A、附录C为规范性附录,附录B为资料性附录。

本标准由中华人民共和国农业部提出。

本标准由全国动物防疫标准化技术委员会归口。

本标准起草单位:中华人民共和国深圳出入境检验检疫局、中华人民共和国云南出入境检验检疫局、中国检验检疫科学研究院。

本标准主要起草人:花群义、杨云庆、秦智锋、周晓黎、卢体康、董俊、陶虹、阮周曦、叶弈优、林祥梅、吴绍强。

口蹄疫病毒荧光 RT-PCR 检测方法

1 范围

本标准规定了口蹄疫病毒荧光 RT-PCR 检测的操作方法。

本标准适用于动物及其动物产品中口蹄疫病毒的检测。

2 缩略语

下列缩略语适用于本标准。

2.1 荧光 RT-PCR

荧光反转录-聚合酶链反应。

2.2 *Ct* 值

每个反应管内的荧光信号达到设定的阈值时所经历的循环数。

2.3 RNA

核糖核酸。

2.4 DEPC

焦碳酸磷酯。

2.5 PBS

磷酸盐缓冲盐水,配方见附录 A。

2.6 *Taq* 酶

*Taq*DNA 聚合酶。

2.7 FMDV

口蹄疫病毒。

3 原理

根据口蹄疫病毒各型共有的基因特定序列的保守片段,合成一对通用的特异性引物和一条通用的特异性探针。荧光探针的 5′端标记 FAM 荧光素,3′端标记 TAMRA 荧光素,3′端的淬灭基团在近距离内能吸收 5′端报告荧光基团发出的荧光信号。但在扩增时,由于 *Taq* 酶的 5′→3′的外切活性,在延伸到荧光探针时,将其切断,两基团分离,淬灭作用消失,荧光信号产生。因此,可以通过检测荧光信号对核酸模板进行检测。

4 材料与试剂

4.1 仪器与器材

4.1.1 荧光 RT-PCR 检测仪。

4.1.2 高速台式冷冻离心机(离心速度 12 000 r/min 以上)。

4.1.3 台式离心机(离心速度 3 000 r/min)。

4.1.4 混匀器。

4.1.5 冰箱(2 ℃～8 ℃和－20 ℃两种)。

4.1.6 微量可调移液器(5 μL,10 μL,100 μL,1 000 μL)及配套带滤芯吸头。

4.1.7 Eppendorf 管(1.5 mL)、透明薄壁 PCR 管(0.2 mL)。

4.2 试剂

4.2.1 除特别说明以外，本标准所用试剂均为分析纯，所有试剂均用无 RNA 酶污染的容器(用 DEPC 水处理后高压灭菌)分装。

4.2.2 三氯甲烷。

4.2.3 异丙醇：−20 ℃预冷。

4.2.4 PBS：配制见附录 A。

4.2.5 75%乙醇：用新开启的无水乙醇和 DEPC 水配制，−20 ℃预冷。

4.2.6 引物：上游引物 5′-TTACAAACCTGTGATGGCCTC-3′，下游引物 5′-CGGAGATCAACT-TCTCCTGTATG-3′。

4.2.7 荧光双标记探针(10 μmol/L)：(FAM)5′-CCTCTCCTTTGCACGCCGTGG-3′(TAMRA)。

4.2.8 口蹄疫病毒通用荧光 RT-PCR 检测试剂盒：组成、功能及使用注意事项参见附录 B。

5 抽样

5.1 采样工具

5.1.1 下列采样工具应经 121 ℃±2 ℃，15 min 高压灭菌并烘干。

5.1.2 棉拭子。

5.1.3 剪刀、镊子。

5.1.4 注射器。

5.1.5 1.5 mL Eppendorf 管。

5.1.6 研钵。

5.2 样品采集

5.2.1 采集的样品主要是口腔、蹄冠上的水泡上皮组织、水泡液、血液、口腔分泌物和组织。采集后立即冷藏送检或置于含抗生素的 PBS 缓冲液中低温保藏。编号并作好记录。

5.2.2 水泡液及水泡皮：用 75%酒精轻轻消毒水泡表皮，去掉污物，用灭菌生理盐水擦去酒精，然后用无菌注射器穿刺水泡吸取水泡液，置于含抗生素的 PBS 缓冲液灭菌瓶中。水泡液采取后，将水泡皮以无菌术剪下，放入含抗生素的 PBS 缓冲液中。

5.2.3 口腔分泌物和咽喉拭子：用拭子采取口腔分泌物或将拭子深入口腔内来回刮 3 次～5 次取分泌液，拭子一并放入盛有 1.0 mL 含抗生素的 PBS 缓冲液的 1.5 mL Eppendorf 管中。也可用食道探杯刮取咽喉液体，放入加有抗生素的 PBS 中。编号，冷藏送检或低温保藏。

5.2.4 血液：用真空采血管或无菌注射器直接采取至无菌 Eppendorf 管中，密封、编号后保存于 4 ℃或送检。

5.2.5 肌肉或组织脏器：无菌采集待检样品，装入一次性塑料袋或其他灭菌容器，编号，冷藏送检或低温保藏。

5.3 样品贮运

样品采集后，放入密闭的塑料袋内(一个采样点的样品，放入一个塑料袋内)，于保温箱中加冰、密封，送实验室。

5.4 样品制备

5.4.1 水泡液、血液和口腔分泌物

样品在混匀器上充分混合后，用经高压灭菌的镊子将拭子中的液体挤出，室温放置 30 min，取上清液转入无菌的 1.5 mL Eppendorf 管中，编号备用。

5.4.2 水泡皮、肌肉或组织脏器

取待检样品 2.0 g 于洁净、灭菌并烘干的研钵中充分研磨，加 10 mL PBS 混匀，4 ℃下 3 000 r/min 离心 15 min，取上清液转入无菌的 1.5 mL Eppendorf 管中，编号备用。

5.5 样本存放

制备的样本在 2 ℃～8 ℃条件下保存应不超过 24 h，若需长期保存应置 −70 ℃以下，但应避免反复冻融（冻融不超过三次）。

6 操作方法

6.1 实验室标准化设置与管理要求

口蹄疫病毒荧光 RT-PCR 检测的实验室规范，见附录 C。

6.2 样本的处理

6.2.1 在样本制备区进行。样品中总 RNA 提取的试剂盒，有商品化试剂盒出售，也可自行配制。

6.2.2 取 n 个灭菌的 1.5 mL Eppendorf 管，其中 n 为被检样品、阳性对照与阴性对照的数量之和，编号。

6.2.3 每管加入 600 μL 裂解液，分别加入被检样本、阴性对照、阳性对照各 200 μL，一份样本换用一个吸头，再加入 200 μL 三氯甲烷，混匀器上振荡混匀 5 s。于 4 ℃、以 12 000 r/min 离心 15 min。

6.2.4 取与 6.2.2 相同数量灭菌的 1.5 mL Eppendorf 管，加入 500 μL 异丙醇（−20 ℃预冷），做标记。吸取 6.2.3 各管中的上清液转移至相应的管中，上清液应至少吸取 500 μL，不能吸出中间层，颠倒混匀。

6.2.5 于 4 ℃、以 12 000 r/min 离心 15 min（Eppendorf 管开口保持朝离心机转轴方向放置），小心倒去上清液，倒置于吸水纸上，沾干液体，不同样品应在吸水纸不同地方沾干；加入 600 μL75％乙醇，颠倒洗涤。

6.2.6 于 4 ℃、以 12 000 r/min 离心 10 min（Eppendorf 管开口保持朝离心机转轴方向放置），小心倒去上清液，倒置于吸水纸上，沾干液体，不同样品应在吸水纸不同地方沾干。

6.2.7 以 4 000 r/min 离心 10 s（Eppendorf 管开口保持朝离心机转轴方向放置），将管壁上的残余液体甩到管底部，小心倒去上清液，用微量加样器将其吸干，一份样本换用一个吸头，吸头不要碰到有沉淀一面，室温干燥 3 min，不能过于干燥，以免 RNA 不溶。

6.2.8 各管加入 11 μL DEPC 水，轻轻混匀，溶解管壁上的 RNA，以 2 000 r/min 离心 5 s，冰上保存备用。提取的 RNA 应在 2 h 内进行 PCR 扩增；若需长期保存应放置 −70 ℃冰箱。

6.3 检测

6.3.1 扩增试剂准备

在反应混合物配制区进行。从试剂盒中取出相应的荧光 RT-PCR 反应液、*Taq* 酶，在室温下融化后，以 2 000 r/min 离心 5 s。设所需荧光 RT-PCR 检测总数为 $n(n=u+2+1)$，其中 u 为被检样品数、2 为阳性对照数、1 为阴性对照数，按表 1 配制反应体系混合液。

表 1 配制反应体系混合液

序号	组分	每管用量/μL	n 管总用量/μL
1	荧光 RT-PCR 反应液（2×）	25	n×25
2	*Taq* 酶	1	n×1
3	RT-PCR 反转录酶颗粒	1/2（颗）	n×1/2（颗）
4	RNA 酶抑制剂（RNasin）	1	n×1
5	ROX 参考染料（ROX reference dye）	1	n×1
6	DEPC 水	12 μL	n×12

6.3.2 反应体系混合液分装

根据测试样品的数量（n），向配制的反应体系混合液中加入 n×1/2 颗 RT-PCR 反转录酶颗粒，充分混合均匀，按每个PCR管40 μL分装于0.2 mL透明PCR管，将荧光PCR管放于96孔板上，一定要按顺序记录好被检样品管、阳性对照管、阴性对照管。转移至样本处理区。

6.3.3 加样

在样本处理区进行。在各设定的PCR管中分别加入6.2.8中制备的RNA溶液10 μL，盖紧管盖，500 r/min离心30 s。转移至检测区。

6.3.4 荧光RT-PCR检测

6.3.4.1 在检测区进行。将6.3.3中离心后的PCR管放入荧光RT-PCR检测仪内，记录样本摆放顺序。在96孔板内（表内）记录或填写被检样品（Unknown）、阳性对照（PC）、阴性对照（NTC）。设置探针：5'为FAM，3'为TAMRA。

6.3.4.2 循环条件设置：

——第一阶段，反转录42 ℃，30 min；

——第二阶段，预变性94 ℃，3 min；

——第三阶段，94 ℃/10 s，45 ℃/30 s，72 ℃/1 min，5个循环；

——第四阶段，94 ℃/10 s，60 ℃/30 s，40个循环，在第四阶段每个循环的退火延伸时收集荧光；

试验检测结束后，根据收集的荧光曲线和*Ct*值判定结果。

7 结果判定

7.1 结果分析条件设定

直接读取检测结果。基线和阈值设定原则根据仪器噪声情况进行调整，以阈值线刚好超过正常阴性样品扩增曲线的最高点为准。

7.2 质控标准

7.2.1 阴性对照无*Ct*值，并且无扩增曲线，一直为水平线。

7.2.2 阳性对照的*Ct*值应小于28.0，并出现典型的扩增曲线，2个阳性对照扩增曲线基本重合。否则，此次实验视为无效。

7.3 结果描述及判定

7.3.1 阴性

无*Ct*值并且无扩增曲线，表示样品中无口蹄疫病毒。

7.3.2 阳性

*Ct*值小于等于30.0，且出现典型的扩增曲线，表示样品中存在口蹄疫病毒。

7.3.3 有效原则

*Ct*值在30.0～38.0的样品建议重做。重做结果无*Ct*值者为阴性，否则为阳性。

附　录　A
（规范性附录）
试剂的配制

A.1　A液

0.2 mol/L磷酸二氢钠水溶液：磷酸二氢钠（$NaH_2PO_4 \cdot H_2O$）27.6 g，溶于蒸馏水中，最后稀释至1 000 mL。

A.2　B液

0.2 mol/L磷酸氢二钠水溶液：磷酸氢二钠（$Na_2HPO_4 \cdot 7H_2O$）53.6 g（或 $Na_2HPO_4 \cdot 12H_2O$ 71.6 g，或 $Na_2HPO_4 \cdot 2H_2O$ 35.6 g），加蒸馏水溶解，最后稀释至1 000 mL。

A.3　0.01 mol/L、pH7.2磷酸盐缓冲盐水（PBS）的配制

取A液14 mL，B液36 mL，加氯化钠（NaCl）8.5 g，用蒸馏水稀释至1 000 mL。经121 ℃±2 ℃ 15 min高压灭菌，冷却后，无菌条件下按每毫升加入1 000 IU青霉素、1 000 μg链霉素。

附 录 B
（资料性附录）
试剂盒的组成

B.1 试剂盒组成

每个试剂盒可做48个检测，包括以下成分：

裂解液	30 mL×1 盒
DEPC 水	2 mL×1 管
RT-PCR 反应液（内含口蹄疫病毒的引物、探针）	750 μL×1 管
RT-PCR 酶	2 颗粒×12 管
Taq 酶	12 μL×1 管
阴性对照	1 mL×1 管
阳性对照（非感染性体外转录 RNA）	2 mL×1 管
ROX 参考染料（ROX reference dye）	0.1 mL×1 管

B.2 说明

B.2.1 裂解液的主要成分为异硫氰酸胍和酚，为 RNA 提取试剂，外观为红色液体，于 4 ℃保存。

B.2.2 DEPC 水，是用 1%DEPC 处理后的去离子水，用于溶解 RNA 和稀释标准品。

B.2.3 RT-PCR 反应液中含有特异性引物、探针及各种离子。

B.3 功能

试剂盒可用于动物组织样品（包括水泡皮、水泡液、组织、脏器、分泌物、血液、血清或血浆等）中口蹄疫病毒的检测。

B.4 使用时的注意事项

B.4.1 在检测过程中，应严防不同样品间的交叉污染。

B.4.2 反应液分装时应避免产生气泡，上机前检查各反应管是否盖紧，以免荧光物质泄露污染仪器。

B.4.3 RT-PCR 酶颗粒极易吸潮失活，应在室温条件下置于干燥器内保存，使用时取出所需数量，剩余部分立即放回干燥器中。

附 录 C
（规范性附录）
口蹄疫病毒荧光 RT-PCR 检测方法的实验室规范

C.1 实验室设置要求

C.1.1 实验室分为三个相对独立的工作区域：样本制备区、反应混合物配制区和检测区。

C.1.2 工作区域应有明确标记，避免不同工作区域内的设备、物品混用。

C.1.3 每一区域应有专用的仪器设备。

C.1.4 整个实验过程中均应使用无 RNA 酶的一次性耗材，用到的玻璃器皿使用前应 250 ℃干烤 4 h 以上，以彻底去除 RNA 酶。

C.1.5 各区域的仪器设备应有明确标记，以避免设备物品从各自的区域内移出，造成不同的工作区域间设备物品发生混淆。

C.1.6 进入各个工作区域严格遵循单一方向顺序，即只能从样本制备区、扩增反应混合物配制区至检测区。

C.1.7 在不同的工作区域应使用不同颜色或有明显区别标志的工作服，以便于鉴别；离开工作区时，不得将各区特定的工作服带出。

C.1.8 实验室清洁时应按样本制备区、扩增反应混合物配制区至检测区的顺序进行。

C.1.9 不同的实验区域应有其各自的清洁用具以防止交叉污染。

C.2 工作区域仪器设备配置

C.2.1 样本制备区（要求在负压实验室或具有三级生物安全实验室内进行操作，BSL-3）

样本制备区需配置以下仪器设备：

——2 ℃～8 ℃冰箱；

——－20 ℃冰箱；

——高速台式冷冻离心机（4 ℃，12 000 r/min）；

——混匀器；

——常量加样器（0.5 μL、2 μL、5 μL、10 μL、20 μL、50 μL、100 μL、300 μL、1 000 μL）；

——可移动紫外灯（近工作台面）。

C.2.2 反应混合物配制区

反应混合物配制区需配置以下仪器设备：

——2 ℃～8 ℃冰箱；

——－20 ℃冰箱；

——手掌式离心机（3 000 r/min）；

——混匀器；

——微量加样器（0.5 μL、2 μL、5 μL、10 μL、20 μL、50 μL、100 μL、300 μL、1 000 μL）；

——可移动紫外灯（近工作台面）。

C.2.3 检测区

检测区需配置以下仪器设备：

——荧光 PCR 仪（配计算机）；

——移动紫外灯；

——打印机。

C.3 各工作区域功能及注意事项

C.3.1 样本制备区(要求在负压实验室或具有三级生物安全实验室内进行操作)

样本制备区的功能及注意事项如下:

——标本的保存,核酸提取、贮存及其加入至扩增反应管,在样本制备区进行。

——避免在本区内不必要的走动。可在本区内设立正压条件以避免邻近区的气溶胶进入本区造成污染。为避免样本间的交叉污染,加入待测核酸后,应立即盖紧含反应混合液的反应管。

——用过的加样器吸头应放入专门的消毒(例如含次氯酸钠溶液)容器内。实验室桌椅表面每次工作后都要清洁,实验材料(原始样本、提取过程中样本与试剂的混合液等)如出现外溅,应作清洁处理并作记录。

——对实验台适当的紫外照射(波长 254 nm,与工作台面近距离)有助于灭活去污染。工作后通过移动紫外线灯管来确保对实验台面的充分照射。

C.3.2 反应混合物配制区

反应混合物配制区功能及注意事项如下:

——试剂的分装和反应混合液的制备在本区进行。

——用于标本制备的试剂应直接运送至反应混合物配制区,不能经过检测区,在打开含有反应混合液的离心管或试管前,应将其快速离心数秒。

——在整个本区的实验操作过程中,操作者应戴手套,并经常更换。工作结束后应立即对工作区进行清洁。本工作区的实验台表面应可耐受诸如次氯酸钠等化学物质的消毒清洁作用。

——实验台表面用可移动紫外灯(波长 254 nm)进行照射。

C.3.3 检测区

检测区功能及注意事项如下:

——基因片段(病毒 RNA 或 cDNA)的扩增及扩增片段的分析在本区内进行。

——本区注意避免通过本区的物品及工作服将扩增产物带出。为避免气溶胶所致的污染,应尽量减少在本区内的走动。

——完成操作及每天工作后都应对实验室台面进行清洁和消毒,紫外照射方法与前面区域相同。如有溶液溅出,应处理并作记录。本区的清洁消毒和紫外照射方法同前面区域。

C.3.4 使用时的注意事项

——在检测过程中,应严防不同样品间的交叉污染。

——反应液分装时应避免产生气泡,上机前检查各反应管是否盖紧,以免荧光物质泄露污染仪器。

ICS 11.220
B 41

中华人民共和国国家标准

GB/T 22916—2008

水泡性口炎病毒荧光 RT-PCR 检测方法

Protocol of fluorogenic RT-PCR for vesicular stomatitis virus

2008-12-31 发布　　2009-05-01 实施

中华人民共和国国家质量监督检验检疫总局
中国国家标准化管理委员会　发布

前　言

本标准参考了世界动物卫生组织(OIE)《陆生动物诊断试验和疫苗手册(哺乳动物、禽鸟与蜜蜂)》(第5版)。

本标准的附录A为规范性附录,附录B为资料性附录。

本标准由中华人民共和国农业部提出。

本标准由全国动物防疫标准化技术委员会归口。

本标准起草单位:中华人民共和国深圳出入境检验检疫局、中华人民共和国云南出入境检验检疫局。

本标准主要起草人:花群义、周晓黎、曾少灵、曹琛福、詹爱军、张彩虹、林庆燕、陈兵、杨云庆、孙洁。

水泡性口炎病毒荧光 RT-PCR 检测方法

1 范围

本标准规定了水泡性口炎病毒荧光 RT-PCR 检测的操作方法。

本标准适用于动物及其产品中水泡性口炎病毒的检测。

2 缩略语

下列缩略语适用于本标准。

2.1 荧光 RT-PCR

荧光反转录-聚合酶链反应。

2.2 *Ct* 值

每个反应管内的荧光信号达到设定的阈值时所经历的循环数。

2.3 RNA

核糖核酸。

2.4 DEPC

焦碳酸磷酯。

2.5 PBS

磷酸盐缓冲盐水(配方见附录 A)。

2.6 *Taq* 酶

Taq DNA 聚合酶。

2.7 VSV

水泡性口炎病毒。

3 原理

水泡性口炎病毒属 RNA 病毒,根据水泡性口炎病毒两型共有基因特定的序列,合成一对特异性引物和一条特异性的荧光双标记探针。通过严格设计和筛选的引物和探针,涵盖水泡性口炎病毒的两个型和突变株,为水泡性口炎病毒的特异性通用引物和探针。探针的 5′端标记 FAM 荧光素,它发出的荧光能够被检测仪器接收,称为报告荧光基团;3′端标记 TAMRA 荧光素,它在近距离内能吸收 5′端报告荧光基团发出的荧光信号,称为淬灭荧光基团。在扩增时,*Taq* 酶发挥它的 5′→3′端外切核酸酶的功能,将探针水解成单核苷酸,消除阻碍,标记在探针两端的报告荧光基团和淬灭荧光基团均游离于溶液中,仪器检测到发出的荧光信号。

4 材料与试剂

4.1 仪器与器材

4.1.1 荧光 RT-PCR 检测仪。

4.1.2 高速台式冷冻离心机(离心速度 12 000 r/min 以上)。

4.1.3 台式离心机(离心速度 3 000 r/min)。

4.1.4 混匀器。

4.1.5 冰箱(2 ℃～8 ℃和－20 ℃两种)。

4.1.6 微量可调移液器(5 μL,10 μL,100 μL,1 000 μL)及配套带滤芯吸头。

4.1.7 Eppendorf 管(1.5 mL)、透明薄壁 PCR 管(0.2 mL)。

4.2 试剂

4.2.1 除特别说明以外，本标准所用试剂均为分析纯，所有试剂均用无 RNA 酶污染的容器(用 DEPC 水处理后高压灭菌)分装。

4.2.2 三氯甲烷。

4.2.3 异丙醇：−20 ℃预冷。

4.2.4 PBS：配方见附录 A。

4.2.5 75%乙醇：用新开启的无水乙醇和 DEPC 水配制，−20 ℃预冷。

4.2.6 水泡性口炎病毒荧光 RT-PCR 检测试剂盒：组成、功能及使用注意事项参见附录 B。

4.2.7 引物：上游引物为 5′-ATGGCTCCTACAGTTAAGAGAATCA-3′，下游引物为 5′-TGAAGTAATCAGCCGGGTATTC-3′。

4.2.8 荧光双标记探针(10 μmol/L)：(FAM)5′-CGAAATTACCGGCCA ACGAGGATC-3′(TAMAR)。扩增目标片段长度为 97 bp。

5 抽样

5.1 采样工具

5.1.1 下列采样工具应经 121 ℃±2 ℃，15 min 高压灭菌并烘干。

5.1.2 棉拭子。

5.1.3 剪刀、镊子。

5.1.4 注射器。

5.1.5 1.5 mL Eppendorf 管。

5.1.6 研钵。

5.2 样品采集

5.2.1 采集的样品主要是口腔、蹄冠上的水泡上皮组织、水泡液、血液、口腔分泌物和组织。采集后立即冷藏送检或放入含抗生素的 PBS 缓冲液中于 4 ℃环境中保藏。编号并作好记录。

5.2.2 水泡液及水泡皮：只有当水泡完整时才能采集到水泡液。水泡一旦出现很快就会破溃，所以要不失时机地采集水泡液。首先用 75%酒精轻轻消毒水泡表皮，尽量去掉污物，用灭菌生理盐水擦去酒精，然后用无菌注射器穿刺水泡吸取水泡液，置于含抗生素的 PBS 缓冲液灭菌瓶中。

5.2.3 水泡液采取后，将水泡皮以无菌术剪下，放入含抗生素的 PBS 缓冲液中。若水泡已经破溃，则只能采集破溃的水泡皮，用灭菌生理盐水涮洗掉水泡皮上的污物，放入上述缓冲液中。

5.2.4 口腔分泌物和咽喉拭子：用拭子采取口腔分泌物或将拭子深入口腔内来回刮 3 次～5 次取分泌液，拭子一并放入盛有 1.0 mL 含抗生素的 PBS 缓冲液的 1.5 mL Eppendorf 管中。也可用食道探杯刮取咽喉液体，放入加有抗生素的 PBS 中。编号，冷藏送检或低温保藏。

5.2.5 血液：用真空采血管或无菌注射器直接采取至无菌 Eppendorf 管中，密封、编号后保存于 4 ℃环境中送检。

5.2.6 肌肉或组织脏器：无菌采集待检样品，装入一次性塑料袋或其他灭菌容器，编号，冷藏送检或低温保藏。

5.3 样品贮运

样品采集后，放入密闭的塑料袋内(一个采样点的样品，放入一个塑料袋内)，于保温箱中加冰、密封，送实验室。

5.4 样品制备

5.4.1 水泡液、口腔分泌物、血液和精液

样品在混匀器上充分混合后，用高压灭菌镊子将拭子中的液体挤出，室温放置 30 min，取上清液转

入无菌的 1.5 mL Eppendorf 管中，编号备用。

5.4.2 水泡皮、肌肉或组织脏器

取待检样品 2.0 g 于洁净、灭菌并烘干的研钵中充分研磨，加 10 mL PBS 混匀，4 ℃下以 3 000 r/min 离心 15 min，取上清液转入无菌的 1.5 mL Eppendorf 管中，编号备用。

5.5 样本存放

制备的样本在 2 ℃～8 ℃条件下保存应不超过 24 h，若需长期保存应置于－70 ℃以下，但应避免反复冻融(冻融不超过三次)。

6 操作方法

6.1 实验室要求

水泡性口炎病毒荧光 RT-PCR 检测的实验室分为三个相对独立的工作区域：样本制备区、反应混合物配制区和检测区；各工作区域应有明确标记，避免不同工作区域内的设备、物品混用；每一区域应有专用的仪器设备；进入各个工作区域应严格遵循单一方向顺序，即只能从样本制备区、扩增反应混合物配制区至检测区。

6.2 样本的处理

6.2.1 在样本制备区进行。样品中总 RNA 提取的试剂盒，有商品化试剂盒出售，也可自行配制。

6.2.2 取 n 个灭菌的 1.5 mL Eppendorf 管，其中 n 为被检样品、阳性对照与阴性对照的数量之和(阳性对照、阴性对照在试剂盒中已标出)，编号。

6.2.3 每管加入 600 μL 裂解液，分别加入被检样本、阴性对照、阳性对照各 200 μL，一份样本换用一个吸头，再加入 200 μL 三氯甲烷，在混匀器上振荡混匀 5 s(不能过于强烈，以免产生乳化层，也可以用手颠倒混匀)。于 4 ℃以 12 000 r/min 离心 15 min。

6.2.4 取与 6.2.2 相同数量灭菌的 1.5 mL Eppendorf 管，加入 500 μL 异丙醇(－20 ℃预冷)，做标记。吸取 6.2.3 各管中的上清液转移至相应的管中，上清液应至少吸取 500 μL，不能吸出中间层，颠倒混匀。

6.2.5 于 4 ℃、以 12 000 r/min 离心 15 min(Eppendorf 管开口保持朝离心机转轴方向放置)，小心倒去上清液，倒置于吸水纸上，沾干液体(不同样品应在吸水纸不同地方沾干)；加入 600 μL 75%乙醇，颠倒洗涤。

6.2.6 于 4 ℃、以 12 000 r/min 离心 10 min(Eppendorf 管开口保持朝离心机转轴方向放置)，小心倒去上清液，倒置于吸水纸上，尽量沾干液体(不同样品应在吸水纸不同地方沾干)。

6.2.7 以 4 000 r/min 离心 10 s(Eppendorf 管开口保持朝离心机转轴方向放置)，将管壁上的残余液体甩到管底部，小心倒去上清液，用微量加样器将其吸干，一份样本换用一个吸头，吸头不要碰到有沉淀一面，室温干燥 3 min，不能过于干燥，以免 RNA 不溶。

6.2.8 各管加入 11 μL DEPC 水，轻轻混匀，溶解管壁上的 RNA，以 2 000 r/min 离心 5 s，冰上保存备用。提取的 RNA 应在 2 h 内进行 PCR 扩增；若需长期保存应放置于－70 ℃冰箱内。

6.3 检测

6.3.1 扩增试剂准备

在反应混合物配制区进行。从试剂盒中取出相应的荧光 RT-PCR 反应液、*Taq* 酶，在室温下融化后，以 2 000 r/min 离心 5 s。设所需荧光 RT-PCR 检测总数为 $n(n=u+2+1)$，其中 u 为被检样品数、2 为阳性对照数、1 为阴性对照数，每个样品测试反应体系配制见表 1。

表 1　反应体系混合液的配制

序号	组　分	每管用量/μL	n 管总用量/μL
1	荧光 RT-PCR 反应液(2×)	25	n×25
2	*Taq* 酶	1	n×1
3	RT-PCR 反转录酶颗粒	1/2(颗)	n×1/2(颗)
4	RNA 酶抑制剂(RNasin)	1	n×1
5	ROX 参考染料 (ROX reference dye)	1	n×1
6	DEPC 水	12 μL	n×12

6.3.2　反应体系混合液分装

根据测试样品的总数(n),计算好各试剂的使用量,加入到适当体积的试管中,向其中加入 n×1/2(颗)RT-PCR 反转录酶颗粒,充分混合均匀,向每个 PCR 管中各分装 40μL,转移至样本处理区。

6.3.3　加样

在样本处理区进行。在各设定的 PCR 管中分别加入 6.2.8 中制备的 RNA 溶液 10 μL,盖紧管盖,以 500 r/min 离心 30 s。将 PCR 管放于 96 孔板上,一定要按顺序记录好被检样品管、阳性对照管、阴性对照管,转移至检测区。

6.3.4　荧光 RT-PCR 检测

6.3.4.1　在检测区进行。将 6.3.2 中离心后的 PCR 管放入荧光 RT-PCR 检测仪内,记录样本摆放顺序。在 96 孔板内(表内)记录或填写被检样品(Unknown)、阳性对照(PC)、阴性对照(NTC)。设置探针:5′为 FAM,3′为 TAMAR。

6.3.4.2　循环条件设置:

——第一阶段,反转录 42 ℃/30 min;

——第二阶段,预变性 92 ℃/3 min;

——第三阶段,92 ℃/10 s,45 ℃/30 s,72 ℃/1 min,5 个循环;

——第四阶段,92 ℃/10 s,60 ℃/30 s,40 个循环,在第四阶段每个循环的退火延伸时收集荧光。

试验检测结束后,根据收集的荧光曲线和 *Ct* 值判定结果。

7　结果判定

7.1　结果分析条件设定

直接读取检测结果。基线和阈值设定原则根据仪器噪声情况进行调整,以阈值线刚好超过正常阴性样品扩增曲线的最高点为准。

7.2　质控标准

7.2.1　阴性对照无 *Ct* 值,并且无扩增曲线,一直为水平线。

7.2.2　阳性对照的 *Ct* 值应小于 28.0,并出现典型的扩增曲线,2 个阳性对照扩增曲线基本重合,否则,此次实验视为无效。

7.3　结果描述及判定

7.3.1　阴性

无 *Ct* 值并且无扩增曲线,表示样品中无水泡性口炎病毒。

7.3.2　阳性

Ct 值小于等于 30.0,且出现典型的扩增曲线,表示样品中存在水泡性口炎病毒。

7.3.3　有效原则

Ct 值在 30.0～35.5 的样本建议重做。重做结果无 *Ct* 值或大于 35.0 者为阴性,否则为阳性。

附 录 A
（规范性附录）
试剂的配制

A.1 A液

0.2 mol/L 磷酸二氢钠水溶液：磷酸二氢钠（$NaH_2PO_4 \cdot H_2O$）27.6 g，溶于蒸馏水中，最后稀释至 1 000 mL。

A.2 B液

0.2 mol/L 磷酸氢二钠水溶液：磷酸氢二钠（$Na_2HPO_4 \cdot 7H_2O$）53.6 g（或 $Na_2HPO_4 \cdot 12H_2O$ 71.6 g，或 $Na_2HPO_4 \cdot 2H_2O$ 35.6 g），加蒸馏水溶解，最后稀释至 1 000 mL。

A.3 0.01 mol/L、pH7.2 磷酸盐缓冲盐水（PBS）的配制

取 A 液 14 mL，B 液 36 mL，加氯化钠（NaCl）8.5 g，用蒸馏水稀释至 1 000 mL。经 121 ℃ 15 min 高压灭菌，冷却后，无菌条件下按每毫升加入 1 000 IU 青霉素、1 000 μg 链霉素。

附 录 B
（资料性附录）
试剂盒的组成

B.1 试剂盒组成

每个试剂盒可做 48 个检测，包括以下成分：

裂解液	30 mL×1 盒
DEPC 水	2 mL×1 管
RT-PCR 反应液（内含水泡性口炎病毒的引物、探针）	750 μL×1 管
RT-PCR 酶	2 颗粒×12 管
Taq 酶	12 μL×1 管
阴性对照	1 mL×1 管
阳性对照（非感染性体外转录 RNA）	2 mL×1 管
ROX 参考染料（ROX reference dye）	0.1 mL×1 管

B.2 说明

B.2.1 裂解液的主要成分为异硫氰酸胍和酚，为 RNA 提取试剂，外观为红色液体，于 4 ℃保存。

B.2.2 DEPC 水是用 1%DEPC 处理后的去离子水，用于溶解 RNA。

B.2.3 RT-PCR 反应液中含有特异性引物、探针及各种离子。

B.3 功能

试剂盒可用于动物组织样品（包括水泡皮、水泡液、组织、脏器、分泌物、血液等）中水泡性口炎病毒的检测。

B.4 使用时的注意事项

B.4.1 在检测过程中，应严防不同样品间的交叉污染。

B.4.2 反应液分装时应避免产生气泡，上机前检查各反应管是否盖紧，以免荧光物质泄露污染仪器。

B.4.3 RT-PCR 酶颗粒极易吸潮失活，应在室温条件下置于干燥器内保存，使用时取出所需数量，剩余部分立即放回干燥器中。

ICS 11.220
B 41

中华人民共和国国家标准

GB/T 22917—2008

猪水泡病病毒荧光 RT-PCR 检测方法

Protocol of fluorogenic RT-PCR for swine vesicular disease virus

2008-12-31 发布　　2009-05-01 实施

中华人民共和国国家质量监督检验检疫总局
中国国家标准化管理委员会　发布

前言

本标准参考了世界动物卫生组织(OIE)《陆生动物诊断试验和疫苗手册(哺乳动物、禽鸟与蜜蜂)》(第5版)。

本标准的附录A为规范性附录。

本标准由中华人民共和国农业部提出。

本标准由全国动物防疫标准化技术委员会归口。

本标准起草单位:中华人民共和国深圳出入境检验检疫局、中华人民共和国云南出入境检验检疫局。

本标准主要起草人:花群义、卢体康、吕建强、阮周曦、杨云庆、周晓黎、杨素、董俊、陈书琨。

猪水泡病病毒荧光 RT-PCR 检测方法

1 范围

本标准规定了猪水泡病病毒荧光 RT-PCR 检测的操作方法。

本标准适用于动物及其产品中猪水泡病病毒的检测。

2 缩略语

下列缩略语适用于本标准。

2.1 荧光 RT-PCR

荧光反转录-聚合酶链反应。

2.2 *Ct* 值

每个反应管内的荧光信号达到设定的阈值时所经历的循环数。

2.3 RNA

核糖核酸。

2.4 DEPC

焦碳酸磷酯。

2.5 PBS

磷酸盐缓冲盐水,配方见附录 A。

2.6 *Taq* 酶

Taq DNA 聚合酶。

2.7 SVDV

猪水泡病病毒。

3 原理

根据猪水泡病病毒的基因特定序列,合成一对特异性引物和一条特异性的荧光双标记探针。引物和探针通过严格的设计和筛选,涵盖已报道的所有猪水泡病病毒的毒株。荧光探针的 5′端标记 FAM 荧光素,3′端标记 TAMRA 荧光素,它在近距离内能吸收 5′端报告荧光基团发出的荧光信号。扩增时,由于 *Taq* 酶的 5′→3′的外切活性,在延伸到荧光探针时,将其切断,两基团分离,淬灭作用消失,荧光信号产生。因此,可以通过检测荧光信号对核酸模板进行检测。

4 材料与试剂

4.1 仪器与器材

4.1.1 荧光 RT-PCR 检测仪。

4.1.2 高速台式冷冻离心机(离心速度 12 000 r/min 以上)。

4.1.3 台式离心机或手掌式离心机(离心速度 3 000 r/min)。

4.1.4 混匀器。

4.1.5 冰箱(2 ℃~8 ℃和-20 ℃两种)。

4.1.6 微量可调移液器(5 μL,10 μL,100 μL,1 000 μL)及配套带滤芯吸头。

4.1.7 1.5 mL、0.5 mL 硅化 Eppendorf 管:将 Eppendorf 管和滴头浸泡于含有 0.1% DEPC 的三蒸水中过夜,121 ℃±2 ℃ 高压灭菌 15 min,40 ℃烘干备用。市售 Eppendorf 管和滴头已经硅化,可直接

使用。

4.1.8 0.2 mL 透明薄壁 PCR 管。

4.1.9 6×6 孔或 5×8 孔冰盒。

4.1.10 水浴锅：0 ℃～100 ℃。

4.1.11 旋涡振荡器。

4.2 试剂

4.2.1 本标准所用试剂均为分析纯，所有试剂均用无 RNA 酶污染的容器(用 DEPC 水处理后高压灭菌)分装。

4.2.2 三氯甲烷。

4.2.3 异丙醇：－20 ℃预冷。

4.2.4 PBS：配制方法见附录 A。

4.2.5 75%乙醇：用新开启的无水乙醇和 DEPC 水配制，－20 ℃预冷。

4.2.6 裂解液：配制方法见附录 A。

4.2.7 酚(分析纯)。

4.2.8 无水乙醇(分析纯)。

4.2.9 AMV 反转录酶(5 U/μL)：－20 ℃保存，不要反复冻融或温度剧烈变化。

4.2.10 dNTPs：含 dCTP、dGTP、dATP、dTTP 各 10 mmoL/L。

4.2.11 RNA 酶抑制剂(RNasin，40 U/μL)：－20 ℃保存，不要反复冻融或温度剧烈变化。

4.2.12 *Taq* DNA 聚合酶(5 U /μL)：－20 ℃保存，不要反复冻融或温度剧烈变化。

4.2.13 反转录和 PCR 缓冲液(5×)：配制方法见附录 A。

4.2.14 氯化镁(25 mmol/L)。

4.2.15 引物(15 μmol/L)：上游引物 5′-GGCAACGCATACAGCATGTT-3′；下游引物 5′-GCCGTATGTCCCTTGCTTGT-3′。

4.2.16 荧光双标记探针(10 μmol/L)：(FAM)5′-TATGACGGGTGGCCAGGTT-3′(TAMRA)。

4.2.17 DEPC 处理水：按 0.1%加入 DEPC，摇匀，室温静置过夜，121 ℃±2 ℃ 高压灭菌 20 min，冷却备用。

5 抽样

5.1 采样工具

5.1.1 下列采样工具应经 121 ℃±2 ℃，15 min 高压灭菌并烘干。

5.1.2 棉拭子。

5.1.3 剪刀、镊子。

5.1.4 注射器。

5.1.5 1.5 mL Eppendorf 管。

5.1.6 研钵。

5.1.7 真空采血管。

5.1.8 记号笔。

5.1.9 低温保藏箱或冰盒。

5.2 样品采集

5.2.1 采集的样品主要是口腔、蹄冠上的水泡上皮组织、水泡液、血液、口腔分泌物和组织。采集后立即冷藏送检或置于含抗生素的 PBS 缓冲液中 4 ℃环境下保藏。编号并作好记录。

5.2.2 水泡液及水泡皮：只有当水泡完整时才能采集到水泡液，用 75%酒精轻轻消毒水泡表皮，尽量去掉污物，用灭菌生理盐水擦去酒精，然后用无菌注射器穿刺水泡吸取水泡液，置于含抗生素的 PBS 缓冲液灭菌瓶中。水泡液采取后，将水泡皮以无菌术剪下，放入含抗生素的PBS缓冲液中。

5.2.3　口腔分泌物和咽喉拭子：用拭子采取口腔分泌物或将拭子深入口腔内来回刮3次～5次取分泌液，拭子一并放入盛有1.0 mL含抗生素的PBS缓冲液的1.5 mL Eppendorf管中。也可用食道探杯刮取咽喉液体，放入加有抗生素的PBS中。编号，冷藏送检或低温保藏。

5.2.4　血液：用真空采血管或无菌注射器直接采取至无菌Eppendorf管中，密封、编号后保存于4 ℃环境中送检。

5.2.5　肌肉或组织脏器：无菌采集待检样品，装入一次性塑料袋或其他灭菌容器，编号，冷藏送检或低温保藏。

5.3　样品贮运

样品采集后，放入密闭的塑料袋内（一个采样点的样品，放入一个塑料袋内），于保温箱中加冰、密封，送实验室。

5.4　样品制备

5.4.1　水泡液、血液和口腔分泌物

样品在混匀器上充分混合后，用高压灭菌镊子将拭子中的液体挤出，室温放置30 min，取上清液转入无菌的1.5 mL Eppendorf管中，编号备用。

5.4.2　水泡皮、肌肉或组织脏器

取待检样品2.0 g于洁净、灭菌并烘干的研钵中充分研磨，加10 mL PBS混匀，4 ℃下以3 000 r/min离心15 min，取上清液转入无菌的1.5 mL Eppendorf管中，编号备用。

5.5　样本存放

制备的样本在2 ℃～8 ℃条件下保存应不超过24 h，若需长期保存应置－70 ℃以下，但应避免反复冻融（冻融不超过三次）。

6　操作方法

6.1　实验室要求

猪水泡病病毒荧光RT-PCR检测的实验室分为三个相对独立的工作区域：样本制备区、反应混合物配制区和检测区；各工作区域应有明确标记，避免不同工作区域内的设备、物品混用；每一区域应有专用的仪器设备；进入各个工作区域应严格遵循单一方向顺序，即只能从样本制备区、扩增反应混合物配制区至检测区。

6.2　样本的处理

6.2.1　在样本制备区进行。样品中总RNA提取的试剂盒，有商品化试剂盒出售，也可自行配制。

6.2.2　取n个灭菌的1.5 mL Eppendorf管，其中n为被检样品、阳性对照与阴性对照的数量之和，编号。

6.2.3　每管加入600 μL裂解液，分别加入被检样本、阴性对照、阳性对照各200 μL，一份样本换用一个吸头，再加入200 μL三氯甲烷，在混匀器上振荡混匀5 s（不能过于强烈，以免产生乳化层，也可以用手颠倒混匀）。于4 ℃以12 000 r/min离心15 min。

6.2.4　取与6.2.2相同数量灭菌的1.5 mL Eppendorf管，加入500 μL异丙醇（－20 ℃预冷），做标记。吸取6.2.3各管中的上清液转移至相应的管中，上清液应至少吸取500 μL，不能吸出中间层，颠倒混匀。

6.2.5　于4 ℃、以12 000 r/min离心15 min（Eppendorf管开口保持朝离心机转轴方向放置），小心倒去上清液，倒置于吸水纸上，沾干液体（不同样品应在吸水纸不同地方沾干）；加入600 μL 75%乙醇，颠倒洗涤。

6.2.6　于4 ℃、以12 000 r/min离心10 min（Eppendorf管开口保持朝离心机转轴方向放置），小心倒去上清液，倒置于吸水纸上，尽量沾干液体（不同样品应在吸水纸不同地方沾干）。

6.2.7 以4 000 r/min离心10 s(Eppendorf管开口保持朝离心机转轴方向放置),将管壁上的残余液体甩到管底部,小心倒去上清液,用微量加样器将其吸干,一份样本换用一个吸头,吸头不要碰到有沉淀一面,室温干燥3 min,不能过于干燥,以免RNA不溶。

6.2.8 各管加入11 μL DEPC水,轻轻混匀,溶解管壁上的RNA,以2 000 r/min离心5 s,冰上保存备用。提取的RNA应在2 h内进行PCR扩增;若需长期保存应放置于−70 ℃冰箱内。

6.3 检测

6.3.1 荧光RT-PCR反应液的配制

在反应混合物配制区进行。设所需荧光RT-PCR检测总数为$n(n=u+2+1)$,其中u为被检样品数、2为阳性对照数、1为阴性对照数,按表1配制反应体系混合液。配制在冰盒中进行。

表1 反应体系混合液配制

序号	组　分	每管用量/μL	n管总用量/μL
1	AMV反转录酶(5 U/μL)	1	n×1
2	dNTPs(每种均为10 mmol/L)	5	n×5
3	RNasin(40 U/μL)	1	n×1
4	*Taq* DNA聚合酶(5 U/μL)	0.5	n×0.5
5	反转录和PCR缓冲液(5×)	10	n×10
6	氯化镁(25 mmol/L)	6	n×6
7	上游引物(15 μmol/L)	1	n×1
8	下游引物(15 μmol/L)	1	n×1
9	探针(10 μmol/L)	1	n×1
10	DEPC水	13.5	n×13.5

6.3.2 荧光RT-PCR反应液分装

将6.3.1中配制的荧光RT-PCR反应液充分混合均匀,按每管40 μL分装于0.2 mL透明PCR管,将PCR管放于96孔板上,一定要按顺序记录好被检样品管、阳性对照管、阴性对照管。转移至样本处理区。

6.3.3 加样

在样本处理区进行。在各设定的PCR管中分别加入6.2.8中制备的RNA溶液10 μL,盖紧管盖,以500 r/min离心30 s。转移至检测区。

6.3.4 荧光RT-PCR检测

6.3.4.1 在检测区进行。将7.3.3中离心后的PCR管放入荧光RT-PCR检测仪内,在96孔板内(表内)记录或填写被检样品(Unknown)、阳性对照(PC)、阴性对照(NTC)。设置探针:5′为FAM,3′为TAMAR。

6.3.4.2 循环条件设置:

——第一阶段,反转录42 ℃/30 min;

——第二阶段,预变性94 ℃/3 min;

——第三阶段,94 ℃/20 s,60 ℃/30 s,40个循环。

试验检测结束后,保存结果,根据收集的荧光曲线和*Ct*值判定结果。

7 结果判定

7.1 结果分析和条件设定

直接读取检测结果。基线和阈值设定原则根据仪器噪声情况进行调整,以阈值线刚好超过正常阴性样品扩增曲线的最高点为准。

7.2 质控标准

7.2.1 阴性对照无 *Ct* 值，并且无扩增曲线，一直为水平线。

7.2.2 阳性对照的 *Ct* 值应小于 30.0，并出现典型的扩增曲线，2 个阳性对照扩增曲线基本重合。否则，此次实验视为无效。

7.3 结果描述及判定

7.3.1 阴性

无 *Ct* 值并且无扩增曲线，表示样品中无猪水泡病病毒。

7.3.2 阳性

Ct 值小于等于 30.0，且出现典型的扩增曲线，表示样品中存在猪水泡病病毒。

7.3.3 有效原则

Ct 值在 30.0～38.0 的样本建议重做。重做结果无 *Ct* 值或者大于 30.0 为阴性，否则为阳性。

附 录 A
(规范性附录)
试剂的配制

A.1 磷酸盐缓冲盐水(PBS)的配制

A.1.1 A液

0.2 mol/L磷酸二氢钠水溶液:磷酸二氢钠($NaH_2PO_4 \cdot H_2O$)27.6 g,溶于蒸馏水中,最后稀释至1 000 mL。

A.1.2 B液

0.2 mol/L磷酸氢二钠水溶液:磷酸氢二钠($Na_2HPO_4 \cdot 7H_2O$)53.6 g(或$Na_2HPO_4 \cdot 12H_2O$ 71.6 g,或$Na_2HPO_4 \cdot 2H_2O$ 35.6 g),加蒸馏水溶解,最后稀释至1 000 mL。

A.1.3 0.01 mol/L、pH7.2磷酸盐缓冲盐水(PBS)的配制

取A液14 mL,B液36 mL,加氯化钠(NaCl)8.5 g,用蒸馏水稀释至1 000 mL。经121 ℃±2 ℃ 15 min高压灭菌,冷却后,无菌条件下按每毫升加入1 000 IU青霉素、1 000 μg链霉素。

A.2 裂解液

裂解液的主要成分为异硫氰酸胍和酚,为RNA提取试剂,外观为红色液体,于4 ℃保存;可直接购买商品化的Trizol试剂。

A.3 反转录和PCR缓冲液(5×)配制

A.3.1 Tris-HCl:250 mmol/L,pH8.3。

A.3.2 氯化钾:250 mmol/L。

A.3.3 氯化镁:50 mmol/L。

A.3.4 DTT:50 mmol/L。

A.3.5 TritonX-100:1%。

ICS 27.200
J 73

中华人民共和国国家标准

GB/T 22918—2008

易腐食品控温运输技术要求

Technical requirements for temperature-controlled transportation of perishable food

2008-12-31 发布　　2009-08-01 实施

中华人民共和国国家质量监督检验检疫总局
中国国家标准化管理委员会　发布

前　言

本标准附录A为规范性附录,附录B和附录C为资料性附录。

本标准由中华人民共和国商务部提出。

本标准由全国制冷标准化技术委员会归口并负责解释。

本标准起草单位:广州大学、中铁特货运输有限责任公司、广州市标准化研究院、铁道科学研究院运输及经济研究所、韶关学院、芜湖安得物流有限公司、广州铁路集团公司。

本标准主要起草人:谢如鹤、刘广海、林朝朋、冯智辉、黄礼明、张淑芹、孙金萍、卢立新、胡汪洋、王贺珍。

易腐食品控温运输技术要求

1 范围

本标准规定了易腐食品控温运输的相关术语和定义、运输基本要求、装载要求、运输途中要求、卸货要求和转运接驳要求。

本标准适用于易腐食品的公路、铁路、水路及上述各种运输方式的多式联运的运输管理。

2 规范性引用文件

下列文件中的条款通过本标准的引用而成为本标准的条款。凡是注日期的引用文件，其随后所有的修改单(不包括勘误的内容)或修订版均不适用于本标准，然而，鼓励根据本标准达成协议的各方研究是否可使用这些文件的最新版本。凡是不注日期的引用文件，其最新版本适用于本标准。

GB/T 5600 铁道货车通用技术条件

GB/T 7392 系列1集装箱的技术要求和试验方法 保温集装箱

GB/T 6388 运输包装收发货标志

GB 9681 食品包装用聚氯乙烯成型品卫生标准

GB 9683 复合食品包装袋卫生标准

GB 9687 食品包装用聚乙烯成型品卫生标准

GB 9688 食品包装用聚丙烯成型品卫生标准

GB 9689 食品包装用聚苯乙烯成型品卫生标准

GB 9690 食品包装用三聚氰胺成型品卫生标准

GB 11680 食品包装用原纸卫生标准

GB 13113 食品容器及包装材料用聚对苯二甲酸乙二醇酯成型品卫生标准

GB 14942 食品容器、包装材料用聚碳酸酯成型品卫生标准

GB 16332 食品包装材料用尼龙成型品卫生标准

GB 17326 食品容器、包装材料用橡胶改性的丙烯腈-丁二烯-苯乙烯成型品卫生标准

GB 17327 食品容器、包装材料用丙烯腈-苯乙烯成型品卫生标准

GB 19305 植物纤维类食品容器卫生标准

QC/T 450 保温车、冷藏车技术条件

3 术语和定义

下列术语和定义适用于本标准。

3.1

易腐食品 perishable food

容易腐烂变质的食品，包括生鲜的肉、蛋、奶、水产品、水果、蔬菜及冷饮、速冻食品等。

3.2

易腐货物 perishable cargo

运输中的易腐食品也称为易腐货物，本标准中易腐食品等同于易腐货物。

3.3

热状态 thermal state

易腐食品所处的温度状态，一般分为冻结状态、冷却状态和未冷却状态等。

3.4

冻结状态 frozen state

易腐食品通过前处理后快速冻结在－18 ℃以下进行贮运的热状态。

3.5

冷却状态 cooled state

易腐食品预冷到其冰点以上但未冻结的适宜贮运的热状态。

3.6

未冷却状态 non-cooled state

易腐食品未进行任何冷加工，按自然温度状态提交运输的热状态。

3.7

控温运输 temperature-controlled transportation

采取加热、制冷或隔热等措施保证易腐食品处于一定的温度环境下的运输方式。

3.8

控温运输工具 temperature-controlled conveyance

设有隔热层并维持一定内部环境温度的运输工具。包括隔热车(箱)、冷藏汽车、铁路冷藏车、冷藏集装箱和冷藏船等。

3.9

冷害 chilling injury

水果蔬菜在其冻结点以上不适宜的低温条件下产生的生理病变。

3.10

冻害 freezing injury

水果蔬菜在其冻结点以下不适宜的低温条件下产生的生理病变。

4 运输基本要求

4.1 易腐食品的常见品名见表 A.1。易腐食品应符合国家有关食品卫生的要求。

4.2 不同热状态的易腐食品不应在控温运输工具的同一控温空间内运输。在控温运输工具的同一控温空间内运输的易腐食品，一般限运同一品名。不同品名的易腐食品，货物性质允许混装的，如在控温运输工具内保持或要求的温度上限(或下限)差别应不大于 3 ℃时，可拼装在控温运输工具的同一控温空间内运输；有特殊气味的易腐食品，不能同其他食品在控温运输工具的同一控温空间内运输。

4.3 控温集装箱应符合 GB/T 7392 的规定，铁路冷藏车应符合 GB/T 5600 的规定，控温汽车应符合 QC/T 450 的规定。

4.3.1 控温运输工具应能满足运输条件的要求，不能保证货物质量的运输工具严禁使用。

4.3.2 控温运输工具必须安全、无害，应保持清洁卫生，防止污染食品。

4.3.3 控温运输工具应配备能连续记录并输出内部温度的不可更改的温度记录仪。

4.3.4 应保持控温运输工具的设备工作正常，隔热、密封状况良好。

4.3.5 控温运输工具的内壁板宜附设凸条，地板宜附设离水格子。

4.4 托运易腐食品时，易腐食品的承运质量、温度应符合第 A.1 章和第 A.2 章的规定。

4.5 易腐食品的包装参见表 B.1，容器和包装材料的卫生应符合相关标准的规定，包括但不限于 GB 9681、GB 9683、GB 9687、GB 9688、GB 9689、GB 9690、GB 11680、GB 13113、GB 14942、GB 16332、GB 17326、GB 17327、GB 19305 的规定，其包装标志应符合 GB/T 6388 的规定。

4.6 易腐食品的装载方法参见第 C.1 章和第 C.2 章。经过预冷的控温运输工具装载时，应采取措施保持运输工具内部温度。在装(卸)作业中应使用不致损坏设备的工具，且不得挤碰设备，上层货物距离顶板应留出适当的空隙，满足气流组织的要求。开关门时，严禁乱砸硬撬。采取隔热、防寒、防湿等措施时，严禁以钉钉等方式损坏控温运输工具。

4.7 应防止易腐食品在装载、运输途中、卸货和转运过程中发生冷害和冻害。

5 装载要求

5.1 除隔热车(箱)外，利用控温运输工具运输易腐货物时，装载前应对运输工具内部空气初始温度进行调控，在温度适宜时方可装载。在环境温度高于运输温度时，运输工具内部空气初始温度应至少调整为运输温度范围的上限；在环境温度低于运输温度时，运输工具内部空气初始温度应至少调整为运输温度范围的下限，如无法达到，运输工具应提前加热或预冷，且温度偏差应不大于 3 ℃。

5.2 如有封闭式月台，冷藏库操作人员可适当提前从冷藏库内将待装运的货物运送到月台上，控温运输工具操作人员将控温运输工具停靠在冷库月台靠近易腐货物处，控温运输工具门对准封闭式月台的门套，并调整好二者的连接高度；如无封闭式月台，宜用活动式连接器将冷库门与运输工具门相对接。

5.3 装载前应检查控温运输工具的卫生状况，包括有无异味，有无外来污染物等；检查控温运输工具的制冷/加热设备，应能正常工作；检查控温运输工具的隔热壁是否正常，门的密封是否完好；检查控温运输工具内的温度应符合待运易腐食品的温度要求，最大温度偏差应不大于 3 ℃。

5.4 交接双方确认易腐货物的名称、重量、数量、包装等信息无误后，应尽快将易腐食品由冷藏库月台装入控温运输工具。如无封闭式月台应尽量缩短装货时间，装好后关闭控温运输工具的门。

5.5 装载过程中易腐食品温度变化应不大于 3 ℃。

5.6 装载时宜使用叉车和托盘，冷藏库宜建造封闭式月台。

5.7 装载过程中应轻拿轻放，装载不稳固的，应采取加固措施。

5.8 装载过程中应实时监控运输工具内部温度，如温度大于允许值，应停止装货，并对运输工具进行检查，如仍无法维持其内部温度，应更换控温运输工具。

6 运输途中要求

6.1 在运输途中，控温运输工具应按第 A.1 章的规定保持内部温度。

6.2 在外部环境温度较高时，应尽量使用调温的控温运输工具进行运输；在运输时间较短，外部环境温度允许时，可采用隔热车(箱)进行运输，但运输途中货物温度变化应不大于 3 ℃。

注 1：当控温运输工具内部空气温度与外部环境温度存在 15 ℃以内温差，在充分保温或预冷的条件下，运输时间少于 12 h 的，可用隔热车(箱)保温运输易腐货物；当控温运输工具内部空气温度与外部环境温度存在 15 ℃～30 ℃温差，运输时间少于 6 h 的，可用隔热车(箱)保温运输易腐货物；当控温运输工具内部空气温度与外部环境温度存在 30 ℃以上温差，运输时间少于 3 h 的，可用隔热车(箱)保温运输易腐货物。

注 2：城市内的多点配送运输宜使用调温的控温运输工具。

6.3 控温运输工具在运输易腐货物的途中，应尽量保持平稳，减少起伏和震动。

6.4 运输未冷却水果或蔬菜时，宜根据货物性质选择适当的时机进行通风换气。

6.5 最低要求每隔 2 h 记录一次控温运输工具内部温度，并进行实时控温。

6.6 装有易腐货物的控温运输工具，在运输途中不宜长时间停留、积压。遇有特殊情况需要停留时，应立即采取措施转运或就近妥善处理。

6.7 控温运输工具操作人员应做好隔热围护结构和系统装置的日常维护保养，并做好记录。控温运输工具发生故障不能继运时，应尽快抢修，不能及时修复时，应立即采取措施转运或就近妥善处理。

7 卸货要求

7.1 易腐货物交接双方应预先明确卸货的相关信息，包括时间、地点、货物名称、货物重量和数量、货物包装、货物在控温运输工具内部的堆放形式、测温记录等。

7.2 交接双方确认信息无误后，应尽快将易腐食品由控温运输工具卸至冷藏库的月台上，尽快装入冷藏库。如无封闭式月台应尽量缩短卸货时间。

7.3 控温运输工具操作人员将控温运输工具停靠在冷库月台靠近货物处，如有封闭式月台，控温运输工具门对准封闭式月台的门套，并调整好二者的连接高度；如无封闭式月台，宜用活动式连接器将冷库门与运输工具门相对接。

7.4 卸货前应检查易腐货物的卫生、品质状况，包括有无异味，有无外来污染物等；检查控温运输工具的制冷/加热设备，应能正常工作；检查控温运输工具的隔热层是否正常，门的密封是否完好；检查控温运输工具内部温度是否符合所运易腐食品的温度要求，宜在控温运输工具的前、中、后处分别抽样测试。

7.5 卸货过程中货物温度变化应不大于 3 ℃。

7.6 卸货后应及时将控温运输工具清扫干净。装过水产类、肉类及被其他易腐食品污染的控温运输工具，应进行彻底洗刷除污，必要时进行消毒，控温运输工具内不得残留污水、秽物。洗刷除污、消毒后通风，晾干关门。

7.7 卸货时宜使用叉车和托盘，冷藏库宜建造封闭式月台。

7.8 卸货过程中测得的货物温度大于允许值时，应尽快采取措施保持规定的温度。

8 转运接驳要求

8.1 转运接驳时，应先按 7.1 操作。

8.2 控温运输工具双方就近停靠，按 7.4 操作。

8.3 除隔热车(箱)外，装载前应调整待装控温运输工具内部空气初始温度，按 5.1 操作。

8.4 装载前，按 5.3 操作。

8.5 交接双方确认易腐货物的名称、重量、数量、包装、堆放形式、测温记录等信息无误后，应尽快利用叉车和托盘将易腐货物由待卸控温运输工具转至待装控温运输工具。

8.6 转载过程中宜采取遮阳防雨措施。

8.7 转载过程中易腐货物温度变化应不大于 3 ℃，且易腐货物暴露在常温环境的时间应不大于 0.5 h。

8.8 转载完成后应及时清扫控温运输工具，按 7.6 操作。

附　录　A
（规范性附录）
易腐食品控温运输条件

A.1　易腐食品控温运输条件见表A.1。

表A.1　易腐食品控温运输条件表

品类顺序	货物品类	货物品名	货物热状态	承运质量		运输工具保持的温度/℃	适用包装或包装号	装载方法		备　注
				感官质量	装载时货温/℃			装载要求	装载号	
1	速冻食品									
1.1	速冻水果	速冻荔枝、速冻草莓、速冻樱桃等	冻结	果面洁净，不沾染泥土，无不洁物污染。 冻结质量：冻结良好，无结霜或粘连。 具有产品固有的色泽、形状。 具有本品种固有的滋味及气味，无异味。 不带有产品本身的废弃部分及外来物质。	−18以下	−15以下	3	紧密堆码		
1.2	速冻蔬菜	速冻叶菜类（速冻菠菜条、段、块，青梗菜、白菜、甘蓝、辣椒叶、芹菜等）	冻结	成品的外观平面形状规则、平滑，厚度均一，棱角分明。 单冻产品色泽应符合本产品应有色泽，如鲜绿色、深绿色、白色等，无粘连；块冻产品解冻前色泽鲜亮，镀冰衣完整，无混浊黄色冰衣，无晦暗。色泽均匀无黄枯叶、褐变叶及不正常色泽	−18以下	−15以下	3	紧密堆码		
1.3		速冻豆类（速冻青刀豆、荷兰豆、毛豆、青豆、豇豆、蚕豆等）	冻结	单体散冻，无粘连、结块、冰霜现象。 产品呈鲜绿色，深红色等各品种应有色泽；色泽均匀，无发黄、褐变及不正常色泽。 新鲜度：无风干荚。 病虫害：无虫体及虫蛀伤产品。	−18以下	−15以下	3	紧密堆码		

表 A.1（续）

品类顺序	货物品类	货物品名	货物热状态	承运质量		运输工具保持的温度/℃	适用包装或包装号	装载方法		备注
				感官质量	装载时货温/℃			装载要求	装载号	
1.4	速冻蔬菜	速冻块茎类（速冻甜玉米、芋仔、甘薯、牛蒡、土豆、薯条、大姜、莲藕、胡萝卜、白萝卜、青萝卜、魔芋、蒜米、山药、辣根、芦笋、蒜薹等）	冻结	单体散冻、无粘连、结块、冰霜、复冻等现象。 呈正常应有色泽。 新鲜度：无风干、失水、冰衣脱落等现象。外观：无斑点粒、片、条、块；无畸形粒、块、条。无虫蛀伤产品及虫体。	−18 以下	−15 以下	3	紧密堆码		
1.5	速冻方便食品	速冻蒸、煮食品；油炸食品；熏烤食品	冻结	外观形态：轮廓清晰，大小均匀，不破、不裂，产品表面不允许有明显冰晶存在。无异味、无杂质。	−18 以下	−15 以下	3	紧密堆码		
2	水产品									
2.1	冻鱼	冻鲅鱼、鲳鱼、乌鲳鱼、大黄鱼、黄花鱼、带鱼、青鱼、草鱼、鲢鱼、鳊鱼等	冻结	冻块块形清洁完整，冰衣均匀，鱼体排列整齐、正确，无血冰。单冻鱼平直、完整。 透过冰衣检验鱼体色泽正常，无氧化、风干现象，气味正常，鱼眼清晰明亮。 内外包装清洁卫生、完整坚固，适合长途运输。	−18 以下	−15 以下	3,9	紧密堆码		冻鱼可不加包装
2.2	冻水产品	冻虾、蟹、贝类	冻结	冻品表面无变形、破碎、融化、氧化变色现象，冰衣（被）良好。单冻的个体间容易分离。虾仁排列整齐，冰衣（被）完好。蟹解冻后：色泽正常，无黑斑或其他变质异色。腹面甲壳洁白，有光泽，脐上部无胃印。体形肥满，品质新鲜。用手指压腹面有坚实感。贝表面无风干。	−18 以下	−15 以下	3,9	紧密堆码		贝类包括蛤、毛蚶、毛蛏、赤贝、蚝等

表 A.1（续）

品类顺序	货物品类	货物品名	货物热状态	承运质量		运输工具保持的温度/℃	适用包装或包装号	装载方法		备注
				感官质量	装载时货温/℃			装载要求	装载号	
3	肉类									
3.1	猪肉	冻分割猪瘦肉	冻结	肉质紧密、坚实。 色泽：肌肉有光泽，红色或稍暗。 脂肪乳白色或粉白色。具有冻猪肉正常气味，无异味。	−18 以下	−15 以下	3,9	紧密堆码		
		冻猪肉、冻猪肉片	冻结	肉质紧密、坚实；色泽：肌肉有光泽，红色或稍暗，脂肪洁白色或呈乳白色，无霉点；具有冻猪肉正常气味，无异味；外表及切面湿润，不粘手。	−18 以下	−15 以下	3,9	紧密堆码		冻肉胴体可不加包装
3.2	牛肉	冻牛肉、带骨肉	冻结	肌肉有光泽，红色或稍暗，脂肪洁白或微黄色肉质坚密、坚实。外表微干或有风干膜或外表湿润不粘手。解冻后指压凹陷恢复较慢，具有牛肉固有的气味，无臭味	−18 以下	−15 以下	3,9	紧密堆码		冻肉胴体可不加包装
3.3	羊肉	冻羊肉	冻结	肌肉有光泽，色鲜艳，脂肪呈乳白，肉质坚密、有坚实感，肌纤维韧性强，外表微干或有风干膜或外表湿润不粘手，具有羊肉正常气味，无异味	−18 以下	−15 以下	3,9	紧密堆码		冻肉胴体可不加包装
3.4	兔肉	冻带骨兔肉、冻去骨兔肉、分割冻兔肉	冻结	瘦肉呈均匀的鲜红色。脂肪呈乳白色或浅黄色；无霉点。肉质紧密，有坚实感。具有冻兔肉正常气味，无异味。表面微湿润，不粘手。	−18 以下	−15 以下	3,9	紧密堆码		
3.5	禽肉	冻禽肉、禽副产品	冻结	表皮和肌肉切面有光泽，具有禽种固有的色泽。 肌肉经指压后凹陷部位恢复慢，不能完全恢复原状。 具有禽种固有的气味，无异味。	−18 以下	−15 以下	3,9	紧密堆码		

表 A.1（续）

品类顺序	货物品类	货物品名	货物热状态	承运质量		运输工具保持的温度/℃	适用包装或包装号	装载方法		备注
				感官质量	装载时货温/℃			装载要求	装载号	
4	肉类制品									
4.1		冻火腿	冻结	皮色黄亮，肌肉切面呈深玫瑰红色或桃红色，脂肪切面呈白色或微红色，有光泽。具有火腿特有香味。外形完整光洁无裂缝、印鉴端正、清晰。 肉质致密而结实，切面平整。不允许存在。	−18 以下	−15 以下	3	紧密堆码		
4.2		火腿肠、低温火腿（含肉罐头、腌肉、熏肉）等肉制品	冷却	色泽正常，无异味，无杂质。肉质较致密，有弹性。罐体缺陷检查：无瘪听、锈听、胖听、漏听、假封、铁舌。箱内罐头排列整齐不松动。包装完整、无破损现象，封口紧密。	0～3	0～4	3	紧密堆码		
5	油脂									
5.1		食用动物油、起酥油	未冷却	在 10 ℃～20 ℃凝固态时，白色，有光泽，呈软膏状。融化态时，微黄色，澄清透明，不允许有沉淀物。如果采用清洗干净的铁桶容器包装，应封口紧密。	20 以下	20 以下	10	紧密堆码		
5.2		冷冻动物油	冻结	白色，有光泽。无杂质，无异味。包装完整，无破损现象。	−18 以下	−15 以下	10	紧密堆码		
5.3		工业猪油	未冷却	凝固态时，呈软膏状，白色或淡黄色，有光泽。融化态时，透明或微浊，淡黄色或黄棕色，无沉淀物。凝固态时，允许有焦味和轻哈喇气味。融化态时，允许有明显的焦味和哈喇气味。包装：采用清洗干净的铁桶容器包装，应封口紧密。	20 以下	20 以下	10	紧密堆码		

表 A.1（续）

品类顺序	货物品类	货物品名	货物热状态	承运质量		运输工具保持的温度/℃	适用包装或包装号	装载方法		备注
				感官质量	装载时货温/℃			装载要求	装载号	
6	禽蛋类									
6.1		冰蛋(全蛋浆)	冻结	巴氏杀菌冰全蛋：坚洁均匀，呈黄色或淡黄色，具有冰禽全蛋的正常气味，无异味，无杂质。 冰蛋黄：坚洁均匀，呈黄色，具有冰禽蛋黄的正常气味，无异味，无杂质。 冰蛋白：坚洁均匀，白色或乳白色，具有冰禽蛋白正常的气味，无异味，无杂质。 外包装须牢固、完整，适合长途运输。	−18 以下	−15 以下	3,9	紧密堆码		
6.2		鲜蛋	冷却	蛋壳清洁完整，灯光透视时，整个蛋呈桔黄色至橙红色，蛋黄不见或略见阴影。	0～3	0～3	1,2,5	稳固装载	abc	
7	乳制品									
7.1	冷冻饮品	冰淇淋	冻结	形态完整，大小一致，不变形，不软塌，不收缩；组织细腻滑润，无凝粒，无明显粗糙的冰晶，无气孔。含水果、干果等不溶性颗粒(块)，无明显粗糙的冰晶。滋味协调，有奶脂或植脂香味，香气纯正。具有该品种应有的滋味、气味，无异味。无可见杂质；单件包装：包装完整、不破损，封口严密，内容物无裸露现象。	−18 以下	−15 以下	3	紧密堆码		
7.2		雪糕、冰棍、雪泥、甜味冰	冻结	冻品外观：应具有与品名相符的色泽和香味，无任何不良气味、滋味及肉眼可见杂质。色泽：具有品种应有的色泽。形态：形态完整。组织状态：细腻滑润，无明显粗糙大冰晶。滋味气味：具有该品种应有的滋味和气味，无异味。单件包装：完整、不破损，内容物不外露。杂质：无外来可见杂质。	−18 以下	−15 以下	3	紧密堆码		

表 A.1（续）

品类顺序	货物品类	货物品名	货物热状态	承运质量		运输工具保持的温度/℃	适用包装或包装号	装载方法		备注
				感官质量	装载时货温/℃			装载要求	装载号	
7.3	奶油	冻奶油	冻结	外观呈乳白色或淡黄色半固体状，质地均匀细腻，具有天然奶油特有的风味，无霉变、无异味、无异嗅和无杂质。 包装容器应牢固、干燥、清洁，并符合食品卫生包装要求。	−15 以下	−12 以下	3	紧密堆码		
7.4		鲜奶油、人造奶油	冷却	外观呈鲜明的淡黄色或白色可塑性固体，质地均匀、细腻，风味良好，无霉变和杂质。	15 以下	15 以下	3,10	稳固装载	abc	
7.5	炼乳	甜炼乳	未冷却	滋味与气味：甜味纯正，无任何杂味者。 组织细腻，质地均匀，粘度正常。无脂肪乳、无乳糖沉淀 色泽：呈乳白（黄）色，颜色均匀，有光泽。无杂质。	25 以下	25 以下	10	稳固装载		
7.6	鲜奶	鲜牛奶（巴氏杀菌或消毒奶）	冷却	色泽：呈乳白色或稍带微黄色。 组织状态：呈均匀的胶态流体，无沉淀，无凝块，无肉眼可见杂质和其他异物。 滋味与气味：具有新鲜牛乳固有的香味，无其他异味。	2～6	2～6	3	稳固装载	abc	
8	糖果类									
8.1		巧克力	冻结	黑巧克力：呈棕褐色或棕黑色，具有可可苦味的巧克力。牛奶巧克力：添加乳制品，呈棕色或浅棕色，具有可可和乳香风味的巧克力。	−1 以下	−1 以下	3	稳固装载	abc	
8.2		糖果	未冷却	任何包装形式应密封，保证产品不变形、不破损，并使产品在保质期内达到产品质量标准的要求。	25 以下	25 以下	3	稳固装载	abc	

表 A.1(续)

品类顺序	货物品类	货物品名	货物热状态	承运质量：感官质量	承运质量：装载时货温/℃	运输工具保持的温度/℃	适用包装或包装号	装载方法：装载要求	装载方法：装载号	备注
9	鲜蔬菜									
9.1	叶菜类	比利时菊苣、青菜、油菜、塌棵菜(太古菜)、抱子甘蓝、结球甘蓝(卷心菜、洋白菜、包菜)、芹菜、小白菜、蓟菜、芥蓝、大白菜、菊苣、羽衣甘蓝、莴苣、欧芹、菠菜、牛皮菜、结球莴苣、仙人掌叶、茼蒿、蕹菜等	冷却	1.同一品种或相似品种,成熟适度,色泽正,新鲜、清洁。 2.无腐烂、畸形、开裂、黄叶、抽薹、异味、灼伤、冷害、冻害、病虫害及机械伤。 注:腐烂、异味和病虫害为主要缺陷。	0～3	0～3	4,6,7	稳固装载留通风空隙	abcd	
			未冷却							
9.2	根茎类	胡萝卜、粗根芹菜、辣根、洋姜、大头菜、树薯、土豆、芜菁甘蓝、木薯、各种萝卜、山药	冷却	1.同一品种或相似品种,成熟适度,色泽正,新鲜,清洁。 2.无开裂、糠心、分叉、腐烂、异味、冻害、病虫害及机械伤。 注:腐烂、异味和病虫害为主要缺陷。	0～3	0～3	3,6～9	稳固装载留通风空隙	abcd	
			未冷却							
9.3		芋头和炸薯条用的(早熟品种)土豆	冷却		7～12	7～12	3,6～9		abcd	
			未冷却							
9.4		姜、甘薯、豆薯和炸土豆片用的早熟品种土豆	冷却		13～18	13～18	3,6～9		abcd	
			未冷却							
9.5	瓜菜类	黄瓜、苦瓜、丝瓜、佛手瓜、西葫芦、笋瓜	冷却	1.同一品种或相似品种,成熟适度,色泽正,果形正常,新鲜,果面清洁。 2.无腐烂、畸形、异味、冷害、冻害、病虫害及机械伤。	6～9	6～9	6,7,8,9	同上	d	
			未冷却							
		冬瓜、南瓜	冷却		3～6	3～6	6,7,8,9	同上	d	
			未冷却							
9.6	花菜类	花椰菜、青菜花等	冷却	1.同一品种或相似品种,成熟适度、紧实,色泽正,新鲜,清洁。 2.无腐烂、散花、畸形、抽茎、异味、开裂、灼伤冻害、病虫害及机械伤。	0～3	0～3	4,6,7	同上	abcd	
			未冷却							

表 A.1(续)

品类顺序	货物品类	货物品名	货物热状态	承运质量		运输工具保持的温度/℃	适用包装或包装号	装载方法		备注
				感官质量	装载时货温/℃			装载要求	装载号	
9.7	葱蒜类	大蒜、韭葱、洋葱、鸦葱、青葱、细香葱、大葱、韭菜、蒜薹等	冷却	1. 同一品种或相似品种,成熟适度,色泽正,新鲜、果面清洁。 2. 无腐烂、畸形、异味、发芽、抽薹、散瓣、冷害、冻害、病虫害及机械伤。	0～3	0～3	4,6,7	同上	abcd	
			未冷却							
9.8	菜用豆类	菜豆、青豆、蚕豆、豇豆、蛇豆、芸豆、扁豆、豌豆、荷兰豆、甜荚豌豆、四棱豆等	冷却	1. 同一品种或相似品种,粗细均匀,成熟适度,色泽正,荚鲜嫩、清洁。 2. 无腐烂、异味、冷害、冻害、病虫害及机械伤。	2～7	2～7	3,6,7	同上	abcd	
			未冷却							
9.9	水生菜类	荸荠、豆瓣菜、水田芥、西洋菜等	冷却	成熟适度,色泽正,新鲜,无腐烂、异味。	0～3	0～3	4,6,7	同上	abcd	
			未冷却							
9.10	茄果类	青番茄	冷却	1. 同一品种、成熟适度、色泽好、果形好、新鲜、果面清洁。 2. 无腐烂、异味、灼伤、冷害、冻害、病虫害及机械伤。注:腐烂、异味和病虫害为主要缺陷。	10～15	10～15	2,6	稳固装载留通风空隙	bcd	俗称西红柿,对低温敏感,易冻伤
			未冷却							
9.11		已开始上色番茄	冷却		2～6	2～6	2,6		abcd	
			未冷却							
9.12		辣椒	冷却		1～4	1～4	3,6,7		abcd	
			未冷却							
9.13		茄子、日本茄子、甜椒、树番茄等	冷却		6～9	6～9	3,6,7		abcd	
			未冷却							
9.14	其他	其他蔬菜	冷却	成熟适度,色泽新鲜,无雨湿、水渍、腐烂现象。	0～3	0～3	根据货物情况,选择恰当包装	同上		
			未冷却							

表 A.1（续）

品类顺序	货物品类	货物品名	货物热状态	承运质量：感官质量	承运质量：装载时货温/℃	运输工具保持的温度/℃	适用包装或包装号	装载方法：装载要求	装载方法：装载号	备注
10	鲜水果									
10.1	仁果类	苹果	冷却	果实完整良好，新鲜洁净，果梗完整。不带不正常的外来水分。无刺伤、裂果、虫伤、病虫果，无异常气味或滋味。	0~4	0~4	3,4,7	同上	abcd	可紧密堆码
			未冷却							
10.2		梨	冷却	各品种的鲜梨都必须完整良好，新鲜洁净，无不正常的外部水分，发育正常，具有贮存或市场要求的成熟度。无刺伤、破皮划伤、雹伤、虫伤、病果、虫害，无异常气味或滋味。	0~4	0~4	3,4,7	同上	abcd	可紧密堆码
			未冷却							
10.3		山楂	冷却	果皮色泽呈本品种成熟时固有色泽。果肉颜色红色类型呈红、粉红或橙红。黄果类型呈浅黄至橙黄。无苦味、异味。无病果、腐烂、冻伤果。	0~2	0~3	2,3,4	同上	abc	
			未冷却							
10.4	浆果类	越橘（蓝莓）、黑莓、草莓、醋栗（红、黑和白）、悬钩子、罗甘莓、覆盆子（树莓）、葡萄、接骨木果、柿子、无花果、猕猴桃、黑加仑、石榴、红加仑、桑葚	冷却	果面洁净，无日灼、病虫斑、机械损伤等缺陷。果形端正，基本均匀一致。果皮、果肉和籽粒（仅限石榴）颜色符合本品种特征。具有本品种特有的风味，无异味。充分发育。	0~3	0~3	2,3,4	稳固装载留通风空隙	abc	
			未冷却							
10.5		穗醋栗	冷却		3~4	3~6	2,3,4		abc	
			未冷却							
10.6	核果类	杏、樱桃、桃、油桃、李、梅、枣	冷却	果实充分发育，新鲜清洁，不带不正常的外来水分，具有本品种应有的特征。果皮颜色具有本品种成熟对应具有的色泽。无异味。	0~3	0~3	2,3,4	同上	abc	
			未冷却							

表 A.1（续）

品类顺序	货物品类	货物品名	货物热状态	承运质量：感官质量	承运质量：装载时货温/℃	运输工具保持的温度/℃	适用包装或包装号	装载方法：装载要求	装载方法：装载号	备注
10.7	瓜类	西瓜	冷却	果实发育正常、完整，无任何外伤，新鲜洁净。具有本品种应有的果形、色泽和条纹。无霉变、腐烂、异味、病虫害。	5～9	5～9	6,7 或无包装	同上	d	
			未冷却							
10.8	瓜类	哈密瓜、甜瓜和香瓜	冷却	品质良好，新鲜洁净，无非正常外部潮湿，无异味、发育正常，具有储运要求的成熟度。无霉变、腐烂现象。	3～5(中、晚熟品种)	3～6	3，6，7，9，哈密瓜可不加包装	同上	d	
			冷却		5～10（早、中熟品种）	5～10				
			未冷却							
10.9	柑橘类	柠檬、柚类	冷却	同一品种或相似品种，大小基本整齐一致，无畸形果，无异味，无明显缺陷(包括日灼、病斑、虫伤、刺伤、擦伤、碰压伤、裂口及腐烂果等)。	10～15	10～15	2,3,6	同上	abcd	可紧密堆码
			未冷却							
10.10	柑橘类	柑橘属的甜橙类、宽皮柑橘类	冷却		3～8	3～8	2,3,6	同上	abcd	可紧密堆码
			未冷却							
10.11	热带、亚热带水果	青香蕉、蛋黄果、面包果	冷却	果形完整，新鲜，无变质和腐烂现象。清洁，基本上无可见的异物，无机械伤、无病虫害、无异味。香蕉色泽青绿，无黄熟、无裂果，着色良好。无黑心病，香蕉色泽青绿，无冻伤、黄熟现象，要求在运输前为 7～8 成熟。	11～15	11～15	1,2,3,6	稳固装载留通风空隙	abcd	香蕉对低温敏感，运输时不得加催熟剂
			未冷却							
10.12	热带、亚热带水果	荔枝	冷却	果形完整，新鲜，无变质和腐烂现象。清洁，基本上无可见的异物，无机械伤、无病虫害、无异味。无裂果，着色良好。成熟度不大于九成。	2～6	1～7	1,2,3,4,6	稳固装载留通风空隙	abcd	对低温敏感，低于下限温度极易发生冻伤
			未冷却							

表 A.1(续)

品类顺序	货物品类	货物品名	货物热状态	承运质量：感官质量	承运质量：装载时货温/℃	运输工具保持的温度/℃	适用包装或包装号	装载方法：装载要求	装载方法：装载号	备注
10.13	热带、亚热带水果	龙眼	冷却	果形完整,新鲜,无变质和腐烂,清洁,基本上无可见的异物,无机械伤。无裂果,着色良好。无病虫害、无异味。成熟度八成左右。	1～5	1～5	1,2,3,4,6	稳固装载留通风空隙	abcd	对低温敏感,低于下限温度极易发生冻伤
			未冷却							
10.14		番荔枝	冷却	果形完整,新鲜,无变质和腐烂,清洁,基本上无可见的异物,无机械伤。无病虫害、无异味。	5～14	5～14	2,3,6		abcd	
			未冷却							
10.15		人心果	冷却	果形完整,新鲜,无变质和腐烂,清洁,基本上无可见的异物,无机械伤。无裂果,着色良好。无病虫害、无异味。成熟度八成左右。	0～2	0～3	2,3,6		abcd	
			未冷却							
10.16		菠萝、番石榴、西番莲果、鳄梨(产于亚热带)、橄榄、杨桃	冷却	果形完整,新鲜,无变质和腐烂,清洁,基本上无可见的异物,无机械伤。无病虫害、无异味及其他病虫害。菠萝无黑心病,西番莲果不允许刺伤、药害、日灼、病害、冻害、皱缩存在。	7～10	7～10	2,3,6		abcd	
			未冷却							
10.17		芒果、鳄梨(产于热带)、木菠萝(菠萝蜜)、山竹果、番木瓜(青果)、红毛丹	冷却	果形完整,新鲜,无变质和腐烂,清洁,基本上无可见的异物,无机械伤。无病虫害、无异味。发育充分,具有适于市场或贮存要求的成熟度。	10～13	10～13	2,3,4		abc	菠萝对低温敏感,易冻伤
			未冷却							
10.18		枇杷、杨梅等其他娇嫩水果	冷却	果形完整,新鲜,无变质和腐烂,清洁,基本上无可见的异物,无机械伤。无病虫害、无异味。	0～3	0～3	2,3,4		abc	
			未冷却							
10.19	其他水果	其他水果	冷却	色泽新鲜,无破损、过熟、腐烂现象	0～3	0～3	3,4,6,7			
			未冷却							

A.2 对于冷却和未冷却的水果、蔬菜,由于其产地、季节及品种的差异,其要求的运输条件应注意区别对待。

附　录　B
（资料性附录）
易腐食品运输包装

B.1　易腐食品运输包装见表 B.1。

表 B.1　易腐食品运输包装表

包装号	包装名称	包装材质	包装要求	包装规格	包装重量/kg	货物净重/kg	堆码实验	备注
1	木箱	木材（干燥，无虫蛀、霉变、腐朽）	用木材组合装钉。通风、透气、清洁。内部光滑无尖凸物，外部无钉头或钉尖显露，并无其他尖刺。箱子应有足够的强度。	具有坚固 16 根条档的木箱，箱板厚度不少于 10 mm，条档宽为 40 mm～60 mm。箱外用两道 14 号铁丝或铁腰捆扎箍紧，箱内应加纸张铺衬。 具体规格尺寸需根据盛装货物的特性、体积、层数和重量而定。	不少于 6	20～25	空箱净压 400 kg，24 h 不变形。装货后，重箱自码 3.5 m 高，箱不变形。	
2	花格木箱	木材（干燥，无虫蛀、霉变、腐朽）	用木材组合装钉。通风、透气、清洁。内部光滑无尖凸物，外部无钉头或钉尖显露，并无其他尖刺。箱子应有足够的强度。	具有坚固 12 根条档的花格木箱，箱板厚度不少于 10 mm，条档宽为 40 mm。箱底部木板间距不大于 10 mm，其他部位木板间距为 15 mm。箱内需用韧性纸张衬垫，并打通风圆孔，直径 5 mm，孔距 20 mm。 具体规格尺寸需根据盛装货物的特性、体积、层数和重量而定。	不少于 4	5～20（樱桃 5 kg，葡萄 10 kg）	空箱净压 400 kg，24 h 不变形。装货后，重箱自码 3.5 m 高，箱不变形。	
3	纸箱	纸板（无湿损、污染、霉变、破裂）	用纸板组合装订。通风透气（装冻货除外）、清洁无污，箱内外无凸出长钉，纸板要作防潮处理。	具有坚固纸板、由三层草纸板和二层瓦楞纸合成。箱内中部装有支撑的纸板或采用纸板分层隔离衬垫或加 24 个井字形瓦楞纸格。需要时，纸箱两端要开有 2 cm 直径圆形通气孔 4 个～5 个，各孔不准在同一水平或垂直线上。纸箱口上下粘贴严密，并用坚韧、宽 8 cm～10 cm 的牛皮纸封牢。 具体规格尺寸需根据盛装货物的特性、体积、层数和重量而定。	2	15～20	空箱净压 300 kg，24 h 不变形。装货后，重箱自码 3.5 m 高，箱不变形。	

表 B.1（续）

包装号	包装名称	包装材质	包装要求	包装规格	包装重量/kg	货物净重/kg	堆码实验	备注
4	钙塑箱	钙塑板（无湿损、污染、发霉、破形）	用钙塑板组合装钉。透气、通风、清洁，箱内外无凸出长钉。	具有坚固钙塑板、由两层钙塑板和一层瓦楞钙塑纸合成。箱内中部装有支撑的钙塑板，需要透气的，在两端板要开有2 cm直径圆形通气孔4个～5个，各孔不准在同一水平或垂直线上。箱外需用两道塑料腰带捆扎箍紧。 具体规格尺寸需根据盛装货物的特性、体积、层数和重量而定。	2	15～20	空箱净压 300 kg，24 h不变形。装货后，重箱自码 3.5 m高，箱不变形。	
5	塑料箱（包括折叠式塑料箱）	无毒塑料（清洁无污染）	注射成型，表面光滑平整、完整无裂损，边缘及端手部位无毛刺，浇口处不影响箱子平整。应具有良好通风透气条件，以防内部结露。制造箱子的原料需经国家卫生部门或其认可的检验机构的检验认可后方准使用。	坚固成型，同规格的塑料箱能相互堆码，配合适宜，不允许滑垛。 具体规格尺寸需根据盛装货物的特性、体积、层数和重量而定。		20～25	空箱净压 350 kg，24 h不变形。装货后，重箱自码 3.5 m高，箱不变形。	
6	竹筐	竹篾、片（无虫蛀、腐朽、霉变）	竹篾、片编制，坚固、通风透气、清洁无污染。内部光滑无尖凸物，外部无钉头或钉尖显露，并无其他尖刺物。	（1）上大下小，盖大于口。上口 45 cm×49 cm，高 35 cm。下底 35 cm×25 cm，每件用 12 根硬竹片支撑，筐盖用塑料编织带或铁丝捆扎。	不少于2 kg（干），不少于 2.5 kg（湿）	20	空箱净压 350 kg，24 h不变形。装货后，重箱自码 3.5 m高，箱不变形。	
				（2）上大下小，盖大于口。上口 50 cm×40 cm，高 45 cm。下底 40 cm×30 cm，用硬竹片支撑，筐盖用塑料编织带或铁丝捆扎。	同上	25		
				（3）上口 51 cm×36 cm，高 40 cm。下底 40 cm×25 cm，其他同（2）。	同上	20		
				（4）长方体，48 cm×38 cm×30 cm，其他条件同（1）。	同上	20		
				（5）上大下小，盖大于口。上口直径 50 cm圆形，高 35 cm。下底 25 cm×25 cm，每件用 16 根硬竹片支撑，筐盖用塑料编织带或铁丝与筐体捆牢。	同上	20～25		

表 B.1（续）

包装号	包装名称	包装材质	包装要求	包装规格	包装重量/kg	货物净重/kg	堆码实验	备注
6	竹筐	竹篾、片（无虫蛀、腐朽、霉变）	竹篾、片编制，坚固、通风透气、清洁无污染。内部光滑无尖凸物，外部无钉头或钉尖显露，并无其他尖刺物。	(6) 上大下小，盖大于口。上口 35 cm×25 cm，高 50 cm，底 50 cm×45 cm，其他条件同(1)。	同上	20	空箱净压 350 kg，24 h不变形。装货后，重箱自码 3.5 m高，箱不变形。	
7	条筐	新荆条、柳条、竹条等（无虫蛀、腐朽、霉变）	用荆条、柳条、竹条等编制，坚固、通风透气、清洁、筐内外无突出条头和铁丝。	必须使用整根原条编制，严禁半条或劈裂。竖条必须用通条，其直径要大于5 mm。筐盖必须大于筐口，并使用直径2 mm以上铁丝在6处将筐盖于筐身拧紧，铁丝尾部要插入空隙处。筐内四周及底部需用整体蒲包衬垫，每个水果顶部须用松软物铺垫。 条筐的具体尺寸，需根据盛装货物的特性、体积、层数和重量而定。	5 kg（筐重4 kg，蒲包、衬垫物等重1 kg）	25～35	空箱净压 250 kg，24 h不变形。装货后，重箱自码 3.5 m高，箱不变形。	
8	麻袋	黄麻	以黄麻为主要原料编制而成。麻袋应无破洞、稀挡、油污等织疵和缝制不良。并应清洁无污染，干燥透气、无霉变异味。	麻袋口应折叠缝密，缝针密度不少于6针/10 cm（用单线缝合时，不少于10针/10 cm），缝合后应在袋角扎口。 麻袋尺寸：长 90 cm～107 cm，宽 58 cm～74 cm。	0.6～1	60	应进行跌落试验。 试验方法：用3只装满模拟物的袋，每只进行两次，从高1.5 m处跌落于平坦、光滑、坚硬的水平地面。第一次，使袋的平面平落，第二次，使袋的端面平落。合格标准：不破损、不开口。	
9	塑料编织袋	无毒塑料（清洁无污染）	以塑料编织布用机器编制。袋子应无破洞、稀挡和缝制不良，并应干燥，无霉变、无异味，能通风透气，制造袋子的塑料需经国家卫生部门或其认可的检验机构的检验认可后方准使用。	麻袋口应折叠缝密，缝针密度不少于6针/10 cm，缝合后应在袋角扎口。 袋的具体尺寸，需根据盛装货物的特性、体积、层数和重量而定。 稀织型塑料编织袋。 密织型塑料编织袋。		20～25	同上	
10	铁桶	铁皮	无锈蚀、无污染	坚固成型，同规格的塑料箱能相互堆码，配合适宜，不允许滑垛。		20～25	同1	

注：上述内容主要摘自：《铁路鲜活货物运输规则》(1994)

附 录 C
（资料性附录）
易腐食品装载方法

C.1 易腐食品装载方法见表 C.1。

表 C.1 易腐食品装载方法表

装载号	装载方法	说 明	图 例
a	品字形	奇数层和偶数层货件交错，骑缝装载	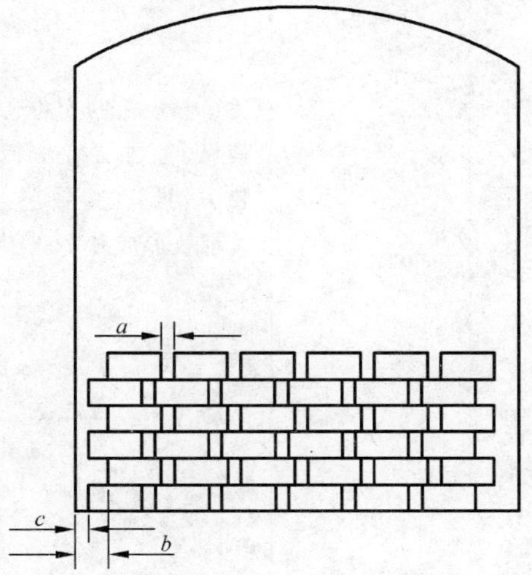 “品字形”装车法示意图 注：空隙值 a=2 cm～3 cm b=5 cm～7 cm c=2 cm～3 cm
b	一、二、三 三、二、一	第一层按间隔一件、两件、三件留空隙 第二层按间隔三件、两件、一件留空隙 奇数层同第一层 偶数层同第二层	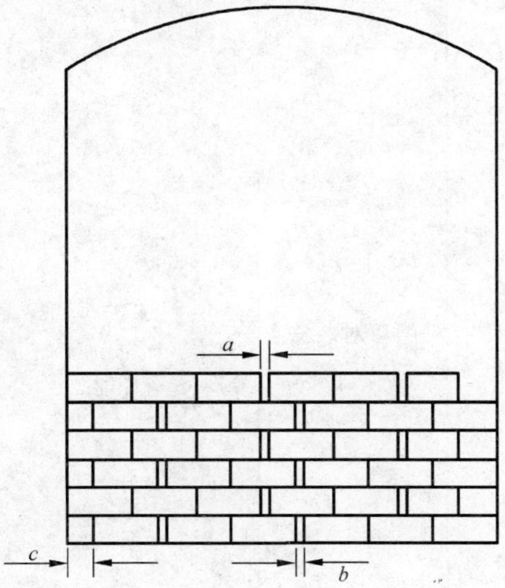 “一二三、三二一”装车法示意图 注：空隙值 a=2 cm～3 cm b=2 cm～3 cm c=5 cm～7 cm

表 C.1（续）

装载号	装载方法	说　　明	图　　例
c	井字形	货箱侧板之间留空隙，端板之间紧靠，奇数层装法相同，偶数层装法相同。奇数层与偶数层交叉堆放形成井字。	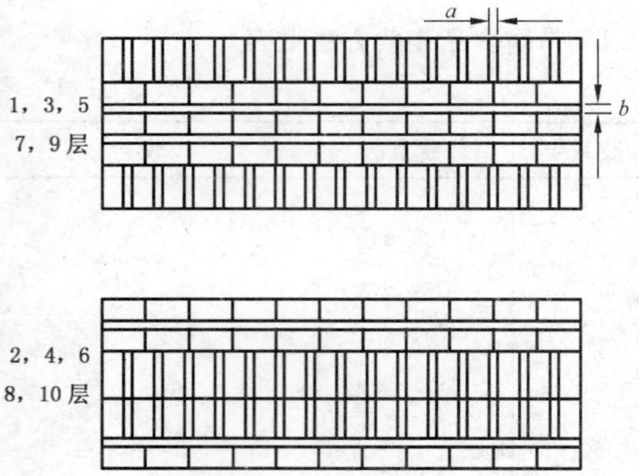 “井字形”装车法示意图 注：空隙值 a＝2 cm～3 cm b＝2 cm～3 cm
d1	筐口对装法	筐口对装法一： 底层两侧的箩、篓、筐等大筐口朝下，中间的大筐口朝上，第二层则方向相反。	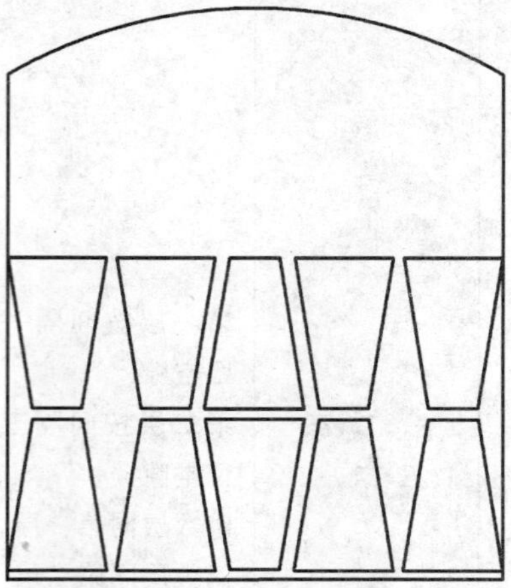 “筐口对装法一”装车法示意图

表 C.1（续）

装载号	装载方法	说　明	图　例
d2	筐口对装法	筐口对装法二： 第一层大口与小口的朝向俩俩互相错开，第二层与第一层相反。奇数层同第一层，偶数层同第二层。本方法装运叶菜、葱蒜类和水生菜时，筐内可加通风筒或夹碎冰。	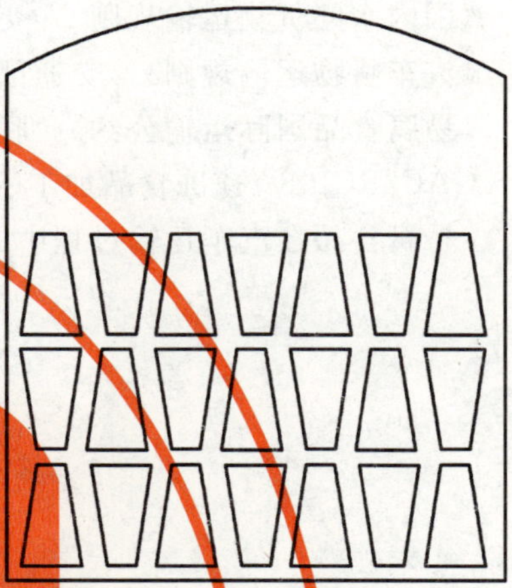 “筐口对装法二”装车法示意图
d3	筐口对装法	筐口对装法三： 第一层及奇数层全部大筐口朝上，第二层及偶数层全部大筐口朝下。	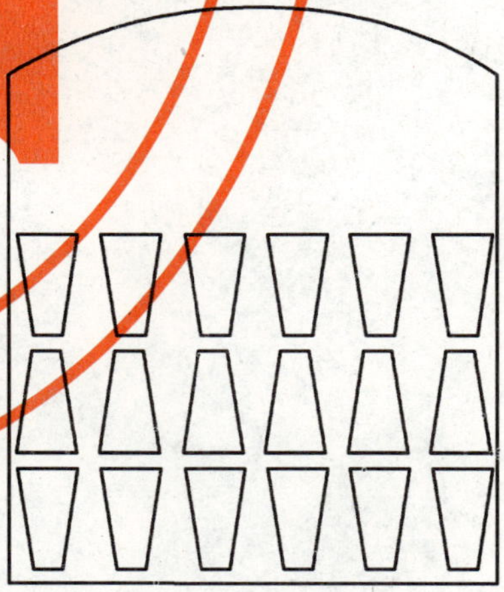 “筐口对装法三”装车法示意图

注：资料来源：《铁路鲜活货物运输规则》(1994)

C.2　包装号参见表 B.1，装载号参见表 C.1，包装号 1～5 对应装载号 a～c，包装号 6～9 对应装载号 d。

参考文献

[1] 中华人民共和国铁道部.铁路鲜活货物运输规则[M].北京：中国铁道出版社，1994.
[2] 谢如鹤，欧阳仲志，李绍荣.易腐食品贮运技术[M].北京：中国铁道出版社，1998.
[3] 《国内水路货物运输规则》 交通部2000年第9号令，2001年1月1日颁布实施.
[4] 《汽车货物运输规则》 交通部1999年第5号令，2000年1月1日颁布实施.
[5] 《易腐食品国际运输公约》 联合国欧洲经济委员会内陆运输委员会，1993.
[6] CAC/RCP 8《速冻食品加工、处理操作规范推荐性国际法典》 国际食品法典委员会，1976.
[7] 《易腐食品在汽车运输过程中的保护》 美国农业部，2006.

ICS 65.120
B 46

中华人民共和国国家标准

GB/T 22919.1—2008

水产配合饲料
第1部分：斑节对虾配合饲料

Aquafeed—Part 1: Formula feed for giant tiger shrimp (*Penaeus monodon*)

2008-12-31 发布　　　　2009-05-01 实施

中华人民共和国国家质量监督检验检疫总局
中国国家标准化管理委员会　发布

前　言

本标准由全国饲料工业标准化技术委员会(SAC/TC 76)提出并归口。

本标准负责起草单位:广东恒兴集团有限公司。

本标准主要起草人:张海涛、黄智成、王华朗、于明超、蔡美英、王卓铎。

水产配合饲料
第1部分：斑节对虾配合饲料

1 范围

本标准规定了斑节对虾配合饲料的产品分类、技术要求、试验方法、检验规则以及标签、包装、运输和贮存。

本标准适用于斑节对虾配合饲料。

2 规范性引用文件

下列文件中的条款通过本标准的引用而成为本标准的条款。凡是注日期的引用文件，其随后所有的修改单(不包括勘误的内容)或修订版均不适用于本标准，然而，鼓励根据本标准达成协议的各方研究是否可使用这些文件的最新版本。凡是不注日期的引用文件，其最新版本适用于本标准。

GB/T 5918 饲料产品混合均匀度的测定

GB/T 6432 饲料中粗蛋白测定方法(GB/T 6432—1994,eqv ISO 5983:1979)

GB/T 6433 饲料中粗脂肪的测定(GB/T 6433—2006,ISO 6492:1999,IDT)

GB/T 6434 饲料中粗纤维的含量测定 过滤法(GB/T 6434—2006,ISO 6865:2000,IDT)

GB/T 6435 饲料中水分和其他挥发性物质含量的测定(GB/T 6435—2006,ISO 6496:1999,IDT)

GB/T 6436 饲料中钙的测定

GB/T 6437 饲料中总磷的测定 分光光度法

GB/T 6438 饲料中粗灰分的测定(GB/T 6438—2007,ISO 5984:2002,IDT)

GB 9969.1 工业产品使用说明书 总则

GB 10648 饲料标签

GB 13078 饲料卫生标准

GB/T 14699.1 饲料 采样(GB/T 14699.1—2005,ISO 6497:2002,IDT)

GB/T 16765—1997 颗粒饲料通用技术条件

GB/T 18246 饲料中氨基酸的测定

GB/T 18823 饲料检测结果判定的允许误差

NY 5072 无公害食品 渔用配合饲料安全限量

SC/T 2002—2002 对虾配合饲料

JJF 1070 定量包装商品净含量计量检验规则

定量包装商品计量监督管理办法(国家质量监督检验检疫总局[2005]第75号令)

3 产品分类

本标准将斑节对虾配合饲料产品分成幼虾饲料、中虾饲料、成虾饲料3种，产品规格应符合斑节对虾不同生长阶段的食性要求。

4 技术要求

4.1 原料与添加剂要求

饲料原料与添加剂均应符合相关饲料原料与添加剂的国家标准或行业标准的质量指标要求。卫生

指标应符合 GB 13078 和 NY 5072 的规定。

4.2 感官要求

色泽一致,无发霉,无异味,无杂物,无结块,无虫害。

4.3 加工质量指标

加工质量指标应符合表 1 要求。

表 1 斑节对虾配合饲料加工质量指标

项　目		指　标
水中稳定性(散失率)/%	幼虾料	≤18.0
	中虾料/成虾料	≤16.0
混合均匀度(CV)/%		≤7.0
粉化率/%		≤3.0

4.4 营养指标

主要营养指标应符合表 2 规定。

表 2 斑节对虾配合饲料主要营养指标

营养成分	幼虾料	中虾料	成虾料
粗蛋白质/%	≥38.0	≥37.0	≥35.0
粗脂肪/%	≥4.5		
粗纤维/%	≤5.0		
水分/%	≤12.0		
粗灰分/%	≤15.0		
钙/%	≤3.0		
总磷/%	0.90～1.45		
赖氨酸/%	≥2.0	≥1.8	≥1.6

4.5 卫生指标

卫生指标应符合 NY 5072 的规定。

4.6 净含量

定量包装产品的净含量应符合《定量包装商品计量监督管理办法》的规定。

5 试验方法

5.1 感官检验

取 100 g 样品放置在洁净的白瓷托盘(25 cm×30 cm)内,在非直射日光、光线充足、无异味的环境中,通过正常的感官检验进行评定。

5.2 混合均匀度的测定

按 GB/T 5918 的规定执行。

5.3 水中稳定性(散失率)的测定

按 SC/T 2002—2002 中 5.4 的规定执行。

5.4 粉化率的测定

按 GB/T 16765—1997 中 5.4.3 的规定执行(幼虾料所用试验筛的筛孔尺寸为 0.250 mm,中虾料、成虾料所用试验筛的筛孔尺寸为 0.425 mm)。

5.5 粗蛋白质的测定

按 GB/T 6432 的规定执行。

5.6 粗脂肪的测定

按 GB/T 6433 的规定执行。

5.7 粗纤维的测定

按 GB/T 6434 的规定执行。

5.8 水分的测定

按 GB/T 6435 的规定执行。

5.9 钙的测定

按 GB/T 6436 的规定执行。

5.10 总磷的测定

按 GB/T 6437 的规定执行。

5.11 粗灰分的测定

按 GB/T 6438 的规定执行。

5.12 氨基酸的测定

按 GB/T 18246 的规定执行。

5.13 卫生指标检验

按 NY 5072 的规定执行。

5.14 净含量的检验

按 JJF 1070 的规定执行。

6 检验规则

6.1 组批与抽样规则

6.1.1 批的组成

在原料及生产条件基本相同的情况下,同一班组生产的产品为一个检验批。

6.1.2 抽样方法

按 GB/T 14699.1 的规定执行。

6.2 检验分类

6.2.1 出厂检验

6.2.1.1 出厂检验项目:感官指标、水中稳定性、水分、粗蛋白质、包装、标签。

6.2.1.2 出厂检验由生产企业的质检部门进行。

6.2.1.3 判定:如检验中有一项指标不符合本标准要求,应进行复检(微生物指标超标不得复检),复检有一项指标不合格者即判定为不合格产品,不合格产品不可出厂销售。

6.2.2 型式检验

6.2.2.1 型式检验项目:型式检验应对产品质量、包装、标识、标签进行全面检查,检查项目为本标准技术指标中所有项目。

6.2.2.2 型式检验周期:型式检验每六个月至少检验一次,但有下列情况之一时,应进行型式检验:

a) 新产品投产时;

b) 正式生产后,原料、配方、工艺有较大改变,可能影响产品质量时;

c) 正式生产后,工艺设备有较大改进时或主要设备进行大修时;

d) 产品停产 3 个月以上,恢复生产时;

e) 出厂检验结果与上次型式检验有较大的差异时;

f) 国家质量监督机构提出进行型式检验的要求时。

6.2.2.3 型式检验由生产企业质检部门或委托法定饲料质检机构进行。

6.2.2.4 判定:型式检验中如有一项指标不符合本标准要求,应重新取样进行复检(微生物指标超标不得复检），复检结果中有一项不合格者即判定为不合格。

6.2.2.5 型式检验不合格，应停产，找出不合格原因，重新试生产后，再进行型式检验，全部技术指标经检验合格后，方可再正式生产和销售。

6.3 生产企业检验合格的产品，由质检部门签发检验合格证，产品凭检验合格证方可出厂。

6.4 检验与仲裁判定各项指标合格与否时，应考虑分析允许误差，饲料检测结果判定的允许误差按 GB/T 18823 的有关规定执行。

7 标签、包装、运输和贮存

7.1 标签

——销售产品的标签按 GB 10648 的规定执行；

——产品使用说明书的编写应符合 GB 9969.1 的规定，包装应随带产品说明书，以说明产品的主要技术指标和使用要求。

7.2 包装

包装材料应具有防潮、防漏、抗拉性能；产品采用复合包装袋缝合包装，缝合应牢固，不得破损漏气；包装袋应清洁卫生、无污染。

7.3 运输

产品运输时应注意防晒、防雨淋、防有毒物质污染；产品装卸时不能强烈摩擦、碰撞。

7.4 贮存

产品应贮存在通风干燥阴凉的仓库内，防止受潮，防止虫害、鼠害，不得与有毒有害物质混合堆放。产品堆放时应加垫，不得直接与地面接触。

7.5 保质期

在规定的贮存条件下，从生产之日起，原包装产品保质期为 75 d。

ICS 65.120
B 46

GB

中华人民共和国国家标准

GB/T 22919.2—2008

水产配合饲料
第2部分：军曹鱼配合饲料

Aquafeed—Part 2: Formula feed for cobia (*Rachycentron canadum*)

2008-12-31 发布　　2009-05-01 实施

中华人民共和国国家质量监督检验检疫总局
中国国家标准化管理委员会　发布

前　言

本标准由全国饲料工业标准化技术委员会(SAC/TC 76)提出并归口。

本标准负责起草单位:广东恒兴集团有限公司。

本标准主要起草人:于明超、王华朗、张海涛、王蕾蕾。

水产配合饲料
第2部分:军曹鱼配合饲料

1 范围

本标准规定了军曹鱼配合饲料的产品分类、技术要求、试验方法、检验规则以及标签、包装、运输和贮存。

本标准适用于军曹鱼颗粒配合饲料。

2 规范性引用文件

下列文件中的条款通过本标准的引用而成为本标准的条款。凡是注日期的引用文件,其随后所有的修改单(不包括勘误的内容)或修订版均不适用于本标准,然而,鼓励根据本标准达成协议的各方研究是否可使用这些文件的最新版本。凡是不注日期的引用文件,其最新版本适用于本标准。

GB/T 5918 饲料产品混合均匀度的测定

GB/T 6432 饲料中粗蛋白测定方法(GB/T 6432—1994,eqv ISO 5983:1979)

GB/T 6433 饲料中粗脂肪的测定(GB/T 6433—2006,ISO 6492:1999,IDT)

GB/T 6434 饲料中粗纤维的含量测定 过滤法(GB/T 6434—2006,ISO 6865:2000,IDT)

GB/T 6435 饲料中水分和其他挥发性物质含量的测定(GB/T 6435—2006,ISO 6496:1999,IDT)

GB/T 6436 饲料中钙的测定

GB/T 6437 饲料中总磷的测定 分光光度法

GB/T 6438 饲料中粗灰分的测定(GB/T 6438—2007,ISO 5984:2002,IDT)

GB 9969.1 工业产品使用说明书 总则

GB 10648 饲料标签

GB 13078 饲料卫生标准

GB/T 14699.1 饲料 采样(GB/T 14699.1—2005,ISO 6497:2002,IDT)

GB/T 16765—1997 颗粒饲料通用技术条件

GB/T 18246 饲料中氨基酸的测定

GB/T 18823 饲料检测结果判定的允许误差

NY 5072 无公害食品 渔用配合饲料安全限量

SC/T 1077—2004 渔用配合饲料通用技术要求

JJF 1070 定量包装商品净含量计量检验规则

定量包装商品计量监督管理办法(国家质量监督检验检疫总局[2005]第75号令)

3 产品分类

本标准根据军曹鱼不同生长阶段的体重大小,将军曹鱼饲料产品分成稚鱼饲料、幼鱼饲料、中鱼饲料、成鱼饲料4种,产品规格应符合军曹鱼不同生长阶段的食性要求。

4 技术要求

4.1 原料与添加剂要求

饲料原料与添加剂均应符合相关饲料原料与添加剂的国家标准或行业标准的质量指标要求。卫生

指标应符合 GB 13078 和 NY 5072 的规定。

4.2 感官要求

4.2.1 外观

色泽均匀，饲料颗粒大小一致，表面平整；无发霉，无变质结块，无杂物，无虫害。

4.2.2 气味

具有饲料正常气味，无霉变、酸败、焦灼等异味。

4.3 加工质量指标

加工质量指标应符合表 1 的规定。

表 1 军曹鱼配合饲料加工质量指标

项目	稚鱼饲料	幼鱼饲料	中鱼饲料	成鱼饲料
混合均匀度(变异系数)/%	≤7.0			
水中稳定性(溶失率)/%	≤10.0			
颗粒粉化率/%	≤1.0			

4.4 营养指标

主要营养指标应符合表 2 规定。

表 2 军曹鱼配合饲料主要营养指标

营养指标	稚鱼饲料	幼鱼饲料	中鱼饲料	成鱼饲料
粗蛋白质/%	≥44.0	≥42.0	≥40.0	≥38.0
粗脂肪/%	≥6.0			
粗纤维/%	≤5.0			
水分/%	≤12.0			
粗灰分/%	≤16.0			
钙/%	≤3.5			
总磷/%	1.0～1.6			
赖氨酸/%	≥2.5	≥2.3	≥2.1	≥1.9

4.5 卫生指标

卫生指标应符合 NY 5072 的规定。

4.6 净含量

定量包装产品的净含量应符合《定量包装商品计量监督管理办法》的规定。

5 试验方法

5.1 感官检验

取 100 g 样品放置在洁净的白瓷托盘(25 cm×30 cm)内，在非直射日光、光线充足、无异味的环境中，通过正常的感官检验进行评定。

5.2 水中稳定性(溶失率)

按 SC/T 1077—2004 中第 A.2 章的规定执行。

5.3 混合均匀度的测定

按 GB/T 5918 的规定执行。

5.4 粉化率的测定

按 GB/T 16765—1997 中 5.4.3 的规定执行(所用试验筛的筛孔尺寸为 0.425 mm)。

5.5 粗蛋白质的测定

按 GB/T 6432 的规定执行。

5.6 粗脂肪的测定

按 GB/T 6433 的规定执行。

5.7 粗纤维的测定

按 GB/T 6434 的规定执行。

5.8 水分的测定

按 GB/T 6435 的规定执行。

5.9 钙的测定

按 GB/T 6436 的规定执行。

5.10 总磷的测定

按 GB/T 6437 的规定执行。

5.11 粗灰分的测定

按 GB/T 6438 的规定执行。

5.12 氨基酸的测定

按 GB/T 18246 的规定执行。

5.13 卫生指标的检验

按 NY 5072 的规定执行。

5.14 净含量的检验

按 JJF 1070 的规定执行。

6 检验规则

6.1 组批与抽样规则

6.1.1 批的组成

在原料及生产条件基本相同的情况下，同一班组生产的产品为一个检验批。

6.1.2 抽样方法

按 GB/T 14699.1 的规定执行。

6.2 检验分类

6.2.1 出厂检验

6.2.1.1 出厂检验项目：感官指标、水中稳定性、水分、粗蛋白质、包装、标签。

6.2.1.2 出厂检验由生产企业的质检部门进行。

6.2.1.3 判定：如检验中有一项指标不符合本标准要求，应进行复检（微生物指标超标不得复检），复检有一项指标不合格者即判定为不合格产品，不合格产品不可出厂销售。

6.2.2 型式检验

6.2.2.1 型式检验项目：型式检验应对产品质量、包装、标识、标签进行全面检查，检查项目为本标准技术指标中所有项目。

6.2.2.2 型式检验周期：型式检验每六个月至少检验一次，但有下列情况之一时，应进行型式检验：

a) 新产品投产时；

b) 正式生产后，原料、配方、工艺有较大改变，可能影响产品质量时；

c) 正式生产后，工艺设备有较大改进时或主要设备进行大修时；

d) 产品停产 3 个月以上，恢复生产时；

e) 出厂检验结果与上次型式检验有较大的差异时；

f) 国家质量监督机构提出进行型式检验的要求时。

6.2.2.3　型式检验由生产企业质检部门或委托法定饲料质检机构进行。

6.2.2.4　判定：型式检验中如有一项指标不符合本标准要求，应重新取样进行复检（微生物指标超标不得复检），复检结果中有一项不合格者即判定为不合格。

6.2.2.5　型式检验不合格，应停产，找出不合格原因，重新试生产后，再进行型式检验，全部技术指标经检验合格后，方可再正式生产和销售。

6.3　生产企业检验合格的产品，由企业质检部门签发检验合格证，产品凭检验合格证方可出厂。

6.4　检验与仲裁判定各项指标合格与否时，应考虑分析允许误差，饲料检测结果判定的允许误差按 GB/T 18823 有关规定执行。

7　标签、包装、运输和贮存

7.1　标签

——销售产品的标签按 GB 10648 规定执行；

——产品使用说明书的编写应符合 GB 9969.1 规定，包装应随带产品说明书，以说明产品的主要技术指标和使用要求。

7.2　包装

包装材料应具有防潮、防漏、抗拉性能；产品采用复合包装袋缝合包装，缝合应牢固，不得破损漏气；包装袋应清洁卫生、无污染。

7.3　运输

产品运输时应注意防晒、防雨淋、防有毒物质污染；产品装卸时不能强烈摩擦、碰撞。

7.4　贮存

产品应贮存在通风干燥阴凉的仓库内，防止受潮，防止虫害、鼠害，不得与有毒有害物质混合堆放。产品堆放时应加垫，不得直接与地面接触。

7.5　保质期

在规定的贮存条件下，从生产之日起，原包装产品保质期为 75 d。

ICS 65.120
B 46

中华人民共和国国家标准

GB/T 22919.3—2008

水产配合饲料
第3部分:鲈鱼配合饲料

Aquafeed—Part 3:Formula feed for Japanese seabass(*Lateolabrax japonicus*)

2008-12-31 发布　　2009-05-01 实施

中华人民共和国国家质量监督检验检疫总局
中国国家标准化管理委员会　发布

前 言

本标准由全国饲料工业标准化技术委员会(SAC/TC 76)提出并归口。

本标准起草单位:广东粤海饲料集团有限公司。

本标准主要起草人:张璐、彭卫正、程开敏、张其华、马学坤、刘贤敏、刘丽燕。

水产配合饲料
第3部分：鲈鱼配合饲料

1 范围

本标准规定了鲈鱼(*Lateolabrax japonicus*)配合饲料的产品分类、技术要求、试验方法、检验规则以及标签、包装、运输和贮存。

本标准适用于鲈鱼配合饲料。

2 规范性引用文件

下列文件中的条款通过本标准的引用而成为本标准的条款。凡是注日期的引用文件，其随后所有的修改单(不包括勘误的内容)或修订版均不适用于本标准，然而，鼓励根据本标准达成协议的各方研究是否可使用这些文件的最新版本。凡是不注日期的引用文件，其最新版本适用于本标准。

GB/T 5918 饲料产品混合均匀度的测定

GB/T 6432 饲料中粗蛋白测定方法(GB/T 6432—1994,eqv ISO 5983:1979)

GB/T 6433 饲料中粗脂肪的测定(GB/T 6433—2006,ISO 6492:1999,IDT)

GB/T 6434 饲料中粗纤维的含量测定 过滤法(GB/T 6434—2006,ISO 6865:2000,IDT)

GB/T 6435 饲料中水分和其他挥发性物质含量的测定(GB/T 6435—2006,ISO 6496:1999,IDT)

GB/T 6436 饲料中钙的测定

GB/T 6437 饲料中总磷的测定 分光光度法

GB/T 6438 饲料中粗灰分的测定(GB/T 6438—2007,ISO 5984:2002,IDT)

GB 10648 饲料标签

GB 13078 饲料卫生标准

GB/T 14699.1 饲料 采样(GB/T 14699.1—2005,ISO 6497:2002,IDT)

GB/T 16765—1997 颗粒饲料通用技术条件

GB/T 18246 饲料中氨基酸的测定

GB/T 18823 饲料检测结果判定的允许误差

NY 5072 无公害食品 渔用配合饲料安全限量

SC/T 1077—2004 渔用配合饲料通用技术要求

JJF 1070 定量包装商品净含量计量检验规则

定量包装商品计量监督管理办法(国家质量监督检验检疫总局[2005]第75号令)

3 术语和定义

下列术语和定义适用于本标准。

3.1

水中稳定性 water stability

供水产动物食用的颗粒饲料在水中抗溶蚀的能力，以"溶失率"表示。

4 产品分类

根据鲈鱼不同生长阶段的体重大小，将鲈鱼配合饲料产品分为稚鱼饲料、幼鱼饲料、中鱼饲料、成鱼饲料四种规格,产品规格应符合鲈鱼不同生长阶段的食性要求。

5 技术要求

5.1 原料要求

原料应符合各类原料的标准要求。

5.2 感官指标

外观:色泽一致,无发霉、变质、结块等现象,无虫害。

气味:具有饲料正常气味,无霉变、酸败等异味。

5.3 加工质量指标

5.3.1 水分不超过 12.0%。

5.3.2 颗粒粉化率不超过 1.0%。

5.3.3 溶失率不超过 10.0%。

5.3.4 混合均匀度(*CV*)不超过 7.0%。

5.4 营养指标

营养指标应符合表 1 规定。

表 1 营养指标

营养成分	稚鱼饲料	幼鱼饲料	中鱼饲料	成鱼饲料
粗蛋白质/%	≥40.0	≥38.0	≥37.0	≥36.0
粗脂肪/%	≥6.0			
粗纤维/%	≤5.0			
粗灰分/%	≤15.0			
钙/%	≤3.50			
总磷/%	0.90～1.50			
赖氨酸/%	≥2.20	≥2.10	≥2.00	≥1.80

5.5 卫生指标

卫生指标应符合 NY 5072 和 GB 13078 的规定。

5.6 净含量

定量包装产品的净含量应符合《定量包装商品计量监督管理办法》的规定。

6 试验方法

6.1 感官指标

取样品 100 g 置于白色瓷盘中,在光线充足、无异味干扰的条件下进行感官检验。

6.2 粉化率

按 GB/T 16765—1997 中 5.4.3 的规定执行(所用试验筛的筛孔尺寸为 0.425 mm)。

6.3 水中稳定性(溶失率)

按 SC/T 1077—2004 中第 A.2 章的规定执行。

6.4 混合均匀度

按 GB/T 5918 的规定执行。

6.5 粗蛋白质

按 GB/T 6432 的规定执行。

6.6 粗脂肪

按 GB/T 6433 的规定执行。

6.7 粗纤维

按 GB/T 6434 的规定执行。

6.8 水分

按 GB/T 6435 的规定执行。

6.9 钙

按 GB/T 6436 的规定执行。

6.10 总磷

按 GB/T 6437 的规定执行。

6.11 粗灰分

按 GB/T 6438 的规定执行。

6.12 赖氨酸

按 GB/T 18246 的规定执行。

6.13 安全卫生指标

按 NY 5072 和 GB 13078 的规定执行。

6.14 净含量

按 JJF 1070 的规定执行。

7 检验规则

7.1 组批和抽样

7.1.1 组批

以同配方、同原料、同班次生产的产品为一批。

7.1.2 抽样方法

按 GB/T 14699.1 的规定执行。

7.2 检验分类

检验分为出厂检验和型式检验。

7.2.1 出厂检验

每批产品应进行出厂检验，检验项目为感官指标、水分、粗蛋白质、包装、标签。

7.2.2 型式检验

检验项目为本标准规定的全部项目。有下列情况之一，应进行型式检验：

a) 新产品投产时；

b) 原料、配方、加工工艺等作了调整或变更影响产品性能时；

c) 正常生产时，应周期性进行检验（每年至少两次）；

d) 产品停产 3 个月以上，恢复生产时；

e) 出厂检验结果与上次型式检验结果之间存在较大差异时；

f) 当国家质量监督部门提出进行型式检验要求时。

7.3 判定规则

7.3.1 检测与仲裁判定各项指标合格与否，需考虑分析允许误差，分析允许误差按 GB/T 18823 的规定执行。

7.3.2 所检项目检测结果均与本标准指标规定一致判定为合格产品。

7.3.3 检验中如有霉变、酸败、生虫等现象，则判定该批产品不合格。微生物指标超标不得复检。其他指标不符合本标准规定时，应加倍抽样，对不合格指标进行复检，复检结果有一项指标不合格，则判定该批产品为不合格。

8 标签、包装、运输、贮存

8.1 标签

按 GB 10468 的规定执行。

8.2 包装

采用无毒、无害、确保产品质量要求的包装袋，包装缝口应牢固，不得有破损泄漏，包装材料具有防潮、防漏、抗拉等性能。包装袋清洁、卫生、无污染，印刷字体清晰。

8.3 运输与贮存

8.3.1 产品应贮存在阴凉、通风、干燥处，不得与有害有毒物品一起堆放，开封后应尽快使用，以免变质或使用影响效果。

8.3.2 运输、贮存需符合保质、保量、运输安全和分类贮存要求，严防受潮和污染，防止虫害、鼠害。

8.3.3 运输过程中应小心轻放、防止包装破损，不得日晒、雨淋，禁止与有毒有害物品混贮共运。

8.4 保质期限

在符合本标准规定的贮运条件下，产品的保质期限为 75 d。

ICS 65.120
B 46

GB

中华人民共和国国家标准

GB/T 22919.4—2008

水产配合饲料
第4部分：美国红鱼配合饲料

Aquafeed—Part 4: Formula feed for red drum (*Sciaenops ocellatus*)

2008-12-31 发布　　　　2009-05-01 实施

中华人民共和国国家质量监督检验检疫总局
中国国家标准化管理委员会　发布

前　言

本标准由全国饲料工业标准化技术委员会(SAC/TC 76)提出并归口。

本标准负责起草单位:广东恒兴集团有限公司。

本标准主要起草人:黄智成、张海涛、王华朗、刘珂珂。

水产配合饲料
第4部分:美国红鱼配合饲料

1 范围

本标准规定了美国红鱼配合饲料的产品分类、技术要求、试验方法、检验规则以及标签、包装、运输和贮存。

本标准适用于美国红鱼颗粒配合饲料。

2 规范性引用文件

下列文件中的条款通过本标准的引用而成为本标准的条款。凡是注日期的引用文件,其随后所有的修改单(不包括勘误的内容)或修订版均不适用于本标准,然而,鼓励根据本标准达成协议的各方研究是否可使用这些文件的最新版本。凡是不注日期的引用文件,其最新版本适用于本标准。

GB/T 5918 饲料产品混合均匀度的测定

GB/T 6432 饲料中粗蛋白测定方法(GB/T 6432—1994,eqv ISO 5983:1979)

GB/T 6433 饲料中粗脂肪的测定(GB/T 6433—2006,ISO 6492:1999,IDT)

GB/T 6434 饲料中粗纤维的含量测定 过滤法(GB/T 6434—2006,ISO 6865:2000,IDT)

GB/T 6435 饲料中水分和其他挥发性物质含量的测定(GB/T 6435—2006,ISO 6496:1999,IDT)

GB/T 6436 饲料中钙的测定

GB/T 6437 饲料中总磷的测定 分光光度法

GB/T 6438 饲料中粗灰分的测定(GB/T 6438—2007,ISO 5984:2002,IDT)

GB 9969.1 工业产品使用说明书 总则

GB 10648 饲料标签

GB 13078 饲料卫生标准

GB/T 14699.1 饲料 采样(GB/T 14699.1—2005,ISO 6497:2002,IDT)

GB/T 16765—1997 颗粒饲料通用技术条件

GB/T 18246 饲料中氨基酸的测定

GB/T 18823 饲料检测结果判定的允许误差

NY 5072 无公害食品 渔用配合饲料安全限量

SC/T 1077—2004 渔用配合饲料通用技术要求

JJF 1070 定量包装商品净含量计量检验规则

定量包装商品计量监督管理办法(国家质量监督检验检疫总局[2005]第75号令)

3 产品分类

本标准根据美国红鱼不同生长阶段的体重大小,将美国红鱼饲料产品分成稚鱼饲料、幼鱼饲料、中鱼饲料、成鱼饲料4种,产品规格应符合美国红鱼不同生长阶段的食性要求。

4 技术要求

4.1 原料与添加剂要求

饲料原料与添加剂均应符合相关饲料原料与添加剂的国家标准或行业标准的质量指标要求。卫生

指标应符合 GB 13078 和 NY 5072 的规定。

4.2 感官要求

4.2.1 外观

色泽均匀，饲料颗粒大小一致，表面平整；无发霉，无变质结块，无杂物，无虫害。

4.2.2 气味

具有饲料正常气味，无霉变、酸败、焦灼等异味。

4.3 加工质量指标

加工质量指标应符合表 1 的规定。

表 1 美国红鱼配合饲料加工质量指标

项目	稚鱼饲料	幼鱼饲料	中鱼饲料	成鱼饲料
混合均匀度(变异系数)/%	≤7.0			
水中稳定性(溶失率)/%	≤10.0			
颗粒粉化率/%	≤1.0			

4.4 营养指标

主要营养指标应符合表 2 规定。

表 2 美国红鱼配合饲料主要营养指标

营养指标	稚鱼饲料	幼鱼饲料	中鱼饲料	成鱼饲料
粗蛋白质/%	≥42.0	≥40.0	≥38.0	≥36.0
粗脂肪/%	≥6.0			
粗纤维/%	≤5.0			
水分/%	≤12.0			
粗灰分/%	≤16.0			
钙/%	≤3.5			
总磷/%	1.0～1.6			
赖氨酸/%	≥2.3	≥2.1	≥1.9	≥1.8

4.5 卫生指标

卫生指标应符合 NY 5072 的规定。

4.6 净含量

定量包装产品的净含量应符合《定量包装商品计量监督管理办法》的规定。

5 试验方法

5.1 感官检验

取 100 g 样品放置在洁净的白瓷托盘(25 cm×30 cm)内，在非直射日光、光线充足、无异味的环境中，通过正常的感官检验进行评定。

5.2 水中稳定性(溶失率)

按 SC/T 1077—2004 中第 A.2 章的规定执行。

5.3 混合均匀度的测定

按 GB/T 5918 的规定执行。

5.4 粉化率的测定

按 GB/T 16765—1997 中 5.4.3 的规定执行(所用试验筛的筛孔尺寸为 0.425 mm)。

5.5 粗蛋白质的测定

按 GB/T 6432 的规定执行。

5.6 粗脂肪的测定

按 GB/T 6433 的规定执行。

5.7 粗纤维的测定

按 GB/T 6434 的规定执行。

5.8 水分的测定

按 GB/T 6435 的规定执行。

5.9 钙的测定

按 GB/T 6436 的规定执行。

5.10 总磷的测定

按 GB/T 6437 的规定执行。

5.11 粗灰分的测定

按 GB/T 6438 的规定执行。

5.12 氨基酸的测定

按 GB/T 18246 的规定执行。

5.13 卫生指标的检验

按 NY5072 的规定执行。

5.14 净含量的检验

按 JJF 1070 的规定执行。

6 检验规则

6.1 组批与抽样规则

6.1.1 批的组成

在原料及生产条件基本相同的情况下，同一班组生产的产品为一个检验批。

6.1.2 抽样方法

按 GB/T 14699.1 的规定执行。

6.2 检验分类

6.2.1 出厂检验

6.2.1.1 出厂检验项目：感官指标、水中稳定性、水分、粗蛋白质、包装、标签。

6.2.1.2 出厂检验由生产企业的质检部门进行。

6.2.1.3 判定：如检验中有一项指标不符合本标准要求，应进行复检（微生物指标超标不得复检），复检有一项指标不合格者即判定为不合格产品，不合格产品不可出厂销售。

6.2.2 型式检验

6.2.2.1 型式检验项目：型式检验应对产品质量、包装、标识、标签进行全面检查，检查项目为本标准技术指标中所有项目。

6.2.2.2 型式检验周期：型式检验每六个月至少检验一次，但有下列情况之一时，应进行型式检验：

a) 新产品投产时；

b) 正式生产后，原料、配方、工艺有较大改变，可能影响产品质量时；

c) 正式生产后，工艺设备有较大改进时或主要设备进行大修时；

d) 产品停产 3 个月以上，恢复生产时；

e) 出厂检验结果与上次型式检验有较大的差异时；

f) 国家质量监督机构提出进行型式检验的要求时。

6.2.2.3 型式检验由生产企业质检部门或委托法定饲料质检机构进行。

6.2.2.4 判定：型式检验中如有一项指标不符合本标准要求，应重新取样进行复检（微生物指标超标不得复检），复检结果中有一项不合格者即判定为不合格。

6.2.2.5 型式检验不合格，应停产，找出不合格原因，重新试生产后，再进行型式检验，全部技术指标经检验合格后，方可再正式生产和销售。

6.3 生产企业检验合格的产品，由质检部门签发检验合格证，产品凭检验合格证方可出厂。

6.4 检验与仲裁判定各项指标合格与否时，应考虑分析允许误差，饲料检测结果判定的允许误差按GB/T 18823的有关规定执行。

7 标签、包装、运输和贮存

7.1 标签

——销售产品的标签按GB 10648的规定执行；

——产品使用说明书的编写应符合GB 9969.1的规定，包装应随带产品说明书，以说明产品的主要技术指标和使用要求。

7.2 包装

包装材料应具有防潮、防漏、抗拉性能；产品采用复合包装袋缝合包装，缝合应牢固，不得破损漏气；包装袋应清洁卫生、无污染。

7.3 运输

产品运输时应注意防晒、防雨淋、防有毒物质污染；产品装卸时不能强烈摩擦、碰撞。

7.4 贮存

产品应贮存在通风干燥阴凉的仓库内，防止受潮，防止虫害、鼠害，不得与有毒有害物质混合堆放。产品堆放时应加垫，不得直接与地面接触。

7.5 保质期

在规定的贮存条件下，从生产之日起，原包装产品保质期为75 d。

ICS 65.120
B 46

中华人民共和国国家标准

GB/T 22919.5—2008

水产配合饲料
第5部分：南美白对虾配合饲料

Aquafeed—Part 5: Formula feed for white shrimp (*Litopenaeus vannamei*)

2008-12-31 发布　　　　2009-05-01 实施

中华人民共和国国家质量监督检验检疫总局
中国国家标准化管理委员会　发布

前　言

本标准由全国饲料工业标准化技术委员会(SAC/TC 76)提出并归口。

本标准负责起草单位：广东恒兴集团有限公司。

本标准主要起草人：王华朗、张海涛、黄智成、于明超、王喜波、徐志雄。

水产配合饲料
第5部分:南美白对虾配合饲料

1 范围

本标准规定了南美白对虾配合饲料的产品分类、技术要求、试验方法、检验规则以及标签、包装、运输和贮存。

本标准适用于南美白对虾配合饲料。

2 规范性引用文件

下列文件中的条款通过本标准的引用而成为本标准的条款。凡是注日期的引用文件,其随后所有的修改单(不包括勘误的内容)或修订版均不适用于本标准,然而,鼓励根据本标准达成协议的各方研究是否可使用这些文件的最新版本。凡是不注日期的引用文件,其最新版本适用于本标准。

GB/T 5918 饲料产品混合均匀度的测定

GB/T 6432 饲料中粗蛋白测定方法(GB/T 6432—1994,eqv ISO 5983:1979)

GB/T 6433 饲料中粗脂肪的测定(GB/T 6433—2006,ISO 6492:1999,IDT)

GB/T 6434 饲料中粗纤维的含量测定 过滤法(GB/T 6434—2006,ISO 6865:2000,IDT)

GB/T 6435 饲料中水分和其他挥发性物质含量的测定(GB/T 6435—2006,ISO 6496:1999,IDT)

GB/T 6436 饲料中钙的测定

GB/T 6437 饲料中总磷的测定 分光光度法

GB/T 6438 饲料中粗灰分的测定(GB/T 6438—2007,ISO 5984:2002,IDT)

GB 9969.1 工业产品使用说明书 总则

GB 10648 饲料标签

GB 13078 饲料卫生标准

GB/T 14699.1 饲料 采样(GB/T 14699.1—2005,ISO 6497:2002,IDT)

GB/T 16765—1997 颗粒饲料通用技术条件

GB/T 18246 饲料中氨基酸的测定

GB/T 18823 饲料检测结果判定的允许误差

NY 5072 无公害食品 渔用配合饲料安全限量

SC/T 2002—2002 对虾配合饲料

JJF 1070 定量包装商品净含量计量检验规则

定量包装商品计量监督管理办法(国家质量监督检验检疫总局[2005]第75号令)

3 产品分类

本标准将南美白对虾配合饲料产品分成幼虾饲料、中虾饲料、成虾饲料3种,产品规格应符合南美白对虾不同生长阶段的食性要求。

4 技术要求

4.1 原料与添加剂要求

饲料原料与添加剂均应符合相关饲料原料与添加剂的国家标准或行业标准的质量指标要求。卫生

指标应符合 GB 13078 和 NY 5072 的规定。

4.2 感官要求

色泽一致，无发霉，无异味，无杂物，无结块，无虫害。

4.3 加工质量指标

加工质量指标应符合表1要求。

表1 南美白对虾配合饲料加工质量指标

项目		指标
水中稳定性(散失率)/%	幼虾料	≤18.0
	中虾料/成虾料	≤16.0
混合均匀度(CV)/%		≤7.0
粉化率/%		≤3.0

4.4 营养指标

主要营养指标应符合表2规定。

表2 南美白对虾配合饲料主要营养指标

营养成分	幼虾料	中虾料	成虾料
粗蛋白质/%	≥36.0	≥34.0	≥32.0
粗脂肪/%	≥4.0		
粗纤维/%	≤5.0		
水分/%	≤12.0		
粗灰分/%	≤15.0		
钙/%	≤3.0		
总磷/%	0.90～1.45		
赖氨酸/%	≥1.8	≥1.6	≥1.4

4.5 卫生指标

卫生指标应符合 NY 5072 的规定。

4.6 净含量

定量包装产品的净含量应符合《定量包装商品计量监督管理办法》的规定。

5 试验方法

5.1 感官检验

取 100 g 样品放置在洁净的白瓷托盘(25 cm×30 cm)内，在非直射日光、光线充足、无异味的环境中，通过正常的感官检验进行评定。

5.2 混合均匀度的测定

按 GB/T 5918 的规定执行。

5.3 水中稳定性(散失率)的测定

按 SC/T 2002—2002 中 5.4 的规定执行。

5.4 粉化率的测定

按 GB/T 16765—1997 中 5.4.3 的规定执行(幼虾料所用试验筛的筛孔尺寸为 0.250 mm，中虾料、成虾料所用试验筛的筛孔尺寸为 0.425 mm)。

5.5 粗蛋白质的测定

按 GB/T 6432 的规定执行。

5.6 粗脂肪的测定

按 GB/T 6433 的规定执行。

5.7 粗纤维的测定

按 GB/T 6434 的规定执行。

5.8 水分的测定

按 GB/T 6435 的规定执行。

5.9 钙的测定

按 GB/T 6436 的规定执行。

5.10 总磷的测定

按 GB/T 6437 的规定执行。

5.11 粗灰分的测定

按 GB/T 6438 的规定执行。

5.12 氨基酸的测定

按 GB/T 18246 的规定执行。

5.13 卫生指标检验

按 NY 5072 的规定执行。

5.14 净含量的检验

按 JJF 1070 的规定执行。

6 检验规则

6.1 组批与抽样规则

6.1.1 批的组成

在原料及生产条件基本相同的情况下，同一班组生产的产品为一个检验批。

6.1.2 抽样方法

按 GB/T 14699.1 的规定执行。

6.2 检验分类

6.2.1 出厂检验

6.2.1.1 出厂检验项目：感官指标、水中稳定性、水分、粗蛋白质、包装、标签。

6.2.1.2 出厂检验由生产企业的质检部门进行。

6.2.1.3 判定：如检验中有一项指标不符合本标准要求，应进行复检(微生物指标超标不得复检)，复检有一项指标不合格者即判定为不合格产品，不合格产品不可出厂销售。

6.2.2 型式检验

6.2.2.1 型式检验项目：型式检验应对产品质量、包装、标识、标签进行全面检查，检查项目为本标准技术指标中所有项目。

6.2.2.2 型式检验周期：型式检验每六个月至少检验一次，但有下列情况之一时，应进行型式检验：

a) 新产品投产时；

b) 正式生产后，原料、配方、工艺有较大改变，可能影响产品质量时；

c) 正式生产后，工艺设备有较大改进时或主要设备进行大修时；

d) 产品停产 3 个月以上，恢复生产时；

e) 出厂检验结果与上次型式检验有较大的差异时；

f) 国家质量监督机构提出进行型式检验的要求时。

6.2.2.3 型式检验由生产企业质检部门或委托法定饲料质检机构进行。

6.2.2.4 判定：型式检验中如有一项指标不符合本标准要求，应重新取样进行复检(微生物指标超标不得复检)，复检结果中有一项不合格者即判定为不合格。

6.2.2.5 型式检验不合格，应停产，找出不合格原因，重新试生产后，再进行型式检验，全部技术指标经检验合格后，方可再正式生产和销售。

6.3 生产企业检验合格的产品，由质检部门签发检验合格证，产品凭检验合格证方可出厂。

6.4 检验与仲裁判定各项指标合格与否时，应考虑分析允许误差，饲料检测结果判定的允许误差按GB/T 18823的有关规定执行。

7 标签、包装、运输和贮存

7.1 标签

——销售产品的标签按GB 10648的规定执行；

——产品使用说明书的编写应符合GB 9969.1的规定，包装应随带产品说明书，以说明产品的主要技术指标和使用要求。

7.2 包装

包装材料应具有防潮、防漏、抗拉性能；产品采用复合包装袋缝合包装，缝合应牢固，不得破损漏气；包装袋应清洁卫生、无污染。

7.3 运输

产品运输时应注意防晒、防雨淋、防有毒物质污染；产品装卸时不能强烈摩擦、碰撞。

7.4 贮存

产品应贮存在通风干燥阴凉的仓库内，防止受潮，防止虫害、鼠害，不得与有毒有害物质混合堆放。产品堆放时应加垫，不得直接与地面接触。

7.5 保质期

在规定的贮存条件下，从生产之日起，原包装产品保质期为75 d。

ICS 65.120
B 46

GB

中华人民共和国国家标准

GB/T 22919.6—2008

水产配合饲料 第6部分:石斑鱼配合饲料

Aquafeed—Part 6:Formula feed for grouper (*Epinephelus* sp.)

2008-12-31 发布 2009-05-01 实施

中华人民共和国国家质量监督检验检疫总局
中国国家标准化管理委员会 发布

前　言

本标准由全国饲料工业标准化技术委员会(SAC/TC 76)提出并归口。

本标准负责起草单位:广东恒兴集团有限公司。

本标准主要起草人:黄智成、张海涛、于明超、姜永杰、刘兴旺。

水产配合饲料
第6部分：石斑鱼配合饲料

1 范围

本标准规定了石斑鱼配合饲料的产品分类、技术要求、试验方法、检验规则以及标签、包装、运输和贮存。

本标准适用于石斑鱼膨化颗粒配合饲料。

2 规范性引用文件

下列文件中的条款通过本标准的引用而成为本标准的条款。凡是注日期的引用文件，其随后所有的修改单(不包括勘误的内容)或修订版均不适用于本标准，然而，鼓励根据本标准达成协议的各方研究是否可使用这些文件的最新版本。凡是不注日期的引用文件，其最新版本适用于本标准。

GB/T 5918 饲料产品混合均匀度的测定

GB/T 6432 饲料中粗蛋白测定方法(GB/T 6432—1994,eqv ISO 5983:1979)

GB/T 6433 饲料中粗脂肪的测定(GB/T 6433—2006,ISO 6492:1999,IDT)

GB/T 6434 饲料中粗纤维的含量测定 过滤法(GB/T 6434—2006,ISO 6865:2000,IDT)

GB/T 6435 饲料中水分和其他挥发性物质含量的测定(GB/T 6435—2006,ISO 6496:1999,IDT)

GB/T 6436 饲料中钙的测定

GB/T 6437 饲料中总磷的测定 分光光度法

GB/T 6438 饲料中粗灰分的测定(GB/T 6438—2007,ISO 5984:2002,IDT)

GB 9969.1 工业产品使用说明书 总则

GB 10648 饲料标签

GB 13078 饲料卫生标准

GB/T 14699.1 饲料 采样(GB/T 14699.1—2005,ISO 6497:2002,IDT)

GB/T 16765—1997 颗粒饲料通用技术条件

GB/T 18246 饲料中氨基酸的测定

GB/T 18823 饲料检测结果判定的允许误差

NY 5072 无公害食品 渔用配合饲料安全限量

SC/T 1077—2004 渔用配合饲料通用技术要求

JJF 1070 定量包装商品净含量计量检验规则

定量包装商品计量监督管理办法(国家质量监督检验检疫总局[2005]第75号令)

3 产品分类

本标准根据石斑鱼不同生长阶段的体重大小，将石斑鱼饲料产品分成稚鱼饲料、幼鱼饲料、中鱼饲料、成鱼饲料4种，产品规格应符合石斑鱼不同生长阶段的食性要求。

4 技术要求

4.1 原料与添加剂要求

饲料原料与添加剂均应符合相关饲料原料与添加剂的国家标准或行业标准的质量指标要求。卫生

指标应符合 GB 13078 和 NY 5072 的规定。

4.2 感官要求

4.2.1 外观：色泽均匀，饲料颗粒大小一致，表面平整；无发霉，无变质结块，无杂物，无虫害。

4.2.2 气味：具有饲料正常气味，无霉变、酸败、焦灼等异味。

4.3 加工质量指标

加工质量指标应符合表 1 的规定。

表 1 石斑鱼配合饲料加工质量指标

项目	稚鱼饲料	幼鱼饲料	中鱼饲料	成鱼饲料
混合均匀度(变异系数)/%	≤7.0			
水中稳定性(溶失率)/%	≤10.0			
颗粒粉化率/%	≤1.0			

4.4 营养成分指标

主要营养成分指标应符合表 2 规定。

表 2 石斑鱼配合饲料主要营养指标

营养成分	稚鱼饲料	幼鱼饲料	中鱼饲料	成鱼饲料
粗蛋白质/%	≥45.0	≥43.0	≥40.0	≥38.0
粗脂肪/%	≥6.0			
粗纤维/%	≤5.0			
水分/%	≤12.0			
粗灰分/%	≤16.0			
钙/%	≤3.5			
总磷/%	1.0～1.6			
赖氨酸/%	≥2.5	≥2.3	≥2.1	≥1.9

4.5 卫生指标

卫生指标应符合 NY 5072 的规定。

4.6 净含量

定量包装产品的净含量应符合《定量包装商品计量监督管理办法》的规定。

5 试验方法

5.1 感官检验

取 100 g 样品放置在洁净的白瓷托盘(25 cm×30 cm)内，在非直射日光、光线充足、无异味的环境中，通过正常的感官检验进行评定。

5.2 水中稳定性(溶失率)

按 SC/T 1077—2004 中第 A.2 章的规定执行。

5.3 混合均匀度的测定

按 GB/T 5918 的规定执行。

5.4 粉化率的测定

按 GB/T 16765—1997 中 5.4.3 的规定执行(所用试验筛的筛孔尺寸为 0.425 mm)。

5.5 粗蛋白质的测定

按 GB/T 6432 的规定执行。

5.6 粗脂肪的测定

按 GB/T 6433 的规定执行。

5.7 粗纤维的测定

按 GB/T 6434 的规定执行。

5.8 水分的测定

按 GB/T 6435 的规定执行。

5.9 钙的测定

按 GB/T 6436 的规定执行。

5.10 总磷的测定

按 GB/T 6437 的规定执行。

5.11 粗灰分的测定

按 GB/T 6438 的规定执行。

5.12 氨基酸的测定

按 GB/T 18246 的规定执行。

5.13 卫生指标的检验

按 NY 5072 的规定执行。

5.14 净含量的检验

按 JJF 1070 的规定执行。

6 检验规则

6.1 组批与抽样规则

6.1.1 批的组成

在原料及生产条件基本相同的情况下，同一班组生产的产品为一个检验批。

6.1.2 抽样方法

按 GB/T 14699.1 的规定执行。

6.2 检验分类

6.2.1 出厂检验

6.2.1.1 出厂检验项目：感官指标、水中稳定性、水分、粗蛋白质、包装、标签。

6.2.1.2 出厂检验由生产企业的质检部门进行。

6.2.1.3 判定：如检验中有一项指标不符合本标准要求，应进行复检（微生物指标超标不得复检），复检有一项指标不合格者即判定为不合格产品，不合格产品不可出厂销售。

6.2.2 型式检验

6.2.2.1 型式检验项目：型式检验应对产品质量、包装、标识、标签进行全面检查，检查项目为本标准技术指标中所有项目。

6.2.2.2 型式检验周期：型式检验每六个月至少检验一次，但有下列情况之一时，应进行型式检验：

a) 新产品投产时；

b) 正式生产后，原料、配方、工艺有较大改变，可能影响产品质量时；

c) 正式生产后，工艺设备有较大改进时或主要设备进行大修时；

d) 产品停产 3 个月以上，恢复生产时；

e) 出厂检验结果与上次型式检验有较大的差异时；

f) 国家质量监督机构提出进行型式检验的要求时。

6.2.2.3 型式检验由生产企业质检部门或委托法定饲料质检机构进行。

6.2.2.4 判定：型式检验中如有一项指标不符合本标准要求，应重新取样进行复检（微生物指标超标不得复检),复检结果中有一项不合格者即判定为不合格。

6.2.2.5 型式检验不合格,应停产,找出不合格原因,重新试生产后,再进行型式检验,全部技术指标经检验合格后,方可再正式生产和销售。

6.3 生产企业检验合格的产品,由企业质检部门签发检验合格证,产品凭检验合格证方可出厂。

6.4 检验与仲裁判定各项指标合格与否时,应考虑分析允许误差,饲料检测结果判定的允许误差按GB/T 18823有关规定执行。

7 标签、包装、运输和贮存

7.1 标签

——销售产品的标签按GB 10648规定执行;

——产品使用说明书的编写应符合GB 9969.1规定,包装应随带产品说明书,以说明产品的主要技术指标和使用要求。

7.2 包装

包装材料应具有防潮、防漏、抗拉性能;产品采用复合包装袋缝合包装,缝合应牢固,不得破损漏气;包装袋应清洁卫生、无污染。

7.3 运输

产品运输时应注意防晒、防雨淋、防有毒物质污染;产品装卸时不能强烈摩擦、碰撞。

7.4 贮存

产品应贮存在通风干燥阴凉的仓库内,防止受潮,防止虫害、鼠害,不得与有毒有害物质混合堆放。产品堆放时应加垫,不得直接与地面接触。

7.5 保质期

在规定的贮存条件下,从生产之日起,原包装产品保质期为75 d。

ICS 65.120
B 46

中华人民共和国国家标准

GB/T 22919.7—2008

水产配合饲料
第7部分：刺参配合饲料

Aquafeed—Part 7: Formula feed for sea cucumber (*Stichopus japonicus*)

2008-12-31 发布　　　　2009-05-01 实施

中华人民共和国国家质量监督检验检疫总局
中国国家标准化管理委员会　发布

前　言

本标准由全国饲料工业标准化技术委员会(SAC/TC 76)提出并归口。

本标准起草单位:山东六和集团、中国饲料工业协会。

本标准主要起草人:朱伟、粟胜兰、李会涛、吕明斌、周茂潩、毛玉泽。

水产配合饲料
第7部分:刺参配合饲料

1 范围

本标准规定了刺参配合饲料的术语和定义、产品分类、要求、检验方法、检验规则以及标签、包装、运输和贮存。

本标准适用于粉状和颗粒状刺参配合饲料。

2 规范性引用文件

下列文件中的条款通过本标准的引用而成为本标准的条款。凡是注日期的引用文件,其随后所有的修改单(不包括勘误的内容)或修订版均不适用于本标准,然而,鼓励根据本标准达成协议的各方研究是否可使用这些文件的最新版本。凡是不注日期的引用文件,其最新版本适用于本标准。

GB/T 5917.1 饲料粉碎粒度测定 两层筛筛分法

GB/T 5918 饲料产品混合均匀度的测定

GB/T 6003.1 金属丝编织网试验筛(GB/T 6003.1—1997,eqv ISO 3310-1:1990)

GB/T 6432 饲料中粗蛋白测定方法(GB/T 6432—1994,eqv ISO 5983:1979)

GB/T 6433 饲料中粗脂肪的测定(GB/T 6433—2006,ISO 6492:1999,IDT)

GB/T 6434 饲料中粗纤维的含量测定 过滤法(GB/T 6434—2006,ISO 6865:2000,IDT)

GB/T 6435 饲料中水分和其他挥发性物质含量的测定(GB/T 6435—2006,ISO 6496:1999,IDT)

GB/T 6436 饲料中钙的测定

GB/T 6437 饲料中总磷的测定 分光光度法

GB/T 6438 饲料中粗灰分的测定(GB/T 6438—2007,ISO 5984:2002,IDT)

GB/T 6439 饲料中水溶性氯化物的测定(GB/T 6439—2007,ISO 6495:1999,IDT)

GB/T 8946 塑料编织袋

GB 10648 饲料标签

GB 13078 饲料卫生标准

GB/T 14699.1 饲料 采样(GB/T 14699.1—2005,ISO 6497:2002,IDT)

GB/T 16764 配合饲料企业卫生规范

GB/T 18246 饲料中氨基酸的测定

GB/T 18823 饲料检测结果判定的允许误差

NY 5072 无公害食品 渔用配合饲料安全限量

JJF 1070 定量包装商品净含量计量检验规则

动物源性饲料产品安全卫生管理办法(中华人民共和国农业部令第40号)

3 术语和定义

下列术语和定义适用于本标准。

3.1

稚参 sea cucumber seed

幼体附着后至体长(自然伸展)≤1 cm 的刺参。

3.2

幼参 young sea cucumber

体长(自然伸展)1 cm～5 cm 的刺参。

3.3

养成参 grow-out sea cucumber

体长(自然伸展)5 cm 至培育成商品的刺参。

4 产品分类

刺参配合饲料产品分类及规格应符合表1的规定。

表1 刺参配合饲料产品分类及规格

产品名称	颗粒规格	适用阶段
稚参配合饲料	0.075 mm 筛孔试验筛筛上物小于5%	稚参
幼参配合饲料	0.125 mm 筛孔试验筛筛上物小于5%	幼参
养成参配合饲料	0.180 mm 筛孔试验筛筛上物小于5%或制成颗粒	养成参

5 要求

5.1 感官指标

细度均匀一致,无霉变、结块和异味。

5.2 成品粒度

符合表1的要求。

5.3 水分

粉末状饲料水分含量不应高于10%;颗粒状饲料水分含量不应高于12%。

5.4 混合均匀度

刺参配合饲料混合均匀度的变异系数(CV)小于等于10%。

5.5 营养成分指标

刺参配合饲料营养成分指标应符合表2规定。

表2 营养成分指标

产品名称		稚参配合饲料	幼参配合饲料	养成参配合饲料
粗蛋白(CP)/%	≥	20	18	16
粗脂肪(EE)/%	≤	5	5	5
粗纤维(CF)/%	≤	6	8	8
水分(H_2O)/%	≤	10	10	10(颗粒料 12)
粗灰分(Ash)/%	≤	25	25	25
钙(Ca)/%	≥	1.3	1.3	1.3
总磷(P)/%		0.6～1.0	0.6～1.0	0.6～1.0
盐分(以 NaCl 计)/%	≤	3	3	3
赖氨酸(Lys)/%	≥	0.8	0.8	0.8

5.6 安全卫生指标

安全卫生指标符合 NY 5072 的规定。

5.7 原料要求

按GB 13078和《动物源性饲料产品安全卫生管理办法》的规定执行。

6 检验方法

6.1 感官要求

取50 g样品于20 cm×30 cm白瓷方盘内，观察其细度、气味、状态是否正常，应符合5.1的要求。

6.2 粉碎粒度

根据表1的要求，选取符合GB/T 6003.1规定的0.075 mm、0.125 mm、0.180 mm试验筛，按GB/T 5917.1的规定执行。

6.3 混合均匀度

按GB/T 5918的规定执行。

6.4 粗蛋白

按GB/T 6432的规定执行。

6.5 粗脂肪

按GB/T 6433的规定执行。

6.6 粗纤维

按GB/T 6434的规定执行。

6.7 水分

按GB/T 6435的规定执行。

6.8 钙

按GB/T 6436的规定执行。

6.9 总磷

按GB/T 6437的规定执行。

6.10 粗灰分

按GB/T 6438的规定执行。

6.11 盐分

按GB/T 6439的规定执行。

6.12 赖氨酸

按GB/T 18246的规定执行。

7 检验规则

7.1 批次

在保证产品质量，原料、配方和生产工艺没有改变的情况下，以一个班次生产的一批成品，为一个检验批次。

7.2 采样方法

按GB/T 14699.1的规定执行。

7.3 检验分类

检验分出厂检验和型式检验。

7.3.1 出厂检验

7.3.1.1 出厂检验项目：感官指标、水分、粗蛋白质和成品粒度。

7.3.1.2 出厂检验由生产企业的质检部门进行。

7.3.1.3 判定：如检验中有一项指标不符合本标准要求，应进行复检，复检有一项指标不合格者即判定为不合格品，不合格的产品不可出厂销售。

7.3.2 型式检验

7.3.2.1 型式检验周期：型式检验每六个月至少检验一次，但有下列情况之一时，应进行型式检验：

a) 新产品投产时；

b) 正式生产以后，原料及配方有较大变化，可能影响产品质量时；

c) 停产3个月以上或工艺设备有较大改进及主要设备进行大修，重新恢复生产时；

d) 出厂检验与上次检验相差太大时；

e) 国家质量监督机构提出进行型式检验要求时。

7.3.2.2 型式检验由生产企业质检部门或委托法定饲料质检机构进行。

7.3.2.3 判定：型式检验中如有一项指标不符合本标准要求，应重新取样进行复检，复检结果中有一项不合格者即判定为不合格。

7.4 出厂

生产企业检验合格的产品，由质检部门签发检验合格证，产品凭检验合格证方可出厂。

7.5 允许误差

检验与仲裁判定各项指标合格与否时，应考虑分析允许误差，饲料检测结果判定的允许误差按GB/T 18823执行。

8 标签、包装、运输和贮存

8.1 标签

产品标签应符合GB 10648的规定。

8.2 包装

8.2.1 包装应符合JJF 1070的规定。

8.2.2 包装物采用复合编织袋，包装材料应符合GB/T 8946的要求。

8.3 运输

8.3.1 运输工具应符合GB/T 16764的要求。

8.3.2 运输工具和装卸场地应定期清洗和消毒。

8.3.3 不应与化肥、农药和其他化工产品混装混运。

8.4 贮存

8.4.1 饲料产品贮存应符合GB/T 16764的要求。

8.4.2 饲料贮存场地不应有有毒有害物质。

8.4.3 原包装在规定的贮存条件下保质期为3个月，开封后应尽快用完。

ICS 85.060
Y 32

中华人民共和国国家标准

GB/T 22920—2008
代替 GB/T 7970.4—2002

电解电容器纸

Electrolytic capacitor paper

2008-12-30 发布　　2009-09-01 实施

中华人民共和国国家质量监督检验检疫总局
中国国家标准化管理委员会　发布

前　言

本标准代替 GB/T 7970.4—2002《电解电容器纸》。

本标准与 GB/T 7970.4—2002 相比，主要变化如下：

——取消了原标准中的 C 型和 WC2 系列，增加了 MJ 型系列；

——修改了紧度偏差；

——修改了每卷纸允许的接头数。

本标准的附录 A 为规范性附录。

本标准由中国轻工业联合会提出。

本标准由全国造纸工业标准化技术委员会归口。

本标准起草单位：浙江凯恩特种材料股份有限公司、中国制浆造纸研究院。

本标准主要起草人：陈万平、李大方。

本标准所代替标准的历次版本发布情况为：

——GB/T 7970.4—2002。

电解电容器纸

1 范围

本标准规定了电解电容器纸的产品分类与命名、技术要求、试验方法、检验规则和标志、包装、运输、贮存。

本标准适用于电解电容器中隔离电极和吸附电解质的纸张。

2 规范性引用文件

下列文件中的条款通过本标准的引用而成为本标准的条款。凡是注日期的引用文件,其随后所有的修改单(不包括勘误的内容)或修订版均不适用于本标准,然而,鼓励根据本标准达成协议的各方研究是否可使用这些文件的最新版本。凡是不注日期的引用文件,其最新版本适用于本标准。

GB/T 450 纸和纸板 试样的采取及试样纵横向、正反面的测定(GB/T 450—2008,ISO 186:2002,MOD)

GB/T 451.1 纸和纸板尺寸及偏斜度的测定

GB/T 451.3 纸和纸板厚度的测定(GB/T 451.3—2002,idt ISO 534:1988)

GB/T 461.1 纸和纸板毛细吸液高度的测定(克列姆法)(GB/T 461.1—2002,idt ISO 8787:1986)

GB/T 462 纸、纸板和纸浆 分析试样水分的测定(GB/T 462—2008;ISO 287:1985,MOD;ISO 638:1978,MOD)

GB/T 1545—2008 纸、纸板和纸浆 水抽提液酸度或碱度的测定

GB/T 2678.2—2008 纸、纸板和纸浆 水溶性氯化物的测定

GB/T 2828.1 计数抽样检验程序 第1部分:按接受质量限(AQL)检索的逐批检验抽样计划(GB/T 2828.1—2003,ISO 2859-1:1999,IDT)

GB/T 7977—2007 纸、纸板和纸浆 水抽提液电导率的测定(ISO 6587:1992,MOD)

GB/T 10342 纸张的包装和标志

GB/T 10739 纸、纸板和纸浆试样处理和试验的标准大气条件(GB/T 10739—2002,eqv ISO 187:1990)

GB/T 12914—2008 纸和纸板 抗张强度的测定(ISO 1924-1:1992,MOD;ISO 1924-2:1994,MOD)

3 产品分类与命名

3.1 电解电容器纸按原料和纸的层状结构不同,可分为多种型号,见表1。

表 1

型号	主要原料
W1	W纤维单层纸
W2	W纤维双层复合纸
WS2	W纤维与S纤维双层复合纸
WM2	W纤维与M纤维双层复合纸
WB2	W纤维与B纤维双层复合纸
MJ2	M纤维与J纤维双层复合纸
SM2	S纤维与M纤维双层复合纸
S2	S纤维双层纸

3.2 电解电容器纸按紧度和厚度不同，每个型号又可分为多个品种，见表 2。

表 2

型　号	紧度/(g/cm³)	厚度/μm	品　种
W1	0.55	40	W155-40
		50	W155-50
	0.65	30	W165-30
		40	W165-40
		50	W165-50
		60	W165-60
	0.75	22	W175-20
		30	W175-30
		40	W175-40
		50	W175-50
	0.80	22	W180-20
		25	W180-25
		30	W180-30
		40	W180-40
		50	W180-50
	0.85	22	W185-20
		30	W185-30
		40	W185-40
	0.90	22	W190-20
		25	W190-25
		30	W190-30
		40	W190-40
W2	0.55	40	W255-40
	0.60	40	W260-40
	0.70	40	W270-40
		45	W270-45
		50	W270-50
		60	W270-60
		70	W270-70
	0.75	40	W275-40
		45	W275-45
		50	W275-50
		60	W275-60
		70	W275-70
		80	W275-80
	0.80	40	W280-40
		50	W280-50
		60	W280-60
		70	W280-70

表 2（续）

型　号	紧度/(g/cm³)	厚度/μm	品　种
W2	0.85	40	W285-40
		50	W285-50
		60	W285-60
		70	W285-70
WM2	0.70	35	WM270-35
		40	WM270-40
		45	WM270-45
		50	WM270-50
		60	WM270-60
		70	WM270-70
		80	WM270-80
		90	WM270-90
MJ2	0.30	40	MJ230-40
		50	MJ230-50
		60	MJ230-60
	0.35	40	MJ235-40
		50	MJ235-50
		60	MJ235-60
	0.40	40	MJ240-40
		50	MJ240-50
		60	MJ240-60
	0.45	40	MJ245-40
		50	MJ245-50
		60	MJ245-60
	0.50	40	MJ250-40
		50	MJ250-50
		60	MJ250-60
SM2	0.40	40	SM240-40
		50	SM240-50
	0.45	40	SM245-40
		50	SM245-50
	0.50	40	SM250-40
		50	SM250-50
	0.55	40	SM255-40
		50	SM255-50
		60	SM255-60
	0.60	40	SM260-40
		50	SM260-50
		60	SM260-60
	0.65	40	SM265-40
		50	SM265-50
		60	SM265-60

表 2（续）

型　号	紧度/(g/cm³)	厚度/μm	品　种
S2	0.45	40	S245-40
		50	S245-50
	0.50	40	S250-40
		50	S250-50
	0.55	40	S255-40
		50	S255-50
		60	S255-60
	0.60	40	S260-40
		50	S260-50
		60	S260-60
	0.65	40	S265-40
		50	S265-50
		60	S265-60
	0.70	40	S270-40
		50	S270-50
		60	S270-60
WS2	0.75	40	WS275-40
		45	WS275-45
		50	WS275-50
		60	WS275-60
		70	WS275-70
		80	WS275-80
	0.80	40	WS280-40
		45	WS280-45
		50	WS280-50
		60	WS280-60
		70	WS280-70
		80	WS280-80
	0.85	50	WS285-50
		60	WS285-60
		70	WS285-70
WB2	0.60	40	WB260-40
		45	WB260-45
		50	WB260-50
	0.65	60	WB265-60

4　技术要求

4.1　电解电容器纸的技术指标应符合表 3 规定，如有特殊要求可按合同规定。

表 3

型号	紧度/(g/cm³)	厚度/μm	纵向抗张强度/(kN/m) ≥	吸液高度/(mm/10 min) ≥		铁微粒子/(个/1 800 cm²)		电导率/(mS/m)	水溶性氯化物/(mg/kg)	pH	交货水分/%
				纵	横	0.08 mm²～0.1 mm²	>0.1 mm²				
W1	$0.55^{+0.035}_{-0.025}$	40±3.2	1.20	18	10	≤5	不应有	≤2.8[a] ≤1.4[b]	≤2.0[c] ≤10.0[d]	6.0～8.0	3.0～7.0
		50±4.0	1.40	30	1						
	$0.65^{+0.035}_{-0.025}$	30±2.4	1.30	3	2						
		40±3.2	1.50	5	3						
		50±4.0	1.60	7	4						
		60±4.8	1.70	8	5						
	$0.75^{+0.035}_{-0.025}$	22±1.6	1.10	—	—						
		30±2.4	1.40	—	—						
		40±3.2	1.60	—	—						
		50±4.0	1.80	—	—						
	$0.80^{+0.035}_{-0.025}$	22±1.6	1.20	—	—						
		25±2.0	1.40	—	—						
		30±2.4	1.50	—	—						
		40±3.2	1.80	—	—						
		50±4.0	2.00	—	—						
	$0.85^{+0.035}_{-0.025}$	22±1.6	1.30	—	—						
		30±2.4	1.70	—	—						
		40±3.2	1.90	—	—						
	$0.90^{+0.035}_{-0.025}$	22±1.6	1.40	—	—						
		25±2.0	1.50	—	—						
		30±2.4	1.80	—	—						
		40±3.2	2.00	—	—						
W2	$0.55^{+0.035}_{-0.025}$	40±3.2	1.20	8	5						
	$0.60^{+0.035}_{-0.025}$	40±3.2	1.30	7	4						
	$0.70^{+0.035}_{-0.025}$	40±3.2	1.60	5	3						
		45±3.6	1.70	6	4						
		50±4.0	1.80	6	3						
		60±4.8	2.00	8	5						
		70±5.6	2.20	10	6						
	$0.75^{+0.035}_{-0.025}$	40±3.2	1.50	3	2						
		45±3.6	1.60	4	2						
		50±4.0	2.00	5	3						
		60±4.8	2.50	6	4						

表 3（续）

型号	紧度/(g/cm³)	厚度/μm	纵向抗张强度/(kN/m) ≥	吸液高度/(mm/10 min) ≥		铁微粒子/(个/1 800 cm²)		电导率/(mS/m)	水溶性氯化物/(mg/kg)	pH	交货水分/%
				纵	横	0.08 mm²～0.1 mm²	>0.1 mm²				
W2	$0.75^{+0.035}_{-0.025}$	70±5.6	3.00	8	5						
		80±6.4	3.50	10	6						
	$0.80^{+0.035}_{-0.025}$	40±3.2	1.70	3	2						
		50±4.0	2.00	4	2						
		60±4.8	2.50	5	3						
		70±5.6	2.70	7	5						
	$0.85^{+0.035}_{-0.025}$	40±3.2	1.80	2	1						
		50±4.0	2.00	3	2						
		60±4.8	2.50	4	2						
		70±5.6	2.80	6	4						
WS2	$0.75^{+0.035}_{-0.025}$	40±3.2	1.40	3	2						
		45±3.6	1.60	4	2						
		50±4.0	1.80	5	3						
		60±4.8	2.20	7	4						
		70±5.6	2.60	10	6						
		80±6.4	3.00	14	8						
	$0.80^{+0.035}_{-0.025}$	40±3.2	1.60	3	2	≤5	不应有	≤2.8[a] ≤1.4[b]	≤2.0[c] ≤10.0[d]	6.0～8.0	3.0～7.0
		45±3.6	1.80	3	2						
		50±4.0	2.00	4	2						
		60±4.8	2.40	5	3						
		70±5.6	2.80	7	4						
		80±6.4	3.20	10	6						
	$0.85^{+0.035}_{-0.025}$	50±4.0	2.40	3	2						
		60±4.8	2.80	4	2						
		70±5.6	3.20	7	4						
WM2	$0.70^{+0.035}_{-0.025}$	35±2.8	1.50	4	2						
		40±3.2	1.60	5	4						
		45±3.6	1.70	6	5						
		50±4.0	1.80	7	6						
		60±4.8	2.00	9	7						
		70±5.6	2.20	13	10						
		80±6.4	2.60	17	14						
		90±7.2	3.00	18	16						

表 3（续）

型号	紧度/(g/cm³)	厚度/μm	纵向抗张强度/(kN/m) ≥	吸液高度/(mm/10 min) ≥ 纵	横	铁微粒子/(个/1 800 cm²) 0.08 mm²～0.1 mm²	>0.1 mm²	电导率/(mS/m)	水溶性氯化物/(mg/kg)	pH	交货水分/%
WB2	$0.60^{+0.035}_{-0.025}$	40±3.2	1.30	12	10						
		45±3.6	1.40	13	10						
		50±4.0	1.50	14	11						
	$0.65^{+0.035}_{-0.025}$	60±4.8	1.60	13	10						
MJ2	$0.30^{+0.035}_{-0.015}$	40±3.2	0.40	50	—						
		50±4.0	0.50	60	—						
		60±4.8	0.70	70	—						
	$0.35^{+0.035}_{-0.015}$	40±3.2	0.40	45	—						
		50±4.0	0.50	60	—						
		60±4.8	0.70	65	—						
	$0.40^{+0.035}_{-0.015}$	40±3.2	0.60	40	—						
		50±4.0	0.80	55	—						
		60±4.8	1.10	60	—						
	$0.45^{+0.035}_{-0.015}$	40±3.2	0.80	35	—						
		50±4.0	1.10	45	—						
		60±4.8	1.30	50	—						
	$0.50^{+0.035}_{-0.015}$	40±3.2	1.30	30	—	≤5	不应有	≤2.8[a] ≤1.4[b]	≤2.0[c] ≤10.0[d]	6.0～8.0	3.0～7.0
		50±4.0	1.70	40	—						
		60±4.8	2.00	45	—						
SM2	$0.40^{+0.035}_{-0.025}$	40±3.2	0.60	35	21						
		50±4.0	0.75	45	27						
	$0.45^{+0.035}_{-0.025}$	40±3.2	0.60	30	18						
		50±4.0	0.80	38	23						
	$0.50^{+0.035}_{-0.025}$	40±3.2	1.10	25	15						
		50±4.0	1.20	34	20						
	$0.55^{+0.035}_{-0.025}$	40±3.2	1.30	20	12						
		50±4.0	1.40	30	18						
		60±4.8	1.50	34	20						
	$0.60^{+0.035}_{-0.025}$	40±3.2	1.30	13	8						
		50±4.0	1.40	21	12						
		60±4.8	1.50	25	15						
	$0.65^{+0.035}_{-0.025}$	40±3.2	1.40	8	5						
		50±4.0	1.50	13	8						
		60±4.8	1.60	21	12						

表 3（续）

型号	紧度/(g/cm³)	厚度/μm	纵向抗张强度/(kN/m) ≥	吸液高度/(mm/10 min) ≥		铁微粒子/(个/1 800 cm²)		电导率/(mS/m)	水溶性氯化物/(mg/kg)	pH	交货水分/%
				纵	横	0.08 mm²～0.1 mm²	>0.1 mm²				
S2	$0.45^{+0.035}_{-0.025}$	40±3.2	0.60	27	16	≤5	不应有	≤2.8[a] ≤1.4[b]	≤2.0[c] ≤10.0[d]	6.0～8.0	3.0～7.0
		50±4.0	0.80	35	21						
	$0.50^{+0.035}_{-0.025}$	40±3.2	0.80	24	14						
		50±4.0	1.30	32	19						
	$0.55^{+0.035}_{-0.025}$	40±3.2	1.30	22	13						
		50±4.0	1.40	30	18						
		60±4.8	1.60	36	22						
	$0.60^{+0.035}_{-0.025}$	40±3.2	1.40	18	11						
		50±4.0	1.50	22	13						
		60±4.8	1.60	25	15						
	$0.65^{+0.035}_{-0.025}$	40±3.2	1.50	15	9						
		50±4.0	1.60	18	11						
		60±4.8	1.70	22	13						
	$0.70^{+0.035}_{-0.025}$	40±3.2	1.60	14	9						
		50±4.0	1.80	17	11						
		60±4.8	2.20	20	12						

a 按 GB/T 7977—2007 中方法一进行；

b 按 GB/T 7977—2007 中方法二进行；

c 按 GB/T 2678.2—2008 中硝酸银电位滴定法进行；

d 按 GB/T 2678.2—2008 中硝酸汞法进行。

4.2 电解电容器纸为卷筒纸，卷筒直径为 260 mm～320 mm，纸的宽度为 500 mm 和 580 mm，或符合合同规定。宽度尺寸偏差应不超过±2 mm。

4.3 纸张的纤维组织应均匀，不应有硬质块、折子、孔洞、黄筋、皱纹和粗纤维束；纸面应平整，不应有明显的匀度不良和透光现象。

4.4 纸卷的端面应整齐，无波浪形以及其他机械损伤，两端面的松紧应一致，纸边无裂口，每卷纸接头应不超过 1 个，接头处粘接牢固均匀并有明显标记。

5 试验方法

5.1 试样的采取及检验前试样的处理应按 GB/T 450、GB/T 10739 规定进行。

5.2 厚度和紧度应按 GB/T 451.3 规定进行。测定厚度时，试样的制备和测定可按以下方法进行：

取纸样一张，以正面向外对折成 10 层，沿纸的横向分段进行测定。每段距离应不大于 100 mm，取算术平均值。

5.3 抗张强度应按 GB/T 12914—2008 中的恒速拉伸法规定进行。

5.4 吸液高度应按 GB/T 461.1 规定进行。

5.5 水抽提液电导率应按 GB/T 7977—2007 中的沸腾水浴法规定进行。

5.6 水抽提液 pH 应按 GB/T 1545—2008 中 pH 计法的热抽提规定进行。

5.7 水溶性氯化物按 GB/T 2678.2 规定进行。

5.8 交货水分应按 GB/T 462 规定进行。

5.9 铁微粒子应按附录 A 规定进行。

5.10 外观质量采用目测。

5.11 尺寸及偏差应按 GB/T 451.1 规定进行。

6 检验规则

6.1 以一次交货量为一批，但应不多于 5 t。

6.2 生产方应保证生产的产品符合本标准规定，每卷(筒)纸应附一份产品质量检验合格证。

6.3 计数抽样检验程序按 GB/T 2828.1 规定进行，样本单位为卷(筒)。接收质量限(AQL)：水溶性氯化物、电导率、铁微粒子为 4.0；厚度、紧度、吸液高度、抗张强度、pH、交货水分、外观质量为 6.5。采用正常检验二次抽样，检查水平为特殊检验水平 S-4，抽样应按表 4 的规定进行。

表 4

批量/卷或筒	正常检查二次抽样　检查水平 S-4				
	样本量	AQL 值为 4.0		AQL 值为 6.5	
		Ac	Re	Ac	Re
2～25	3	0	1	0	1
26～90	3	0	1	—	—
	5	—	—	0	2
	5(10)	—	—	1	2
91～280	8	0	2	0	3
	8(16)	1	2	3	4

6.4 可接收性的确定：第一次检验的样品数量应等于该方案给出的第一样本量。如果第一样本中发现的不合格品数小于或等于第一接收数，应认为该批是可接收的。如果第一样本中发现的不合格品数大于或等于第一拒收数，应认为该批是不可接收的。如果第一样本中发现的不合格品数介于第一接收数与第一拒收数之间，应检验由方案给出样本量的第二样本并累计在第一样本和第二样本中发现的不合格品数。如果不合格品累计数小于或等于第二接收数，则判定该批是可接收的；如果不合格品累计数大于或等于第二拒收数，则判定该批是不可接收的。

6.5 需方有权按本标准或合同规定检查该产品的质量，若对产品质量有异议应在到货后三个月内(或按合同规定)通知供方共同取样复检，如不符合标准或合同规定，则判为批不合格，由供方负责处理；如符合本标准或合同规定，则判为批合格，由需方负责处理。

7 标志、包装、运输、贮存

7.1 产品标志应按 GB/T 10342 中的规定进行。

7.2 产品的包装：卷筒用塑料袋封紧防护，装入瓦楞纸箱，然后用编织带捆扎。

7.3 产品运输时应使用能防雨、防曝晒和洁净的运输工具，不应与腐蚀性物质混装。

7.4 产品在搬运过程中应轻拿轻放。

7.5 产品应妥善保管，不应与地面直接接触，防止雨、雪、地面湿气及其他有害物质的影响。

7.6 由于保管和运输不符合本标准的规定，产品发生质变或损失，由造成损失的责任方负责。

7.7 电解电容器纸的保质期为 5 年。

附 录 A
（规范性附录）
铁微粒子的测定

A.1 器具

A.1.1 1 800 cm^2 平板玻璃。

A.1.2 非金属喷雾器。

A.2 检验原理

将试样用 HNO_3 处理，若有铁微粒子存在，则作用生成 $Fe(NO_3)_3$，再用亚铁氰化钾[$K_4Fe(CN)_6 \cdot 3H_2O$]作用生成铁氰化钾络合物[$KFe(CN)_6Fe]_x$，呈普鲁士蓝色，可说明铁微粒子的存在。

A.3 取样

按 GB/T 450 规定进行，取 4 张 300 mm×600 mm 或同等面积的纸样。在取样过程和试验过程中，应防止灰尘和金属污染。

A.4 试剂配制

A.4.1 HNO_3 溶液：10%，称取密度为 1.38 g/mL 的 HNO_3（含量 60%～63%）84 g，加水至 500 mL，另加 5%的 $KMnO_4$ 溶液 5 滴，摇匀。

A.4.2 $K_4Fe(CN)_6 \cdot 3H_2O$ 溶液：5%，称取 25 g 的 $K_4Fe(CN)_6 \cdot 3H_2O$ 溶解于 500 mL 水中。

A.5 试验步骤

将试样放在洁净的平板玻璃试样台上，用非金属喷雾器将 HNO_3 溶液（A.4.1）以雾状喷在试样上，再喷上 $K_4Fe(CN)_6 \cdot 3H_2O$ 溶液（A.4.2）。放置 5 min 后，观察并记录发生普鲁士蓝色颗粒数。大小的判断取决于中心颜色的最浓部分，纸的渗透反应色不应作面积计算，纤维本身被染成淡蓝色者不计。颗粒大小应分别以尘埃标准图片对照分类。计算每张试样上 0.08 mm^2～0.1 mm^2 铁微粒子个数，纤维本身被染成淡蓝色者不计，另记录大于 0.1 mm^2 的铁微粒子个数，小于 0.08 mm^2 的铁微粒子个数不计。

A.6 计算

平均铁微粒子个数按式（A.1）计算：

$$n = \frac{N}{4} \qquad \cdots\cdots\cdots\cdots(A.1)$$

式中：

n——平均铁微粒子个数；

N——4 张试样铁微粒子个数总和。

注：平均铁微粒子个数取整数，尾数小于 1 时，按 1 个计。

ICS 85-010
Y 30

中华人民共和国国家标准

GB/T 22921—2008

纸和纸板 薄页材料水蒸气透过率的测定 动态气流法和静态气体法

Paper and board—Determination of water vapour transmission rate of sheet materials—Dynamic sweep and static gas methods

(ISO 9932:1990,MOD)

2008-12-30 发布 2009-09-01 实施

中华人民共和国国家质量监督检验检疫总局
中国国家标准化管理委员会 发布

前　言

本标准修改采用 ISO 9932:1990《纸和纸板　薄页材料水蒸气透过率的测定　动态气流法和静态气体法》。

本标准与 ISO 9932:1990 相比,主要差异如下:

——在规范性引用文件中将 ISO 标准中引用的国际标准转化为与之对应的国家标准,即 GB/T 450　纸和纸板　试样的采取及试样纵横向、正反面的测定(GB/T 450—2008,ISO 186:2002,MOD);

——在规范性引用文件中将 ISO 标准中引用的国际标准转化为与之对应的国家标准,即 GB/T 10739　纸、纸板和纸浆试样处理和试验的标准大气条件(GB/T 10739—2002,eqv ISO 187:1990);

——删除了 ISO 9932:1990 中的附录 C。

本标准的附录 A、附录 B 为规范性附录。

本标准由中国轻工业联合会提出。

本标准由全国造纸工业标准化技术委员会(SAC/TC 141)归口。

本标准起草单位:中国人民银行印制科学技术研究所、中国制浆造纸研究院。

本标准主要起草人:陈铧、李彩卿、田德卿、丁洁、沈秋林。

纸和纸板　薄页材料水蒸气透过率的测定　动态气流法和静态气体法

1　范围

本标准规定了用动态气流法或静态气体法测定薄页材料的水蒸气透过率的通用方法。

本标准适用于测定厚度不超过 38 mm、水蒸气透过率在 0.05 $g/(m^2 \cdot d)$～65$g/(m^2 \cdot d)$范围内的材料。

2　规范性引用文件

下列文件中的条款通过本标准的引用而成为本标准的条款。凡是注日期的引用文件，其随后所有的修改单(不包括勘误的内容)或修订版均不适用于本标准，然而，鼓励根据本标准达成协议的各方研究是否可使用这些文件的最新版本。凡是不注日期的引用文件，其最新版本适用于本标准。

GB/T 450　纸和纸板　试样的采取及试样纵横向、正反面的测定(GB/T 450—2008,ISO 186:2002,MOD)

GB/T 10739　纸、纸板和纸浆试样处理和试验的标准大气条件(GB/T 10739—2002,eqv ISO 187:1990)

ISO 2528:1995　薄页材料　水蒸气透过率的测定　重量(盘)法

3　术语和定义

下列术语和定义适用于本标准。

3.1

水蒸气透过率　water vapour transmission rate

在一定的温湿度条件下，单位时间内透过单位面积试样的水蒸气质量，以克每平方米天[$g/(m^2 \cdot d)$]表示。

3.2

干腔　dry side

测定腔中相对湿度较低的一侧。

3.3

湿腔　wet side

测试腔中相对湿度较高的一侧。

4　方法 A:动态气流法

4.1　原理

将试样装在测定腔中，试样将测定腔分成湿腔和干腔。其中，湿腔的相对湿度已知，干腔中吹扫干燥气流(载气)。用传感器探测载气带走的水蒸气量，得到一个读数。该读数或该读数经计算转换后的值，就是试样的水蒸气透过率。

4.2　仪器

4.2.1　测定腔，可将一定面积的试样夹在两个腔之间，一个腔吹扫干燥的气体(干腔)，而另一个腔则维持较高的相对湿度(湿腔)(见图 1)。

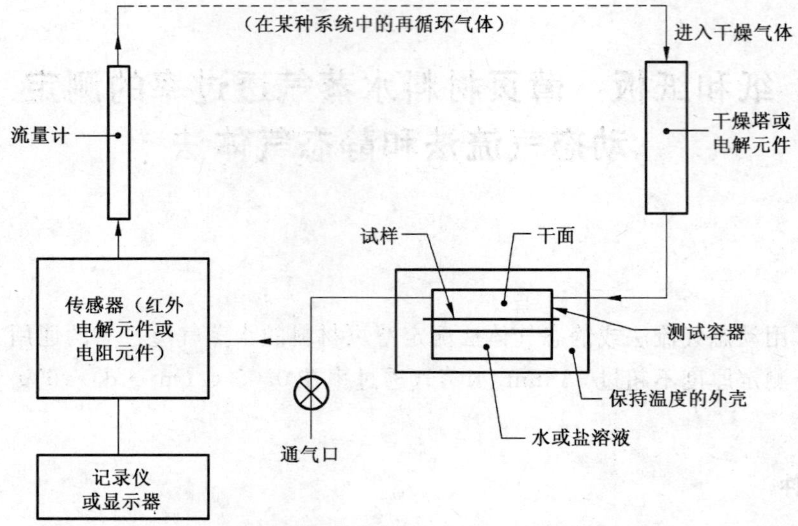

图 1　动态气流法系统简图

4.2.2　夹持装置，可快速插入和移出试样，并装有合适的垫圈，用于夹紧和密封试样。

4.2.3　保持相对湿度的装置，使湿腔保持预定的相对湿度，不同的相对湿度可用附录 A 所述的饱和盐溶液获得。若需要 100%的相对湿度，可使用蒸馏水。

4.2.4　惰性干燥气体（特定仪器需要），用于吹扫干腔。

注：气体一般是干燥空气或干燥氮气。

4.2.5　传感器，反应快速且灵敏度高，能测出相对湿度不大于 0.05%的气流的水蒸气量。传感器有多种形式：电阻元件、电解池或红外检测器。

4.2.6　换算器，将从传感器输出的数据转换成一个能够计算单位时间内通过试样的水蒸气量的信号。

4.2.7　恒温装置，使测定腔、载气及传感器保持在规定温度。

注：一般测定温度为 23 ℃±1 ℃或 38 ℃±1 ℃，但其他温度也可使用。

4.2.8　标准试样，已知水蒸气透过率的样品，由仪器供应商提供，用于校准仪器。

5　方法 B：静态气体法

5.1　原理

将试样固定在一个具有电解电极的测定腔中，测定腔放置在一个具有确定温度和相对湿度的恒温恒湿箱里。渗透到测定腔中的水蒸气发生电解，从而使测定腔内可以维持很低的相对湿度（<1%）。达到平衡后，电流可直接反映电解率（根据电解的法拉第定律），从而得出试样的水蒸气透过率。

5.2　仪器（见图 2）

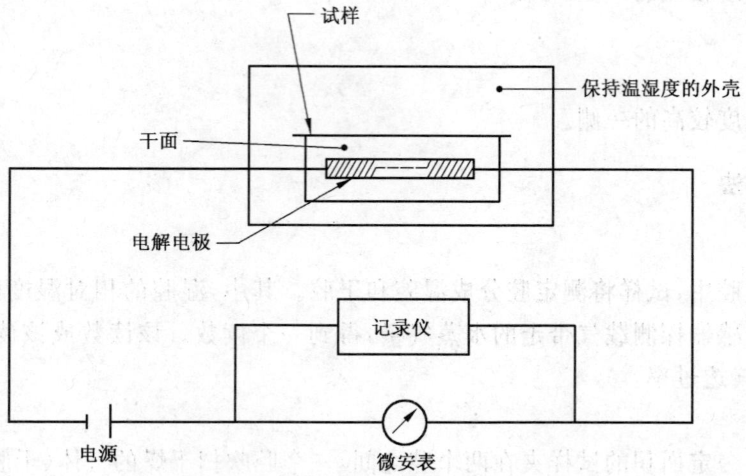

图 2　静态气流扩散法系统简图

5.2.1 控制箱,包括:

a) 电源;

b) 微安表,直接以克每平方米天[g/(m^2·d)]表示;

c) 选择器和量程选择开关;

d) 与测定腔的连接点,若必要,还需要一个记录仪。

5.2.2 恒湿箱,用于放置测定腔,可按要求设置温湿条件。恒湿箱内有风扇,以保证空气循环;还应有小孔,以便电源插头和容器的电线通过。不同的相对湿度可按 4.2.3 获得。

5.2.3 测定腔,由不锈钢材料制成,能固定住一个一定面积的试样。测定腔内装有一个电解电极,该电极可通过插头和电线连接到控制箱上。

5.2.4 电解电极,由两根以固定的间距环绕在惰性定径管上(玻璃和聚四氟乙烯为较合适的材料)的铂丝组成。在铂丝和定径管的表面沉积一层五氧化磷薄膜。

5.2.5 打孔器,可在试样上打孔。

5.2.6 标准试样,已知水蒸气透过率的样品,由仪器供应商提供,用于校准仪器。

6 采样

按 GB/T 450 和 GB/T 10739 的规定采取和处理样品。

7 试样的制备

7.1 试样应具有代表性,且应考虑不同纸页和批次间的差异。试验面不应有可能影响测定的缺陷。

7.2 分别标明试样的正面和反面,当材料的两面能明显区分时,则正面代表使用时朝向相对湿度较高的那一面。

7.3 为避免损坏被测定的部分,应小心地按规定尺寸切取 10 张试样,并按仪器的要求打孔。

7.4 含有渗透性芯层的复合材料,若其边缘已暴露,则其芯层就会成为水蒸气透过的第二通道。在此情况下,需用铝箔封住试样的边缘。铝箔应覆盖试样的边缘,搭接部分的宽度应不小于 10 mm。应使用具有自粘性,且厚度不小于 40 μm 的软钢板回火铝箔。

7.5 对于厚度较大、结构均一的试样,水分可能会从试样边缘渗出,也应按 7.4 的规定对试样进行处理。

注:对于多大厚度的试样需要封边,没有绝对的规定。通常厚度小于 5 mm 的试样不需要封边。

8 试验步骤

8.1 方法 A

将水或合适的含有固相的饱和盐溶液(见附录 A)注入测定腔(5.2.3)的下半部(湿腔),以便能得到需要的湿度。将试样装在干腔和湿腔之间并夹紧,打开仪器,设置所需温度。按照仪器说明书进行操作,在仪器达到平衡状态后,得出一个读数,并记录该读数。重复以上步骤,以获得 5 个正面朝向湿腔和 5 个反面朝向湿腔的数据。

8.2 方法 B

将试样夹紧在测定腔中,使试样的正面朝向相对湿度较大的一侧。然后,将测定腔放在规定温度和相对湿度的恒湿箱(5.2.2)内。用微安表记录透过测定腔的水蒸气的电解率,直至达到平衡状态,记录读数。重复以上步骤,以得到 5 个正面朝向湿腔和 5 个反面朝向湿腔的读数。

8.3 一面为未涂布纸的防潮材料

若防潮材料的一面由未涂布纸组成,且这一面朝向干腔时,则测定将会很难进行。在测定前,应用干燥的气体将试样中所有水分移除。

注：预处理可能会持续几天，应确保试样达到真正的稳定平衡状态。建议该类试样只测定使用时朝向高相对湿度的一面。

若同种材料不同试样的水蒸气透过率的测定结果差异很大，则应查出可能出现的错误操作步骤，并仔细研究。若有必要，应重复测定。

8.4 折痕材料

某些情况下，可能需要测定折痕材料的水蒸气透过率。在此情况下，首先应按 ISO 2528:1995 中的附录 A 进行折痕处理，然后按方法 A 或方法 B 所列的相应步骤进行测定。

9 结果的表示

分别计算正面和反面朝向湿腔测定的平均值和标准偏差。

每面结果以克每平方米天[$g/(m^2 \cdot d)$]表示，保留两位有效数字。

10 试验报告

试验报告应包括以下各项：

a) 本国家标准编号；

b) 试验的日期和地点；

c) 全面鉴别试样所需要的全部资料；

d) 仪器型号和所用干燥气体的类型；

e) 试验温度和相对湿度；

f) 每面测定结果的算术平均值；

g) 每面测定结果的标准偏差；

h) 若需要，折痕后的测定结果；

i) 其他任何偏离本标准的内容。

附 录 A
（规范性附录）
饱和盐溶液

可以利用饱和盐溶液获得特定相对湿度。使用这种溶液得到的相对湿度范围较大。表 A.1 列出了被本标准的使用者认为最可能满足要求的盐溶液及其温湿度。

表 A.1

盐	相对湿度/%	温度范围/℃
六水氯化镁($MgCl_2 \cdot 6H_2O$)	33±2	10～70
二水铬酸钠($Na_2Cr_2O_7 \cdot 2H_2O$)	52±2	20
氯化钠(NaCl)	75±2	10～100
七水硫酸锌($ZnSO_4 \cdot 7H_2O$)	90±2	20～25
二水酒石酸钠($Na_2C_2H_4O_6 \cdot 2H_2O$)	91±2	20～40

附 录 B
（规范性附录）
校 准

B.1 概述

本标准中没有给出专门的校准说明，因此建议本标准的使用者参考仪器说明书。已知水蒸气透过率的标准试样通常随同仪器提供，正确使用标准试样，就能够校准仪器。

常见误差的原因是空气的泄漏、动态气流中残留的水分、标准试样损坏和电解电极损坏、五氧化二磷涂层磨损。

在任何情况下，应找出问题的原因，以便采取适应的补救措施。

B.2 仪器和标准测定薄膜的重力校准

某些情况下需要检查仪器的校准。例如，若怀疑漏气或损坏，或决定换不同的测定薄膜作为标准试样，在此情况下，应采取下列步骤：

a) 加入饱和盐溶液，使测定容器达到规定的相对湿度（或与方法 B 相应的仪器恒温室），而且将测定薄膜固定在其上，根据操作说明书开动仪器，直至达到平衡状态。将要替换的样品固定上，将填充和已称量的许瓦尔兹试管（或其他相当的吸水器）放在测定容器的出口。该出口处再加上一个填充氯化钙的试管，以防从容器外的大气中吸收水蒸气。按操作说明书开动仪器，直至在试管中吸收足够的水，以获得确定的质量，至少 100 mg。记录达到该质量的时间，而且准确地称量许瓦尔兹试管，得出增加的质量。通过该测定，计算每小时吸收的水蒸气质量，记为 m_1。

b) 替换一种不透水的材料，如表面覆盖铝箔的聚四氟乙烯（铝的表面朝向湿面）作为测定薄膜。重复 a)所述的步骤，但应使仪器运转至少 48 h。

计算每小时吸收的水蒸气质量，记为 m_2。

注：m_2 产生于系统的泄漏或吹过气体的不完全干燥。

c) 用式(B.1)计算试样的水蒸气透过率(WVTR)：

$$\mathrm{WVTR} = \frac{24 \times (m_1 - m_2)}{A} \quad \cdots\cdots (B.1)$$

式中：

A——试验薄膜的暴露面积，单位为平方米(m^2)。

ICS 65.080
G 20

GB

中华人民共和国国家标准

GB/T 22923—2008

肥料中氮、磷、钾的自动分析仪测定法

Determination of nitrogen, phosphorus and potassium for fertilizers by auto analyzer

2008-12-31 发布　　2009-08-01 实施

中华人民共和国国家质量监督检验检疫总局
中国国家标准化管理委员会　发布

前　言

本标准由中国石油和化学工业协会提出。

本标准由全国肥料和土壤调理剂标准化技术委员会(SAC/TC 105)归口。

本标准起草单位:国家化肥质量监督检验中心(上海)、天脊煤化工集团股份有限公司、上海晟声自动化分析仪器有限公司。

本标准主要起草人:章明洪、张家宏、段路路、李立华、何建中、武娟、刘婉卿。

本标准是首次发布。

肥料中氮、磷、钾的自动分析仪测定法

1 范围

本标准规定了使用自动分析仪测定肥料中氮、磷、钾含量的方法。

本标准适用于肥料中氮、磷、钾含量的测定。

流动分析仪法不适用于含有机质的肥料，氮含量的测定方法不适用于含氮量大于40%的肥料。

2 规范性引用文件

下列文件中的条款通过本标准的引用而成为本标准的条款。凡是注日期的引用文件，其随后所有的修改单(不包括勘误的内容)或修订版均不适用于本标准，然而，鼓励根据本标准达成协议的各方研究是否可使用这些文件的最新版本。凡是不注日期的引用文件，其最新版本适用于本标准。

HG/T 2843 化肥产品 化学分析常用标准滴定溶液、标准溶液、试剂溶液和指示剂溶液

3 试验方法

本标准中所用试剂、溶液和水，在未注明规格和配制方法时，均应符合 HG/T 2843 的规定。

3.1 氮含量的测定 定氮仪法

3.1.1 原理

在酸性介质中还原硝酸盐成铵盐；在混合催化剂存在下，用浓硫酸消化，将酰胺态氮转化为铵盐。从碱性溶液中蒸馏氨，将氨用硼酸吸收液吸收，用硫酸标准滴定溶液滴定。

自动定氮仪可将蒸馏、滴定、结果显示或计算等功能合为一体，自动快速完成。

3.1.2 试剂和材料

3.1.2.1 硫酸；

3.1.2.2 盐酸；

3.1.2.3 铬粉：细度小于 250 μm；

3.1.2.4 混合催化剂：将 1 000 g 硫酸钾和 50 g 五水硫酸铜充分混合，并仔细研磨；

3.1.2.5 氢氧化钠溶液：350 g/L；

3.1.2.6 甲基红指示液：1 g/L；

3.1.2.7 溴甲酚绿指示液：溶解 100 mg 溴甲酚绿于 100 mL 乙醇中；

3.1.2.8 硼酸吸收液：将 100 g 硼酸溶于 4 500 mL 水中，加入 70 mL 溴甲酚绿指示液和 50 mL 甲基红指示液，稀释至 5 L，混匀；

3.1.2.9 硫酸标准滴定溶液：$c\left(\frac{1}{2}H_2SO_4\right)=0.5$ mol/L。

3.1.3 仪器

3.1.3.1 通常实验室用仪器；

3.1.3.2 自动消化炉，温度可控制在 340 ℃±5 ℃范围内；

3.1.3.3 消化管，容积约 350 mL；

3.1.3.4 自动定氮仪，具有凯氏蒸馏、自动滴定功能，最小滴定单位为 0.01 mL。

3.1.4 试样溶液的制备

做两份试料的平行测定。

按相应的产品标准规定制备实验室样品。

3.1.4.1 仅含铵态氮样品的处理

称取含氮量约 100 mg 的试样(称准至 0.000 2 g)置于消化管中,用少量水溶解样品。

3.1.4.2 含硝态氮和铵态氮样品的处理

称取总氮含量约 100 mg、硝态氮含量小于 25 mg 的试样(称准至 0.000 2 g)于消化管中,加入 0.5 g 铬粉,用少量水冲洗管壁,将消化管置于通风橱中,加 5 mL 盐酸于消化管中,在室温下至少静置 5 min,但不超过 10 min。置消化管于已预先升温到 300 ℃的消化炉中,插上梨形玻璃漏斗,加热至沸腾后 1 min~2 min,注意不能蒸干,冷却,冲洗漏斗及消化管壁。

3.1.4.3 含酰胺态氮和铵态氮样品的处理

称取含氮量约 100 mg 的试样(称准至 0.000 2 g)于消化管中,用少量水冲洗管壁,将消化管置于通风橱中,加入 10 mL 硫酸和 0.5 g 混合催化剂,插上梨形玻璃漏斗,在温度 340 ℃的消化炉中加热 1 h,注意不能蒸干,冷却,冲洗漏斗及消化管壁。

3.1.4.4 含硝态氮和酰胺态氮样品的处理

称取总氮含量约 100 mg、硝态氮含量小于 25 mg 的试样(称准至 0.000 2 g)于消化管中,加入 0.5 g 铬粉,用少量水冲洗管壁,将消化管置于通风橱中,加 5 mL 盐酸于消化管中,在室温下至少静置 5 min,但不超过 10 min。置消化管于已预先升温到 300 ℃的消化炉中,插上梨形玻璃漏斗,加热至沸腾后 1 min~2 min,注意不能蒸干,冷却。小心地加入 10 mL 硫酸和 0.5 g 混合催化剂,重新置于消化炉中,将温度升高到 340 ℃,加热至溶液颜色变为紫红色,注意不能蒸干,冷却,冲洗漏斗及消化管壁。

3.1.4.5 不含硝态氮的有机-无机复混肥料样品的处理

称取含氮量约 100 mg 的试样(称准至 0.000 2 g)于预先干燥的消化管中,将消化管置于通风橱中,加入 10 mL 硫酸和 0.5 g 混合催化剂,插上梨形玻璃漏斗,静止 10 min。将消化管置于消化炉上徐徐加热(若反应激烈产生泡沫较多时,自消化炉上移开放冷片刻),等激烈反应结束后,将消化炉升温至 340 ℃继续消化,直至溶液呈无色或浅色清液。注意不能蒸干,冷却,冲洗漏斗及消化管壁。

3.1.5 蒸馏和滴定

参照仪器使用说明书,设定溶液由蓝色转变为紫红色为滴定终点。

按 3.1.4.1 和 3.1.4.2 制备试样溶液时,设定加氢氧化钠溶液的量为 30 mL;按 3.1.4.3 和 3.1.4.5 制备试样溶液时,设定加氢氧化钠溶液的量为 60 mL;按 3.1.4.4 制备试样溶液时,设定加氢氧化钠溶液的量为 90 mL。

在吸收瓶内加硼酸吸收液 40 mL,将消化管置于自动定氮仪上进行蒸馏、滴定。

3.1.6 空白试验

除不加试样外,按同样操作步骤,使用同样的试剂,进行平行操作。

3.1.7 分析结果的表述

3.1.7.1 分析结果的计算

总氮含量以氮(N)的质量分数 w_1 计,数值以%表示,按式(1)计算:

$$w_1 = \frac{(V_1 - V_0)c_1 \times 0.014\,01}{m_1} \times 100 \qquad \cdots\cdots(1)$$

式中:

V_1——测定时消耗硫酸标准滴定溶液的体积的数值,单位为毫升(mL);

V_0——空白试验时消耗硫酸标准滴定溶液的体积的数值,单位为毫升(mL);

c_1——硫酸标准滴定溶液浓度的准确数值,单位为摩尔每升(mol/L);

0.014 01——氮的毫摩尔质量的数值,单位为克每毫摩尔(g/mmol);

m_1——试料的质量的数值,单位为克(g)。

计算结果表示到小数点后两位,取平行测定结果的算术平均值作为测定结果。

3.1.7.2 允许差

平行测定结果的允许差应符合表 1 要求。

表 1

氮的质量分数(以 N 计)/%	平行测定允许差值/%
<10.0	0.20
10.0～20.0	0.30
>20.0	0.40

3.2 氮含量的测定 流动分析仪法

3.2.1 铵态氮及酰胺态氮含量的测定

3.2.1.1 原理

采用空气片段连续流动分析技术，将试样溶液和试剂在一个连续流动的系统中均匀混合，在硝普盐的催化作用下，试样溶液中的铵离子与水杨酸盐和二氯异氰酸盐反应生成蓝色络合物，在波长 660 nm 处测定其吸光度。如试样中含有酰胺态氮，则先将酰胺态氮水解成铵态氮。

3.2.1.2 试剂和材料

3.2.1.2.1 硫酸；

3.2.1.2.2 聚氧乙烯月桂醚溶液：30%水溶液；

3.2.1.2.3 缓冲溶液：称取 40 g 柠檬酸三钠($C_6H_5Na_3O_7 \cdot 2H_2O$)，溶解于水中，并稀释至 1 000 mL，加入 1 mL 聚氧乙烯月桂醚溶液，混匀；

3.2.1.2.4 水杨酸钠溶液：称取 40 g 水杨酸钠，溶解于水中，再加入 1 g 硝普钠{$Na_2[Fe(CN)_5NO] \cdot 2H_2O$}，溶解后稀释至 1 000 mL，一周内可保持稳定；

3.2.1.2.5 二氯异氰酸溶液：称取 20 g 氢氧化钠和 3 g 二氯异氰酸钠($C_3Cl_2N_3NaO_3 \cdot 2H_2O$)，溶解于水中，稀释至 1 000 mL；

3.2.1.2.6 铵态氮(NH_4^+-N)标准溶液：10 g/L，称取 4.717 0 g 于 105 ℃干燥 2 h 的硫酸铵于 50 mL 烧杯中，用水溶解后移入 100 mL 容量瓶中，用水稀释至刻度，混匀。

3.2.1.3 仪器

3.2.1.3.1 通常实验室用仪器；

3.2.1.3.2 自动消化炉，温度可控制在 340 ℃±5 ℃范围内；

3.2.1.3.3 电热板，功率为 1.8 kW～2.4 kW；

3.2.1.3.4 消化管，容积约 350 mL；

3.2.1.3.5 流动分析仪，带铵态氮通道和自动进样装置，铵态氮的检测下限 0.2 mg/L。

3.2.1.4 试样溶液的制备

做两份试料的平行测定。

按相应的产品标准规定制备实验室样品。

3.2.1.4.1 仅含铵态氮样品的处理：称取含氮量约 100 mg 的试样(称准至 0.000 2 g)，置于 250 mL 锥形瓶中，加约 100 mL 水和 5 mL 硫酸，加热煮沸 15 min，冷却，定量转移到 250 mL 量瓶中，用水稀释至刻度，混匀，干过滤，弃去最初部分滤液。

3.2.1.4.2 含酰胺态氮和铵态氮样品的处理：称取含氮量约 100 mg 的试样(称准至 0.000 2 g)于消化管中，用少量水冲洗管壁，将消化管置于通风橱中，加入 5 mL 硫酸，将消化管置于消化炉上，在温度 340 ℃下加热 1 h，冷却，定量转移到 250 mL 量瓶中，用水稀释至刻度，混匀，干过滤，弃去最初部分滤液。

3.2.1.4.3 空白溶液的制备：除不加试样外，其他步骤同试样溶液的制备。

3.2.1.5 分析步骤

3.2.1.5.1 工作曲线的绘制

吸取铵态氮(NH_4^+-N)标准溶液 0、0.5 mL、1.0 mL、2.0 mL、4.0 mL 分别置于 5 个 100 mL 容量瓶中，用相应的空白溶液稀释至刻度，混匀。此标准溶液的浓度分别为 0、50 mg/L、100 mg/L、200 mg/L、

400 mg/L。

进行测定前，参照仪器使用说明书，选择最佳工作参数。

然后，将流动分析仪的溶液吸管分别置于缓冲溶液、水杨酸钠溶液、二氯异氰酸溶液中，于波长 660 nm 处，待基线稳定后测定各标准溶液的吸光度。

以各标准溶液的铵态氮(NH_4^+-N)浓度为横坐标，相应的吸光度为纵坐标，绘制工作曲线或回归线性方程。

3.2.1.5.2 测定

在与测定标准溶液相同的条件下，测定试样溶液的吸光度，从工作曲线或线性方程求出相应的铵态氮浓度。

3.2.1.6 分析结果的表述

3.2.1.6.1 分析结果的计算

铵态氮及酰胺态氮含量以氮(N)的质量分数 w_2 计，数值以%表示，按式(2)计算：

$$w_2 = \frac{c_2 \times V_2}{m_2 \times 10^6} \times 100 \qquad (2)$$

式中：

c_2——试样溶液中铵态氮浓度的数值，单位为毫克每升(mg/L)；

V_2——试样溶液总体积的数值，单位为毫升(mL)；

m_2——试料的质量的数值，单位为克(g)。

计算结果表示到小数点后两位，取平行测定结果的算术平均值作为测定结果。

3.2.1.6.2 允许差

平行测定结果的允许差应符合表 2 要求。

表 2

铵态氮及酰胺态氮的质量分数(以 N 计)/%	平行测定允许差值/%
<10.0	0.30
10.0～20.0	0.40
>20.0	0.50

3.2.2 硝态氮含量的测定

3.2.2.1 原理

采用空气片段连续流动分析技术，将试样溶液和试剂在一个连续流动的系统中均匀混合。在硫酸铜作催化剂的碱性溶液中，用联氨将硝酸盐还原成亚硝酸盐，亚硝酸盐与磺胺和 NEDD 反应生成粉红色络合物，在波长 550 nm 处测定其吸光度。

3.2.2.2 试剂和材料

3.2.2.2.1 硫酸铜溶液：1 g/L，称取 0.1 g 硫酸铜($CuSO_4 \cdot 5H_2O$)，溶解于水中，稀释至 100 mL；

3.2.2.2.2 硫酸锌溶液：10 g/L，称取 1 g 硫酸锌($ZnSO_4 \cdot 7H_2O$)，溶解于水中，稀释至 100 mL；

3.2.2.2.3 聚氧乙烯月桂醚溶液：30%水溶液；

3.2.2.2.4 氢氧化钠溶液：称取 10 g 氢氧化钠，溶解于水中，小心地加入 3 mL 正磷酸，用水稀释至 1 000 mL，再加入 1 mL 聚氧乙烯月桂醚溶液，混匀；

3.2.2.2.5 硫酸联氨溶液：在 300 mL 水中加入 5 mL 硫酸铜溶液、5 mL 硫酸锌溶液和 1 g 硫酸联氨，溶解后用水稀释至 500 mL，混匀。一周内可保持稳定；

3.2.2.2.6 显色剂：称取 10 g 磺胺，溶解于 300 mL 水中，再加入 0.5 g *N*-(1-萘基)乙二胺盐酸盐(NEDD)($C_{12}H_{14}N_2 \cdot 2HCl \cdot CH_3OH$)，搅拌溶解，再加入 100 mL 正磷酸，用水稀释至 1 000 mL，混匀，储存于棕色试剂瓶中。一周内可保持稳定；

3.2.2.2.7　硝态氮(NO_3^--N)标准溶液:2.5 g/L,称取 9.022 5 g 于 120 ℃干燥至恒重的硝酸钾于 50 mL 烧杯中,用水溶解后移入 500 mL 容量瓶中,用水稀释至刻度,混匀。

3.2.2.3　仪器

3.2.2.3.1　通常实验室用仪器;

3.2.2.3.2　流动分析仪,带硝态氮通道和自动进样装置,硝态氮的检测下限 0.08 mg/L。

3.2.2.4　试样溶液的制备

做两份试料的平行测定。

按相应的产品标准规定制备实验室样品。

称取硝态氮含量约 50 mg 的试样(称准至 0.000 2 g),置于 250 mL 锥形瓶中,加约 100 mL 水,加热煮沸 15 min,冷却,定量转移到 250 mL 量瓶中,用水稀释至刻度,混匀,干过滤,弃去最初部分滤液。

空白溶液的制备:除不加试样外,其他步骤同试样溶液的制备。

3.2.2.5　分析步骤

3.2.2.5.1　工作曲线的绘制

吸取硝态氮(NO_3^--N)标准溶液 0、1.0 mL、2.0 mL、4.0 mL、8.0 mL 分别置于 5 个 100 mL 容量瓶中,用空白溶液稀释至刻度,混匀。此标准溶液的浓度分别为 0、25 mg/L、50 mg/L、100 mg/L、200 mg/L。

进行测定前,参照仪器使用说明书,选择最佳工作参数。

然后,将流动分析仪的溶液吸管分别置于氢氧化钠溶液、硫酸联氨溶液和显色剂中,于波长 550 nm 处,待基线稳定后测定各标准溶液的吸光度。

以各标准溶液的硝态氮(NO_3^--N)浓度为横坐标,相应的吸光度为纵坐标,绘制工作曲线或回归线性方程。

3.2.2.5.2　测定

在与测定标准溶液相同的条件下,测定试样溶液的吸光度,从工作曲线或线性方程求出相应的硝态氮浓度。

3.2.2.6　分析结果的表述

3.2.2.6.1　分析结果的计算

硝态氮含量以氮(N)的质量分数 w_3 计,数值以%表示,按式(3)计算:

$$w_3 = \frac{c_3 \times V_3}{m_3 \times 10^6} \times 100 \qquad (3)$$

式中:

c_3——试样溶液中硝态氮浓度的数值,单位为毫克每升(mg/L);

V_3——试样溶液总体积的数值,单位为毫升(mL);

m_3——试料的质量的数值,单位为克(g)。

计算结果表示到小数点后两位,取平行测定结果的算术平均值作为测定结果。

3.2.2.6.2　允许差

平行测定结果的允许差应符合表 3 要求。

表 3

硝态氮的质量分数(以 N 计)/%	平行测定允许差值/%
<10.0	0.30
>10.0	0.40

3.3　磷含量的测定　流动分析仪法

3.3.1　原理

用水提取肥料中的水溶性磷、用乙二胺四乙酸二钠(EDTA)溶液提取肥料中的有效磷。采用空气片段连续流动分析技术，将试样溶液和试剂在一个连续流动的系统中均匀混合，在加热条件下，用高氯酸使试样溶液正磷酸盐化，正磷酸根与钒钼酸铵试剂反应生成黄色络合物，在波长 420 nm 处测定其吸光度。

3.3.2 试剂和材料

3.3.2.1 硝酸溶液：1+1；

3.3.2.2 乙二胺四乙酸二钠(EDTA)溶液：37.5 g/L，称取 37.5 g EDTA 于 1 000 mL 烧杯中，加入少量水溶解，用水稀释至 1 000 mL，混匀；

3.3.2.3 十二烷基硫酸钠溶液：称取 2 g 十二烷基硫酸钠，溶于水中，稀释至 1 000 mL，一周内可保持稳定；

3.3.2.4 高氯酸溶液：量取 330 mL 高氯酸，倒入 500 mL 水中，混匀后稀释至 1 000 mL；

3.3.2.5 钒钼酸铵试剂：

溶液 a：称取 8.2 g 钼酸铵，溶于 300 mL 水中；

溶液 b：称取 0.3 g 钒酸铵，溶于 200 mL 水中，加入 29 mL 高氯酸；

在搅拌下将溶液 a 慢慢地倒入溶液 b 中，再加入 2 g 十二烷基硫酸钠，溶解后稀释至 1 000 mL，混匀；

3.3.2.6 五氧化二磷标准溶液：5 g/L，称取 4.790 0 g 于 105 ℃干燥 2 h 的磷酸二氢钾于 50 mL 烧杯中，用水溶解后移入 500 mL 容量瓶中，用水稀释至刻度，混匀。

3.3.3 仪器

3.3.3.1 通常实验室用仪器；

3.3.3.2 恒温水浴振荡器，能控制温度 60 ℃±2 ℃的往复式振荡器或回旋式振荡器；

3.3.3.3 流动分析仪，带磷通道和自动进样装置，五氧化二磷的检测下限 0.3 mg/L。

3.3.4 试样溶液的制备

做两份试料的平行测定。

按相应的产品标准规定制备实验室样品。

3.3.4.1 水溶性磷的提取：称取五氧化二磷含量约 100 mg 的试样(称准至 0.000 2 g)，置于 75 mL 的瓷蒸发器中，加 25 mL 水研磨，将清液倾注过滤于预先加入 5 mL 硝酸溶液的 250 mL 量瓶中。继续用水研磨三次，每次用 25 mL 水，然后将水不溶物转移到滤纸上，并用水洗涤水不溶物，待量瓶中溶液达 200 mL 左右为止。最后用水稀释至刻度，混匀。

3.3.4.2 有效磷的提取：称取五氧化二磷含量约 100 mg 的试样(称准至 0.000 2 g)，置于滤纸上，用滤纸包裹试样，塞入 250 mL 量瓶中，加入 150 mL EDTA 溶液，塞紧瓶塞，摇动量瓶使滤纸破碎、试样分散于溶液中，置于 60 ℃±2 ℃的恒温水浴振荡器中，保温振荡 1 h(振荡频率以量瓶内试样能自由翻动即可)。然后取出量瓶，冷却至室温，用水稀释至刻度，混匀。干过滤，弃去最初部分滤液。

3.3.4.3 空白溶液的制备：除不加试样外，其他步骤同试样溶液的制备。

3.3.5 分析步骤

3.3.5.1 工作曲线的绘制

吸取五氧化二磷标准溶液 0、2.0 mL、4.0 mL、6.0 mL、8.0 mL 分别置于 5 个 100 mL 容量瓶中，用相应的空白溶液稀释至刻度，混匀。此标准溶液的浓度分别为 0、100 mg/L、200 mg/L、300 mg/L、400 mg/L。

进行测定前，参照仪器使用说明书，选择最佳工作参数。

然后，将流动分析仪的溶液吸管分别置于十二烷基硫酸钠溶液、高氯酸溶液和钒钼酸铵试剂中，于波长 420 nm 处，待基线稳定后测定各标准溶液的吸光度。

以各标准溶液的五氧化二磷浓度为横坐标，相应的吸光度为纵坐标，绘制工作曲线或回归线性方程。

3.3.5.2 测定

在与测定标准溶液相同的条件下，测定试样溶液的吸光度，从工作曲线或线性方程求出相应的五氧化二磷浓度。

3.3.6 分析结果的表述

3.3.6.1 分析结果的计算

磷含量以五氧化二磷(P_2O_5)的质量分数 w_4 计，数值以%表示，按式(4)计算：

$$w_4 = \frac{c_4 \times V_4}{m_4 \times 10^6} \times 100 \quad \cdots\cdots(4)$$

式中：

c_4——试样溶液中五氧化二磷浓度的数值，单位为毫克每升(mg/L)；

V_4——试样溶液总体积的数值，单位为毫升(mL)；

m_4——试料的质量的数值，单位为克(g)。

计算结果表示到小数点后两位，取平行测定结果的算术平均值作为测定结果。

3.3.6.2 允许差

平行测定结果的允许差应符合表4要求。

表 4

五氧化二磷的质量分数(以 P_2O_5 计)/%	平行测定允许差值/%
<10.0	0.30
10.0～20.0	0.40
>20.0	0.50

3.4 钾含量的测定 流动分析仪法

3.4.1 原理

用水提取样品中的水溶性钾。采用空气片段连续流动分析技术，将试样溶液和氧化镧试剂在一个连续流动的系统中均匀混合，用火焰光度法测定试样溶液中的钾离子。

3.4.2 试剂和材料

3.4.2.1 硝酸；

3.4.2.2 乳化剂溶液：50%，将 50 mL 曲拉通 X-100 与 50 mL 异丙醇混合均匀；

3.4.2.3 氧化镧试剂：称取 0.8 g 氧化镧溶解于 13.5 mL 硝酸中，小心加入 500 mL 水，搅拌，再加入 0.6 g 氯化锂，溶解后稀释至 1 000 mL，再加入 1 mL 乳化剂溶液，混匀；

3.4.2.4 氧化钾标准溶液：2.5 g/L，称取 7.221 5 g 于 105 ℃干燥 2 h 的磷酸二氢钾于 50 mL 烧杯中，用水溶解后移入 1 000 mL 容量瓶中，用水稀释至刻度，混匀。

3.4.3 仪器

3.4.3.1 通常实验室用仪器；

3.4.3.2 电热板，功率为 1.8 kW～2.4 kW；

3.4.3.3 流动分析仪，带钾通道和自动进样装置，钾的检测下限 0.36 mg/L；

3.4.3.4 火焰光度计。

3.4.4 试样溶液的制备

做两份试料的平行测定。

按相应的产品标准规定制备实验室样品。

3.4.4.1 水溶性钾的提取：称取一定量的试样(称准至 0.000 2 g)，置于 250 mL 锥形瓶中，加约 100 mL 水，加热煮沸 15 min，冷却，定量转移到 250 mL 量瓶中，用水稀释至刻度，混匀，干过滤，弃去最初部分滤液。

3.4.4.2　空白溶液的制备：除不加试样外，其他步骤同试样溶液的制备。

3.4.5　**分析步骤**

3.4.5.1　**工作曲线的绘制**

吸取氧化钾标准溶液 1.0 mL、2.0 mL、4.0 mL、6.0 mL、8.0 mL 分别置于 5 个 100 mL 容量瓶中，用空白溶液稀释至刻度，混匀。此标准溶液的浓度分别为 25 mg/L、50 mg/L、100 mg/L、150 mg/L、200 mg/L。

进行测定前，参照仪器使用说明书，选择最佳工作参数。

然后，将流动分析仪的溶液吸管置于氧化镧试剂中，打开火焰光度计，待基线稳定后测定各标准溶液的吸光度。

以各标准溶液的氧化钾浓度为横坐标，相应的吸光度为纵坐标，绘制工作曲线或回归线性方程。

3.4.5.2　**测定**

在与测定标准溶液相同的条件下，将试样溶液不经稀释或根据钾含量将其稀释一定倍数后测定其吸光度，从工作曲线或线性方程求出相应的氧化钾浓度。

3.4.6　**分析结果的表述**

3.4.6.1　**分析结果的计算**

钾含量以氧化钾(K_2O)的质量分数 w_5 计，数值以%表示，按式(5)计算：

$$w_5=\frac{c_5\times V_5\times D}{m_5\times 10^6}\times 100 \qquad\cdots\cdots(5)$$

式中：

c_5——试样溶液中氧化钾浓度的数值，单位为毫克每升(mg/L)；

V_5——试样溶液总体积的数值，单位为毫升(mL)；

D——测定时试样溶液的稀释倍数；

m_5——试料的质量的数值，单位为克(g)。

计算结果表示到小数点后两位，取平行测定结果的算术平均值作为测定结果。

3.4.6.2　**允许差**

平行测定结果的允许差应符合表 5 要求。

表 5

钾的质量分数(以 K_2O 计)/%	平行测定允许差值/%
<10.0	0.30
10.0～20.0	0.40
>20.0	0.50

ICS 65.080
G 20

中华人民共和国国家标准

GB/T 22924—2008

复混肥料(复合肥料)中缩二脲含量的测定

Determination of biuret content for compound fertilizers(complex fertilizers)

2008-12-31 发布　　2009-08-01 实施

中华人民共和国国家质量监督检验检疫总局
中国国家标准化管理委员会　发布

前　言

本标准的附录A为资料性附录。

本标准由中国石油和化学工业协会提出。

本标准由全国肥料和土壤调理剂标准化技术委员会(SAC/TC 105)归口。

本标准起草单位:济宁市质量技术监督局、山东省化工研究院、国家化肥质量监督检验中心(上海)、金沂蒙集团有限公司。

本标准主要起草人:纪胜、崔爱红、韩书霞、邱娟、吴明燕、杨一、于朋玲、李世慧、孙大勇、段苏然、黄宾。

本标准为首次发布。

复混肥料(复合肥料)中缩二脲含量的测定

1 范围

本标准规定了复混肥料(复合肥料)中缩二脲含量测定的试验方法:液相色谱法、分光光度法。

本标准适用于基础肥料中含有尿素的复混肥料(复合肥料)中缩二脲含量的测定。

2 规范性引用文件

下列文件中的条款通过本标准的引用而成为本标准的条款。凡是注日期的引用文件,其随后所有的修改单(不包括勘误的内容)或修订版均不适用于本部分,然而,鼓励根据本部分达成协议的各方研究是否可使用这些文件的最新版本。凡是不注日期的引用文件,其最新版本适用于本标准。

GB/T 6682 分析实验室用水规格和试验方法

GB/T 8571 复混肥料 实验室样品制备

HG/T 2843 化肥产品 化学分析常用标准滴定溶液、标准溶液、试剂溶液和指示剂溶液

3 试验方法

3.1 一般规定

除非另有说明,在分析中仅使用确认为分析纯的试剂和GB/T 6682规定的三级水。

分析中所用标准滴定溶液、制剂及制品,在没有注明其他要求时,均按HG/T 2843的规定制备。

3.2 高效液相色谱法

3.2.1 方法提要

采用反相液相色谱法,用紫外检测器,外标法计算缩二脲的含量。

3.2.2 试剂和溶液

3.2.2.1 甲醇:色谱纯;

3.2.2.2 磷酸二氢钾;

3.2.2.3 缩二脲:

称取约15 g缩二脲(化学纯)于烧杯中,加入500 mL体积分数为95%乙醇中,加热溶解,趁热过滤,滤液浓缩至250 mL,冷却至5 ℃,使结晶析出,过滤,在105 ℃下烘干备用。在3.2.6规定的条件下应无杂质峰;

3.2.2.4 磷酸溶液:30 g/L;

3.2.2.5 氢氧化钾溶液:40 g/L ;

3.2.2.6 磷酸二氢钾溶液:10 g/L;

称取10 g磷酸二氢钾溶解入1 L水中,用磷酸溶液或氢氧化钾溶液调节pH=6.0,摇匀,用0.45 μm滤膜过滤,备用。

3.2.2.7 流动相:甲醇5 mL+磷酸二氢钾溶液95 mL,使用前用0.45 μm滤膜过滤,并超声脱气;

3.2.2.8 缩二脲标准溶液:0.5 mg/mL;

称取0.5 g(准确至0.000 2 g)缩二脲(3.2.2.3),溶解于不含二氧化碳的水中,转移至1 L容量瓶中,用水稀释至刻度,摇匀。该标准溶液使用前制备。

3.2.2.9 洗脱液:水10 mL+甲醇90 mL,使用前用0.45 μm滤膜过滤,并超声脱气。

3.2.3 仪器设备

一般实验室仪器和下列仪器。

3.2.3.1 超声波清洗器；

3.2.3.2 高效液相色谱仪：带紫外检测器；

3.2.3.3 微量注射器：10 μL～50 μL；

3.2.3.4 针头过滤器：备孔径 0.45 μm 水相微孔滤膜；

3.2.3.5 5 μL 定量环。

3.2.4 试样的制备

按 GB/T 8571 规定制备。

3.2.5 分析步骤

3.2.5.1 缩二脲标准系列溶液的配制

按表1所示，分别移取 0.00 mL、0.50 mL、1.00 mL、3.00 mL、5.00 mL、10.00 mL 缩二脲标准溶液(3.2.2.8)置于6个25 mL 容量瓶中，用流动相稀释至刻度，摇匀。用 0.45 μm 水相微孔滤膜，过滤，备用。

表 1

缩二脲标准溶液体积/mL	对应的缩二脲含量/mg
0.00[a]	0.00
0.50	0.25
1.00	0.50
3.00	1.50
5.00	2.50
10.00	5.00
[a] 试剂空白溶液。	

3.2.5.2 试样溶液的制备

称取试样 0.1 g～0.5 g(准确至 0.000 2 g，以含缩二脲 1 mg～2 mg 为宜)于 25 mL 烧杯中，加入 10 mL 流动相，超声波清洗器超声 10 min，转移至 25 mL 容量瓶中，用流动相稀释至刻度，摇匀，静置，用针头过滤器过滤，得试样溶液。

3.2.5.3 高效液相色谱分析条件

推荐的高效液相色谱操作条件见表2，典型高效液相色谱图参见附录A。其他能达到同等分离程度的高效液相色谱操作条件均可使用。

表 2

色谱柱	可耐纯水相的色谱柱，具有 C_{18} 填料(粒度为 5 μm)，柱长 250 mm，内径 4.6 mm
流速	1.2 mL/min
进样量	5 μL
柱温	室温
检测波长	200 nm

可根据装置不同，气候条件不同，选择最佳分离条件。

3.2.6 定量测定

3.2.6.1 标准曲线的绘制

参照仪器操作条件，将液相色谱仪调节至最佳测定状态。分别进样 5 μL，测定缩二脲系列标准溶液(3.2.5.1)。每个标准溶液重复测定三次。以测得的峰高或峰面积均值分别对应缩二脲质量(mg)绘制标准曲线或求得线性回归方程。

3.2.6.2 试样的测定

用测定标准系列的操作条件测定试样溶液,测得峰高或峰面积值后,由标准曲线或线性回归方程得试样溶液中缩二脲质量(mg)。测定完成后,首先用洗脱液冲洗系统 30 min,然后用甲醇冲洗系统 30 min,最后按仪器操作规程关闭仪器。

3.2.7 结果计算

缩二脲的质量分数 w_1,数值以%表示,按式(1)计算:

$$w_1 = \frac{m_1 \times 10^{-3}}{m} \times 100 \qquad \cdots\cdots(1)$$

式中:

m_1——与试料峰面积或峰高相对应的由标准曲线查出或由线性回归方程计算出的缩二脲的质量的数值,单位为毫克(mg);

m——试料的质量的数值,单位为克(g)。

取平行测定结果的算术平均值为测定结果。

3.3 分光光度法

3.3.1 方法提要

用无水乙醇作溶剂,利用超声波提取试样中的缩二脲,在硫酸铜、酒石酸钾钠的碱性溶液中生成紫红色配合物,在波长为 550 nm 处测定吸光度,得试样中缩二脲的含量。

3.3.2 试剂和溶液

3.3.2.1 无水乙醇。

3.3.2.2 过氧化氢。

3.3.2.3 酒石酸钾钠碱性溶液:100 g/L;称取 80 g 氢氧化钠溶解于 500 mL 水中,冷却,加入 100 g 酒石酸钾钠($NaKC_4H_4O_6 \cdot 4H_2O$)溶解后,用水稀释至 1 L,混匀,静置过夜,使用前过滤。

3.3.2.4 硫酸铜溶液:30 g/L;称取 30 g 硫酸铜($CuSO_4 \cdot 5H_2O$)溶解于水中,过滤,用水稀释至 1 L。

3.3.2.5 缩二脲标准溶液:2 mg/mL;称取 2 g(准确至 0.000 2 g)缩二脲(3.3.2.2)溶解于不含二氧化碳的水中,转移至 1 L 容量瓶中,用水稀释至刻度,摇匀。该标准溶液使用前制备。

3.3.3 仪器设备

一般实验室仪器和下列仪器。

3.3.3.1 电热干燥箱:可控温度在 105 ℃±2 ℃;

3.3.3.2 超声波清洗器;

3.3.3.3 恒温水浴:可控温度在 30 ℃±5 ℃;

3.3.3.4 分光光度计,带有光程为 3 cm 的吸收池,可在 550 nm 处测量。

3.3.4 分析步骤

3.3.4.1 试样制备

按 GB/T 8571 规定制备试样。

3.3.4.2 标准曲线的绘制

3.3.4.2.1 标准比色溶液的配制

按表 3 所示,分别移取 0.00 mL(为补偿溶液)、2.50 mL、5.00 mL、10.00 mL、15.00 mL、20.00 mL、25.00 mL、30.00 mL 缩二脲标准溶液,置于 8 个 100 mL 容量瓶中,用水稀释至约 70 mL,然后依次加入 10.0 mL 酒石酸钾钠碱性溶液和 10.0 mL 硫酸铜溶液,稀释至刻度,摇匀。置于 30 ℃±5 ℃的水浴中,不时摇动下,保持 20 min。

表 3

缩二脲标准溶液体积/mL	对应的缩二脲含量/mg
0.00	0.00
2.50	5.00
5.00	10.00
10.00	20.00
15.00	30.00
20.00	40.00
25.00	50.00
30.00	60.00

3.3.4.2.2 吸光度的测定

在 30 min 内，以水作为参比溶液，用 3 cm 光程的吸收池，在波长 550 nm 处，测定上述溶液的吸光度。

3.3.4.2.3 标准曲线的绘制

用标准比色溶液的吸光度减去补偿溶液的吸光度为纵坐标，以相对应的标准比色溶液中缩二脲的质量(mg)为横坐标，绘制标准曲线或求得线性回归方程。

3.3.4.3 试样的测定

3.3.4.3.1 试样溶液的制备

称取试样 2 g～6 g(准确至 0.001 g，以含缩二脲 10 mg～60 mg 为宜)，置于锥形瓶中，加入 30 mL 无水乙醇，置于超声波清洗器中，超声 10 min 后，用快速定性滤纸过滤，用无水乙醇洗涤(洗涤 5 次～8 次，每次约 2 mL～3 mL 无水乙醇)，合并滤液和洗液(若溶液有颜色，可加入过氧化氢 1 mL～2 mL)，在沸水浴上蒸干。用水溶解残渣，冷却后用慢速定性滤纸过滤，用水洗涤滤纸(洗涤 5 次～8 次，每次约 3 mL～5 mL 水)。合并滤液和洗液于 100 mL 容量瓶中，溶液体积应控制约 70 mL，依次加入 10.0 mL 酒石酸钾钠碱性溶液和 10.0 mL 硫酸铜溶液，用水稀释至刻度，摇匀。置于 30 ℃±5 ℃的水浴中，不时摇动下保持 20 min。

3.3.4.3.2 空白试验

除不加试样外，操作步骤和使用的试剂与测定时相同。

3.3.4.3.3 吸光度的测定

按 3.3.4.2.2 的规定进行操作。

3.3.5 分析结果的表述与计算

缩二脲的质量分数 w_2，数值以%表示，按式(2)计算：

$$w_2 = \frac{(m_1 - m_0) \times 10^{-3}}{m} \times 100 \qquad \cdots\cdots(2)$$

式中：

m_1——与试料吸光度相对应的由标准曲线查出或线性回归方程计算出的缩二脲的质量的数值，单位为毫克(mg)；

m_0——与空白吸光度相对应的由标准曲线查出或线性回归方程计算出的缩二脲的质量的数值，单位为毫克(mg)；

m——试料的质量的数值，单位为克(g)。

取平行测定结果的算术平均值为测定结果。

4 允许差

平行测定结果的相对偏差不大于 10%。

附 录 A
（资料性附录）
复混肥样品谱图

A.1 复混肥样品谱图见图A.1。

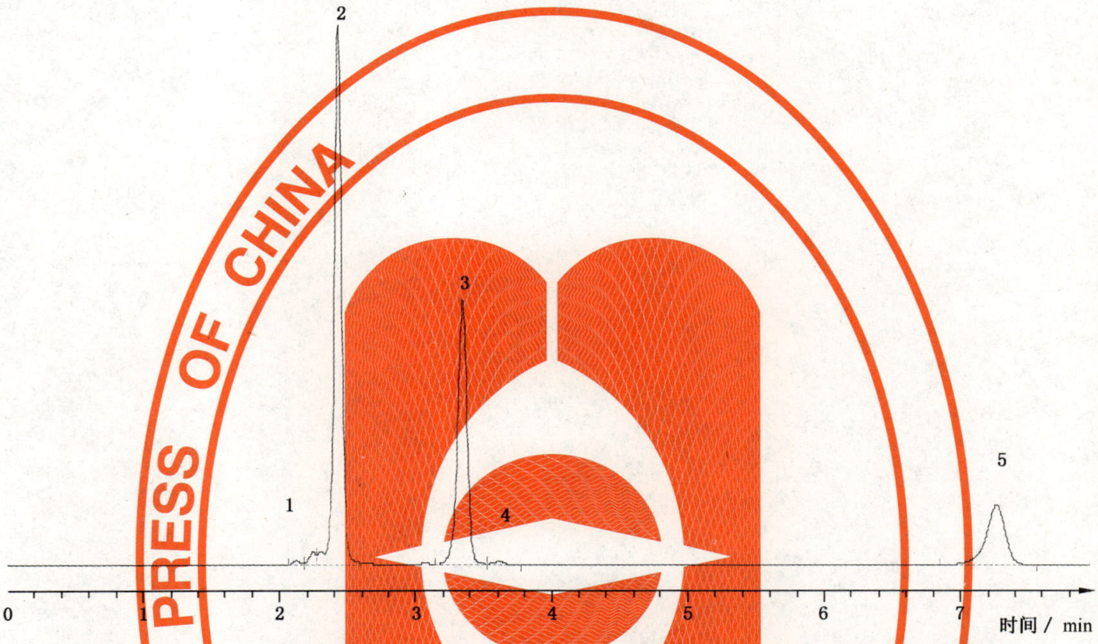

1——未知峰；
2——尿素；
3——缩二脲；
4——未知峰；
5——未知峰。

图A.1 复混肥样品谱图

ICS 85.060
Y 32

中华人民共和国国家标准

GB/T 22927—2008

口 罩 纸

Respirator paper

2008-12-30 发布

2009-09-01 实施

中华人民共和国国家质量监督检验检疫总局
中国国家标准化管理委员会
发布

前　言

本标准在原轻工行业标准 QB/T 2808—2006《口罩纸》的基础上制定。

本标准的附录 A 为规范性附录。

本标准由中国轻工业联合会提出。

本标准由全国造纸工业标准化技术委员会归口。

本标准起草单位：浙江凯恩特种材料股份有限公司、中国制浆造纸研究院、中国造纸协会标准化专业委员会。

本标准主要起草人：李大方、陈万平、施均、潘爱丽。

口　罩　纸

1　范围

本标准规定了口罩纸的产品分类、要求、试验方法、检验规则及标志、包装、运输、贮存。

本标准适用于加工纸口罩用纸。

2　规范性引用文件

下列文件中的条款通过本标准的引用而成为本标准的条款。凡是注日期的引用文件，其随后所有的修改单(不包括勘误的内容)或修订版均不适用于本标准，然而，鼓励根据本标准达成协议的各方研究是否可使用这些文件的最新版本。凡是不注日期的引用文件，其最新版本适用于本标准。

GB/T 450　纸和纸板　试样的采取及试样纵横向、正反面的测定

GB/T 451.2　纸和纸板定量的测定

GB/T 451.3　纸和纸板厚度的测定

GB/T 462　纸、纸板和纸浆　分析试样水分的测定

GB/T 465.2　纸和纸板　浸水后抗张强度的测定

GB/T 1541　纸和纸板　尘埃度的测定

GB/T 2828.1　计数抽样检验程序　第1部分：按接收质量限(AQL)检索的逐批检验抽样计划

GB/T 7974　纸、纸板和纸浆亮度(白度)的测定　漫射/垂直法

GB/T 10342　纸张的包装和标志

GB/T 10739　纸、纸板和纸浆试样处理和试验的标准大气条件

GB/T 12914　纸和纸板　抗张强度的测定

GB 15979　一次性使用卫生用品卫生标准

3　产品分类

3.1　口罩纸为卷盘纸。

3.2　卷盘纸直径为450 mm～500 mm。

3.3　卷盘芯内径为(75±1)mm。

3.4　卷盘纸宽度为180 mm或符合合同规定，尺寸偏差应为±1 mm。

4　技术要求

4.1　口罩纸的技术指标应符合表1的规定，或符合订货合同规定。

表1

项　目			单　位	指　标
定量			g/m^2	$15^{+0.5}_{-1.5}$
紧度		≥	g/cm^3	0.38
抗张强度	≥	纵向	kN/m	0.42
		横向		0.06
透气度		≥	CU(科雷)	10 000

表 1（续）

项目			单位	指标
纵向湿抗张强度(10 min)		≥	kN/m	0.10
亮度		≥	%	80.0
尘埃度	0.2 mm^2～0.5 mm^2	≤	个/m^2	50
	0.5 mm^2～1.0 mm^2	≤		10
	>1.0 mm^2			不应有
荧光性物质(254 nm 及 365 nm)			—	不应有
交货水分		≤	%	8.0

4.2 纸张的纤维组织应均匀，纸面应平整，无皱纹，无明显黑点、破洞、裂口及较大纤维束等影响使用的纸病。

4.3 卷盘纸的切边应整齐、洁净、纸卷应紧实，盘芯不应松动。

4.4 每卷纸的接头应不超过三个，接头处应粘贴牢固并有标志。

4.5 卫生指标应符合 GB 15979 中普通级口罩卫生要求，连续生产每月抽检应不少于一次。

4.6 原材料应无毒、无害、无污染；禁止使用废弃的卫生用品作原材料或半成品。

5 试验方法

5.1 试样的采取、处理及检验按 GB/T 450、GB/T 10739 规定进行。

5.2 定量按 GB/T 451.2 测定。

5.3 紧度按 GB/T 451.3 测定层积厚度后，经计算得出。

5.4 抗张强度按 GB/T 12914 测定，仲裁时采用恒速拉伸法测定。

5.5 透气度按附录 A 测定。

5.6 湿抗张强度按 GB/T 465.2 测定，浸水时间为 10 min，仲裁时采用恒速拉伸法测定。

5.7 亮度按 GB/T 7974 测定。

5.8 尘埃度按 GB/T 1541 测定。

5.9 荧光性物质检查：从试样中随机取 5 张 100 cm^2 的试样，置于波长 365 nm 和 254 nm 紫外灯下检查，每张试样中均不应有荧光反应。

5.10 交货水分按 GB/T 462 测定。

5.11 外观质量采用目测。

6 检验规则

6.1 以一次交货为一批，但应不多于 10 t。

6.2 卫生指标不合格则判为批不合格。

6.3 生产方应保证生产的口罩纸符合本标准或合同规定，每箱纸应附一份产品质量检验合格证。产品交收检验抽样按 GB/T 2828.1 规定进行，样本单位为箱；采用正常二次抽样，特殊检查水平 S-2，接收质量限(AQL 值)：定量、抗张强度、透气度、荧光性物质为 4.0，湿抗张强度、尘埃度、紧度、亮度、交货水分、外观质量为 6.5，抽样方案按表 2 的规定进行。

表 2

批量/件或卷	正常检验二次抽样方案，特殊检验水平 S-2				
	样本量	AQL 值为 4.0		AQL 值为 6.5	
		Ac	Re	Ac	Re
2～150	2	—	—	0	1
	3	0	1	—	—
151～1 200	3	0	1	—	—
	5 5(10)	— —	— —	0 1	2 2

6.4 可接收性的确定：第一次检验的样品数量应等于该方案给出的第一样本量。如果第一样本中发现的不合格品数小于或等于第一接收数，应认为该批是可接收的；如果第一样本中发现的不合格品数大于或等于第一拒收数，应认为该批是不可接收的。如果第一样本中发现的不合格品数介于第一接收数与第一拒收数之间，应检验由方案给出样本量的第二样本并累计在第一样本和第二样本中发现的不合格品数。如果不合格品累计数小于或等于第二接收数，则判定该批是可接收的；如果不合格品累计数大于或等于第二拒收数，则判定该批是不可接收的。

6.5 需方有权按本标准或订货合同检查产品质量，若对产品质量有异议，应在到货后三个月内(或按合同规定)通知供方共同取样复检，若不符合本标准或订货合同规定，则判为批不合格，由供方负责处理；若符合本标准或订货合同规定，则判为批合格，由需方负责处理。

7 标志、包装、运输、贮存

7.1 口罩纸的标志、包装应按 GB/T 10342 中的有关规定进行，或符合订货合同规定。

7.2 口罩纸运输时，应使用有篷而洁净的运输工具，不应和有污染性气味的物资混装运输。

7.3 口罩纸在搬运过程中不应从高处扔下。

7.4 口罩纸应妥善保管，不应与地面直接接触，防止雨、雪、地面湿气及其他有害物质的影响。

7.5 由于保管和运输不符合本标准的规定，产品发生质变或损失，由造成损失的责任方负责。

附　录　A
（规范性附录）
口罩纸透气度的测定

A.1　定义

透气度：在不同压力差下，透过试样单位表面积空气流（单位时间内的容量）的比率，单位为 $cm^3/(min \cdot cm^2 \cdot kPa)$，以 CU 表示。

A.2　原理

在一种规定的压力差条件下，在一定时间内测定通过试样一定表面积的空气容量（测定原理见图 A.1）。

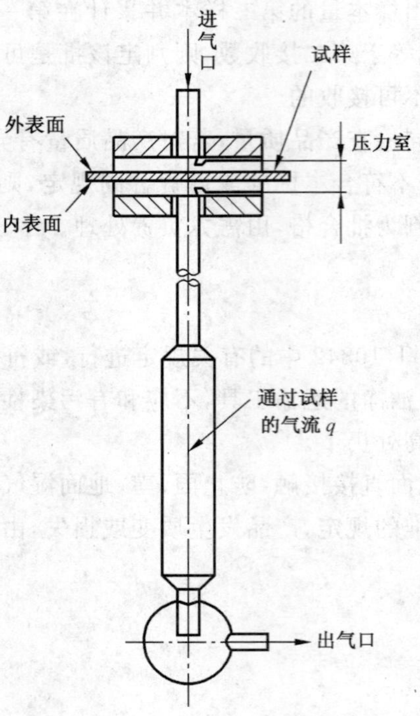

图 A.1

A.3　仪器设备

A.3.1　口罩纸的透气度测定仪应满足以下条件：

a）　试样夹：测试区为 2 cm^2 的圆形试样夹，试样夹夹紧试样时应避免漏气对测定结果的影响，空气渗漏量不应超过所测气流的 1%。

b）　气流装置：在试样的两面之间应能产生一稳定且可调节压力差的气流。

c）　传感器：用于测定通过试样的空气流，相对误差应不超过测定值的 2%。

d）　显示装置：用于显示或打印测定结果。

A.3.2　压力计：测量范围 0.25 kPa～2.5 kPa 且准确度为Ⅰ级。

A.3.3　标准流量盘：在某一确定压力差下标定的用于校准通过测头的空气流速，准确度为 0.2%。

A.4 备样

按 GB/T 450 中的规定进行取样。从所取样品中随机抽取总测试面积不小于 $12\times2\ cm^2=24\ cm^2$ 的样品作为测定透气度的试样。

A.5 步骤

A.5.1 接通电源，使仪器处于压力稳定状态。

A.5.2 接通气源，使仪器压力稳定在 0.3 MPa。

A.5.3 接通压力计，校准仪器的显示压力，使其与压力计的示值一致。

A.5.4 用标准流量盘(A.3.3)校准通过仪器测头的空气流速。

A.5.5 取一试样插入试样夹，使通过试样的空气流向一致，分别测定在 0.25 kPa 和 1.00 kPa 压力差下通过该试样的气流量 q_1 和 q_2，以 cm^3/min 表示。

A.5.6 取第二个试样，重复 A.5.5 中步骤。

A.5.7 分别计算 q_1 和 q_2 的平均值，q_1 和 q_2 两次测定的最大值的差应不超过其各自测定平均值的 5%。若$\overline{q_2}=4\ \overline{q_1}$，偏差在 5%以内，则在 0.25 kPa～1.00 kPa 之间的任何一个值都可作为测定时的工作压力差，否则选用 1.00 kPa 的工作压力差。

A.5.8 将试样依次插入试样夹，使通过试样的空气流向与试样的透气方向一致，在已选定的压力差下测定通过每个试样的气流。

A.6 表示结果

计算或打印所测试样的平均值。

透气度最终精确至 1 CU。

ICS 85.060
Y 32

中华人民共和国国家标准

GB/T 22928—2008

烟花爆竹用纸

Fireworks and firecrackers paper

2008-12-30 发布

2009-09-01 实施

中华人民共和国国家质量监督检验检疫总局
中国国家标准化管理委员会 发布

前言

本标准由中国轻工业联合会提出。

本标准由全国造纸工业标准化技术委员会归口。

本标准起草单位:中国制浆造纸研究院、中国造纸协会标准化专业委员会。

本标准主要起草人:李红、杨长军、徐艳秋。

烟花爆竹用纸

1 范围

本标准规定了烟花爆竹用纸的分类、技术要求、试验方法、检验规则和标志、包装、运输、贮存等要求。

本标准适用于生产烟花爆竹用的纸。

2 规范性引用文件

下列文件中的条款通过本标准的引用而成为本标准的条款。凡是注日期的引用文件，其随后所有的修改单(不包括勘误的内容)或修订版均不适用于本标准，然而，鼓励根据本标准达成协议的各方研究是否可使用这些文件的最新版本。凡是不注日期的引用文件，其最新版本适用于本标准。

GB/T 450 纸和纸板 试样的采取及试样纵横向、正反面的测定

GB/T 451.1 纸和纸板尺寸及偏斜度的测定

GB/T 451.2 纸和纸板定量的测定

GB/T 451.3 纸和纸板厚度的测定

GB/T 454 纸耐破度的测定

GB/T 462 纸、纸板和纸浆 分析试样水分的测定

GB/T 1540 纸和纸板吸水性的测定 可勃法

GB/T 2828.1 计数抽样检验程序 第1部分:按接收质量限(AQL)检索的逐批检验抽样计划

GB/T 10342 纸张的包装和标志

GB/T 10739 纸、纸板和纸浆试样处理和试验的标准大气条件

GB/T 12914 纸和纸板 抗张强度的测定

3 分类

3.1 烟花爆竹用纸分为烟花用纸和爆竹用纸。

3.2 烟花爆竹用纸分为平板纸和卷筒纸。

4 要求

4.1 烟花用纸的技术指标应符合表1的规定。

表1 烟花用纸的技术指标

项 目		单 位	指 标
厚度		μm	140±10,170±10
横幅厚度差	≤	%	10
紧度		g/cm^3	0.70～0.88
横向抗张强度	≥	kN/m	9.80
耐破指数	≥	$kPa \cdot m^2/g$	2.75
吸水性(正反面均)	≤	g/m^2	40.0
交货水分		%	4.0～10.0

4.2 爆竹用纸的技术指标应符合表2的规定。

表2 爆竹用纸的技术指标

项目		单位	指标
定量		g/m^2	40.0±2.0,50.0±2.5
紧度 ≥		g/cm^3	0.55
抗张指数 ≥	纵向	N·m/g	52.0
	横向		21.0
吸水性(正反面均) ≤		g/m^2	30.0
交货水分		%	6.0±2.0

4.3 烟花爆竹用纸的平板纸尺寸应符合合同规定,尺寸偏差应不超过±3 mm,偏斜度应不超过3 mm。

4.4 烟花爆竹用纸的卷筒纸规格应符合合同规定,宽度偏差应不超过±3 mm。

4.5 烟花爆竹用纸的纤维组织应均匀,纸面应平整。

4.6 烟花爆竹用纸的纸面不应有褶子、皱纹、裂口、孔眼、斑点及硬质块等影响使用的缺陷。

4.7 卷筒两边的切边应整齐、洁净,不应有裂口,弓形应不超过15 mm。

5 试验方法

5.1 试样的采取应按GB/T 450的规定进行,试样的处理和试验应按GB/T 10739进行。

5.2 定量按GB/T 451.2进行测定。

5.3 尺寸及偏斜度按GB/T 451.1进行测定。

5.4 厚度按GB/T 451.3进行测定。

5.5 横幅厚度差按GB/T 451.3进行测定,即沿纸页横幅均匀切取至少5张0.01 m^2的圆形或正方形试样,每张试样测定3点,以其平均值作为该试样的厚度值。分别测定和计算5张试样厚度值的极差相对于5张厚度平均值的百分比,即为横幅厚度差。

5.6 紧度按GB/T 451.3进行测定。

5.7 抗张强度按GB/T 12914进行测定,仲裁时采用恒速拉伸法进行。

5.8 耐破度按GB/T 454进行测定。

5.9 吸水性按GB/T 1540进行测定,吸水时间为60 s。

5.10 交货水分按GB/T 462进行测定。

6 检验规则

6.1 生产企业应保证产品符合本标准规定,以一次交货数量为一批。每批产品应附产品合格证。

6.2 烟花用纸的横向抗张强度、爆竹用纸的抗张指数不合格,则判该批是不可接收的。

6.3 计数抽样检验程序按GB/T 2828.1规定进行。样本单位为件(卷)。接收质量限(AQL):厚度、耐破指数为4.0;定量、横幅厚度差、紧度、吸水性、交货水分、尺寸及偏斜度、外观质量为6.5。采用正常检验二次抽样,检验水平为特殊检验水平S-3,其抽样方案见表3。

表3 抽样方案

批量/件(卷)	正常检验二次抽样方案 检验水平S-3				
	样本量	AQL值为4.0		AQL值为6.5	
		Ac	Re	Ac	Re
2～25	2	—	—	0	1
	3	0	1	—	—

表 3(续)

批量/件(卷)	正常检验二次抽样方案　检验水平 S-3				
	样本量	AQL 值为 4.0		AQL 值为 6.5	
		Ac	Re	Ac	Re
26～90	3	0	1	—	—
	5	—	—	0	2
	5(10)	—	—	1	2
91～150	8	0	2	—	—
	8(16)	1	2		
	5	—	—	0	2
	5(10)			1	2
151～280	8	0	2	0	3
	8(16)	1	2	3	4

6.4　可接收性的确定:第一次检验的样品数量应等于该方案给出的第一样本量。如果第一样本中发现的不合格品数小于或等于第一接收数,应认为该批是可接收的;如果第一样本中发现的不合格品数大于或等于第一拒收数,应认为该批是不可接收的。如果第一样本中发现的不合格品数介于第一接收数与第一拒收数之间,应检验由方案给出样本量的第二样本,并累计在第一样本和第二样本中发现的不合格品数。如果不合格品累计数小于或等于第二接收数,则判定该批是可接收的;如果不合格品累计数大于或等于第二拒收数,则判定该批是不可接收的。

6.5　需方有权按本标准检验产品,如对产品质量有异议,应在到货后一个月内(或按合同规定)通知供方,由供需双方共同抽样检验。如果检验结果不符合标准规定,则判该批不可接收,由供方负责处理;如果检验结果符合本标准规定,则判该批可接收,由需方负责处理。

7　标志、包装、运输、贮存

7.1　按照 GB/T 10342 的规定进行包装和标志。要求特殊包装的则在订货合同中加以规定。

7.2　运输时应使用有篷而洁净的运输工具。

7.3　装卸时不应钩吊,不应将纸件从高处扔下。

7.4　纸张应妥善贮存于通风仓库的垫板上,以防受雨、雪或地面湿气的影响。

ICS 59.140.30
Y 46

中华人民共和国国家标准

GB/T 22929—2008

皮革毛皮衣物洗染规范

Specification of washing for leather goods and fur goods

2008-12-30 发布　　　　2009-09-01 实施

中华人民共和国国家质量监督检验检疫总局
中国国家标准化管理委员会　发布

前 言

本标准由中国轻工业联合会提出。

本标准由全国皮革工业标准化技术委员会(SAC/TC 252)归口。

本标准起草单位:国家皮革质量监督检验中心(浙江)、北京福奈特洗衣服务有限公司、海宁市三星皮业有限公司、桐乡市恒源皮革有限公司、中国皮革和制革工业研究院。

本标准主要起草人:吴京淼、朱广忠、俞立峰、崔亚平、林芳、张亚红。

皮革毛皮衣物洗染规范

1 范围

本标准规定了皮革、毛皮衣物经过洗染后应达到的要求。

本标准适用于以皮革、毛皮、毛革为主要原料加工制成的服装、服饰产品。

本标准亦适用于以皮革、毛皮、毛革为主要原料加工制成的家居用品、汽车装饰用品、箱包等。

2 产品分类

2.1 按产品主体材料分类：

——皮革类；

——毛皮类；

——毛革类；

——皮革、毛皮、毛革及其他材料混合类。

2.2 按产品用途分类：

——服装、服饰类：服装、披肩、围巾、帽子、手套、腰带、饰物等；

——家居用品类：沙发套、座(靠)垫、皮形、床毯、挂毯、地毯、脚垫等；

——汽车装饰用品类：汽车座椅套、靠背、座(靠)垫、头枕(颈枕)等；

——箱包类。

3 风险明示

3.1 洗染经营者在接收洗染品前，应采用明示方式并向消费者说明皮革、毛皮、毛革制品在洗染过程中可能出现的、不可避免的风险，及可能导致产品出现的受损情况。经说明后，双方达成约定，由消费者确认，被洗染的产品出现已说明的问题不属于洗染质量问题，经营者应根据对消费者的承诺进行必要的修复。

3.2 皮革、毛皮、毛革制品经过洗染后可能出现的常见风险见表1。

表1 皮革、毛皮、毛革制品经洗染后可能出现的常见风险

序号	产品状况	风险现象	风险程度	产品修复
1	龟裂效应、变色效应、特殊花纹、压花、印花、烫花等特殊风格	特殊效应消失，产品可能受损	高	不可修复
2	由多种颜色拼色的皮革或混合材料组成的产品	串色、搭色、洇色	高	不可修复
3	浅色毛皮	发生退行性发黄现象	中	不可修复
4	毛皮制品	轻微掉毛	中	不可修复
5	毛革制品	革面轻微起毛	中	不可修复
6	纺织品	轻微程度的缩水、颜色变浅	中	不可修复
7	由多张皮张组成的产品	不同皮张之间出现色差、串色、手感不一致、伸缩程度不一致	中	部分可修复
8	皮革、毛皮、毛革	轻微程度的皮板变硬、皮张收缩、手感变差	中	部分可修复

表 1(续)

序号	产品状况	风险现象	风险程度	产品修复
9	经过涂饰的皮革	轻微程度的光泽变化、涂层受损	中	部分可修复
10	经过染色的产品	轻微程度的颜色变浅	中	部分可修复
11	皮板有伤残、产品有破损	扩大或加重	中	部分可修复
12	产品附带不可拆卸、不能单独保护的附件、饰物	颜色变浅或损坏	中	部分可修复

4 洗染护理质量要求

4.1 洗染物品清洗后的所有变化的判断可以该洗染物洗染前所配挂的标样或该洗染物未洗染过的部位(如兜里)为参考。

4.2 洗染物品经过洗染护理后,各部位应洁净,重点污垢去除后不留明显痕迹,无损伤,无异味。

4.3 洗染物品经过洗染护理后,基本保持原有风格、手感、色泽、光泽;各部位平服,基本无新增加褶皱,原有花纹基本圆顺清晰。

4.4 皮革类物品经过洗染护理后,基本保持原有手感的柔软程度、弹性;基本不抽缩、不变形;表面滑爽,不发粘。

4.5 毛皮(毛革)类物品经过洗染护理后,基本保持原有皮板的柔软程度;基本不抽缩、不变形;毛被蓬松滑爽,不涩、不粘、不毡结。不能有因洗染原因造成的严重掉毛现象。

4.6 光面皮革类物品原有表面的磨伤、残损应予修补;各种剐伤、撕口经消费者认同的方案予以修复,修复后应保持平整、光洁、颜色、光泽与衣物整体相符;涂饰层应与皮面保持较好粘合牢度。

4.7 洗染物品经过洗染护理后,纺织品应保持洁净、平整,不串色;基本不抽缩、不变形,无损伤。

4.8 皮革(毛革)类物品经护理补色、涂饰后,衬里等非皮革部分应无染料或其他涂饰浆料沾染。

4.9 洗染物品经过洗染护理后,所附带的各种附件、饰物不丢失、不损伤、不变型、不变色。

4.10 洗染物品经过洗染护理后,在正常穿着和保存条件下,应保证在十个月内质量稳定,不发生变色、脱色、掉浆、裂浆、裂面;粘补部位不开胶。

5 特殊情况约定

5.1 洗染经营者应在接受消费者洗染物品时对消费者进行风险提示(3.2),对要求洗染的物品进行认真的检查,在收件单上详细注明洗染物品的状态,对有损坏的或异样的部位进行详细记录并获得消费者的签字认可,如检查不仔细,辨别不准确,记录不明确所发生的质量纠纷,由洗染经营者承担责任。

5.2 洗染物品原有附件及饰品在委托服务时已有丢失或破损,洗染经营者应与消费者当面认定并记录在收件单中,作为交件时的核对验收标准。

5.3 由于洗染物品在委托服务前存在严重污染或顽固污渍,洗染经营者应与消费者当面协商所承诺的委托服务后的预期结果,经消费者确认,交件时视为符合质量标准。

5.4 洗染物品在委托服务前曾经过不当处理时,洗染经营者应向消费者明确委托服务后的预期结果,经消费者确认,以所承诺的质量交件,视为符合质量标准。

5.5 凡属洗染物品本身存在的缺陷、可能出现的常见风险(见表 1),洗染经营者应实事求是,主动向消费者解释清楚并在收件单上注明,否则应承担责任。

ICS 59.140.30
Y 46

中华人民共和国国家标准

GB/T 22930—2008

皮革和毛皮 化学试验 重金属含量的测定

Leather and fur—Chemical tests—Determination of heavy metal content

2008-12-30 发布　　　　2009-09-01 实施

中华人民共和国国家质量监督检验检疫总局
中国国家标准化管理委员会　发布

前言

本标准的附录A为资料性附录。

本标准由中国轻工业联合会提出。

本标准由全国皮革工业标准化技术委员会(SAC/TC 252)归口。

本标准起草单位:中华人民共和国嘉兴出入境检验检疫局。

本标准主要起草人:沈兵、丁云、王练、张萌萌、裘翼舟。

皮革和毛皮　化学试验 重金属含量的测定

1　范围

本标准规定了皮革、毛皮中铅(Pb)、镉(Cd)、镍(Ni)、铬(Cr)、钴(Co)、铜(Cu)、锑(Sb)、砷(As)、汞(Hg)九种元素的总量和可萃取量的测定方法。

本标准适用于各类皮革、毛皮及其制品。

2　规范性引用文件

下列文件中的条款通过本标准的引用而成为本标准的条款。凡是注日期的引用文件，其随后所有的修改单(不包括勘误的内容)或修订版均不适用于本标准，然而，鼓励根据本标准达成协议的各方研究是否可使用这些文件的最新版本。凡是不注日期的引用文件，其最新版本适用于本标准。

GB/T 3922　纺织品耐汗渍色牢度试验方法(GB/T 3922—1995，eqv ISO 105-E04:1994)

GB/T 6682　分析实验室用水规格和试验方法(GB/T 6682—2008，ISO 3696:1987，MOD)

QB/T 1267　毛皮成品　样块部位和标志

QB/T 1272　毛皮成品　化学分析试样的制备及化学分析通则

QB/T 1273　毛皮成品　挥发物含量的测定

QB/T 2706　皮革　化学、物理、机械和色牢度试验　取样部位(QB/T 2706—2005，ISO 2418:2002，MOD)

QB/T 2716　皮革　化学试验样品的准备(QB/T 2716—2005，ISO 4044:1977，MOD)

QB/T 2717　皮革　化学试验　挥发物的测定

3　原理

重金属总量：试样经微波消解后，将消解液定容，用电感耦合等离子发射光谱(ICP-AES)法同时测定铅、镉、镍、铬、钴、铜、锑、砷、汞等重金属的浓度，计算出试样中重金属总量。

重金属可萃取量：试样经人造汗液萃取后，萃取液用电感耦合等离子发射光谱(ICP-AES)法同时测定铅、镉、镍、铬、钴、铜、锑、砷、汞等重金属的浓度，计算出试样中重金属可萃取量。

4　试剂和材料

除非另有说明，在分析中仅使用确认为分析纯的试剂和符合 GB/T 6682 的二级水或相当纯度的水。

4.1　硝酸，优级纯。

4.2　过氧化氢，优级纯。

4.3　酸性汗液，按 GB/T 3922 配制，现配现用。

4.4　铅、镉、镍、铬、钴、铜、锑、砷、汞各重金属标准贮备溶液(标准物质，介质为 HCl 或 HNO_3)，1 000 μg/mL。

5　仪器和装置

5.1　电感耦合等离子发射光谱仪(ICP-AES)，氩气纯度大于等于 99.9%，以提供稳定清澈的等离子体焰炬，在仪器合适的工作条件下进行测定。仪器工作参考条件为：

a) 辅助气流量 0.5 L/min；

b) 泵速 100 r/min；

c) 积分时间：长波（>260 nm）5 s，短波（<260 nm）10 s；

d) 参考分析波长：铜 327.395 nm，钴 238.892 nm，镍 231.604 nm，锑 206.834 nm，镉 228.802 nm，铬 205.560 nm，铅 220.353 nm，砷 193.696 nm，汞 194.164 nm。

5.2 微波消解仪，具有压力控制系统，配备聚四氟乙烯消化罐。

5.3 可控温加热板。

5.4 分析天平，精确至 0.1 mg。

5.5 机械振荡器，圆周运动，可控温（37±2）℃，振荡频率（100±10）r/min。

5.6 2 号砂芯漏斗。

6 试样制备

6.1 取样

6.1.1 标准部位取样

6.1.1.1 皮革：按 QB/T 2706 的规定进行。

6.1.1.2 毛皮：按 QB/T 1267 的规定进行。

6.1.2 非标准部位取样

如果不能从标准部位取样（如直接从鞋、服装上取样），应在可利用面积内的任意部位取样，样品应具有代表性并在试验报告中详细记录取样情况。

注：切取样块过程中避免损伤毛被，保持毛被完好。

6.2 试样的制备

6.2.1 皮革：按 QB/T 2716 的规定进行。

6.2.2 毛皮：按 QB/T 1272 的规定进行。

6.2.3 除去样品上面的胶水、附着物，将试样混匀，装入清洁的试样瓶内待测。

7 试验步骤

7.1 重金属总量的测定

7.1.1 消解

称取约 0.5 g 试样（精确至 0.1 mg）置于聚四氟乙烯消化罐内，加入 1 mL 过氧化氢（4.2）和 4 mL 硝酸（4.1），在可控温加热板（5.3）上于 140 ℃加热 10 min。冷却后盖上内盖，套上外罐，拧紧罐盖，放入微波消解仪（5.2）中，按以下程序消解：压力 0.5 MPa 消解 1 min、压力 2.0 MPa 消解 2 min、压力 3.0 MPa消解 4 min。消解完成后，消化罐于微波消解仪中冷却 10 min～20 min，然后取出消化罐，打开外盖和内盖。待冷却至室温后，将消解液转移到 25 mL 容量瓶中，用蒸馏水洗涤消化罐，洗涤液合并至容量瓶中，用水定容至刻度，供电感耦合等离子发射光谱测定用。

空白试验：不加试样，用与处理试样相同的方法和等量的试剂做空白试验。

7.1.2 测定

将铅、镉、镍、铬、钴、铜、锑、砷、汞各重金属标准贮备溶液（4.4）稀释至一系列合适浓度的标准工作溶液，用电感耦合等离子发射光谱仪（5.1）在参考波长下同时测定铅、镉、镍、铬、钴、铜、锑、砷、汞等重金属的光谱强度，以光谱强度为纵坐标，重金属浓度为横坐标，制作标准工作曲线。

将 7.1.1 所得的试样溶液和空白溶液分别用电感耦合等离子发射光谱仪（5.1）在参考波长下测定铅、镉、镍、铬、钴、铜、锑、砷、汞等重金属的光谱强度，对照标准工作曲线计算各重金属的浓度。

7.2 重金属可萃取量的测定

7.2.1 萃取

称取约2.0 g试样(精确至0.1 mg),置于100 mL具塞三角烧瓶中,准确加入50 mL酸性汗液(4.3),盖上塞子后轻轻振荡,使样品充分湿润。然后在机械振荡器(5.5)上于(37±2)℃振荡(60±5)min。萃取液用2号砂芯漏斗(5.6)过滤。

空白试验:不加试样,用与处理试样相同的方法和等量的试剂做空白试验。

7.2.2 测定

将7.2.1所得的溶液按7.1.2的方法测定。

8 结果的表述

8.1 重金属含量的计算

按式(1)计算试样中的重金属含量:

$$w_i = \frac{(c_i - c_{i0}) \times V}{m} \qquad \cdots\cdots (1)$$

式中:

w_i——试样中的重金属 i 的含量,单位为毫克每千克(mg/kg);

c_i——由工作曲线计算出的试样溶液中重金属 i 的浓度,单位为微克每毫升(μg/mL);

c_{i0}——由工作曲线计算出的空白溶液中重金属的浓度,单位为微克每毫升(μg/mL);

V——试样溶液的体积,单位为毫升(mL);

m——试样称取的质量,单位为克(g)。

8.2 以绝干质量计算的试样中重金属含量的换算

按式(2)计算出以绝干质量计算的试样中的重金属含量:

$$w_{i-\text{dry}} = w_i \times D \qquad \cdots\cdots (2)$$

式中:

$w_{i-\text{dry}}$——以绝干质量计算的试样中的重金属 i 的含量,单位为毫克每千克(mg/kg);

w_i——试样中的重金属 i 的含量(以试样实际质量计算),单位为毫克每千克(mg/kg);

D——转换成绝干质量的换算系数[$D = \frac{100}{100 - W}$,W 为按QB/T 2717或QB/T 1273(带毛)测得的样品中的挥发物含量,%]。

8.3 结果表示

重金属含量应注明是以试样实际质量为基准,还是以试样绝干质量计算为基准,用mg/kg表示,修约至0.1mg/kg。当发生争议或仲裁试验时,以绝干质量为准。挥发物用%表示,修约至0.1%。

两次平行试验结果的差值与平均值之比应不大于10%,以两次平行试验结果的算术平均值作为结果。

8.4 检测限和回收率

本方法的检测限和回收率参见附录A。

9 试验报告

试验报告应包含以下内容:

a) 本标准编号;

b) 样品名称、种类、取样的详细信息;

c) 样品中的重金属含量(mg/kg),注明总量还是可萃取量;

d） 应注明试验结果是以样品实际质量为基准，还是以样品绝干质量计算为基准，如果以样品绝干质量计算为基准，应注明样品中的挥发物含量，%；

e） 试验中出现的异常现象；

f） 实测方法与本标准的不同之处；

g） 试验人员、日期。

附　录　A
（资料性附录）
方法的检测限和回收率

A.1　检测低限

本方法的检测低限见表 A.1。

表 A.1　方法检测低限　　单位为毫克每千克

元素	Cu	Co	Ni	Sb	Cd	Cr	Pb	As	Hg
可萃取量	0.05	0.03	0.05	0.26	0.04	0.02	0.11	0.36	0.50
总量	0.17	0.06	0.07	0.38	0.07	0.09	0.27	0.86	0.64

A.2　加标回收率

本方法的加标回收率在表 A.2 所列的加标浓度下，铅、镉、镍、铬、钴、铜、锑、砷、汞的总量的回收率为 80%～115%。

表 A.2　加标浓度

元素		Cu	Co	Ni	Sb	Cd	Cr	Pb	As	Hg
加标浓度/(mg/L)	1	0.8	0.08	0.08	0.6	0.02	0.4	0.02	0.02	0.2
	2	4	0.4	0.4	3	0.1	2	0.1	0.1	1
	3	8	0.8	0.8	6	0.2	4	0.2	0.2	2

ICS 59.140.30
Y 46

中华人民共和国国家标准

GB/T 22931—2008

皮革和毛皮　化学试验 增塑剂的测定

Leather and fur—Chemical tests—Determination of plasticizers

2008-12-30 发布　　2009-09-01 实施

中华人民共和国国家质量监督检验检疫总局
中国国家标准化管理委员会　发布

前　　言

本标准的附录A为规范性附录，附录B、附录C和附录D为资料性附录。

本标准由中国轻工业联合会提出。

本标准由全国皮革工业标准化技术委员会(SAC/TC 252)归口。

本标准起草单位：中华人民共和国嘉兴出入境检验检疫局、中国皮革和制鞋工业研究院。

本标准主要起草人：沈兵、竺媚筠、赵立国、应晓虹、奚奇辉。

皮革和毛皮　化学试验 增塑剂的测定

1　范围

本标准规定了皮革、毛皮中六种增塑剂(见附录A)含量的测定方法。

本标准适用于各类皮革、毛皮及其制品。

2　规范性引用文件

下列文件中的条款通过本标准的引用而成为本标准的条款。凡是注日期的引用文件,其随后所有的修改单(不包括勘误的内容)或修订版均不适用于本标准,然而,鼓励根据本标准达成协议的各方研究是否可使用这些文件的最新版本。凡是不注日期的引用文件,其最新版本适用于本标准。

GB/T 6682　分析实验室用水规格和试验方法(GB/T 6682—2008,ISO 3696:1987,MOD)

QB/T 1267　毛皮成品　样块部位和标志

QB/T 1272　毛皮成品　化学分析试样的制备及化学分析通则

QB/T 1273　毛皮成品　挥发物含量的测定

QB/T 2706　皮革　化学、物理、机械和色牢度试验　取样部位(QB/T 2706—2005,ISO 2418:2002,MOD)

QB/T 2716　皮革　化学试验样品的准备(QB/T 2716—2005,ISO 4044:1977,MOD)

QB/T 2717　皮革　化学试验　挥发物的测定

3　原理

试样经三氯甲烷超声波萃取,萃取液经氧化铝层析柱净化、定容,用气相色谱-质谱联用仪(GC-MS)测定,外标法定量。

4　试剂和材料

除非另有说明,在分析中仅使用确认为分析纯的试剂和符合GB/T 6682的三级水或相当纯度的水。

4.1　三氯甲烷,重蒸备用。

4.2　正己烷,重蒸备用。

4.3　丙酮,重蒸备用。

4.4　丙酮正己烷洗脱液,10 mL丙酮(4.3)和100 mL正己烷(4.2)混合配制。

4.5　氧化铝,层析用中性氧化铝,100目～200目,105 ℃干燥2 h,置于干燥器中冷却至室温,每100 g中加入约2.5 mL水降活,混匀后密封,放置12 h后使用。

不同厂家和不同批号氧化铝的活性有差异,降活时应根据具体购置的氧化铝产品略作调整,降活后氧化铝活性应符合7.1要求。

4.6　氧化铝层析柱,在直径约1 cm的玻璃层析柱底部塞入一些脱脂棉,干法装入氧化铝(4.5)约2 cm高,轻轻敲实后备用。

4.7　标准品,6种邻苯二甲酸酯类增塑剂,纯度大于等于98%。

4.8　标准储备溶液,分别准确称取适量的每种邻苯二甲酸酯类增塑剂标准品(4.7),用正己烷分别配制成浓度为1 mg/mL的标准储备液。

注：该溶液可在0 ℃～4 ℃冰箱中保存，有效期为12个月。

4.9 混合标准溶液，根据需要再用正己烷将标准储备溶液(4.8)稀释成合适浓度的混合标准溶液。

5 仪器和装置

5.1 气相色谱-质谱联用仪(GC-MS)

5.2 分析天平，精确至0.1 mg。

5.3 旋转蒸发仪。

5.4 超声波发生器：工作频率50 kHz。

6 试样制备

6.1 取样

6.1.1 标准部位取样

6.1.1.1 皮革：按QB/T 2706的规定进行。

6.1.1.2 毛皮：按QB/T 1267的规定进行。

6.1.2 非标准部位取样

如果不能从标准部位取样(如直接从鞋、服装上取样)，应在可利用面积内的任意部位取样，样品应具有代表性，并在试验报告中详细记录取样情况。

注：切取样块过程中避免损伤毛被，保持毛被完好。

6.2 试样的制备

6.2.1 皮革：按QB/T 2716的规定进行。

6.2.2 毛皮：按QB/T 1272的规定进行。

6.2.3 除去试样上面的胶水、附着物，将试样混匀，装入清洁的试样瓶内待测。

7 试验步骤

7.1 氧化铝活性试验

取氧化铝层析柱(4.6)，先用5 mL正己烷(4.2)淋洗，然后将1mL混合标准溶液(4.9)加入到层析柱中，用30 mL正己烷(4.2)分多次淋洗，弃去淋洗液。再用30 mL丙酮正己烷洗脱液(4.4)分多次洗脱，收集洗脱液于100 mL平底烧瓶中，于旋转蒸发仪(5.3)中(60±5)℃低真空浓缩至近干，缓氮气流吹干，准确加入1 mL正己烷溶解残渣。按7.5用GC-MS测定，计算回收率，回收率应大于90%。

注：淋洗和洗脱时，每次加液宜等上一次溶液即将流尽但尚未流尽时进行，整个过程不宜使层析柱干涸。

7.2 萃取

称取约1.0 g试样(精确至0.001 g)，置于100 mL具塞三角烧瓶中，加入20 mL三氯甲烷(4.1)，于超声波发生器(5.4)中常温萃取15 min。将萃取液用定性滤纸过滤至圆底烧瓶中，残渣再用相同方法萃取两次，合并滤液。滤液于旋转蒸发仪(5.3)中(60±5)℃低真空浓缩至近干，加2 mL正己烷(4.2)溶解残渣。

7.3 净化

取氧化铝层析柱(4.6)，先用5 mL正己烷(4.2)淋洗，然后将样品萃取液加入到层析柱中，用少量正己烷洗涤容器，洗涤液并入层析柱中。用30 mL正己烷(4.2)分多次淋洗，弃去淋洗液。再用30 mL丙酮正己烷洗脱液(4.4)分多次洗脱，收集洗脱液于100 mL平底烧瓶中，于旋转蒸发仪(5.3)中(60±5)℃低真空浓缩至近干，缓氮气流吹干，准确加入1 mL正己烷溶解残渣，供气相色谱-质谱测定和确证。

注：溶解残渣时，可根据实际需要确定加入正己烷的体积，但注意正己烷的体积对检测限的影响。

7.4 标准工作曲线的制作

将混合标准溶液(4.9)用正己烷逐级稀释成适当浓度的系列工作液，按 7.5.1 的条件测定，以峰面积为纵坐标，增塑剂浓度为横坐标，绘制工作曲线。

7.5 测定

7.5.1 气相色谱-质谱分析条件

由于测试结果与使用的仪器和条件有关，因此不可能给出色谱分析的普遍参数。采用下列参数已被证明对测试是合适的：

a) 色谱柱：DB-5 MS，30 m×0.25 mm×0.25 μm 或相当者；

b) 色谱柱温度：90 ℃(0 min) $\xrightarrow{20\ ℃/\mathrm{min}}$ 260 ℃(20 min)；

c) 进样口温度：270 ℃；

d) 色谱-质谱接口温度：270 ℃；

e) 离子源温度：230 ℃；

f) 四极杆温度：150 ℃；

g) 电离方式：EI，能量 70 eV；

h) 数据采集：SIM，选择离子参见附录 B；

i) 载气：氦气，纯度≥99.999%，流量 1.0 mL/min；

j) 进样方式：分流，分流比 1∶10；

k) 进样量：1 μL。

7.5.2 GC-MS 测定

将 7.3 所得的试样溶液用 GC-MS 测定，对照标准工作曲线计算增塑剂的浓度。试样溶液中增塑剂的响应值应在仪器检测的线性范围内，以保留时间和选择离子的丰度比定性，峰面积定量。增塑剂的 GC-MS 选择离子总离子流标准谱图参见附录 C。

8 结果表述

8.1 增塑剂含量的计算

试样中增塑剂含量按式(1)计算：

$$w_i = \frac{c_i \times V}{m} \qquad \cdots\cdots(1)$$

式中：

w_i——试样中增塑剂含量，单位为毫克每千克(mg/kg)；

c_i——由标准工作曲线所得的试样溶液中增塑剂的浓度，单位为微克每毫升(μg/mL)；

V——试样最终定容体积，单位为毫升(mL)；

m——试样称取的质量，单位为克(g)。

8.2 以绝干质量计算的试样中增塑剂含量的换算

以绝干质量计算的试样中增塑剂含量按式(2)计算：

$$w_{i\text{-dry}} = w_i \times D \qquad \cdots\cdots(2)$$

式中：

$w_{i\text{-dry}}$——以绝干质量计算的试样中增塑剂含量，单位为毫克每千克(mg/kg)；

w_i——试样中的增塑剂含量(以试样实际质量计算)，单位为毫克每千克(mg/kg)；

D——转换成绝干质量的换算系数[$D=\frac{100}{100-W}$，W 为按 QB/T 2717 或 QB/T 1273(带毛)测得的样品中的挥发物含量，%]。

8.3 结果表示

增塑剂含量应注明是以试样实际质量为基准，还是以试样绝干质量计算为基准，用 mg/kg 表示，修约至 1 mg/kg。当发生争议或仲裁试验时，以绝干质量为准。挥发物用%表示，修约至 0.1%。

两次平行试验结果的差值与平均值之比应不大于 10%，以两次平行试验结果的算术平均值作为结果。

8.4 检测限和回收率

本方法的检测限和回收率参见附录 D。

9 试验报告

试验报告应包含以下内容：

a) 本标准编号；

b) 样品名称、种类、取样的详细信息；

c) 样品中的增塑剂含量(mg/kg)；

d) 应注明试验结果是以样品实际质量为基准，还是以样品绝干质量计算为基准，如果以样品绝干质量计算为基准，应注明样品中的挥发物含量，%；

e) 试验中出现的异常现象；

f) 实测方法与本标准的不同之处；

g) 试验人员、日期。

附 录 A
(规范性附录)
6种邻苯二甲酸酯类增塑剂种类表

6种邻苯二甲酸酯类增塑剂种类见表A.1。

表A.1 6种邻苯二甲酸酯类增塑剂

序号	邻苯二甲酸酯类增塑剂名称	英文名称	化学文摘编号	化学分子式
1	邻苯二甲酸二丁酯	dibutyl phthalate(DBP)	000084-74-2	$C_{16}H_{22}O_4$
2	邻苯二甲酸丁基苄基酯	benzylbutyl phthalate(BBP)	000085-68-7	$C_{19}H_{20}O_4$
3	邻苯二甲酸二(2-乙基)己酯	di(2-ethylhexyl) phthalate(DEHP)	000117-81-7	$C_{24}H_{38}O_4$
4	邻苯二甲酸二异壬酯	diisononyl phthalate(DINP)	028553-12-0	$C_{26}H_{42}O_4$
5	邻苯二甲酸二辛酯	dinoctyl phthalate(DNOP)	000117-84-0	$C_{24}H_{38}O_4$
6	邻苯二甲酸二异癸酯	diisodecyl phthalate(DIDP)	026761-40-0	$C_{28}H_{46}O_4$

附　录　B
（资料性附录）
6 种邻苯二甲酸酯类增塑剂的保留时间、选择离子特征表

6 种邻苯二甲酸酯类增塑剂的保留时间、选择离子特征见表 B.1。

表 B.1　6 种邻苯二甲酸酯类增塑剂的保留时间、选择离子特征

序　号	邻苯二甲酸酯类增塑剂名称	保留时间/min	特征离子	
			定量	定性
1	邻苯二甲酸二丁酯	8.33	149	205，223
2	邻苯二甲酸丁基苄基酯	10.76	149	91，206
3	邻苯二甲酸二(2-乙基)己酯	12.46	149	167，279
4	邻苯二甲酸二异壬酯	14～25	149	167，279，293，307
5	邻苯二甲酸二辛酯			
6	邻苯二甲酸二异癸酯			

附 录 C
（资料性附录）
标准色谱图

DINP、DEHP、DBP、DIDP、DNOP 和 BBP 的 GC-MS 选择离子总离子流标准色谱图见图 C.1。

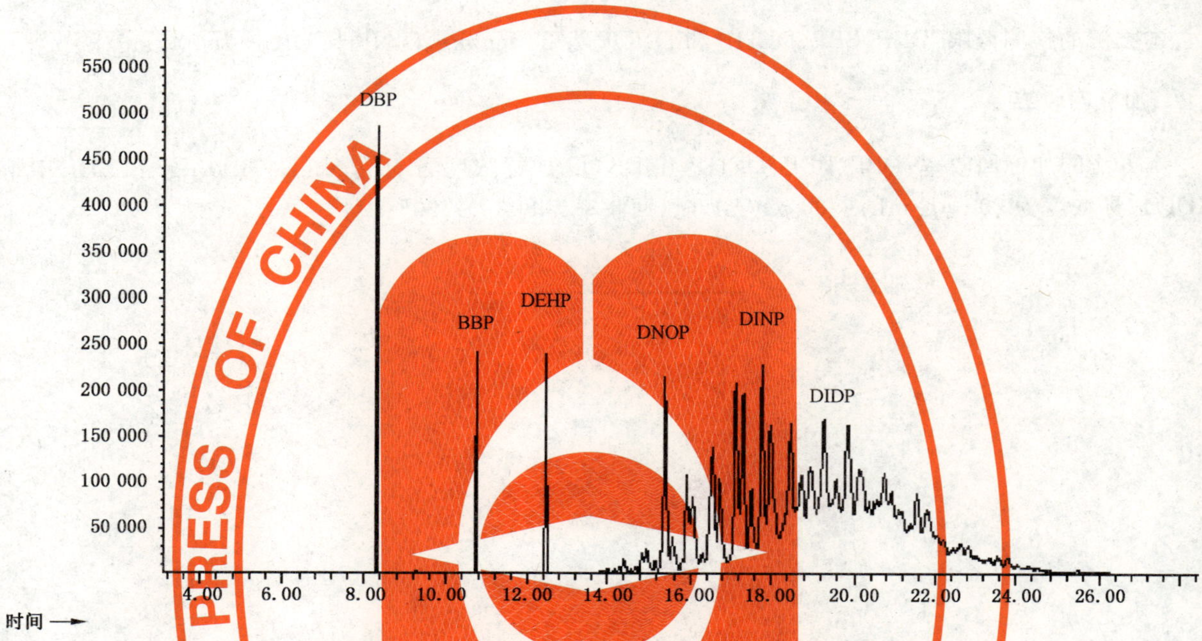

图 C.1　DINP、DEHP、DBP、DIDP、DNOP 和 BBP 的 GC-MS 选择离子总离子流标准色谱图

附 录 D
（资料性附录）
方法的检测限和回收率

D.1 检测低限

本方法的检测低限：DBP、BBP、DEHP 和 DNOP 为 20 mg/kg，DINP 和 DIDP 为 100 mg/kg。

D.2 加标回收率

本方法的加标回收率：DBP、BBP、DEHP 和 DNOP 加标浓度为 50 μg/mL～100 μg/mL、DINP 和 DIDP 加标浓度为 200 μg/mL～500 μg/mL 时，回收率为 80%～120%。

ICS 59.140.30
Y 46

中华人民共和国国家标准

GB/T 22932—2008

皮革和毛皮 化学试验 有机锡化合物的测定

Leather and fur—Chemical tests—Determination of organotin compounds

2008-12-30 发布　　2009-09-01 实施

中华人民共和国国家质量监督检验检疫总局
中国国家标准化管理委员会　发布

前言

本标准的附录 A、附录 B 和附录 C 为资料性附录。

本标准由中国轻工业联合会提出。

本标准由全国皮革工业标准化技术委员会(SAC/TC 252)归口。

本标准起草单位:中华人民共和国嘉兴出入境检验检疫局、中国皮革和制鞋工业研究院。

本标准主要起草人:沈兵、周戋、赵立国、奚奇辉、顾旭华。

皮革和毛皮　化学试验
有机锡化合物的测定

1　范围

本标准规定了皮革、毛皮中二丁基锡(DBT)和三丁基锡(TBT)含量的测定方法。

本标准适用于各类皮革、毛皮及其制品。

2　规范性引用文件

下列文件中的条款通过本标准的引用而成为本标准的条款。凡是注日期的引用文件,其随后所有的修改单(不包括勘误的内容)或修订版均不适用于本标准,然而,鼓励根据本标准达成协议的各方研究是否可使用这些文件的最新版本。凡是不注日期的引用文件,其最新版本适用于本标准。

GB/T 3922　纺织品耐汗渍色牢度试验方法(GB/T 3922—1995,eqv ISO 105-E04:1994)

GB/T 6682　分析实验室用水规格和试验方法(GB/T 6682—2008,ISO 3696:1987,MOD)

QB/T 1267　毛皮成品　样块部位和标志

QB/T 1272　毛皮成品　化学分析试样的制备及化学分析通则

QB/T 1273　毛皮成品　挥发物含量的测定

QB/T 2706　皮革　化学、物理、机械和色牢度试验　取样部位(QB/T 2706—2005,ISO 2418:2002,MOD)

QB/T 2716　皮革　化学试验样品的准备(QB/T 2716—2005,ISO 4044:1977,MOD)

QB/T 2717　皮革　化学试验　挥发物的测定

3　原理

用酸性汗液萃取试样,在 pH＝4.0±0.1 的酸度下,以四乙基硼化钠为衍生化试剂,正己烷为萃取剂,对萃取液中的二丁基锡(DBT)和三丁基锡(TBT)直接萃取衍生化。用气相色谱-质谱仪(GC-MS)测定,外标法定量。

4　试剂和材料

除非另有说明,在分析中仅使用确认为分析纯的试剂和符合 GB/T 6682 的三级水或相当纯度的水。

4.1　正己烷。

4.2　酸性汗液:根据 GB/T 3922 的规定配制酸性汗液,试液应现配现用。

4.3　乙酸钠。

4.4　冰乙酸。

4.5　乙酸盐缓冲液:1 mol/L 乙酸钠溶液,用冰乙酸调至 pH＝4.0±0.1。

4.6　四乙基硼化钠。

4.7　四乙基硼化钠溶液:称取 0.2 g 四乙基硼化钠($NaBEt_4$)(4.6)于 10 mL 棕色容量瓶中,用水溶解,定容。此溶液浓度为 20 g/L(质量浓度)。

注:此溶液不稳定,宜现用现配,配置时宜尽可能隔绝空气。

4.8　有机锡标准储备溶液:各有机锡标准储备溶液用纯度大于或等于 99％的有机锡标准物质配制,浓度以有机锡阳离子浓度计，配制方法如下：

a) 三丁基锡标准储备溶液(1 000 μg/mL)，准确称取氯化三丁基锡($C_{12}H_{27}SnCl$)标准品0.112 g，用少量甲醇溶解后，转移至100 mL容量瓶中，用水稀释至刻度。

b) 二丁基锡标准储备溶液(1 000 μg/mL)，准确称取氯化二丁基锡($C_8H_{18}SnC_{12}$)标准品0.130 g，用少量甲醇溶解后，转移至100 mL容量瓶中，用水稀释至刻度。

注：有机锡标准储备溶液宜保存在棕色试剂瓶中，4 ℃条件下保存期为六个月。

4.9 有机锡混合标准溶液：分别移取一定体积的三丁基锡标准储备溶液[4.8a)]和二丁基锡标准储备溶液[4.8b)]，置于同一个棕色容量瓶中，用水稀释至刻度，摇匀。混合标准溶液的浓度可根据实际需要配制。

5 仪器和装置

5.1 气相色谱-质谱仪(GC-MS)。

5.2 恒温水浴振荡器：可控温度(37±2)℃，振荡频率可达60次/min。

5.3 旋涡振荡器：振荡频率可达2 200 r/min。

5.4 离心机：转速可达2 000 r/min。

5.5 天平：精确至0.1 mg。

6 试样制备

6.1 取样

6.1.1 标准部位取样：

a) 皮革：按QB/T 2706的规定进行。

b) 毛皮：按QB/T 1267的规定进行。

6.1.2 非标准部位取样：

如果不能从标准部位取样(如直接从鞋、服装上取样)，应在可利用面积内的任意部位取样，样品应具有代表性，并在试验报告中详细记录取样情况。

注：切取样块过程中避免损伤毛被，保持毛被完好。

6.2 试样的制备

6.2.1 皮革：按QB/T 2716的规定进行。

6.2.2 毛皮：按QB/T 1272的规定进行。

6.2.3 除去样品上面的胶水、附着物，将试样混匀，装入清洁的试样瓶内待测。

7 试验步骤

7.1 萃取液制备

称取约4.0 g试样(精确至0.01 g)，置于150 mL具塞三角烧瓶中，加入80 mL酸性汗液(4.2)，盖上塞子后轻轻摇动使样品充分浸湿，放入恒温水浴振荡器(5.2)中于(37±2)℃，60次/min振荡60 min。冷却至室温。

7.2 衍生化

用移液管准确移取上述样液20 mL置于50 mL具塞试管中。加入2 mL乙酸盐缓冲溶液(4.5)，摇匀。依次加入2 mL四乙基硼化钠溶液(4.7)和2.0 mL正己烷(4.1)，用旋涡振荡器(5.3)振荡15 min。静置、分层后，吸出上层有机相，置于离心管中，于2 000 r/min离心5 min。该样液供GC-MS分析用。

7.3 标准工作曲线的制作

准确吸取浓度为1、5、25和100 μg/mL的混合标准溶液(4.9)1 mL，置于一个50 mL具塞试管中，加入酸性汗液(4.2)至总体积为20 mL，按7.2衍生化。所得溶液按7.4.1的条件测定，以峰面积为纵坐标，有机锡浓度为横坐标，绘制工作曲线。

7.4 气相色谱-质谱测定(GC-MS)

7.4.1 GC-MS分析条件

由于测试结果与使用的仪器和条件有关，因此不可能给出色谱分析的普遍参数。采用下列参数已被证明对测试是合适的：

a) 色谱柱：DB-5MS，30 m×0.25 mm×0.25 μm，或相当者；

b) 色谱柱温度：初始温度70 ℃，以20 ℃/min升温至280 ℃，保持3 min；

c) 进样口温度：270 ℃；

d) 气相和质谱传输线温度：270 ℃；

e) 离子源温度：230 ℃；

f) 四极杆温度：150 ℃；

g) 电离方式：EI，能量70 eV；

h) 数据采集：SIM，选择离子参见附录A；

i) 载气：氦气，纯度大于等于99.999%，流量1.0 mL/min；

j) 进样方式：分流，分流比1∶10；

k) 进样量：1 μL。

7.4.2 GC-MS测定

将7.2所得的试样溶液用GC-MS测定，对照标准工作曲线计算有机锡的浓度。试样溶液中有机锡的响应值应在仪器检测的线性范围内，以保留时间和选择离子的丰度比定性，峰面积定量。有机锡衍生物的GC-MS选择离子总离子流标准谱图参见附录B。

8 结果表述

8.1 有机锡化合物含量的计算

按式(1)计算试样中的有机锡化合物含量：

$$w_i = \frac{c_i \times V \times 4}{m} \qquad \cdots\cdots(1)$$

式中：

w_i——试样中有机锡化合物 i 的含量，单位为毫克每千克(mg/kg)；

c_i——由标准工作曲线所得的试样溶液中有机锡化合物的浓度，单位为微克每毫升(μg/mL)；

V——试样最终定容体积，单位为毫升(mL)；

m——试样称取的质量，单位为克(g)。

8.2 以绝干质量计算的试样中有机锡化合物含量的换算

按式(2)计算出以绝干质量计算的试样中的有机锡化合物含量

$$w_{i-\mathrm{dry}} = w_i \times D \qquad \cdots\cdots(2)$$

式中：

$w_{i-\mathrm{dry}}$——以绝干质量计算的试样中有机锡化合物 i 的含量，单位为毫克每千克(mg/kg)；

w_i——试样中的有机锡化合物 i 的含量(以试样实际质量计算)，单位为毫克每千克(mg/kg)；

D——转换成绝干质量的换算系数[$D=\frac{100}{100-W}$，W 为按QB/T 2717或QB/T 1273(带毛)测得的样品中的挥发物含量，%]。

8.3 结果表示

有机锡化合物含量应注明是以试样实际质量为基准，还是以试样绝干质量计算为基准，用mg/kg表示，修约至0.1 mg/kg。当发生争议或仲裁试验时，以绝干质量为准。挥发物用%表示，修约至

0.1%。

两次平行试验结果的差值与平均值之比应不大于10%，以两次平行试验结果的算术平均值作为结果。

8.4 检测限和回收率

本方法的检测限和回收率参见附录C。

9 试验报告

试验报告应包含以下内容：

a) 本标准编号；

b) 样品名称、种类、取样的详细信息；

c) 样品中的有机锡化合物含量(mg/kg)；

d) 应注明试验结果是以样品实际质量为基准，还是以样品绝干质量计算为基准，如果以样品绝干质量计算为基准，应注明样品中的挥发物含量(%)；

e) 试验中出现的异常现象；

f) 实测方法与本标准的不同之处；

g) 试验人员、日期。

附 录 A
（资料性附录）
二丁基锡和三丁基锡衍生物的保留时间、选择离子特征

二丁基锡和三丁基锡衍生物的保留时间、选择离子特征见表 A.1。

表 A.1 二丁基锡和三丁基锡衍生物的保留时间、选择离子特征

序号	有机锡名称	化学文摘编号	衍生物名称	保留时间/min	特征离子	
					定量	定性
1	氯化二丁基锡	683-18-1	二乙基二丁基锡	5.84	207	149,179,263
2	氯化三丁基锡	1461-22-9	乙基三丁基锡	6.79	207	235,263,291

附 录 B
（资料性附录）
标准色谱图

B.1 二丁基锡（DBT）、三丁基锡（TBT）衍生物的 GC-MS 选择离子总离子流标准色谱图见图 B.1。

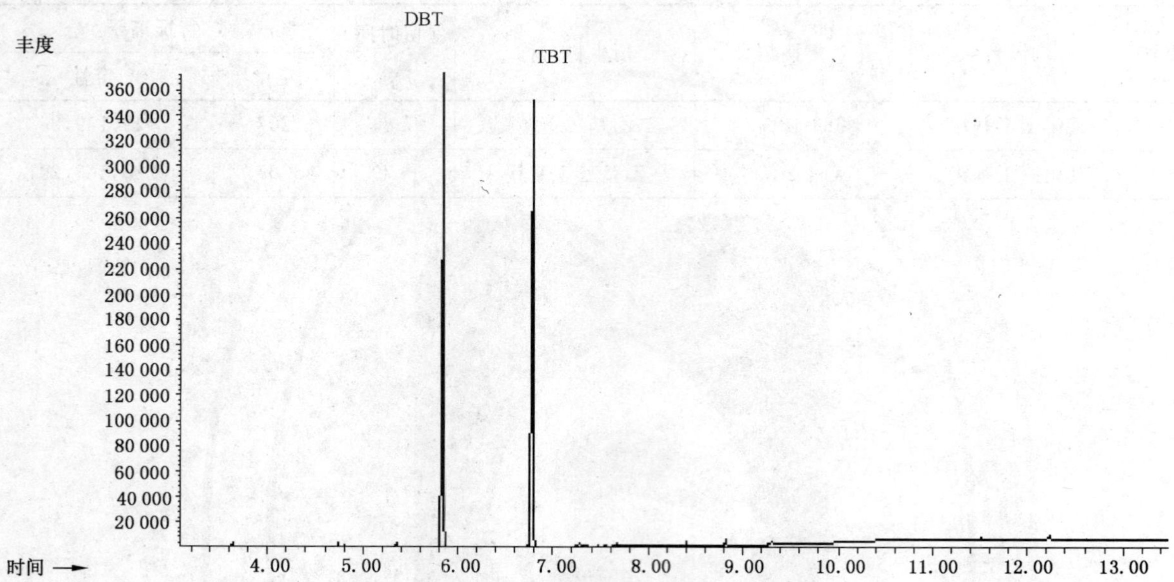

图 B.1 二丁基锡（DBT）、三丁基锡（TBT）衍生物的 GC-MS 选择离子总离子流标准色谱图

B.2 二丁基锡（DBT）衍生物质色谱图见图 B.2。

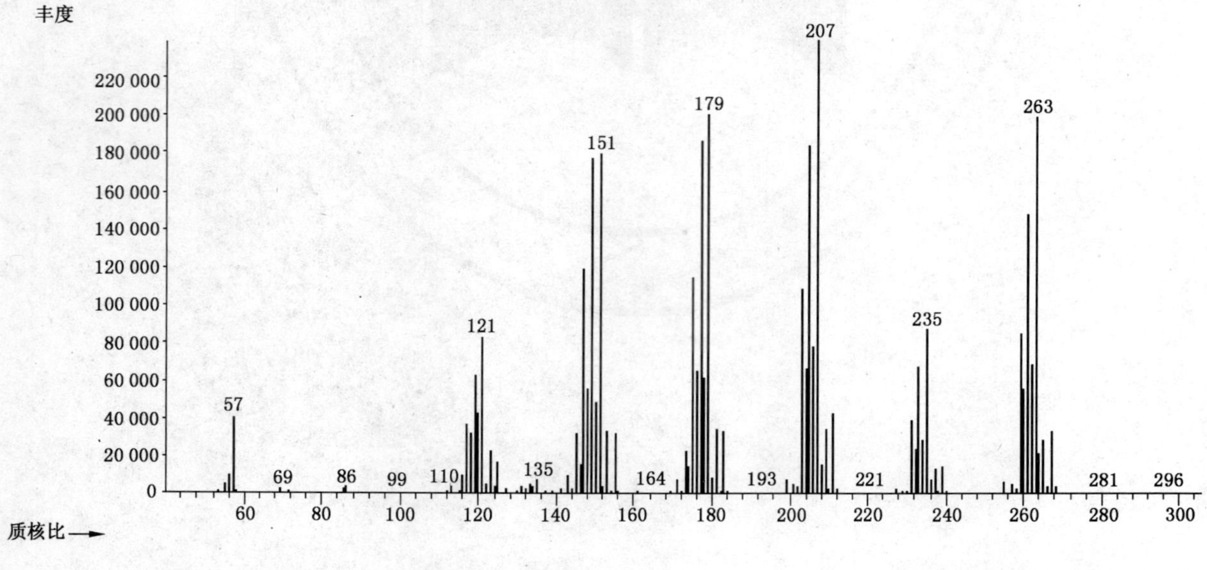

图 B.2 二丁基锡（DBT）衍生物质色谱图

B.3 三丁基锡(TBT)衍生物质色谱图见图 B.3。

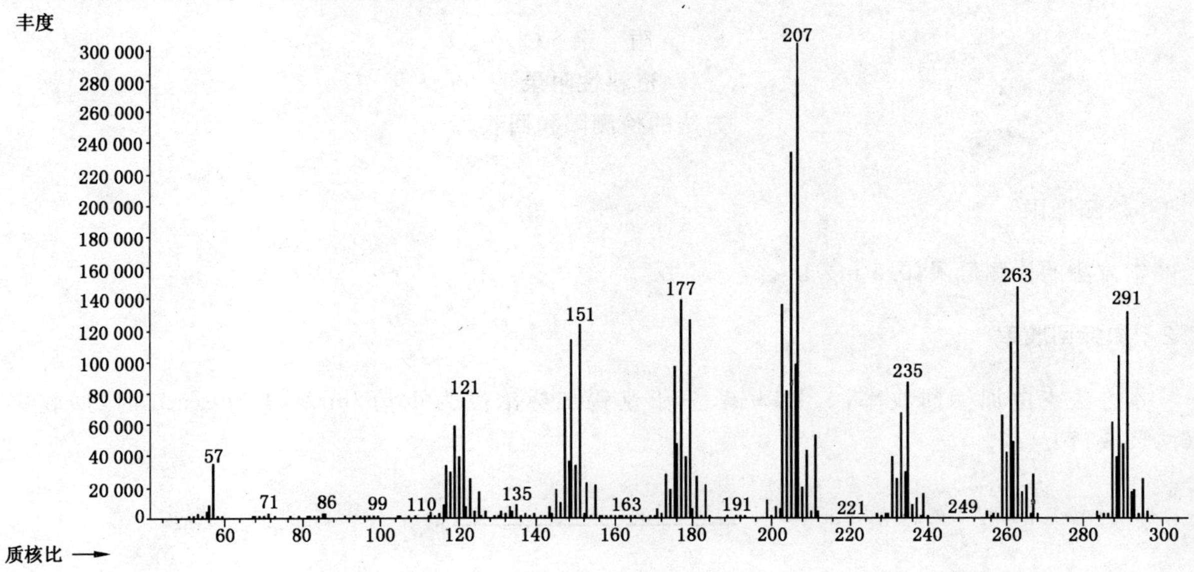

图 B.3 三丁基锡(TBT)衍生物质色谱图

附 录 C
（资料性附录）
方法的检测限和回收率

C.1 检测低限

本方法的检测低限：0.5 mg/kg。

C.2 加标回收率

本方法空白加标回收率：二丁基锡、三丁基锡加标浓度为 1 μg/mL～10 μg/mL 时，回收率为 96.9%～110.4%。

ICS 59.140.30
Y 46

中华人民共和国国家标准

GB/T 22933—2008

皮革和毛皮 化学试验 游离脂肪酸的测定

Leather and fur—Chemical tests—Determination of free fatty acid

2008-12-30 发布 2009-09-01 实施

中华人民共和国国家质量监督检验检疫总局
中国国家标准化管理委员会 发布

前　言

本标准参照国际皮革工艺师和化学师联合会(IULTCS)的方法标准 IUC 4。

本标准由中国轻工业联合会提出。

本标准由全国皮革工业标准化技术委员会(SAC/TC 252)归口。

本标准起草单位:国家皮革质量监督检验中心(浙江)、海宁市和平化工有限公司、桐乡市鑫诺皮草有限公司、四川大学皮革化学与工程教育部重点实验室。

本标准主要起草人:单志华、马贺伟、李雄伟、范朝云、董荣华、吴远浪。

皮革和毛皮　化学试验
游离脂肪酸的测定

1　范围

本标准规定了皮革、毛皮皮板中游离脂肪酸含量测定方法。

本标准适用于各种皮革、毛皮。

2　规范性引用文件

下列文件中的条款通过本标准的引用而成为本标准的条款。凡是注日期的引用文件，其随后所有的修改单（不包括勘误的内容）或修订版均不适用于本标准，然而，鼓励根据本标准达成协议的各方研究是否可使用这些文件的最新版本。凡是不注日期的引用文件，其最新版本适用于本标准。

GB/T 601　化学试剂　标准滴定溶液的制备

GB/T 6682　分析试验室用水规格和试验方法(GB/T 6682—2008,ISO 3696:1987,MOD)

QB/T 2706　皮革　化学、物理、机械和色牢度试验　取样部位

QB/T 2707　皮革　物理和机械试验　试样的准备和调节

QB/T 2716　皮革　化学试验样品的准备

QB/T 2718　皮革　化学试验　二氯甲烷萃取物的测定

3　原理

用二氯甲烷对样品进行萃取，萃取物经乙醚-乙醇混合溶剂溶解后，用氢氧化钠溶液滴定，以酚酞作指示剂判断滴定终点。根据消耗氢氧化钠溶液的量，计算游离脂肪酸的含量（以油酸为基准物）。

4　试剂和材料

除非另有规定，所用试剂均为分析纯，水为符合 GB/T 6682 规定的三级水。实验中所用的标准滴定溶液，在没有注明其他要求时，均按照 GB/T 601 规定的制备与标定。

4.1　乙醚。

4.2　乙醇，95%。

4.3　氢氧化钠标准溶液，0.05 mol/L。

4.4　酚酞指示剂，10 g/L，用 95%乙醇(4.2)配制，pH 范围 8.2～10.0，从无色至淡红色。

4.5　混合溶剂，乙醚(4.1)-95%乙醇(4.2)的混合液（体积比 1∶1）；临用前每 40 mL 混合溶剂中加入 0.5 mL 酚酞指示剂(4.4)并用氢氧化钠溶液(4.3)准确滴定至中性（呈现微红色）。

5　仪器和设备

5.1　分析天平，精度为 0.1 mg。

5.2　水浴锅，可控制温度 90 ℃～95 ℃。

5.3　碱式滴定管，25 mL，最小刻度 0.05 mL。

5.4　磁力搅拌器。

6 取样及试样制备

6.1 取样

按照 QB/T 2706 的规定进行。如果不能从标准部位取样(如直接从鞋、服装上取样),应在试验报告中详细记录取样情况。

6.2 试样的制备

按照 QB/T 2716 的规定进行。对于毛皮样品,应尽可能地剪去毛被,保留皮板。

6.3 试样的空气调节

称量样品之前,试样按照 QB/T 2707 的规定进行调节。

7 分析步骤

7.1 准确称量 10 g 样品(准确至 0.1 mg),按照 QB/T 2718 操作进行索氏抽提,最后将二氯甲烷溶液完全转移到萃取用的蒸馏烧瓶中。

7.2 将蒸馏烧瓶在水浴锅(5.2)上加热,蒸干二氯甲烷。

7.3 加入 40 mL 乙醚-乙醇混合溶剂(4.5)于蒸馏烧瓶中,充分振荡烧瓶,使残余物完全溶解。

注:若残余物不能完全溶解,可加入 45 ℃~50 ℃的热乙醚-乙醇混合溶剂溶解、混匀,自来水中冷却 1 min 后迅速滴定。

7.4 用氢氧化钠标准溶液(4.3)滴定蒸馏烧瓶中的混合溶液,并用磁力搅拌(5.4),使烧瓶中的物质混合均匀(或强烈振荡以混匀烧瓶中的物质)。

7.5 滴定终点颜色为微红色(同 4.5 中经过滴定后的乙醚-乙醇混合溶剂颜色),且保持 15 s 不变。

注 1:当萃取物的颜色较深时,可采用如下方法调整:适当增加混合溶剂的用量;采用酚酞试纸判断滴定终点。

注 2:混合溶剂中,可用异丙醇代替乙醇、甲苯代替乙醚。

注 3:乙醚易燃、易爆,使用时需谨慎。

8 计算

游离脂肪酸的含量以其在被萃取物(样品)中的质量分数表示,按照式(1)计算:

$$X = \frac{28.2 \times V \times c}{1\,000\, m} \quad \cdots\cdots (1)$$

式中:

X——游离脂肪酸(FFA)的含量,%;

V——滴定过程所消耗氢氧化钠标准溶液的体积,单位为毫升(mL);

c——氢氧化钠标准溶液的浓度,单位为摩尔每升(mol/L);

m——被萃取物(样品)的质量,单位为克(g)。

注:式(1)是通过脂肪酸的酸值计算公式转化得到,系数 28.2 是以油酸为基准换算得到。游离脂肪酸的质量百分数乘以系数 1.99,即为样品的酸值。

9 结果表示

两次平行测定结果的相对偏差应小于 10%。以两次测定结果的算术平均值作为最终结果,保留到小数点后一位。

10 试验报告

试验报告应包含以下内容:

a) 本标准编号；
b) 样品名称、编号、类型、厂家(或商标)；
c) 样品中游离脂肪酸的质量百分数；
d) 试验中出现的异常现象；
e) 实测方法与本标准的不同之处；
f) 试验人员、日期。

ICS 55.100
Y 22

中华人民共和国国家标准

GB/T 22934—2008/ISO 8113:2004

玻璃容器　耐垂直负荷试验方法

Glass containers—Resistance to vertical load—Test method

(ISO 8113:2004, IDT)

2008-12-30 发布　　2009-09-01 实施

中华人民共和国国家质量监督检验检疫总局
中国国家标准化管理委员会　发布

前言

本标准等同采用 ISO 8113:2004《玻璃容器　耐垂直负荷　试验方法》(英文版)。

本标准等同翻译 ISO 8113:2004。

为便于使用,本标准作了下列编辑性修改:

a) “本国际标准”一词改为“本标准”;

b) 删除国际标准的前言;

c) 增加了本标准的前言。

本标准由中国轻工业联合会提出。

本标准由全国日用玻璃标准化技术委员会(SAC/TC 377)归口。

本标准起草单位:东华大学、国家眼镜玻璃搪瓷制品质量监督检验中心。

本标准主要起草人:桑仪、张国琇。

玻璃容器 耐垂直负荷试验方法

1 范围

本标准规定了玻璃容器承受垂直方向附加力的测定方法。

2 取样

按照预定的容器数量进行试验。

用于试验的容器不应经受任何对它们的耐垂直负荷有不利影响的其他的机械试验或热试验。

3 装置

3.1 压力仪或具备下列特性的其他适当的装置：

3.1.1 装置应具有不断增加所需压力的能力，并使用指针或记录装置显示这个压力，其精度至少为2.5％。

3.1.2 装置应由两块水平的平整钢制压板组成。顶部的平板应能自身调节水平，底部的平板表面中心应有标记。

3.1.3 装置应配置防护罩，或应为每种类型的试验容器配置足够牢固的圆柱形的防护罩，防护罩的高度应略低于试验样品的高度。

3.2 垫片，例如：卡片纸或几层纸，以防止负载情况下玻璃与金属接触。

为了得到一个稳定的负载，并且防止玻璃与金属之间的接触，垫片，如：塑料片或橡胶片，折叠的纸、卡片纸或瓶盖，应插入玻璃表面与金属压面之间。

4 试验步骤

4.1 样品温度与环境温度相差应不超过5 ℃。

4.2 特别注意确保平板上没有玻璃颗粒。放置一片基底垫片(3.2)在底部平板的中心，将试验容器放在其上。试验容器的中心应与装置的中心一致。

4.3 用防护罩保护试验容器，同时，如果试验规定，在容器口部封合面上放上与其吻合的封合物。除使用封合物外，在试验容器上覆盖一片与放置在试验容器底部的基底垫片相同的垫片。既可以使用纸片也可以使用封合物，为每一次试验的试验容器更换新的上、下垫片。

注：吻合的封合物的使用是适合的，尤其是，当使用带有密封层的金属封合物时，在这些情况下，应用手工将螺旋式的和卡口式的封合物锁好。

4.4 增加压力时的推进速度或平均速率应恒定，并应记录。

4.5 根据试验的目的和类型进行以下的试验：

4.5.1 通过试验

增加压力到规定值。当达到规定值时，应移开压板。按预先规定的试验容器数量进行试验以后，试验完成。

4.5.2 全数递增试验

逐步增加压力直到试验容器破裂。样品中的所有试验容器均需进行试验。

5 安全要求

如果操作者不进行适当的防护，试验过程中可能损伤身体。试验应在推荐的安全方法下完成。

6 试验报告

试验报告应包括下列内容：

a) 执行标准号；

b) 装置的量程和描述，依据4.2的试验条件；

c) 试验样本的描述和数量以及取样方法；

d) 使用的顶部和底部垫片的描述，如果使用的话，封合物的描述；

e) 推进速度或增压时的平均速率；

f) 根据试验的目的和类型所得的结果：

1) 依据4.5.1进行的通过试验：

——规定的压力值(负载量)；

——试验中损坏的容器数量。

2) 依据4.5.2进行的全数递增试验：

——每个容器破碎时所需的压力值，以kN表示；

——这些值的平均值，$\overline{X}$；

——标准偏差，s。

g) 试验日期；

h) 试验场所；

i) 责任人签名。

ICS 29.140.30
K 71

中华人民共和国国家标准

GB/T 22935—2008

投影仪用金属卤化物灯

Metal-halide lamps for projecting apparatus

2008-12-30 发布

2009-09-01 实施

中华人民共和国国家质量监督检验检疫总局
中国国家标准化管理委员会
发布

前 言

本标准电参数的技术内容参照美国国家标准 ANSI C78.1385《M81 双端 150 W 金属卤化物灯》。

本标准的附录 A 和附录 B 为规范性附录。

本标准由中国轻工业联合会提出。

本标准由全国照明电器标准化技术委员会(SAC/TC 224)归口。

本标准起草单位:杭州汉光照明有限公司、上海源明照明科技有限公司、宁波大学、北京电光源研究所。

本标准主要起草人:吴永强、华鸣、叶际爽、汪鹏君、叶炳金、赵秀荣、江姗、段彦芳。

投影仪用金属卤化物灯

1 范围

本标准规定了投影仪用金属卤化物灯的分类与命名、主要尺寸、要求、试验方法、检验规则、标志、包装、运输和贮存。

本标准适用于功率为150 W的单端和双端金属卤化物灯(以下简称灯)。符合本标准和GB 19652的金属卤化物灯，当采用符合附录A和附录B要求的镇流器、触发器和灯具时，在额定电源电压的92%～106%范围内，可以正常启动和燃点。

2 规范性引用文件

下列文件中的条款通过本标准的引用而成为本标准的条款。凡是注日期的引用文件，其随后所有的修改单(不包括勘误的内容)或修订版均不适用于本标准，然而，鼓励根据本标准达成协议的各方研究是否可使用这些文件的最新版本。凡是不注日期的引用文件，其最新版本适用于本标准。

GB/T 191 包装储运图示标志(GB/T 191—2008，ISO 780:1997，MOD)

GB/T 2423.10 电工电子产品环境试验 第2部分：试验方法 试验Fc：振动(正弦)(GB/T 2423.10—2008，IEC 60068-2-6:1995，IDT)

GB/T 2828.1 计数抽样检验程序 第1部分：按接收质量限(AQL)检索的逐批检验抽样计划(GB/T 2828.1—2003，ISO 2859-1:1999，IDT)

GB/T 2829 周期检查计数抽样程序及表(适用于对过程稳定性的检查)

GB/T 2900.65 电工术语 照明(GB/T 2900.65—2004，IEC 60050(845):1987，MOD)

GB 7000.1 灯具 第1部分：一般要求与试验(GB 7000.1—2007，IEC 60598-1:2003，IDT)

GB/T 13434 放电灯(荧光灯除外)特性测量方法

GB/T 15042 灯用附件 放电灯(管形荧光灯除外)用镇流器 性能要求(GB/T 15042—2008，IEC 60923:2006，IDT)

GB/T 18661 金属卤化物灯(钪钠系列)

GB 19510.2 灯的控制装置 第2部分：启动装置(辉光启动器除外)的特殊要求(GB 19510.2—2008，IEC 61347-2-1:2006，IDT)

GB 19510.10 灯的控制装置 第10部分：放电灯(管形荧光灯除外)用镇流器的特殊要求(GB 19510.10—2008，IEC 61347-2-9:2006，IDT)

GB 19652—2005 放电灯(荧光灯除外)安全要求(IEC 62035:2003，IDT)

GB/T 19655 灯用附件 启动装置(辉光启动器除外)性能要求(GB/T 19655—2005，IEC 60927:1999，IDT)

QB 2274 电光源产品的分类和型号命名方法

3 术语和定义

GB/T 2900.65和GB/T 18661确立的术语和定义适用于本标准。

4 分类与命名

4.1 分类

4.1.1 按灯头的数量分为单端(单灯头)和双端(双灯头)。

4.1.2 按色温分为 10 000 K 和 14 000 K 等。

4.2 型号

灯的型号应符合 QB 2274 的规定。

4.2.1 型号表示规则

灯的型号由四部分组成：第一部分表示灯的代号(JLP 代表投影仪用金属卤化物灯)，第二部分表示灯的功率，第三部分表示灯头型号(如 G12、R7s 等)，第四部分为补充部分，可采用色温(如 10 K 和14 K 等，是用色温值除 1 000 的数值加上大写字母 K 表示)，也可采用其他信息，各制造商可自行选择和取舍，如果上述两种或者多种内容同时出现，中间用“●”隔开。

4.2.2 型号示例

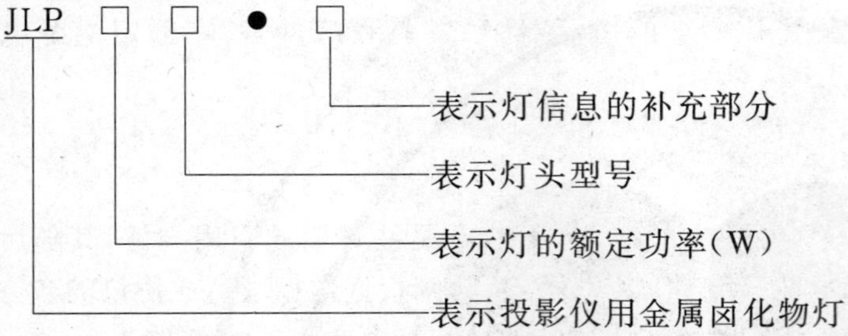

示例 1：JLP150 G12 • 14 K(150 W G12 灯头、14 000 K 色温的投影仪用单端金属卤化物灯)。

示例 2：JLP150 R7s • 10 K(150 W R7s 灯头、10 000 K 色温的投影仪用双端金属卤化物灯)。

5 要求

5.1 灯的规格、外形尺寸应符合图 1、图 2 及 9.2 相应规格灯的参数表的要求。

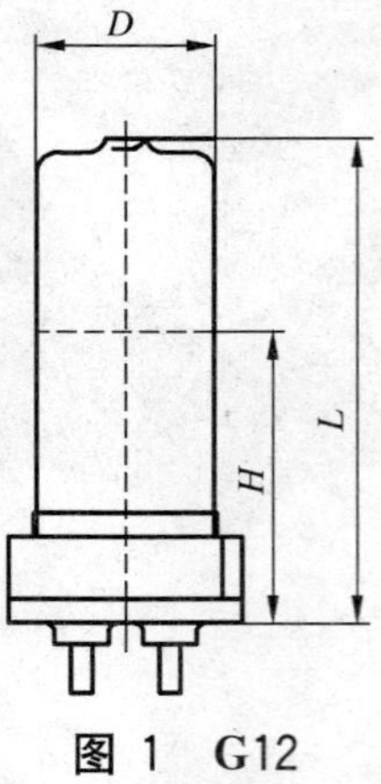

图 1 G12

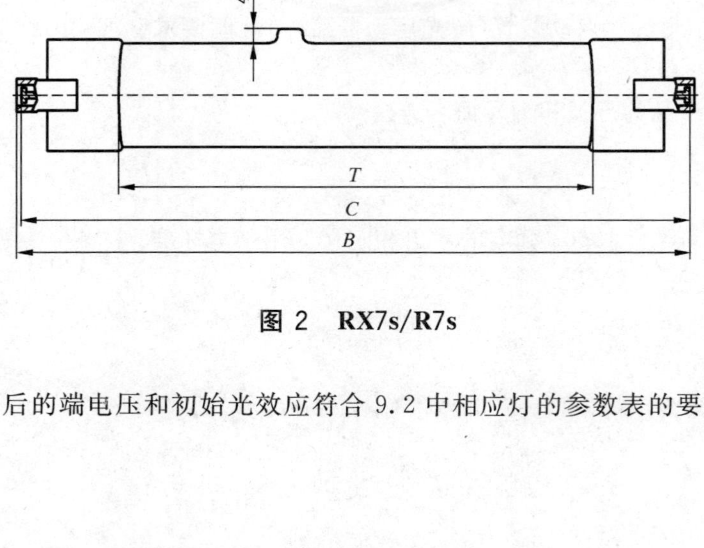

图 2 RX7s/R7s

5.2 灯的光电特性

5.2.1 灯燃点 100 h 后的端电压和初始光效应符合 9.2 中相应灯的参数表的要求，初始光通量可由制造商或销售商标称，但其实测值应不低于标称值的90%。

5.2.2 灯一般显色指数Ra的初始值不应比参数表中额定值低3个数值。灯的色温应符合参数表中的要求。

5.3 灯的玻壳应无影响使用的缺陷。

5.4 灯头与电弧管应处在同一轴线上，电弧管轴线与灯头轴线的最大偏差(同轴度)应符合灯的参数表要求。

5.5 灯应具有完好的结构，不应有影响正常使用的装配上的缺陷。

5.6 灯应具有良好的耐振性能。经振动试验后，内部结构不应有松动、脱焊及损坏现象，并能正常启动和燃点。

5.7 在温升过程中灯的再启动电压尖峰应符合灯的参数表的要求。

5.8 灯的启动电压和温升要求

5.8.1 在灯的参数表中规定的正弦开路测试电压及温度条件下，灯在整个额定寿命期间在规定的位置燃点时应在相应规格的参数表中规定时间内启动。

5.8.2 任一裸灯在A.2.3规定的最小启动电流下，在灯的参数表规定时间内，灯的电压应达到灯规定最小工作电压的百分比数。

5.9 灯玻壳和灯头的最大允许温度应符合相应参数表的规定。

5.10 灯的平均寿命和光通维持率应符合相应参数表的规定。

6 试验方法

6.1 除另有规定的外，所有试验都应在规定的正常大气条件下进行，即：温度25 ℃±5 ℃、相对湿度小于65%、无对流风的环境。试验时，若无特殊说明，灯应按规定燃点，其中灯头为G12的单端灯为垂直燃点，灯头在上；双端灯应为水平燃点±5°。

6.2 灯的标志质量(8.1)，按照GB 19652—2005中4.2.1的方法进行检查。

6.3 灯的外形尺寸(5.1)用通用量具进行测量。

6.4 灯的端电压、初始光效/初始光通量以及显色指数和色温等基本参数(5.2)应按GB/T 13434的规定进行测量。测量时使用基准镇流器，基准镇流器应符合A.1的要求。初始光效通过计算得出。

6.5 玻壳质量(5.3)用目视法检验。

6.6 同轴度(5.4)用专用仪器或实样对比法检验。

6.7 灯的装配质量(5.5)用目测法和专用装置进行检验。

6.8 灯的振动试验(5.6)按GB/T 2423.10的规定进行。试验前样品外观检查应符合5.2要求，样品用刚性连接固定在振动台上，试验为定频试验，频率10 Hz、振幅1 mm(单振幅)，持续时间为在两个互相垂直的轴线上各振动10 min。

6.9 灯的再启动电压尖峰(5.7)、灯的启动电压和温升要求(5.8)的试验方法按GB/T 13434的规定进行。

6.10 玻壳和灯头最高温度(5.9)的测量，按照GB/T 13434的规定方法进行。

6.11 灯的平均寿命和光通维持率试验(5.10)在额定电压下进行，采用工作镇流器(见附录A)和50 Hz交流电源，其电压波动应不大于±2%。寿命试验中，灯应按规定燃点。燃点时，电源每昼夜应关闭两次，每次不少于1 h。电源关闭的时间不计入燃点寿命内。在光通维持率试验中，因偶然机械损坏和错误燃点损坏的灯应不计算在试验结果内。试验进行到规定时间时再测量光通量值，并计算光通维持率。

7 检验规则

7.1 为了检验灯是否符合本标准的规定，应由制造商对灯进行交收检验和例行检验。

7.2 交收检验

7.2.1 交收检验的灯是从合格的提交批中均匀抽取，检验按 GB/T 2828.1 的规定进行，其检验项目、检查水平及合格质量水平应符合表 1 的规定。

表 1 交收检验的项目及合格判定条件

<table>
<tr><th rowspan="2">序号</th><th rowspan="2">检验项目</th><th rowspan="2">技术要求</th><th rowspan="2">试验方法</th><th rowspan="2">检查水平</th><th colspan="2">AQL</th></tr>
<tr><th>单项要求</th><th>全部项要求</th></tr>
<tr><td>1</td><td>标志</td><td>8.1</td><td>6.2</td><td rowspan="3">S-2</td><td>2.5</td><td rowspan="5">6.5</td></tr>
<tr><td>2</td><td>玻壳质量</td><td>5.3</td><td>6.5</td><td rowspan="4">—</td></tr>
<tr><td>3</td><td>装配质量</td><td>5.5</td><td>6.7</td></tr>
<tr><td>4</td><td>灯主要尺寸</td><td>5.1</td><td>6.3</td><td rowspan="9">S-1</td></tr>
<tr><td>5</td><td>同轴度</td><td>5.4</td><td>6.6</td></tr>
<tr><td>6</td><td>端电压</td><td>5.2.1</td><td rowspan="4">6.4</td><td rowspan="7">6.5</td><td rowspan="7">—</td></tr>
<tr><td>7</td><td>初始光效/初始光通量</td><td>5.2.1</td></tr>
<tr><td>8</td><td>显色指数</td><td>5.2.2</td></tr>
<tr><td>9</td><td>色温</td><td>5.2.2</td></tr>
<tr><td>10</td><td>再启动电压尖峰</td><td>5.7</td><td rowspan="3">6.9</td></tr>
<tr><td>11</td><td>启动电压[(10±1)℃]</td><td>5.8.1</td></tr>
<tr><td>12</td><td>温升要求</td><td>5.8.2</td></tr>
</table>

7.2.2 若交收检验不合格，则该批产品应由制造厂隔离后进行 100%的检验。剔除不合格品后可再次提交验收。若再次提交批经检验后仍不合格，则应停止交收，此时，应分析原因，提出改进措施和处理该批产品的办法。

7.3 例行检验

7.3.1 例行检验周期应为每年一次。当灯的结构、工艺过程或材料的变更可能影响到灯的性能，或当灯生产中断了三个月以上而又恢复生产时，都要进行例行检验。

7.3.2 例行检验的产品应按 GB/T 2829 的要求，从交收检验合格的灯中均匀的抽取。例行检验前，所有样本单位应按交收检验项进行 100%检查。若发现不合格品，则以合格品换取，同时应分析原因，记入例行检验报告中，但不作为例行检验结果的鉴定依据。

7.3.3 例行检验的项目及判别水平应符合表 2 的规定。

7.3.4 例行检验若不合格，则认为该批灯不合格，此时应分析原因，提出处理办法和采取有效措施后，方可恢复生产与验收。

表 2 例行检验的项目与合格判定条件

<table>
<tr><th rowspan="2">序号</th><th rowspan="2">检验项目</th><th rowspan="2">技术要求</th><th rowspan="2">试验方法</th><th rowspan="2">抽样方案</th><th rowspan="2">判别水平</th><th rowspan="2">RQL</th><th rowspan="2">n</th><th colspan="2">判定数值</th></tr>
<tr><th>Ac</th><th>Re</th></tr>
<tr><td>1</td><td>耐振性能</td><td>5.5</td><td>6.8</td><td rowspan="3">按 GB/T 2829
二次抽样方案</td><td rowspan="3">Ⅱ</td><td rowspan="3">65</td><td rowspan="3">3
3</td><td rowspan="3">0
1</td><td rowspan="3">2
2</td></tr>
<tr><td>2</td><td>玻壳及灯头最大允许温度</td><td>5.8</td><td>6.10</td></tr>
<tr><td>3</td><td>启动电压[(−30±1)℃]</td><td>5.7.1</td><td>6.9</td></tr>
<tr><td>4</td><td>光通维持率</td><td>5.9</td><td>6.11</td><td>按 GB/T 2829
一次抽样方案</td><td>Ⅱ</td><td>65</td><td>5</td><td>1</td><td>2</td></tr>
<tr><td>5</td><td>平均寿命</td><td>5.9</td><td>6.11</td><td colspan="6">每个规格不少于 3 个，按照定义判别</td></tr>
</table>

8 标志、包装、运输和贮存

8.1 在每个灯上应有下列清晰和牢固的标志：

a） 来源标志，可以是商标、制造商标志或销售商的名称等；

b） 灯的型号或功率及灯的有关光电色特性；

c） 制造日期（年、季或月）。

8.2 灯的包装应牢固并具有良好的耐振性能。每只包装盒应附有产品说明书和合格证。

8.2.1 每个包装盒表面应注明：

a） 制造商商标及名称、地址；

b） 灯的名称和型号；

c） 灯头型号；

d） 产品标准号。

8.2.2 在外包装箱上，除应符合8.2.1的规定外，还应注明：

a） 灯数量；

b） 包装日期；

c） 符合GB/T 191规定的包装储运图示标志。

8.3 灯运输时，应防止挤压、雨雪淋湿和强烈的振动。

8.4 灯应贮存在相对湿度不超过85%的干燥通风且没有腐蚀性气体的室内。

9 灯的参数表

9.1 灯参数表的编号方法

第一组数字表示本标准的编号，其前面标有字母GB/T，即GB/T 22935。

第二组数字表示相应灯规格代号。

第三组数字表示灯参数表的版次。仅对已经进行过修订的参数表才有新版次的号码。

示例：灯的参数表GB/T 22935-P001-1已作修改，那么新的编号为GB/T 22935-P001-2。

9.2 灯参数表清单和参数表

灯参数表清单见表3。

表3 灯参数表清单

技术参数表活页号	额定功率/W	玻壳类型	灯头类型
GB/T 22935-P001-1	150	T24 截紫外石英玻壳	R7s
GB/T 22935-P002-1	150	T24 截紫外石英玻壳	G12

	150 W 双端金属卤化物灯	第1页

1　灯的尺寸和物理特性

玻壳类型	灯头型号	玻壳直径 D(max)/mm	灯头至触点长度 B (max)/mm	触点间距 C/mm	有效弧长*/mm	管体长度 T(max)/mm	工作位置限制	玻壳温度(max)/℃	灯头温度(max)/℃	图号
T24	R7s RX7s	25	135.4	132.0±1.6	16.5±4.0	92	水平 ±45°	650	280	2

2　灯在温升期间的再启动电压尖峰

再启动电压尖峰/V	200(max)

3　灯的启动电压和温升

3.1　灯的启动电压：在下表中规定的最小开路测试电压和温度以及 A.2.3 规定的最小启动脉冲条件下，灯应在 2 min 内启动。

温度/℃	最小开路电压/V		时间/s
	有效值	峰值	
10±1	198	280	30
−30±1			120

3.2　灯的温升

灯端电压达到最小灯工作电压的 95%时所需的时间/min	5(max)

4　额定电压下配用基准镇流器时灯的电特性

	目标值	最大值	最小值
灯端电压/V(r. m. s)	95	105	85
电流*/A	1.8	—	—
功率*/W	150	—	—

5　额定电压下配用基准镇流器时灯的光特性和寿命参数

初始光效/(lm/W)		相关色温/K	显色指数 Ra	2 000 h 光通维持率/%	平均寿命/h
额定值	极限值				
60	50	10 000±1 000 14 000±1 400	90	70	5 000

注：带“*”为参考值。

GB/T 22935-P001-1

	150 W G12 单端金属卤化物灯	第 1 页

1 灯的尺寸和物理特性

玻壳类型	灯头型号	玻壳直径 D(max)/mm	灯头端面至烧尖部长度 L (max)/mm	光中心长度 H^*/mm	有效弧长*/mm	工作位置限制	玻壳温度(max)/℃	灯头温度(max)/℃	图号
T24	G12	26	100	56±2	16.5±4	任意	500	280	1

2 灯在温升期间的再启动电压尖峰

再启动电压尖峰/V	200(max)

3 灯的启动电压和温升

3.1 灯的启动电压：在下表中规定的最小开路测试电压和温度以及 A.2.3 规定的最小启动脉冲条件下，灯应在 2 min 内启动。

温度/℃	最小开路电压/V		时间/s
	有效值	峰值	
10±1	198	280	30
−30±1			120

3.2 灯的温升

灯端电压达到最小灯工作电压的 95%时所需的时间/min	3(max)

4 额定电压下配用基准镇流器时灯的电特性

	目标值	最大值	最小值
灯端电压/V(r.m.s)	95	105	85
电流*/A	1.8	—	—
功率*/W	150	—	—

5 额定电压下配用基准镇流器时灯的光特性和寿命参数

初始光效/(lm/W)		相关色温/K	显色指数 Ra	2 000 h 光通维持率/%	平均寿命/h
额定值	极限值				
60	50	10 000±1 000	90	70	5 000
		14 000±1 400			

注：带"*"为参考值。

GB/T 22935-P002-1

附　录　A
（规范性附录）
基准镇流器、工作镇流器和触发器的要求

A.1　基准镇流器要求

A.1.1　基准镇流器的特性参数应符合表 A.1 的规定。

表 A.1　基准镇流器的特性参数

镇流器规格/W	输入电压/V	校准电流/A	电压/电流/Ω	频率/Hz	功率因数/(cosϕ)
150	220	1.80	97×(1±0.5%)	50	0.065±0.005

A.1.2　基准镇流器的其他要求应符合 GB/T 15042 和 GB 19510.10 中的规定。

A.2　工作镇流器要求

为使灯能可靠启动并正常工作，金属卤化物灯配套用工作镇流器的性能和安全要求应符合 GB/T 15042 和 GB 19510.10 中的规定，其设计参数在其额定输入电压范围内应满足下列要求。

A.2.1　对滞后镇流器的要求

对于要求外触发器的脉冲启动灯对滞后式镇流器的设计要求在规定的最小开路测试电压、最小启动脉冲和指定的温度条件下，灯应在表 A.2 中规定时间内启动。启动脉冲要求见 A.2.2。

表 A.2　开路电压 OCV

OCV 有效值/V		198
OCV 峰值/V		280
时间/s	10 ℃±1 ℃	10
	−30 ℃±1 ℃	120
备注		0 h 灯在 10 ℃±1 ℃下启动概率不小于 98%， 燃点 100 h 灯在−30 ℃±1 ℃下启动概率不小于 90%

A.2.2　触发器要求

A.2.2.1　触发器应能使符合规定的启动试验要求的灯启动。对于触发器的技术参数要求见表 A.3。其他要求应符合 GB/T 19655 和 GB 19510.2 的技术要求。

表 A.3　触发器技术参数要求

最小脉冲高度/kV	3.5
最大脉冲高度/kV	5.0
最小脉冲宽度(μs@kV)	2.0 @ 3.6
每半周最小脉冲重复率/次	1
输出脉冲位置(电角度)/(°)	60～90,240～270

A.2.2.2　对脉冲高度的测量应在灯座的两个终端上进行，测量时使灯座与正常电路连接并将灯从灯座中取下，所测得的脉冲高度应符合相应灯的参数表中镇流器设计参数的要求。

A.2.2.3　在设计触发器时，应考虑到由电缆引起的脉冲衰减。镇流器标准中应规定与之相配的触发器要求。

A.2.3 启动电流要求

启动电流是在灯燃点 5 s～15 s 之后测得的，镇流器启动电流应符合表 A.4 要求。

表 A.4 启动电流(有效值)

单位为安培

功率	最小值	最大值
150 W	1.8	3.2

A.2.4 电流峰值系数

在任何额定输入电压范围之内，基准灯在温升及工作期间其电流峰值系数均应不大于 1.8。

A.2.5 灯两端的最大电压

镇流器输入到灯两端的电压(峰值脉冲)应不超过 5 000 V。

A.2.6 灯的工作功率

裸灯的工作功率是在温度为 25 ℃±5 ℃、无对流风的环境中，在规定的燃点位置条件下与镇流器连接，在额定电源电压范围内进行测试。表 A.5 是灯燃点 100 h 的功率极限值。

表 A.5 灯的工作功率

单位为瓦特

灯功率	设计中心值	最小值	最大值
150	150	120	180
注：规定的功率极限是以灯电压、镇流器调整和线电压的标称公差分布为基础的。如果这些公差为最大且在同一方向上，所规定的功率极限会超出。			

功率极限值是依照灯的功率对诸如初始光通量、光通维持率、灯寿命、灯的温升等性能指标考虑后选择的。为了满足以上功率极限值的要求，处于 100%额定输入电压的工作镇流器在使基准灯工作时，应使该灯的功率与该灯处于同一工作位置并使用基准镇流器工作时的功率保持在±5%之内。同样，当该工作镇流器在其整个输入电压范围内使基准灯工作时，应使该灯的功率与该灯采用基准镇流器并处于其额定电压下工作的功率的误差保持在±15%以内。

附 录 B
（规范性附录）
有关灯具的设计资料

B.1 供给灯具设计的参数应作为检查灯具的标准，这样可确保符合本标准的灯泡在灯具内不会产生早期失效。这些检查内容不构成对灯泡的要求。

B.2 灯具影响灯端电压上升的限制值为 5 V。

B.3 灯玻壳和灯头的温度限制

在灯玻壳和灯头的任一点上测得的温度不应超过灯的参数表中规定的最大值，这些极限值可能受到灯的材料的影响，但是，在通常情况下，如果灯具致使灯达到这些温度，则灯很可能超过 B.2 所述灯端电压上升的限制值。

B.4 灯寿命结束时可能出现的情况

许多灯在其寿命结束时会产生一种危险的整流效应，这会导致镇流器、变压器或启动装置过载，应采取适当的保护措施来确保这种情况下的安全性。

B.5 为确保灯的热工作、紫外保护及非被动爆炸保护符合要求，灯具应按照灯的生产厂家在使用方面所提出的建议进行设计。

B.6 关于灯具的结构要求，见 GB 7000.1。

ICS 83.100
G 30

中华人民共和国国家标准

GB/T 22936—2008

花卉用酚醛泡沫塑料

Phenolic floral foam

2008-12-30 发布　　2009-09-01 实施

中华人民共和国国家质量监督检验检疫总局
中国国家标准化管理委员会　发布

前　言

本标准由中国轻工业联合会提出。

本标准由全国塑料制品标准化技术委员会归口。

本标准起草单位：常熟塑料厂、常熟绿洲花卉泡沫有限公司。

本标准主要起草人：杨乐恩、伍强、江凤珍。

花卉用酚醛泡沫塑料

1 范围

本标准规定了花卉用酚醛泡沫塑料(以下简称花卉泡沫)的术语和定义、产品分类、要求、试验方法、检验规则及标志、包装、运输、贮存。

本标准适用于由液体酚醛树脂制得的插花和鲜花保鲜的酚醛泡沫塑料。

2 规范性引用文件

下列文件中的条款通过本标准的引用而成为本标准的条款。凡是注日期的引用文件,其随后所有的修改单(不包括勘误的内容)或修订版均不适用于本标准,然而,鼓励根据本标准达成协议的各方研究是否可使用这些文件的最新版本。凡是不注日期的引用文件,其最新版本适用于本标准。

GB/T 6342—1996 泡沫塑料与橡胶 线性尺寸的测定

GB/T 6343—1995 泡沫塑料和橡胶 表观(体积)密度的测定

3 术语和定义

下列术语和定义适用于本标准。

3.1

浸透时间 saturation time

花卉泡沫在水中全部浸透所需的时间。

3.2

吸水率 water absorption

花卉泡沫浸透后的吸水量与体积之比。

3.3

保水率 water-keeping

花卉泡沫浸透后,架空放置规定时间后所含水的质量与放置前所含水的质量之比。

3.4

纵向压陷强度 top compression

发泡上升方向的压陷强度。

3.5

横向压陷强度 side compression

与发泡上升方向的垂直方向的压陷强度。

3.6

模具成型 mold foaming

模具成型。

3.7

连续成型 continue foaming

连续发泡成型。

4 产品分类

产品根据生产方式不同分模具成型和连续成型,根据强度不同又分为通用型和加强型两个品级。

5 要求

5.1 规格

花卉泡沫的规格尺寸,应符合表1要求。

表1 规格尺寸和偏差

单位为毫米

型号	指标		
	长	宽	高
标准型	230±3	110±3	75±3
注:其他规格尺寸可根据用户要求。			

5.2 性能指标

花卉泡沫的性能指标应符合表2要求。

表2 性能指标

项目		模具成型		连续成型	
		通用型	加强型	通用型	加强型
外观		泡孔均匀、细密,表面应无严重凹陷、崩角			
表观密度/(kg/m^3)		19.0~21.0		22.0~24.0	
浸没时间/s		30~120			
吸水率/(g/cm^3) ≥		0.80	0.90	0.80	0.90
保水率/% ≥		90	95	90	95
浸出液pH值		2.5~7.0			
压陷强度/kPa	纵向	80~100	101~120	70~80	81~90
	横向	70~90	91~110	65~75	76~85

6 试验方法

6.1 试样

产品去皮后切取样品。

6.2 状态调节和试验环境

6.2.1 试样在温度23 ℃±2 ℃,相对湿度40%~60%的条件下至少放置24 h。

6.2.2 试验在温度23 ℃±2 ℃,相对湿度40%~60%的条件下进行。

6.3 规格尺寸

按GB/T 6342—1996中规定的方法进行,用游标卡尺测定,精度为0.02 mm。

6.4 外观

在自然光线下目测。

6.5 表观密度

按GB/T 6343—1995中规定测量表观芯密度。试样尺寸为230 mm×110 mm×75 mm,试样数量为3块。

6.6 浸透时间和吸水率

6.6.1 试样尺寸

230 mm×110 mm×75 mm,试样数量为3块。

6.6.2 浸泡液

蒸馏水，水温为23 ℃±2 ℃。

6.6.3 试验器具

6.6.3.1 水槽容积：大于550 mm×450 mm×200 mm。

6.6.3.2 秒表。

6.6.3.3 电子秤，感量为0.1 g。

6.6.3.4 游标卡尺，精度为0.02 mm。

6.6.3.5 瓷盘，250 mm×300 mm×30 mm。

6.6.4 试验步骤

测量试样尺寸，长、宽、高精确至1.0 mm；称量试样质量精确至0.1 g；将浸泡液注入槽内，水深不低于100 mm；将试样平直地轻放于水面上，启动秒表，观察花卉泡沫表面浸湿情况，当试样全部浸透时，记下秒表读数，即为浸透时间。

此时将试样立即取出，放入瓷盘，称量试样的质量，精确至0.1 g。

吸水率按式(1)计算：

$$X_1 = (m_2 - m_1)/V \qquad \cdots\cdots(1)$$

式中：

X_1——吸水率，单位为克每立方厘米(g/cm³)；

m_1——试样初始质量，单位为克(g)；

m_2——试样浸没后质量，单位为克(g)；

V——试样体积，单位为立方厘米(cm³)。

6.7 保水率

6.7.1 试验器具

6.7.1.1 电子秤，感量为0.1 g。

6.7.1.2 秒表。

6.7.1.3 瓷盘，250 mm×300 mm×30 mm。

6.7.1.4 铁丝网架。

6.7.2 试验步骤

将6.6.4中已浸透的试样用110 mm×75 mm这一面直放在铁丝网架上，放置5 min后，称量试样的质量，精确到0.1 g。

保水率按式(2)计算：

$$X_2 = [(m_3 - m_1)/(m_2 - m_1)] \times 100 \qquad \cdots\cdots(2)$$

式中：

X_2——保水率，%；

m_1——试样初始质量，单位为克(g)；

m_2——试样浸透后质量，单位为克(g)；

m_3——试样放置5 min的质量，单位为克(g)。

6.8 浸出物pH值

6.8.1 仪器和设备

6.8.1.1 容器：100 mL玻璃烧杯。

6.8.1.2 pH值测定计或pH试纸。

6.8.2 试验步骤

用6.7测完保水率后的试样，在中间取40 mm×40 mm×76 mm的样块，将水挤于烧杯内，水量不少于75 mL，测定pH值，仲裁用pH测定计。

6.9 压陷强度

6.9.1 压陷试验机

所用的压陷试验机，其力和位移的范围应满足本标准的要求，备有两块表面抛光不会变形的方形或圆形的平行板，其中一块是固定的，其边长或直径至少为 100 mm，而另一块可移动的压陷板的截面直径 ϕ 大于 30 mm，压陷速度是恒定的。

6.9.2 试样尺寸

采用标准样块 230 mm×110 mm×75 mm。

6.9.3 试验步骤

将试样置于压陷机两平板中间，可移动圆板以恒定的 50 mm/min 压陷速度进行。活动板的压入深度为 5 mm。在同一块试样中，在纵横向不同位置各压陷 5 次，取算术平均值，测试数值误差小于 15%。

6.9.4 结果计算

压陷强度按式(3)计算：

$$X_3 = F/S \qquad \cdots\cdots(3)$$

式中：

X_3——压陷强度，单位为千帕(kPa)；

F——最大压力，单位为牛(N)；

S——可移动板截面积，单位为平方毫米(mm^2)。

7 检验规则

7.1 检验分类

7.1.1 出厂检验

出厂检验项目为外观、表观密度、浸透时间和吸水率、保水率。

7.1.2 型式检验

型式检验为第 5 章的全部项目，有下列情况之一时，应进行型式检验：

a) 正常生产时每半年进行一次检验；

b) 当产品配方、工艺、原材料有较大变更时；

c) 产品停产半年后，恢复生产时；

d) 国家质量监督检验机构提出进行型式检验的要求时。

7.2 组批和抽样

7.2.1 组批

同一原料、同一配方、同一工艺条件，数量不超过 10 t 为一批。

7.2.2 抽样

试样应从切割成型的产品中随机抽取三块。

7.3 判定规则

7.3.1 三块样品尺寸极限偏差及外观全部合格时，该批为合格，其中一块任意一项不合格时，整批剔除不合格产品后重新抽样，仍不合格则判为不合格。

7.3.2 性能指标中有一项不合格时，应重新从原批中双倍取样，对不合格项目进行复检，若复检结果全部合格，则该批合格，否则该批为不合格。

8 标志、包装、运输、贮存

8.1 产品包装箱上应有标志，并标明：生产厂名、厂址、产品名称、规格、生产日期、批次、数量、标准编号等。

8.2　用硬纸板箱包装，或按用户要求进行，包装应符合有关运输和防护要求。

8.3　在运输中不可重压、猛摔或与锋利物品碰撞，且应防止雨淋。

8.4　应贮存于室内干燥通风处，不宜曝晒。

ICS 97.060
Y 62

中华人民共和国国家标准

GB/T 22937—2008

商用洗衣机

Commercial washing machine

2008-12-30 发布 2009-09-01 实施

中华人民共和国国家质量监督检验检疫总局
中国国家标准化管理委员会 发布

前言

本标准的附录 A、附录 B、附录 C、附录 D 为规范性附录。

本标准由中国轻工业联合会提出。

本标准由全国家用电器标准化技术委员会(SAC/TC 46)归口。

本标准主要起草单位：中国家用电器研究院、国家家用电器质量监督检验中心、青岛海尔洗衣机有限公司、无锡小天鹅股份有限公司。

本标准主要起草人：鲁建国、赵维波、姜战存、李宏、朱焰、孙鹏。

商用洗衣机

1 范围

本标准规定了商用洗衣机的术语和定义、产品分类、技术要求、试验方法、检验规则、标志、包装、运输和贮存。

本标准适用于由专业人员操作的，对织物进行水洗或干洗的洗衣机，包括商用洗衣机、商用(离心式)脱水机和以四氯乙烯为洗涤剂的商用干洗机。

2 规范性引用文件

下列文件中的条款通过本标准的引用而成为本标准的条款。凡是注日期的引用文件，其随后所有的修改单(不包括勘误的内容)或修订版均不适用于本标准，然而，鼓励根据本标准达成协议的各方研究是否可使用这些文件的最新版本。凡是不注日期的引用文件，其最新版本适用于本标准。

GB 150 钢制压力容器

GB/T 191 包装储运图示标志(GB/T 191—2008，ISO 780:1997，MOD)

GB/T 3768 声学 声压法测定噪声源声功率级 反射面上方采用包络测量表面的简易法(GB/T 3768—1996，eqv ISO 3746:1995)

GB/T 4288 家用电动洗衣机

GB/T 6388 运输包装收发货标志

GB/T 13171 洗衣粉

3 术语和定义

下列术语和定义适用于本标准。

3.1 商用洗衣机

3.1.1

洗衣机 washing machine

用水作为洗涤介质，利用电能驱动，依靠机械作用洗涤衣物的器具。

3.1.2

额定洗涤容量 rated washing capacity

在规定的工作条件下，能够洗涤(或脱水)的最大负载的质量，指洗涤前实验室环境条件存放的干燥负载的质量(含水率为8%)。

3.1.3

负荷比 loading rate

滚筒净容积(L)与额定洗涤容量(kg)之比。

3.2 商用干洗机

3.2.1

干洗 dry cleaning

使用化学溶剂对织物进行洗涤。

3.2.2

干洗机 dry cleaning washing machine

使用化学溶剂与机械能的共同作用洗涤织物，并具有脱剂、烘干、溶剂过滤、净化、回收等功能的机械。

3.2.3

全封闭干洗机　obturating type dry cleaning washing machine

采用制冷回收系统，没有外排废气的干洗机。

3.2.4

开启式干洗机　unobturating type dry cleaning washing machine

采用水冷回收系统，有外排废气的干洗机。

3.2.5

压力平衡系统　pressure equalizing system

由于机内温度的变化和工作流体的流动，引起干洗机内各容器内腔压力不平衡，为了消除这种不平衡状态而设置的把容器连通起来的空气管路系统。

3.2.6

循环时间　cycle time

完成洗涤、脱剂和烘干程序全过程所用的时间，装卸织物的时间除外。

3.2.7

洗涤时间　washing time

完成洗涤程序全过程所用的时间。

3.2.8

脱剂时间　desolvent time

完成脱剂程序全过程所用的时间。

3.2.9

烘干时间　drying time

完成烘干程序全过程所用的时间。

3.2.10

全自动　automatic

除装卸织物和启动外，其余程序均由自动控制系统按照预定的程序自动进行。

3.2.11

容积载荷比　cubage loading rate

洗涤转笼净容积(L)与额定洗涤容量(kg)之比。

3.2.12

洗涤剂耗量　consume wash

每次洗涤所耗干洗剂的质量。

3.2.13

泵回路洗涤　pump loop washing

不经过滤器，直接从溶剂缸泵入溶剂进行循环的洗涤。

3.2.14

过滤器回路洗涤　filter loop washing

经过过滤器，从溶剂缸泵入溶剂进行循环的洗涤。

3.2.15

脱剂　desolvent

利用(大)转笼高速旋转的离心力，使织物上的溶剂充分脱离出来。

3.2.16

蒸馏　distill

利用专门装置，通过加热使溶剂气化，然后再冷凝回收，使溶剂净化的过程。

3.2.17

过滤 filtrate

在洗涤过程中，洗涤剂经过过滤器不断滤出溶剂的污物。

3.2.18

蒸馏速率 distilling velocity

对应于单位洗涤物，在单位时间内洗涤剂的蒸馏量。

3.2.19

过滤能力 filtrating capacity

在洗涤过程中，可滤除溶剂中残存物粒度值大小的能力。

3.2.20

过滤速率 filtrating velocity

对应于单位洗涤物，在单位时间内洗涤剂的过滤量。

3.2.21

脱剂率 desolvent rate

脱剂后的织物所含洗涤剂质量占洗涤前干织物质量的百分比。

4 产品分类

4.1 商用洗衣机产品分类

4.1.1 按自动化程度分：

——普通型；

——半自动；

——全自动。

4.1.2 按洗涤方式分：

——滚筒式；

——其他型式。

4.1.3 按结构型式分：

——固定式；

——悬浮式；

——其他结构型式。

4.2 商用脱水机产品分类

按结构型式分：

——立式；

——卧式。

4.3 商用干洗机产品分类

4.3.1 按自动化程度分：

——普通型；

——半自动；

——全自动。

4.3.2 按加热方式分：

——蒸汽加热；

——热水循环加热；

——热油循环加热；

——电加热。

4.3.3 按结构型式分：

——开启式；

——全封闭。

4.4 规格

商用洗衣机的规格在型号中以额定干衣容量(kg)表示。

5 技术要求

5.1 使用环境条件

5.1.1 环境温度为 0 ℃～40 ℃。

5.1.2 环境空气的相对湿度在 95% 以下(温度 25 ℃时)。

5.2 使用电源、试运转

商用洗衣机使用的电源为额定电压为 220 V 的单相交流电源或额定电压为 380 V 三相交流电源，额定频率为 50 Hz(特殊要求除外)。

按照产品使用说明书的要求操作应运行平稳，动作正确可靠并能完成产品使用说明书所述功能(关于这些功能的技术要求，如在本标准未有规定，可执行相应的国家标准、行业标准或备案的企业产品标准规定)。商用全自动洗衣机的液位自动控制装置、商用干洗机的压力和温度保护装置以及商用脱水机的制动装置动作灵活可靠，各仪表指示准确、灵敏。

5.3 商用洗衣机负荷比和商用干洗机容积载荷比

5.3.1 商用洗衣机负荷比＞9。

5.3.2 商用干洗机容积载荷比＞16。

5.4 洗涤剂耗量与额定洗涤容量之比

5.4.1 开启式商用干洗机≤8%。

5.4.2 全封闭商用干洗机≤3%。

5.4.3 带炭吸附装置的全封闭商用干洗机≤1%。

5.5 洗净性能

5.5.1 商用洗衣机洗净率≥32%。

5.5.2 商用干洗机洗净率≥25%，通过视检确认干洗后的织物应无明显油污斑痕，拍打织物无尘埃。

5.6 脱水性能

5.6.1 带有脱水装置的商用洗衣机脱水后相对含水率应＜130%。

5.6.2 商用脱水机脱水后相对含水率应＜50%，脱水后的织物应无机械损伤。

5.7 蒸馏速率

5.7.1 蒸汽加热的商用干洗机蒸馏速率≥8 L/(h·kg)。

5.7.2 电加热的商用干洗机蒸馏速率≥5 L/(h·kg)。

5.8 过滤器过滤能力

商用干洗机的经过滤后的溶剂应清晰透明。

5.9 过滤速率

商用干洗机过滤器的过滤速率 ≥2.5 L/(min·kg)。

5.10 脱剂率

商用干洗机的脱剂率为 30%～50%。

5.11 能耗

商用干洗机的能耗应符合表 1 要求。

表 1 商用干洗机的能耗限定值

型式		项目及参数		
		蒸汽/[kg/(h·kg)]	电能/(kW·h/kg)	冷却水/(m^3/kg)
全封闭	蒸汽加热	—	—	0.04
	电加热	—	0.085	0.03
开启式	蒸汽加热	3.5	1.100	0.05
	电加热		1.125	

5.12 单位耗水量

全自动商用洗衣机(洗、脱两用)进行洗净试验全过程单位洗涤容量耗水量≤25 L/kg。

5.13 噪声

5.13.1 商用洗衣机洗涤和脱水声压级噪声值≤85 dB(A 计权)。

5.13.2 商用脱水机声压级噪声值≤82 dB(A 计权)。

5.13.3 商用干衣机声压级噪声值≤85 dB(A 计权)。

5.14 商用脱水机转笼动平衡或静平衡

5.14.1 商用脱水机转笼动平衡或静平衡试验,增减的不平衡负载质量不超过转笼总质量的 1/400,其不平衡准确度等级不低于 6.3 级。

5.14.2 商用脱水机平衡试验时应不破坏部件的强度。

5.15 结构

5.15.1 商用洗衣机、脱水机和干洗机中的紧固件及其他零部件应符合相关的国家标准的规定,其易损件应便于更换,各紧固部位牢固可靠,无松动现象。

5.15.2 商用洗衣机的洗涤桶内壁、脱水机和干洗机转笼与洗涤物接触的表面应光滑、无毛刺,正常使用时,不应夹扯和损伤洗涤物。

5.15.3 商用洗衣机和干洗机的管路系统及密封件不应渗漏。

5.15.4 商用脱水机的转笼应具有足够的强度和刚度,确保高速旋转的可靠性。

5.15.5 商用脱水机的旋转部件应有可靠的防松装置,确保运转平稳,无碰擦现象。

5.15.6 商用脱水机的外壳应有明显永久性的旋转方向标志。

5.15.7 用细丝绸或尼龙丝布擦拭商用脱水机和干洗机转笼的内表面时,不应有勾丝现象。

5.15.8 商用干衣机应有足够的刚度,在高速脱剂时不应产生过大的振动或变形。

5.15.9 商用干衣机应设置压力平衡系统。

5.15.10 商用干洗机压力容器应安全可靠。

5.15.11 全封闭商用干洗机制冷系统要求:

a) 制冷系统应保证清洁干燥;

b) 制冷剂的含水率<0.002 5%;

c) 真空检漏:真空度为 0.099 MPa~0.097 MPa,保持 18 h 无泄漏;

d) 压力检漏:以压缩机工作压力的 1.5 倍作为试验压力,保压 24 h 无泄漏。

5.15.12 产品铭牌安装在产品的明显位置且牢固可靠,标志清晰、完整。

5.16 材料和外观

5.16.1 钢铁件(不锈钢除外)表面应进行防锈蚀处理,如采用电镀、涂漆等有效的防锈蚀处理。

5.16.2 电镀件镀层应牢固、表面光滑细致、色泽均匀,不应有剥落、露底、花斑和划伤等明显缺陷。

5.16.3 塑料件表面应光滑、色泽均匀,无裂缝、气泡、缩孔、明显斑痕等缺陷。

5.16.4 涂漆件或涂塑件的涂饰表面应光滑细致、色泽均匀、漆膜牢固,不应有皱纹、流痕、针孔、气泡等明显缺陷。

5.16.5 黑色氧化件表面不应有锈蚀、花斑等缺陷。

5.16.6 各焊、铆接处应光滑牢固,不应有松动、脱焊和裂纹。

5.16.7 商用干衣机的蒸馏器腔体、转笼和过滤元件等应选用不锈钢材料制造或选用耐溶剂腐蚀的材料制造。

6 试验方法

6.1 试验条件

6.1.1 除对试验环境条件另作具体规定的试验外,型式检验应在环境温度为(20±5)℃,相对湿度为60%~70%,无外界气流,无强烈阳光和其他辐射作用的室内进行。

6.1.2 试验电源为单相或三相交流正弦波,电压及频率波动范围不得超过额定值的±1%。

6.1.3 被测样品应在生产厂使用说明书规定的使用状态下进行试验。

6.2 试验用仪器仪表

6.2.1 用于型式检验的电工仪表的准确度等级为0.5级,用于出厂检验的准确度等级不低于1.0级。

6.2.2 测量时间用的秒表的准确度等级不低于0.5%。

6.2.3 测量温度和相对湿度用的干湿球温度计的准确度等级为1.0 ℃。

6.2.4 测量耗水量的水表以升(L)计,精确至0.1 L。

6.2.5 测量质量的衡器以千克(kg)计,精确至0.05 kg。

6.2.6 测量噪声的声级计为Ⅱ型或Ⅱ型以上或准确度等级相当的其他试验仪表。

6.3 运行试验

6.3.1 商用洗衣机的运行试验与脱水性能试验同步进行,应符合5.2的规定。

6.3.2 商用脱水机空载运转制动时间应少于20 s,应符合5.2的规定。

6.3.3 商用干洗机空载运行试验:模拟洗涤循环程序,手动和自动各运行1次;负载运行试验:以额定洗涤容量装料,自动完成整个洗涤循环,应符合5.2的规定。

6.4 商用洗衣机和干洗机洗净性能试验

6.4.1 商用洗衣机按附录A规定的方法进行洗净性能试验,应符合5.5.1的规定。

6.4.2 商用干洗机按附录B规定的方法进行洗净性能试验,应符合5.5.2的规定。

6.5 商用洗衣机和脱水机脱水性能试验

6.5.1 相对含水率按式(1)计算:

$$\eta=\frac{G_1-G_0}{G_0}\times 100\% \qquad (1)$$

式中:

η——相对含水率,%;

G_1——额定负载脱水后的质量,单位为千克(kg);

G_0——在实验室环境条件下放置24 h的额定负载的质量,单位为千克(kg)。

6.5.2 商用洗衣机脱水性能试验方法:

a) 额定负载(即标准洗涤物)同第A.2章并在实验室环境条件下放置24 h后进行试验,试验后应符合5.6.1的规定;

b) 以额定洗涤容量称量及装载额定负载,被测洗衣机共进行1次5 min漂洗,5 min中脱,5 min高脱,然后取出额定负载立即称量并计算相对含水率。

6.5.3 商用脱水机脱水性能试验方法:

a) 额定负载同第A.2章并在实验室环境条件下放置24 h后进行试验,试验后应符合5.6.2的规定;

b) 将额定负载浸水,浸透后均匀放置在转笼内。运转样机,从达到额定转速起,用秒表计时,按使用说明书规定的脱水时间进行脱水。当达到脱水时间时停机，取出额定负载立即称量并计算相对含水率。

6.6 商用洗衣机单位耗水量试验

6.6.1 单位耗水量按式(2)计算：

$$S=\frac{S_1}{Q} \qquad \cdots\cdots(2)$$

式中：

S——单位耗水量，单位为升每千克(L/kg)；

S_1——全过程洗涤程序的耗水量，单位为升(L)；

Q——额定洗涤容量，单位为千克(kg)。

6.6.2 用水表测量生产厂规定的一个具有1次低水位、2次高水位漂洗程序所需要的水量，试验后应符合5.12的规定。

6.7 噪声测定

6.7.1 测定条件

6.7.1.1 试验环境条件同GB/T 3768的相关要求。

6.7.1.2 试验时以最高转速额定负载运转。

6.7.2 测试方法

6.7.2.1 商用洗衣机噪声测试方法

声级计高度1 m，在被测样机外形尺寸中心线处距离样机轮廓1 m处测量，用声级计分别测量样机前、后、左、右四点的噪声值，取其算术平均值为样机的声压级噪声值，试验后应符合5.13.1的规定。

6.7.2.2 商用脱水机噪声测试方法

声级计高度1 m，分别在三足对面距离样机轮廓(包括电动机)1 m处测量，用声级计取样机3点的噪声值，取其算术平均值为样机的声压级噪声值，试验后应符合5.13.2的规定。

6.7.2.3 商用干洗机噪声测试方法

按GB/T 3768的相关条款测量样机的声压级噪声值，试验后应符合5.13.3的规定。

6.8 商用脱水机转笼动平衡或静平衡测试方法

动平衡试验应在动平衡试验机上进行；静平衡试验应保证两端支撑轴处于水平状态，用灵敏度为2 mm/m的水准仪进行试验，所增减的质量用计算法计算，试验后应符合5.14的规定。

6.9 商用干洗机蒸馏速率试验

6.9.1 蒸馏速率试验按式(3)计算：

$$V_Z=\frac{G_1}{\rho T_1 G} \qquad \cdots\cdots(3)$$

式中：

V_Z——蒸馏速率，单位为升每小时千克[L/(h·kg)]；

G_1——蒸馏出的洗涤溶剂质量，单位为千克(kg)；

ρ——洗涤剂密度，单位为千克每立方分米(kg/dm³)；

T_1——蒸馏的测定时间，单位为小时(h)；

G——干洗机的额定洗涤容量，单位为千克(kg)。

6.9.2 试验条件：

a) 彻底清除蒸馏器内的污垢杂物；

b) 蒸馏器、冷凝器、水分离器处于正常工作状态；

c) 样机处于非运转状态。

6.9.3 试验步骤：

a) 将过滤器的洗涤剂注入蒸馏器，液位约至观察窗的中心线；

b) 洗涤剂沸腾 8 min 时开始计时，计取流出水分离器的洗涤剂质量；

c) 按式(3)计算蒸馏速率；

d) 重复 a)～c)试验 2 次，取其算术平均值为商用干洗机的蒸馏速率，试验后应符合 5.7 的规定。

6.10 商用干洗机过滤能力试验

6.10.1 试验条件：

a) 彻底清洗过滤器；

b) 重新给过滤器填充干净的助滤粉；

c) 在溶剂缸中注入干净的溶剂。

6.10.2 试验步骤：

a) 对于使用尼龙过滤器的产品应按干洗机洗涤容量的 1.2% 的数量称取精度为通过 100 目(每目相当 25 μm)以上的过滤器的助滤粉，放入转笼中且关闭笼门；

b) 用溶剂泵吸入 5 倍的额定洗涤溶剂(以升计算)到转笼；

c) 用过滤器回路进行溶剂循环，使助滤粉不断经溶剂过滤器循环；

d) 从过滤器输出视镜中观察溶剂的滤清状态；

e) 经过 15 min 的试验，视镜中的溶剂应清晰透明，试验后应符合 5.8 的规定。

6.11 商用干洗机过滤速率试验

6.11.1 过滤速率试验按式(4)计算：

$$V_g = \frac{G_2}{0.5\rho G} \qquad \cdots\cdots(4)$$

式中：

V_g——过滤速率，单位为升每分钟千克[L/(min·kg)]；

G_2——过滤的洗涤溶剂质量，单位为千克(kg)；

ρ——洗涤剂密度，单位为千克每立方分米(kg/dm³)；

G——干洗机的额定洗涤容量，单位为千克(kg)。

6.11.2 试验条件：

过滤器处于正常工作状态。

6.11.3 试验步骤：

a) 干净洗涤剂泵入过滤器，测量过滤器上部出口流出的洗涤剂质量，计取 30 s 流量；

b) 重复上述试验 2 次，取其算术平均值为商用干洗机的过滤速率，试验后应符合 5.9 的规定。

6.12 商用干洗机脱剂率试验

6.12.1 脱剂率试验按式(5)计算：

$$\eta = \frac{G_4 - G_3}{G_3} \times 100\% \qquad \cdots\cdots(5)$$

式中：

η——脱剂率，%；

G_3——干织物质量，单位为千克(kg)；

G_4——经脱剂后的织物质量，单位为千克(kg)。

6.12.2 试验条件：

使用的试验洗涤物为清洁干燥的毛料单衣。

6.12.3 试验步骤：

a) 按额定洗涤容量将洗涤物装入转笼，按自动程序到脱剂过程并同时开始计时 5 min 内完成；

b) 转笼停稳后,立即取出洗涤物称量并在5 min内完成;

c) 重复上述试验2次,取其算术平均值为商用干洗机的脱剂率,试验后应符合5.10的规定。

6.13 商用干洗机洗涤剂耗量试验

商用干洗机按附录C规定的方法进行洗涤剂耗量试验,应符合5.4的规定。

6.14 商用干洗机能耗试验

商用干洗机按附录D规定的方法进行能耗试验,应符合5.11的规定。

6.15 商用干洗机压力容器水压试验

压力容器应按GB 150的规定进行水压试验,还应符合5.15.10的规定。

6.16 商用脱水机和干洗机对衣物损伤的试验

对衣物损伤的试验应符合5.15.7的规定。

6.17 全封闭商用干洗机制冷系统试验

6.17.1 系统压力检漏试验:

a) 使用介质为氮气或经过干燥处理的压缩空气;

b) 在高压区施压为1.96 MPa,低压区施压为0.98 MPa,待达到压力值后保持24 h,视检压力表读数应无变化,应符合5.15.11d)的规定。

6.17.2 系统真空检漏试验:

a) 当系统采用全封闭制冷压缩机时,不允许使用自身压缩机抽真空;

b) 制冷系统采用真空泵抽真空并用真空表测定,保持18 h,视检真空计指示变化,应符合5.15.11c)的规定。

6.18 结构、材料和外观检查

视检商用洗衣机、脱水机和干洗机的结构、材料和外观,应符合5.15~5.16的规定。

7 检验规则

7.1 检验分类

商用洗衣机、脱水机和干洗机的检验分为出厂检验和型式检验。

7.2 出厂检验

7.2.1 每批产品均需进行出厂检验,检验合格后方可出厂。

7.2.2 每个产品应进行5.15、5.16和8.1的检验,检验合格后方可出厂,每一批次需进行5.5、5.6和5.13的检验。

7.3 型式检验

7.3.1 凡属于下列情况之一时,应进行型式试验:

a) 新产品试制或老产品转厂时;

b) 正常生产时,产品结构、材料、工艺有较大改变,可能影响产品性能;

c) 正常生产过程中,每年进行一次;

d) 停产半年以上,恢复生产时。

7.3.2 型式试验包括本标准的所有项目。

7.3.3 型式检验样本应在连续生产批中随机抽取。批产品在20台以内抽取1台,20台以上(含20台)抽取2台。

7.3.4 型式试验时有1项不合格,应加倍抽样,如果检验后仍然不合格,则判定该批次产品为不合格。

8 标志、包装、运输、贮存

8.1 标志

每台商用洗衣机应具有耐久性的铭牌和商标,铭牌上应清晰地标出以下内容:

a) 商标；

b) 产品名称；

c) 产品型号；

d) 主要技术参数；

e) 生产厂名称；

f) 生产日期；

g) 出厂编号。

8.2 包装

8.2.1 商用洗衣机应使用牢固的包装箱包装并有防潮保护措施。

8.2.2 包装箱应保证产品在正常运输和保管条件下，不致因颠震、装卸、受潮以及侵入灰尘而使产品受到损伤。

8.2.3 包装前，应对产品未涂镀的外露金属表面涂刷防锈剂。

8.2.4 如果有特殊要求，可供需双方商定。

8.2.5 产品应具备下列文件：

a) 产品质量检验合格证；

b) 产品使用说明书；

c) 装箱单。

8.2.6 包装箱外表面标志：

8.2.6.1 储运图示标志应符合 GB/T 191 的规定。

8.2.6.2 发货标志应符合 GB/T 6388 的规定。

8.3 运输

产品在装卸及运输过程中，应防止颠震及剧烈的冲击。

8.4 贮存

产品装箱后，应贮存在通风、干燥、无腐蚀性气体的室内，产品从出厂日期起，超过 6 个月应开箱作防锈处理。

附　录　A
（规范性附录）
商用洗衣机的洗涤性能试验方法

A.1　碳黑油污染布的制备

碳黑油污染布制作应符合 GB/T 4288 相关要求。

A.2　标准洗涤物

A.2.1　标准洗涤物布料要求

标准洗涤物应符合 GB/T 4288 相关要求。

注：一般试验时可采用类似的中平布料。

A.2.2　标准洗涤物规格

标准洗涤物仅使用床单和餐巾，其布料的规格应符合 GB/T 4288 的相关要求。

A.2.3　碳黑油污染布的配置

污染布在标准洗涤物上配置的位置和数量应符合 GB/T 4288 的相关要求。

A.2.4　标准洗涤物数量及配制污染布总数

A.2.4.1　床单应占额定洗涤容量的80%以上，其余部分由餐巾补齐(按床单整数计取质量)。

A.2.4.2　配制的污染布数量应不少于额定洗涤容量数值，其80%以上的数量应钉缝在床单上。

A.2.5　碳黑油污染布的缝法

沿长方形的一条短边钉缝数点。

A.2.6　使用要求

钉缝污染布的标准洗涤物应在 3 h～140 h 内使用。

A.2.7　称量

将干燥的标准洗涤物放置在室温(20±5)℃，相对湿度 60%～70% 的环境条件下 24 h 后，钉缝污染布并称量。

A.3　洗涤剂

A.3.1　使用 GB/T 13171 规定的Ⅲ型合成洗衣粉，加入量为总洗涤剂的 70%。

A.3.2　工业用碱加入量为总洗涤剂的 30%。

A.3.3　洗涤剂用量按额定洗涤容量的 6%加入。

A.4　试验用水

a)　水质：试验用水的硬度质量分数不大于 83×10^{-6}；

b)　水量：按生产厂标称的额定水量；

c)　水温：(17±7)℃。

注：水质、水温不符合规定时，在试验报告中注明试验时实际数值。

A.5　试验方法

A.5.1　污染布的反射率测定应符合 GB/T 4288 的相关要求。

A.5.2　按下列要求进行洗涤、漂洗、脱水试验：

a)　无脱水装置的洗衣机按洗涤 30 min、漂洗 5 min、高水位漂洗 2 次，每次 5 min，最后脱水 10 min。

b） 全自动洗衣机按洗涤、脱水、漂洗、脱水程序洗涤。

c） 没有规定洗涤、脱水时间的洗衣机按低水位洗涤 30 min、脱水 5 min、高水位漂洗 2 次，每次 5 min，最后脱水 10 min。

A.5.3 洗涤后污染布的整理应符合 GB/T 4288 的相关要求。

A.6 试验次数及取值方法

每台样品试验不少于 3 次，每次试验后根据反射率算出洗净率，再取其 3 次洗净率的算术平均值为该台商用洗衣机的洗净率值。

A.7 洗净率计算方法

洗净率计算方法应符合 GB/T 4288 的相关要求。

附 录 B
（规范性附录）
商用干洗机的洗涤性能试验方法

B.1 目视法

选择4对污垢度基本相同的毛料单衣，将4对中的各1件进行正常洗涤，目视比较洗涤效果。

B.2 毛料污染布测定法

B.2.1 试验条件

a） 商用干洗机处于正常工作状态；

b） 1号缸和2号缸内应有干净的洗涤剂不少于300 kg，溶剂pH值应在5～7范围内；

c） 采用两池法洗涤程序；

d） 洗涤物为一般污脏的浅颜色的毛料单衣、裤；

e） 采用标准毛料污染布（可用德国LUFFER标准污染布替代）。

B.2.2 试验仪器

a） 白度计；

b） pH试纸或酸度计。

B.2.3 试验方法

B.2.3.1 洗净率试验按式（B.1）计算：

$$X=\frac{R_2-R_1}{R_0-R_1}\times 100\% \qquad \cdots\cdots\cdots\cdots(\text{B.1})$$

式中：

X——洗净率，%；

R_2——洗涤后污染布反射率；

R_1——洗涤前污染布反射率；

R_0——污染布原布反射率。

B.2.3.2 试验方法：

a） 取4块标准污染布，分别用白度计测量其反射率值，每块污染布表里各测2次，取4次算术平均值作为洗涤前的反射率；

b） 把4块污染布（各2块）分别钉缝在被洗涤的毛料上衣和下装上；

c） 按两池法进行额定负载的自动洗涤循环，洗涤结束后取出污染布；

d） 用白度计测定污染布的反射率；

e） 按式（B.1）计算洗净率；

f） 取4块污染布洗净率的算术平均值，作为商用干洗机的洗净率值。

附 录 C
（规范性附录）
商用干洗机的洗涤剂耗量试验方法

C.1 试验条件

a) 彻底清洁过滤器并填充干净的洗涤剂；

b) 在洗涤剂缸中注入新的洗涤剂；

c) 拆下从干燥冷凝器至水分离器的管道并按工艺收回溶剂。

C.2 试验仪器

测定质量的衡器，以千克(kg)计，精确至1%。

C.3 试验步骤

C.3.1 干机准备

在试验前，进行空机烘干 15 min。

C.3.2 空壁残存测定

干机后，进行空机（不装洗涤物）过滤器回路洗涤 15 min，排放 2 min，脱干 5 min，烘干 18 min，在水分离器出口测定回收溶剂量 G_{g1}。

C.3.3 织物残存溶剂测定

按 6.12 脱剂率试验方法测定经脱剂后织物上残存的溶剂质量 G_{g2}。

C.3.4 烘干回收测定

在进行 C.3.3 测定后，立即进行烘干回收试验，进行烘干 40 min，烘干温度限定在 75 ℃（开启式）或 45 ℃（全封闭）。

用工艺水分离器（装填纯溶剂至临界分离状态）将收集到的溶剂进行油水分离并对分离后的溶剂称量质量，用以得到烘干器的溶剂量 G_{g3}。

C.3.5 洗涤剂耗量

按式(C.1)计算：

$$A = \frac{G_{g1} + G_{g2} - G_{g3}}{G_g} \times 100\% \qquad \cdots\cdots\cdots\cdots (C.1)$$

式中：

A——洗涤剂耗量，%；

G_g——洗涤的干衣织物质量，单位为千克(kg)；

G_{g1}——空壁残存洗涤剂质量，单位为千克(kg)；

G_{g2}——烘干前织物残存洗涤剂质量，单位为千克(kg)；

G_{g3}——烘干回收的洗涤剂质量，单位为千克(kg)。

C.4 试验次数

洗涤剂耗量重复试验 3 次，取其算术平均值作为商用干洗机的洗涤剂耗量值。

附 录 D
（规范性附录）
商用干洗机的能耗试验方法

D.1 试验条件

a) 水温：(12±5)℃；
b) 按规定洗涤容量装料（毛衣单衣）；
c) 按标准程序洗涤。

D.2 试验仪器

a) 湿式水表，准确度±2 %；
b) 温度计，准确度1 ℃；
c) 有功电度表，1.5级；
d) 电流互感器，0.5级；
e) 测量质量的衡器，以千克(kg)计，精确至1%；
f) 蒸汽流量计，准确度±2%。

D.3 冷却水耗量试验

试验一个循环的用水量按式(D.1)计算：

$$S=\frac{S_1}{G_e} \quad \cdots\cdots(D.1)$$

式中：
S——洗涤每千克织物的耗水量，单位为立方米每千克(m^3/kg)；
S_1——洗涤一个循环的总耗水量，单位为立方米(m^3)；
G_e——干洗机额定洗涤容量，单位千克(kg)。

D.4 蒸汽耗量试验

试验一个循环的蒸汽耗量按式(D.2)计算：

$$Q=\frac{Q_1}{G_e} \quad \cdots\cdots(D.2)$$

式中：
Q——洗涤每千克织物的蒸汽耗量，单位为千克每千克(kg /kg)；
Q_1——洗涤一个循环的总耗蒸汽量，单位为千克(kg)；
G_e——干洗机额定洗涤容量，单位千克(kg)。

D.5 电能耗量试验

试验一个循环的总电能耗量按式(D.3)计算：

$$W=\frac{W_1}{G_e} \quad \cdots\cdots(D.3)$$

式中：
W——洗涤每千克织物所消耗的电能，单位为千瓦时每千克(kW·h/kg)；

W_1——洗涤一个循环的总耗电量，单位为千瓦时(kW·h)；

G_e——干洗机额定洗涤容量，单位千克(kg)。

D.6 试验次数

所有的耗能重复试验2次，取其算术平均值为商用干洗机的能耗值。

ICS 97.060
Y 62

中华人民共和国国家标准

GB/T 22938—2008

商用干衣机

Commercial dryer

2008-12-30 发布　　2009-09-01 实施

中华人民共和国国家质量监督检验检疫总局
中国国家标准化管理委员会　发布

前　言

本标准由中国轻工业联合会提出。

本标准由全国家用电器标准化技术委员会(SAC/TC 46)归口。

本标准主要起草单位:中国家用电器研究院、国家家用电器质量监督检验中心、青岛海尔洗衣机有限公司、无锡小天鹅股份有限公司。

本标准主要起草人:鲁建国、赵维波、姜战存、李宏、朱焰、孙鹏。

商 用 干 衣 机

1 范围

本标准规定了商用干衣机的术语和定义、产品分类、技术要求、试验方法、检验规则、标志、包装、运输和贮存。

本标准适用于由专业人员操作的对织物进行烘干的商用干衣机。

2 规范性引用文件

下列文件中的条款通过本标准的引用而成为本标准的条款。凡是注日期的引用文件，其随后所有的修改单(不包括勘误的内容)或修订版均不适用于本标准，然而，鼓励根据本标准达成协议的各方研究是否可使用这些文件的最新版本。凡是不注日期的引用文件，其最新版本适用于本标准。

GB/T 191 包装储运图示标志(GB/T 191—2008, ISO 780:1997,MOD)

GB/T 3768 声学 声压法测定噪声源声功率级 反射面上方采用包络测量表面的简易法(GB/T 3768—1996,eqv ISO 3746:1995)

GB/T 4288 家用电动洗衣机

GB/T 6388 运输包装收发货标志

3 术语和定义

下列术语和定义适用于本标准。

3.1

干衣机 dryer

用加热或冷凝空气的方法对织物进行干燥的设备。

3.2

额定干衣容量 rate drying capacity

在规定的工作条件下，商用干衣机一次可烘干标准洗涤物的最大质量。

3.3

能效比 efficiency rate

商用干衣机蒸发每千克水所消耗电量或蒸汽量。

4 产品分类

4.1 型式

4.1.1 按自动化程度分：

——普通型；

——自动型。

4.1.2 按加热方式分：

——蒸汽加热式；

——电加热式。

4.2 规格

商用干衣机的规格在型号中以额定干衣容量(kg)数值表示。

5 技术要求

5.1 使用环境条件

5.1.1 环境温度为 0 ℃～40 ℃。

5.1.2 环境空气的相对湿度在 95%以下(温度 25 ℃时)。

5.2 使用电源、试运转

商用干衣机使用的电源为单相交流，额定电压为 220 V 或三相交流，额定电压为 380 V，额定频率为 50 Hz(特殊要求除外)。

按照使用说明书要求操作，商用干衣机应运行平稳，动作正确可靠，并能完成产品使用说明书所述功能(关于这些功能的技术要求，如在本标准未有规定，可执行相应的国家标准、行业标准或备案的企业产品标准)，各仪表指示准确、灵敏。

5.3 烘干性能

商用干衣机干燥后织物的含水率≤20%。

5.4 噪声

商用干衣机的声压级噪声值≤85 dB(A 计权)。

5.5 振动

商用干衣机的振动最大值≤7.1 mm/s。

5.6 能效比

商用干衣机蒸发每千克水所消耗电量或蒸汽量的能效比值应不大于表 1 的规定值。

表 1

加热方式	电耗量/(kW·h/kg)	蒸汽耗量/(kg/kg)
电加热式	＜2.0	—
蒸汽加热式	—	4.0

5.7 结构

5.7.1 商用干衣机中紧固件及其他零部件应符合有关国家标准的规定，其易损件应便于更换，各紧固部位牢固可靠，无松动现象。

5.7.2 商用干衣机转笼接触织物的内表面应光滑、无毛刺，正常使用时，不应夹扯和损伤织物。

5.7.3 观察窗玻璃应平整、清晰透明、能承受烘干温度的变化，不应出现破碎、变形。

5.7.4 铭牌安装在产品的明显位置且牢固可靠，标志清晰、完整。

5.8 材料和外观

5.8.1 钢铁件(不锈钢除外)表面应进行防锈蚀处理，如采用电镀、涂漆等有效的防锈蚀处理。

5.8.2 电镀件镀层应牢固，表面光滑细致、色泽均匀，不得有剥落、露底、花斑和划伤等明显缺陷。

5.8.3 塑料件表面应光滑、色泽均匀，无裂缝、气泡、缩孔、明显斑痕等缺陷。

5.8.4 涂漆件或涂塑件的涂饰表面应光滑细致、色泽均匀、漆膜牢固，不得有皱纹、流痕、针孔、气泡等明显缺陷。

5.8.5 黑色氧化件不应有锈蚀、花斑等缺陷。

5.8.6 各焊、铆接处应光滑牢固，不得有松动、脱焊和裂纹。

6 试验方法

6.1 试验条件

6.1.1 除对试验环境条件另作具体规定的试验外，型式检验应在环境温度为(20±5)℃，相对湿度为 60%～70%，无外界气流，无强烈阳光和其他辐射作用的室内进行。

6.1.2 试验电源为单相或三相交流正弦波,电压及频率波动范围不得超过额定值的±1%。

6.1.3 被测样品应在生产厂使用说明书规定的使用状态下进行试验。

6.1.4 在现场进行试验时,被测样机距离墙壁应大于 3 m 或安置在具有平坦坚硬地面的户外空旷场所。

6.1.5 蒸汽加热式商用干衣机蒸汽压力应在 0.4 MPa～0.8 MPa 范围内。

6.2 试验用仪器仪表

6.2.1 用于型式检验的电工仪表的准确度等级为 0.5 级,用于出厂检验的准确度等级不低于 1.0 级。

6.2.2 测量时间用的秒表的准确度等级不低于 0.5%。

6.2.3 测量温度和相对湿度用的干湿球温度计的准确度等级为 1.0 ℃。

6.2.4 测量质量的衡器以千克(kg)计,精确至 1%。

6.2.5 测量噪声的声级计为Ⅱ型或Ⅱ型以上或准确度等级相当的其他试验仪表。

6.3 烘干性能试验

6.3.1 含水率按式(1)计算:

$$H = 1 - \frac{G_2 - G_1}{G_1} \times 100\% \qquad \cdots\cdots(1)$$

式中:

H——含水率,%;

G_1——额定干燥织物质量,单位为千克(kg);

G_2——烘干 1 h 时的织物质量,单位为千克(kg)。

6.3.2 标准负载布

a) 试验用负载布应符合 GB/T 4288 的相关规定;

b) 负载布规格应符合 GB/T 4288 中床单、衬衫、餐巾的规格。

6.3.3 将标准负载布放在商用洗衣机中,以干态织物水浴比的额定水量和每升水为 5 g 的洗涤剂,洗涤 30 min,漂洗 2 次,每次漂洗 5 min,脱水后烘干的织物放在干燥的地方备用。

6.3.4 标准负载布的配比为 1 条床单、2 件衬衫和 18 块餐巾为 1 套。

6.3.5 预处理

以规定的整套织物为单元,称取被测商用干衣机额定容量的 1.2 倍质量,放进样机中烘干。当出口中心温度升至 80 ℃以后,每隔 30 min 称量一次,至相邻两次称量值变化小于 1%为止。立即取出放入已称量好的大尼龙袋中,按商用干衣机的额定容量称取织物。质量的不足或超过部分,以餐巾来调整。

6.3.6 将织物浸水后经脱水至含水率为 80%,含水率不足,应均匀地喷洒水。待被测样机空载加热到出口中心温度升至 60 ℃时,将织物放入机中。运转 1 h 后,立即取出织物放入大尼龙袋中称量。试验后应符合 5.3 的规定。

6.4 噪声测定

6.4.1 测定条件

6.4.1.1 试验环境条件应符合 GB/T 3768 的相关要求。

6.4.1.2 试验时以额定负载运转,试验后应符合 5.4 的规定。

6.4.2 测试方法

声级计高度 1 m,在被测样机外形尺寸中心线处,距离样机轮廓 1 m,用声级计分别测量样机前、后、左、右四点的噪声值,取其算术平均值为样机的声压级噪声值。

6.5 振动测定

试验时以额定负载运转,待运转速度达到稳定状态后,用振动试验仪分别测量样机前、后、左、右各面以及中央部位,试验后其振幅应符合 5.5 的规定。

6.6 能效比测定

在额定状态下,使用电度表、蒸汽流量计和计时器,测定在 1 h 中所消耗的电量或蒸汽量,然后进行计算,试验后应符合 5.6 的规定。

电耗量按式(2)计算:

$$Q = \frac{E}{W - G} \qquad \cdots\cdots(2)$$

式中:

Q——蒸发单位质量水所消耗的电量,单位为千瓦时每千克(kW·h/kg);

E——烘干所消耗的电量,单位为千瓦时(kW·h);

W——标准负载布烘干前的质量,单位为千克(kg);

G——烘干 1 h 时织物质量,单位为千克(kg)。

蒸汽耗量按式(3)计算:

$$Q_1 = \frac{q}{W - G} \qquad \cdots\cdots(3)$$

式中:

Q_1——蒸发单位质量水所消耗的蒸汽量,单位为千克每千克(kg/kg);

q——烘干所消耗的蒸汽总量,单位为千克(kg);

W——标准负载布烘干前的质量,单位为千克(kg);

G——烘干 1 h 时织物质量,单位为千克(kg)。

6.7 结构、材料和外观检查

通过视检检查商用干衣机的结构、材料和外观,应符合 5.7、5.8 的规定。

7 检验规则

7.1 检验分类

商用干衣机的检验分为出厂检验和型式试验。

7.2 出厂检验

7.2.1 每批产品均需进行出厂检验,检验合格后方可出厂。

7.2.2 每个产品应进行 5.7、5.8 和 8.1 的检验,检验合格后方可出厂,每批次需进行 6.3 和 6.4 的检验。

7.3 型式检验

7.3.1 凡属于下列情况之一时,应进行型式试验:

a) 新产品试制或老产品转厂时;

b) 正常生产时,产品结构、材料、工艺有较大改变,可能影响产品性能时;

c) 正常生产过程中,每年进行一次;

d) 停产半年以上,恢复生产时。

7.3.2 本标准所有项目的检验为型式试验。

7.3.3 型式检验样机应在连续生产批中随机抽取。批产品在 20 台以内,抽取 1 台,20 台以上(含 20 台)抽取 2 台。

7.3.4 型式试验时如有 1 项不合格,则加倍抽样,如果检验后仍然不合格,则判定该批次产品为不合格。

8 标志、包装、运输和贮存

8.1 标志

每台产品应具有耐久性的铭牌和商标,铭牌上应清晰地标出以下内容:

a) 商标;

b) 产品名称；

c) 产品型号；

d) 主要技术参数；

e) 生产厂名称；

f) 生产日期；

g) 出厂编号。

8.2 包装

8.2.1 产品应使用牢固的包装箱包装，并有防潮保护措施。

8.2.2 包装箱应保证产品在正常运输和保管条件下，不致因颠震、装卸、受潮以及侵入灰尘而使商用干衣机受到损伤。

8.2.3 包装前，应对商用干衣机未涂镀的外露金属表面涂刷防锈剂。

8.2.4 如果有特殊要求，可供需双方商定。

8.2.5 产品应具备下列文件：

a) 产品质量检验合格证；

b) 产品使用说明书；

c) 装箱单。

8.2.6 包装箱外表面标志

8.2.6.1 储运图示标志应符合 GB/T 191 的规定。

8.2.6.2 发货标志应符合 GB/T 6388 的规定。

8.3 运输

产品在装卸及运输过程中，应防止颠震及剧烈的冲击。

8.4 贮存

产品装箱后，应贮存在通风、干燥、无腐蚀性气体的室内，产品从出厂之日起，超过 6 个月应开箱做防锈处理。

ICS 97.040.20
Y 68

中华人民共和国国家标准

GB/T 22939.2—2008

家用和类似用途电器包装 吸油烟机的特殊要求

Package of household and similar electrical appliances—Particular requirements for range hood

2008-12-30 发布　　2009-09-01 实施

中华人民共和国国家质量监督检验检疫总局
中国国家标准化管理委员会　发布

前　言

GB/T 22939《家用和类似用途电器包装》由若干部分组成，GB/T 1019 为通则，GB/T 22939 为特殊要求。

本部分是 GB/T 22939 的第 2 部分，本部分和 GB/T 1019—2008《家用和类似用途电器包装通则》配合使用。

本部分中写明“适用”的部分，表示 GB/T 1019—2008 中的相应条款适用于本部分；本部分中写明“代替”或“修改”的部分，应以本部分为准；本部分中写明“增加”的部分，表示除要符合 GB/T 1019—2008 中的相应条款外，还应符合本部分所增加的条款。

对通则标准章条或图的增加以数字标示，从 101 起，增加的附录以 AA，BB 等标记；增加的列项以 aa)，bb)等标记。

本部分由中国轻工业联合会提出。

本部分由全国家用电器标准化技术委员会(SAC/TC 46)归口。

本部分起草单位：浙江德意厨具有限公司、杭州老板电器股份有限公司、中国家用电器研究院、宁波方太厨具有限公司、博西华电器(江苏)有限公司、浙江阿林斯普能源科技有限公司、青岛海尔洗碗机有限公司。

本部分主要起草人：黄关德、余国成、李一、张兆明、郑军妹、管海燕、王俊、王建良。

家用和类似用途电器包装 吸油烟机的特殊要求

1 范围

GB/T 1019—2008 中该章用下述内容代替。

本部分规定了吸油烟机包装的术语和定义、要求、试验方法和标志等内容。

本部分适用于家用和类似用途的吸油烟机。

2 规范性引用文件

下列文件中的条款通过 GB/T 22939 的本部分的引用而成为本部分的条款。凡是注日期的引用文件，其随后所有的修改单(不包括勘误的内容)或修订版均不适用于本部分，然而，鼓励根据本部分达成协议的各方研究是否可使用这些文件的最新版本。凡是不注日期的引用文件，其最新版本适用于本部分。

GB/T 1019—2008 中的该章除下述内容外，均适用。

增加：

GB 4706.28 家用和类似用途电器的安全 吸油烟机的特殊要求(GB 4706.28—1999, idt IEC 60335-2-31)

GB/T 17713—1999 吸油烟机

3 术语和定义

下列术语和定义适用于 GB/T 22939 的本部分。

GB/T 1019—2008 中的该章除以下内容外，均适用。

增加：

3.101

吸油烟机 range hood

安装在炉灶上部，由电动机驱动用于收集被污染空气的器具。

注：被污染的空气可以通过过滤器后回到房间内或排放到室外。

3.102

抗压包装 strut packaging

在内装吸油烟机受到一定负载时，为避免其受损坏而采取一定防护措施的包装。

3.103

抗跌包装 decline counteract packaging

在内装吸油烟机跌落时，为避免其受损坏而采取一定防护措施的包装。

4 技术要求

GB/T 1019—2008 中的该章除下述内容外，均适用。

4.2 防潮包装

代替：

吸油烟机的防潮包装应符合 GB/T 5048—1999 第 4 章的规定。

吸油烟机应按产品及包装设计要求进行包装，包装应符合 GB/T 5048—1999 中 3.3 规定的 3 级防潮包装等级。

经防潮包装后的吸油烟机包装件，应按规定要求进行恒定湿热试验，试验后产品的外观质量及性能应符合 GB/T 17713—1999 第 5 章的规定。

4.3 防霉包装

不适用。

4.4 防锈包装

不适用。

4.101 抗压包装

吸油烟机的抗压包装，应符合产品包装设计要求。

抗压包装件试验后应达到以下要求：

a) 包装外观应无明显破损和变形；

b) 产品表面及零部件不应有机械损伤；

c) 产品的安全应符合 GB 4706.28 的规定，性能应符合 GB/T 17713—1999 第 5 章的规定。

4.102 抗跌包装

吸油烟机的抗跌包装，应符合产品包装设计要求。

抗跌包装件试验后应达到以下要求：

a) 包装外观应无明显破损和变形；

b) 产品表面及零部件不应有机械损伤；

c) 产品的安全应符合 GB 4706.28 的规定，性能应符合 GB/T 17713—1999 第 5 章的规定。

5 试验方法

GB/T 1019—2008 中的该章除下述内容外，均适用。

5.4 防霉试验

不适用。

5.5 防锈试验

不适用。

5.6 振动试验

代替：

根据产品包装设计要求，试验方法参照 GB/T 4857.7—1992 中 5.6.3 的方法 A、GB/T 4857.10、GB/T 4857.23 进行，试验后应满足 4.5 的要求。

5.7 堆码试验

代替：

堆码试验的包装件不需进行潮热试验，堆码层数应按设计要求，时间为 28 d。其试验后包装件高度与试验前的包装件高度之差小于 1 cm/m。试验后应满足 4.101 的要求。

5.8 斜面冲击试验

不适用。

5.9 跌落试验

代替：

5.9.1 包装件跌落试验参照 GB/T 4857.5—1992 进行。

5.9.2 吸油烟机为不能倒置的产品，将试件按 GB/T 4857.1—1992 中 2.1 规定的底面 3 向下，按表 101 规定提到预定高度，以初速度为零释放，连续进行 3 次跌落试验。

表 101

包装件质量 / kg	跌落高度/cm (流通条件 2)
≤25	50
>25,≤50	35
>50,≤75	30
>75,≤100	25
>100	20

5.9.3 跌落试验后的吸油烟机包装件应符合 4.102 的要求。

6 包装标志

代替：

包装标志按照 GB/T 191 的有关规定正确选用，且应符合 GB/T 17713—1999 中对应的包装标志要求。

ICS 97.080
Y 62

中华人民共和国国家标准

GB/T 22939.3—2008

家用和类似用途电器包装 真空吸尘器和吸水式清洁器具的特殊要求

Package of household and similar electrical appliances—Particular requirements for vacuum cleaners and water suction cleaning appliances

2008-12-30 发布　　2009-09-01 实施

中华人民共和国国家质量监督检验检疫总局
中国国家标准化管理委员会　发布

前　言

GB/T 22939《家用和类似用途电器包装》由若干部分组成，GB/T 1019 为通则，GB/T 22939 为特殊要求。

本部分是 GB/T 22939 的第 3 部分，本部分和 GB/T 1019—2008《家用和类似用途电器包装通则》配合使用。

本部分中写明“适用”的部分，表示 GB/T 1019—2008 中的相应条款适用于本部分；本部分中写明“代替”或“修改”的部分，应以本部分为准；本部分中写明“增加”的部分，表示除要符合 GB/T 1019—2008 中的相应条款外，还应符合本部分所增加的条款。

对通则标准章条或图的增加以数字标示，从 101 起，增加的附录以 AA，BB 等标记；增加的列项以 aa)，bb)等标记。

本部分由中国轻工业联合会提出。

本部分由全国家用电器标准化技术委员会归口。

本部分主要起草单位：中国家用电器研究院、松下电化住宅设备机器（杭州）有限公司、宁波富达电器有限公司、宁波富佳实业有限公司。

本部分主要起草人：李一、鲁建国、郑国威、徐云国、周小林、孙鹏。

家用和类似用途电器包装 真空吸尘器和吸水式清洁器具的特殊要求

1 范围

GB/T 1019—2008 中该章用下述内容代替。

本部分规定了家用和类似用途电器——真空吸尘器和吸水式清洁器具包装的术语和定义、技术要求、试验方法和包装标志。

本部分适用于家庭和类似场合使用的真空吸尘器和吸水式清洁器具的包装。

2 规范性引用文件

GB/T 1019—2008 中的该章适用。

3 术语和定义

GB/T 1019—2008 中的该章适用。

4 技术要求

GB/T 1019—2008 中的该章除下述内容外，均适用。

4.3 防霉包装

不适用。

4.5 防振包装

修改：

器具包装应符合产品包装设计的要求。

真空吸尘器和吸水式清洁器具包装件经过 5.6 的振动试验后应符合下述要求：

a) 包装外观应无明显破损和变形；

b) 产品表面及零部件不应有机械损伤；

c) 产品的安全及性能应符合其产品标准要求。

4.6 包装材料

修改：

真空吸尘器和吸水式清洁器具所用的包装材料，应符合国家对包装材料的一般性要求。本着安全、可靠、节约的原则，应尽量使用可再生利用的包装材料。

包装及包装材料应符合国家环保的有关要求。

5 试验方法

GB/T 1019—2008 中的该章除下述内容外，均适用。

5.4 防霉试验

不适用。

5.6 振动试验

修改：

真空吸尘器和吸水式清洁器具包装设计要求，按照 GB/T 4857.7、GB/T 4857.10、GB/T 4857.23 规定的方法进行试验，试验后应符合 4.5 的要求。

5.7 堆码试验

修改：

真空吸尘器和吸水式清洁器具包装采用直接堆码试验。

堆码试验方法按 GB/T 4857.3 的规定进行。

5.7.1 直接堆码试验

修改：

直接堆码试验的包装件不需进行潮热试验，堆码层数应按设计要求，在温度(20±5)℃、相对湿度50%～70% 的环境中放置 28 d。试验后包装件总高度与试验前的包装件总高度降低值应不大于 1 cm/m。

5.7.2 压力堆码试验

不适用。

5.8 斜面冲击试验

修改：

真空吸尘器和吸水式清洁器具包装件应进行斜面冲击试验。斜面冲击试验按 GB/T 4857.11 中的斜面试验方法进行。

冲击速度：v=1.5 m/s。

试验顺序及次数按表 101 规定。

表 101

试验顺序	试验样品放置面(编号)	试验样品承受冲击的面或棱(编号)	试验次数
1	3	4	2
2	3	6	2
3	3	2	2
4	3	5	2
5	3	4—6	2
6	3	2—6	2
7	3	2—5	2
8	3	4—5	2

冲击试验后，产品不得有变形、压痕和损伤。

5.9 跌落试验

5.9.1 修改：

真空吸尘器和吸水式清洁器具包装件应进行跌落试验，跌落试验按照 GB/T 4857.5 进行。

5.9.2 修改：

跌落试验高度按表 102 规定。

表 102

包装件毛重/kg	跌落高度/cm		
	流通条件 1	流通条件 2	流通条件 3
≤25	60	50	40
>25 且≤50	45	35	30
>50 且≤75	35	30	25

6 包装标志

GB/T 1019—2008 中的该章适用。

ICS 97.040.20
Y 68

中华人民共和国国家标准

GB/T 22939.4—2008

家用和类似用途电器包装 微波炉的特殊要求

Package of household and similar electrical appliances—Particular requirement for microwave oven

2008-12-30 发布　　　　2009-09-01 实施

中华人民共和国国家质量监督检验检疫总局
中国国家标准化管理委员会　发布

前　言

GB/T 22939《家用和类似用途电器包装》由若干部分组成，GB/T 1019 为通则，GB/T 22939 为特殊要求。

本部分是 GB/T 22939 的第 4 部分，本部分和 GB/T 1019—2008《家用和类似用途电器包装通则》配合使用。

本部分中写明“适用”的部分，表示 GB/T 1019—2008 中的相应条款适用于本部分；本部分中写明“代替”或“修改”的部分，应以本部分为准；本部分中写明“增加”的部分，表示除要符合 GB/T 1019—2008 中的相应条款外，还应符合本部分所增加的条款。

对通则标准章条或图的增加以数字标示，从 101 起，增加的附录以 AA，BB 等标记；增加的列项以 aa)，bb)等标记。

本部分由中国轻工业联合会提出。

本部分由全国家用电器标准化技术委员会(SAC/TC 46)归口。

本部分主要起草单位：广东格兰仕集团有限公司、佛山市顺德区美的微波电器制造有限公司、中国家用电器研究院、上海松下微波炉有限公司。

本部分主要起草人：江智畅、吴远兴、杜鑫、刘蒙、吴蒙。

家用和类似用途电器包装 微波炉的特殊要求

1 范围

GB/T 1019—2008 中该章用下述内容代替。

本部分规定了家用和类似用途微波炉包装的术语和定义、技术要求、试验方法和标志等内容。

本部分适用于家用和类似用途的微波炉。

本部分也适用于组合型微波炉。

本部分不适用于：

——用于工业的微波炉；

——用于医疗用途的微波炉。

2 规范性引用文件

下列文件中的条款通过 GB/T 22939 的本部分的引用而成为本部分的条款。凡是注日期的引用文件，其随后所有的修改单(不包括勘误的内容)或修订版均不适用于本部分，然而，鼓励根据本部分达成协议的各方研究是否可使用这些文件的最新版本。凡是不注日期的引用文件，其最新版本适用于本部分。

GB/T 1019—2008 中的该章除下述内容外，均适用。

增加：

GB 4706.1—2005　家用和类似用途电器的安全　第 1 部分：通用要求[GB/T 4706.1—2005，IEC 60335-1:2004(Ed 4.1)，IDT]

GB 4706.21—2002　家用和类似用途电器的安全　微波炉的特殊要求(GB/T 4706.21—2002，IEC 60335-2-25:1996，IDT)

3 术语和定义

下列术语和定义适用于 GB/T 22939 的本部分。

GB/T 1019—2008 中的该章除以下内容外，均适用。

增加：

3.101

微波炉　microwave oven

设计用微波能量加热腔体中的食物和饮料的器具。

3.102

组合型微波炉　combination microwave oven

兼有传统炉灶的某些或全部加热功能，并具有腔体微波加热方式的器具。

仅具有着色功能的微波炉不能认为是组合型微波炉。

3.103

防压包装　press proof packaging

在包装件受到一定负载时，为避免产品损坏与包装件变形而采取一定防护措施的包装。

3.104

防跌包装　drop proof packaging

在包装件跌落时，为避免产品损坏而采取一定防护措施的包装。

4 技术要求

GB/T 1019—2008 中的该章除下述内容外，均适用。

4.2 防潮包装

不适用。

4.3 防霉包装

不适用。

4.4 防锈包装

不适用。

4.5 防振包装

代替：

微波炉的防振包装，应符合产品包装设计要求。

防振包装件试验后应达到以下要求：

a） 产品表面及零部件不应有机械损伤；

b） 微波泄漏应符合 GB 4706.21—2002 第 32 章的规定；

c） 电气强度应符合 GB 4706.1—2005 第 16 章的规定；

d） 泄漏电流应符合 GB 4706.1—2005 第 13 章的规定；

e） 外壳部螺丝不得有松动。

4.101 防压包装

微波炉的防压包装，应符合产品包装设计要求。

防压包装件试验后应达到以下要求：

a） 偏斜量不超过 25 mm；

b） 包装外观应无明显破损和变形；

c） 产品表面及零部件不应有机械损伤；

d） 微波泄漏应符合 GB 4706.21—2002 第 32 章的规定；

e） 电气强度应符合 GB 4706.1—2005 第 16 章的规定；

f） 泄漏电流应符合 GB 4706.1—2005 第 13 章的规定。

4.102 防跌包装

微波炉的防跌包装，应符合产品包装设计要求。

防跌包装件试验后应达到以下要求：

a） 产品表面及零部件不应有机械损伤；

b） 微波泄漏应符合 GB 4706.21—2002 第 32 章的规定；

c） 电气强度应符合 GB 4706.1—2005 第 16 章的规定；

d） 泄漏电流应符合 GB 4706.1—2005 第 13 章的规定。

5 试验方法

GB/T 1019—2008 中的该章除下述内容外，均适用。

5.3 防潮试验

不适用。

5.4 防霉试验

不适用。

5.5 防锈试验

不适用。

5.6 振动试验

代替：

根据产品包装设计要求，试验方法按 GB/T 4857.10 规定进行并增加以下内容：

5.6.1 频率变化：振动频率从 10 Hz 到 30 Hz，用时 30 s；随后振动频率从 30 Hz 到 10 Hz，用时 30 s，频率变化周期为 60 s；振动时间：120 min；振幅：3.5 mm。

5.6.2 试验后应满足 4.5 的要求。

5.7 堆码试验

代替：

堆码试验方法按 GB/T 4857.3 的规定进行并增加以下内容：

5.7.1 堆码层数＝2.7 m/纸箱高度，数值舍去小数；层数最大取 12 层；堆码时间为 48 h。

5.7.2 试验后应满足 4.101 的要求。

5.8 斜面冲击试验

不适用。

5.9 跌落试验

代替：

包装件跌落试验方法按 GB/T 4857.5 进行并增加以下内容：

5.9.1 依次将试件按照表 101 的跌落顺序和要求，按表 101 与表 102 规定提到预定高度，以初速度为零释放，各跌落 1 次。

表 101

次 序	跌落位置	跌落高度	备　注	举　例
1	底面最脆弱的角	H		2-3-5
2	与跌落角相邻的最短边	H	如为竖边则为 $H/2$	2-5（竖边）
3	与跌落角相邻的次短边	H	如为竖边则为 $H/2$	3-5
4	与跌落角相邻的长边	H	如为竖边则为 $H/2$	2-3
5	跌落角相邻最小面	$H/2$	如为底面则取 H	5
6	最小面的对面	$H/2$	如为底面则取 H	6
7	跌落角相邻次小面	$H/2$	如为底面则取 H	2
8	次小面的对面	$H/2$	如为底面则取 H	4
9	跌落角相邻最大面	$H/2$	如为底面则取 H	3（底面）
10	最大面的对面	$H/2$	如为底面则取 H	1

表 102

包装件质量 (m)/kg	跌落高度(H)/mm
$m \leqslant 9$	760
$9 < m \leqslant 18$	610
$18 < m \leqslant 27$	460
$27 < m \leqslant 45$	310
$m > 45$	200

5.9.2 试验后应满足 4.102 的要求。

6 包装标志

GB/T 1019—2008 的该章内容，均适用。

ICS 97.060
Y 62

中华人民共和国国家标准

GB/T 22939.5—2008

家用和类似用途电器包装 电动洗衣机和干衣机的特殊要求

Package of household and similar electrical appliances—Particular requirements for electric washing machine and dryer

2008-12-30 发布　　2009-09-01 实施

中华人民共和国国家质量监督检验检疫总局
中国国家标准化管理委员会　发布

前　言

GB/T 22939《家用和类似用途电器包装》由若干部分组成，GB/T 1019 为通则，GB/T 22939 为特殊要求。

本部分是 GB/T 22939 的第 5 部分，本部分和 GB/T 1019—2008《家用和类似用途电器包装通则》配合使用。

本部分中写明“适用”的部分，表示 GB/T 1019—2008 中的相应条款适用于本部分；本部分中写明“代替”或“修改”的部分，应以本部分为准；本部分中写明“增加”的部分，表示除要符合 GB/T 1019—2008 中的相应条款外，还应符合本部分所增加的条款。

对通则标准章条或图的增加以数字标示，从 101 起，增加的附录以 AA，BB 等标记；增加的列项以 aa)，bb)等标记。

本部分由中国轻工业联合会提出。

本部分由全国家用电器标准化技术委员会(SAC/TC 46)归口。

本部分起草单位：中国家用电器研究院、国家家用电器质量监督检验中心、博西华电器(江苏)有限公司、青岛海尔洗衣机有限公司、无锡小天鹅股份有限公司、宁波新乐电器有限公司、宁波乐士实业有限公司。

本部分主要起草人：鲁建国、丁旭东、万国胜、李宏、邬烈勤、林海滨、孙鹏。

家用和类似用途电器包装 电动洗衣机和干衣机的特殊要求

1 范围

GB/T 1019—2008 中的该章用下述内容代替。

GB/T 22939 的本部分规定了洗衣机和干衣机包装的术语和定义、技术要求、试验方法和标志等内容。

本部分适用于在家庭和类似场所使用的由电力驱动的洗衣机、干衣机的包装。

注：洗衣干衣一体机属于本部分范围。

2 规范性引用文件

下列文件中的条款通过 GB/T 22939 的本部分的引用而成为本部分的条款。凡是注日期的引用文件，其随后所有的修改单(不包括勘误的内容)或修订版均不适用于本部分，然而，鼓励根据本部分达成协议的各方研究是否可使用这些文件的最新版本。凡是不注日期的引用文件，其最新版本适用于本部分。

GB/T 1019—2008 中的该章适用。

3 术语和定义

GB/T 1019—2008 确立的术语和定义适用于 GB/T 1019 本部分。

4 技术要求

GB/T 1019—2008 中的该章除下述内容外，均适用。

4.3 防霉包装

不适用。

4.5 防振包装

修改：

洗衣机、干衣机包装应符合产品包装设计的要求。

洗衣机、干衣机包装件经过 5.6 的振动试验后应符合下述要求：

a) 包装外观应无明显破损和变形；

b) 产品表面及零部件不应有机械损伤；

c) 产品的安全及性能应符合其产品标准要求。

4.6 包装材料

修改：

洗衣机、干衣机所用的包装材料，应符合国家对包装材料的一般性要求。本着安全、可靠、节约的原则，应尽量使用可再生利用的包装材料。

包装及包装材料应符合国家环保的有关要求。

5 试验方法

GB/T 1019—2008 中的该章除下述内容外，均适用。

5.4 防霉试验

不适用。

5.6 振动试验

修改：

根据洗衣机、干衣机包装设计要求，按照GB/T 4857.7、GB/T 4857.10、GB/T 4857.23规定的方法进行试验，试验后应符合4.5的要求。

5.7 堆码试验

修改：

采用直接堆码试验。

堆码试验方法按GB/T 4857.3的规定进行。

5.7.1 直接堆码试验

修改：

直接堆码试验的包装件不需进行潮热试验，堆码层数应按设计要求，在温度(20±5)℃、相对湿度50%～70%的环境中放置28 d。试验后包装件总高度与试验前的包装件总高度降低值应不大于1 cm/m。

5.8 斜面冲击试验

修改：

洗衣机、干衣机包装件应进行斜面冲击试验。斜面冲击试验按GB/T 4857.11中的斜面试验方法进行。

冲击速度：v=1.5 m/s。

试验顺序及次数按表101要求。

表101 试验顺序及次数

试验顺序	试验样品放置面(编号)	试验样品承受冲击的面或棱(编号)	试验次数
1	3	4	2
2	3	6	2
3	3	2	2
4	3	5	2
5	3	4-6	2
6	3	2-6	2
7	3	2-5	2
8	3	4-5	2

冲击试验后，产品不得有变形、压痕和损伤。

6 包装标志

GB/T 1019—2008中的该章适用。

ICS 97.040.30
Y 61

中华人民共和国国家标准

GB/T 22939.6—2008

家用和类似用途电器包装 电冰箱的特殊要求

Package of household and similar electrical appliances—Particular requirements for refrigerator

2008-12-30 发布　　2009-09-01 实施

中华人民共和国国家质量监督检验检疫总局
中国国家标准化管理委员会　发布

前　言

GB/T 22939《家用和类似用途电器包装》由若干部分组成，GB/T 1019 为通则，GB/T 22939 为特殊要求。

本部分是 GB/T 22939 的第 6 部分，本部分和 GB/T 1019—2008《家用和类似用途电器包装通则》配合使用。

本部分中写明“适用”的部分，表示 GB/T 1019—2008 中的相应条款适用于本部分；本部分中写明“代替”或“修改”的部分，应以本部分为准；本部分中写明“增加”的部分，表示除要符合 GB/T 1019—2008 中的相应条款外，还应符合本部分所增加的条款。

对通则标准章条或图的增加以数字标示，从 101 起，增加的附录以 AA，BB 等标记；增加的列项以 aa)，bb)等标记。

本部分由中国轻工业联合会提出。

本部分由全国家用电器标准化技术委员会(SAC/TC 46)归口。

本部分主要起草单位：中国家用电器研究院、海尔集团公司。

本部分参加起草单位：海信科龙电器股份有限公司、合肥美菱股份有限公司、美的集团有限公司、星星集团有限公司、上海尊贵电器有限公司、六安索伊电器制造有限公司、伊莱克斯(中国)电器有限公司、博西华家用电器有限公司。

本部分主要起草人：杨超、张奎、蔡宁、满明强、陈文朗、李猛、于清、李其民、周于兴、薛彬、赵玉琴、黄也贵。

家用和类似用途电器包装 电冰箱的特殊要求

1 范围

GB/T 1019—2008 中该章用下述内容代替。

GB/T 22939 的本部分规定了家用和类似用途电冰箱包装件的要求。

本部分适用于家用和类似用途电冰箱包装件的检验，本部分也可以用于家用电冰柜、酒柜、展示柜等(以下统称电冰箱)包装件的检验。

2 规范性引用文件

下列文件中的条款通过 GB/T 22939 的本部分的引用而成为本部分的条款。凡是注日期的引用文件，其随后所有的修改单(不包括勘误的内容)或修订版均不适用于本部分，然而，鼓励根据本部分达成协议的各方研究是否可使用这些文件的最新版本。凡是不注日期的引用文件，其最新版本适用于本部分。

GB/T 1019—2008　家用和类似用途电器包装通则

GB/T 4857.1　包装　运输包装件　试验时各部位的标示方法

GB/T 4857.2　包装　运输包装件基本试验　第 2 部分：温湿度调节处理

GB/T 4857.3　包装　运输包装件基本试验　第 3 部分：静载荷堆码试验方法

GB/T 4857.11　包装　运输包装件基本试验　第 11 部分：水平冲击试验方法

ASTM D 4169　运输集装箱和系统的性能试验的标准惯例

ASTM D 4728　运输集装箱随机振动检测的标准试验方法

3 术语和定义

GB/T 1019—2008 确立的以及下列术语和定义适用于本部分。

3.101

流通环境　circulation environment

流通条件 1：包装件的运输距离长，转运次数多，并且可能受到粗暴的装卸作业。

流通条件 2：包装件的转运次数少，装卸条件优于流通条件 1。

流通条件 3：包装件的运输及装卸条件好，不会受到粗暴的装卸作业。

4 技术要求

GB/T 1019—2008 中的该章除以下内容外，均适用。

4.2 防潮包装

增加：

4.2.101　电冰箱包装在进行防潮试验后，包装箱不应出现塌箱、鼓箱现象。

4.2.102　若采用无底型纸箱，则包装件不应出现触地、折弯变形现象。

4.2.103　带搬运把手的包装箱，防潮试验后，把手应仍能用于电冰箱的搬运。

4.5 防振包装

代替：

在进行防振试验后，电冰箱包装箱不应出现塌箱、鼓箱现象，电冰箱外观不应出现明显划伤，电冰箱应能正常工作，无异常噪音。

4.5.1 果菜盒固定防护应可靠，无松脱、破损现象。

4.5.2 压缩机盖板及底板应无可视变形，压缩机管路不应出现导致管路相互碰撞的变形。

4.5.3 门铰链不应有可视变形，冷冻门、冷藏门的压合面积不应有明显的、影响性能的变化。

4.5.4 电冰箱管路不应出现制冷剂泄漏现象。

4.5.5 带手把的电冰箱，在防振试验后，手把应无损坏、松动。

4.5.6 带顶饰板的电冰箱，在防振试验后，顶饰板应无可视的损坏、松动。

4.5.7 门体带电脑板的电冰箱，在防振试验后，电脑板的引线无破损现象。

4.5.8 带风机的电冰箱，在防振试验后，风机应能正常工作，扇叶不应与风圈产生碰撞、摩擦。

4.5.9 带玻璃制品的电冰箱，在防振试验后，玻璃制品不应出现裂纹、破碎现象。

4.6 包装材料

增加：

电冰箱内部包装材料应符合国家相关的卫生和食品安全要求。

4.101 堆码要求

电冰箱包装件在堆码试验后，不应出现塌箱、鼓箱现象。

4.101.1 电冰箱箱体外表面不应出现变形。

4.101.2 直接堆码时，试验后电冰箱包装件高度与试验前的包装件高度之差不大于 1 cm/m。

4.101.3 压力堆码时，试验后电冰箱包装件高度与试验前的包装件高度之差不大于 1.5 cm/m。

5 试验方法

GB/T 1019 中的该章除以下内容外，均适用：

5.1 试验准备

试验时包装件各部位的标示，按 GB/T 4857.1 的规定对试验包装件各部位进行编号。如图 1 所示：

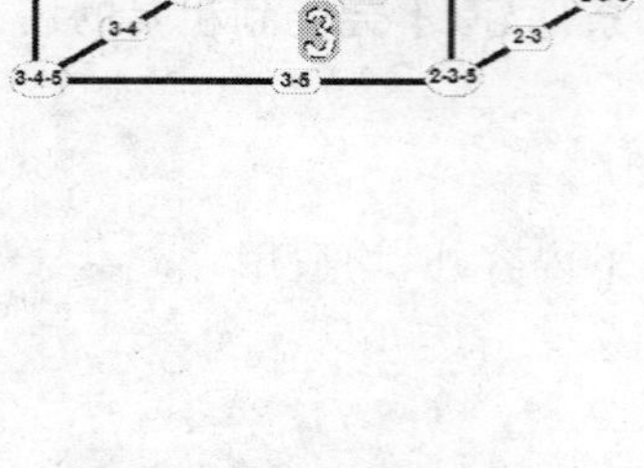

1——电冰箱顶面；

3——电冰箱底面；

5——电冰箱前面；

6——电冰箱后面；

2、4——电冰箱侧面。

图 1 包装部位编号

5.2 试验条件

代替：

包装件在进行试验之前，应按 GB/T 4857.2 进行温湿度调节处理，其温度为 20 ℃±2 ℃，相对湿度为(65±5)%，处理时间为 24 h，处理后按规定的要求和方法进行试验。

注：如包装件在流通过程中可能遇到特殊环境条件，需在特殊的气候条件下进行，例如盐雾、淋雨、浸水、高温或特殊温度等。样品应在规定的气候条件中放置不小于 24 h 后，取出试验样品，立即进行试验。

5.3 防潮试验

代替：

a) 根据运输包装件的特性以及在流通过程中可能遇到的环境条件，选定表 101 中温湿度条件之一进行温湿度调节处理。

表 101 温湿度条件

条件	试验时间/h	试验温度/℃	相对湿度%
1	72	23±2	55±5
2	72	40±2	90±5
3	72	65±2	95±5
注：条件 1 适合于内陆无高湿环境地区，条件 2 适合沿海、沿湖、沿河有高温高湿环境地区，条件 3 适合于热带海运环境地区			

b) 试验后应满足 4.2 的要求。

5.6 振动试验

代替：

根据产品包装要求，应进行堆码振动或单机振动。

5.6.1 堆码振动试验

本项试验一般用于评价包装件承受长期连续冲击的能力，评价包装件在长途堆码运输过程中受到的颠簸。

a) 试验要求

采用垂直线性振动台进行随机振动试验，试验标准参照 ASTM D 4169 和 ASTM D 4728 进行。

b) 试验强度

随机振动频率间断点及功率谱密度见表 102。

表 102 堆码振动试验

频率/Hz	功率谱密度/(g^2/Hz)		
	流通条件 1	流通条件 2	流通条件 3
1	0.000 1	0.000 05	0.000 025
4	0.02	0.01	0.005
16	0.02	0.01	0.005
40	0.002	0.001	0.000 5
80	0.002	0.001	0.000 5
200	0.000 02	0.000 01	0.000 005
加速度均方根(g rms)	0.73	0.52	0.37

c) 试验程序

将电冰箱包装件分别按正常的运输摆放方式放置在振动台上，仅在包装件周围安装护栏加以保护，护栏与包装件间距不小于 25.4 mm。如电冰箱包装件在正常运输过程中有不同放置方向，应对包装件合理分配，覆盖所有可能的放置方向。振动时间：3 h。

d) 试验后应满足 4.5 的要求。

5.6.2 单机振动试验

本项试验一般用于评价电冰箱包装件承受短期连续冲击的能力，评价电冰箱包装件在短途运输过程中受到的颠簸。

a) 试验要求

采用垂直线性振动台或旋转振动台进行试验，试验标准参照 ASTM D 4169 进行。

b) 试验强度

振动台的峰值振幅位移为 12.7 mm，连续试验 1 h。

c) 试验程序

将电冰箱包装件按正常放置状态放置在垂直振动台上。在包装件四周安装护栏，护栏与样品间距应大于 25.4 mm。保持振动台的峰值振幅位移为 12.7 mm，逐渐增加台面的振动频率，直至最上层包装件能够跳起。连续试验 1 h。

d) 试验后应满足 4.5 的要求。

5.7 堆码试验

代替：

堆码试验可采用直接堆码试验和压力堆码试验。

堆码试验方法按 GB/T 4857.3 的规定进行，在防潮试验之后进行。

5.7.1 直接堆码试验

a) 测试基准面(地面)必须平整，水平，清洁。电冰箱包装件承受堆码单柱的高度为 3.5 m 或堆码最大允许层数的压力(若包装件标明最大允许堆码层数)。

b) 在墙角将包装件进行堆码，包装件与墙留 0.5 m 左右的间隙，在邻近的墙上做标记作为参照物，以便测量堆码与基准面之间的高度偏差。在堆码试验中，每一包装件都要整齐的放置，确保包装件堆码的四个侧面与地面基准成 90°垂直。

c) 静态堆放时间为 28 d。期间，堆码试验的偏差每天用毫米为单位测量记录；如果在试验过程中出现导致倾倒的不稳定现象，测试必须终止。

d) 试验后应满足 4.101 的要求。

5.7.2 压力堆码试验

a) 依据电冰箱包装件在流通环境中的放置方式，将其放置在堆码试验机上，进行堆码压力试验，堆码压力 F 如下：

压力堆码试验负载按式(1)计算。

$$F = K \times m \times (n-1) \times g \qquad (1)$$

式中：

F——试验负载，单位为牛顿(N)；

K——流通期间劣变系数，见表 103；

n——仓储允许堆放的最大层数；

m——包装件的质量，单位为千克(kg)；

g——重力加速度，9.8 m/s^2。

施加压力时间为 48 h。

表 103 压力堆码试验劣化系数 K

分　类	仓储堆码	车辆运输堆码
内装物不能有效支撑堆码载荷	4.5	7.0
内装物不能有效支撑堆码载荷，包装内附加坚固的支撑物	3.0	4.0
包装坚固，或产品能够承载部分载荷	2.0	3.0

b) 试验后应满足 4.101 的要求。

5.8 斜面冲击试验

代替：

a) 电冰箱包装件毛重大于 68 kg 时，应进行斜面冲击试验。试验方法按 GB/T 4857.11 中的斜面试验方法进行。冲击末速度：v= 2.1 (m/s)。

试验顺序及次数按表 2。

表 2 斜面冲击试验

试验顺序	试验样品放置面(编号)	试验样品承受冲击的面或棱(编号)	试验次数
1	3	4	2
2	3	6	2
3	3	2	2
4	3	5	2
5	3	4—6	1
6	3	2—5	1

b) 试验后应满足 4.5 的要求。

5.9 跌落试验

该条除以下内容外均适用。

5.9.2

代替：

a) 依次将包装件的面 3 以及 2 条底棱(选择最脆弱角引出的 2 条底棱，若不能判定，则推荐选用 2-3-5 角)，按表 5 规定提到预定高度，以初速度为零释放，各跌落 1 次。

b) 在跌落试验中，应确保电冰箱包装件的重力线恰好通过被跌落的棱、面。

c) 试验后应满足 4.5 的要求。

表 5 跌落试验

包装件质量/kg	跌落高度/cm		
	流通条件 1	流通条件 2	流通条件 3
≤25	60	50	40
>25,≤50	45	35	30
>50,≤75	35	30	25
>75,≤100	30	25	20
>100	25	20	15

6 包装标志

GB/T 1019—2008 中的该章内容，均适用。

ICS 97.140.30
Y 61

中华人民共和国国家标准

GB/T 22939.7—2008

家用和类似用途电器包装 空调器的特殊要求

Package of household and similar electrical appliances—Particular requirements for refrigerator

2008-12-30 发布　　　　2009-09-01 实施

中华人民共和国国家质量监督检验检疫总局
中国国家标准化管理委员会　发布

前　言

GB/T 22939《家用和类似用途电器包装》由若干部分组成，GB/T 1019 为通则，GB/T 22939 为特殊要求。

本部分是 GB/T 22939 的第 7 部分，本部分和 GB/T 1019—2008《家用和类似用途电器包装通则》配合使用。

本部分中写明“适用”的部分，表示 GB/T 1019—2008 中的相应条款适用于本部分；本部分中写明“代替”或“修改”的部分，应以本部分为准；本部分中写明“增加”的部分，表示除要符合 GB/T 1019—2008 中的相应条款外，还应符合本部分所增加的条款。

对通则标准章条或图的增加以数字标示，从 101 起，增加的附录以 AA，BB 等标记；增加的列项以 aa)，bb)等标记。

本部分由中国轻工业联合会提出。

本部分由全国家用电器标准化技术委员会(SAC/TC 46)归口。

本部分主要起草单位：中国家用电器研究院、海尔集团公司。

本部分参加起草单位：美的集团有限公司、珠海格力电器股份有限公司、江苏春兰制冷设备股份有限公司、广东志高空调有限公司、宁波奥克斯空调有限公司、广州松下空调器有限公司、上海三菱电机·上菱空调机电器有限公司、大金空调(上海)有限公司、沈阳三洋空调有限公司。

本部分主要起草人：马德军、杨超、张守信、王传松、廖国瑾、吴新宙、周晓明、李翛、白韦、叶荣、陆东铭、史剑春、于薇、胡志强。

家用和类似用途电器包装 空调器的特殊要求

1 范围

GB/T 1019—2008 中该章用下述内容代替。

GB/T 22939 的本部分规定了家用和类似用途空调器包装件的要求。

本部分适用于家用和类似用途电器中空调器包装件的检验，本部分也可以用于移动式空调器、除湿机等（以下统称空调器）包装件的检验。

2 规范性引用文件

下列文件中的条款通过 GB/T 22939 的本部分的引用而成为本部分的条款。凡是注日期的引用文件，其随后所有的修改单（不包括勘误的内容）或修订版均不适用于本部分，然而，鼓励根据本部分达成协议的各方研究是否可使用这些文件的最新版本。凡是不注日期的引用文件，其最新版本适用于本部分。

GB/T 1019—2008　家用和类似用途电器包装通则

GB/T 4857.1　包装　运输包装件　试验时各部位的标示方法

GB/T 4857.2　包装　运输包装件基本试验　第 2 部分：温湿度调节处理

GB/T 4857.3　包装　运输包装件基本试验　第 3 部分：静载荷堆码试验方法

GB/T 4857.11　包装　运输包装件基本试验　第 11 部分：水平冲击试验方法

ASTM D 4169　运输集装箱和系统的性能试验的标准惯例

ASTM D 4728　运输集装箱随机振动检测的标准试验方法

3 术语和定义

GB/T 1019—2008 确立的以及下列术语和定义适用于 GB/T 1019 本部分。

3.101

流通环境　circulation environment

流通条件 1：包装件的运输距离长，转运次数多，并且可能受到粗暴的装卸作业。

流通条件 2：包装件的转运次数少，装卸条件优于流通条件 1。

流通条件 3：包装件的运输及装卸条件好，不会受到粗暴的装卸作业。

4 技术要求

GB/T 1019—2008 中的该章除以下内容外，均适用。

4.2 防潮包装

增加：

空调器包装在进行防潮试验后，包装箱不应出现塌箱、鼓箱现象。

若采用无底型纸箱，则包装箱不应出现触地、折弯变形现象。

4.5 防振包装

代替：

空调器包装件防振试验后，包装箱不得出现塌箱、鼓箱现象，空调器外观不得出现明显损伤，空调器应符合国家标准要求，不得出现性能故障或安全故障，包装材料不应出现功能性损坏，产品应无异常噪音，符合国家标准噪声要求。

4.5.1　空调器室外机（含窗机、移动式空调器等）防振包装

4.5.1.1　空调器室外机包装中含有室内外连接管时，连接管应无扭曲、变形，保温套管应无破损。

4.5.1.2　空调器管路之间不应出现相互碰撞或泄漏。

4.5.1.3　截止阀不应出现导致安装困难的变形，不得出现泄漏。

4.5.1.4　电动机-压缩机（以下统称压缩机）紧固螺栓不允许出现导致异常噪音和振动的变形。

4.5.2　空调器室内机防振包装

4.5.2.1　空调器室内机通电检查风扇应无异常噪音，无异常振动。

4.5.2.2　风扇应无破损及裂纹。

4.5.2.3　附件不应从包装件中脱落。

4.5.2.4　遥控器外观应无损坏，应能正常工作。

4.101　堆码要求

空调器包装件在进行堆码试验后，不应出现塌箱、鼓箱现象。

4.101.1　空调器室外机壳体顶部不应出现可视的凸起变形。

4.101.2　空调器室内机壳体不应出现可视的裂纹损坏。

4.101.3　直接堆码时，试验后空调器包装件高度与试验前的包装件高度之差不大于 1 cm/m。

4.101.4　压力堆码时，试验后空调器包装件高度与试验前的包装件高度之差不大于 1.5 cm/m。

5　试验方法

GB/T 1019—2008 中的该章除以下内容外，均适用：

5.1　试验准备

试验时包装件各部位的标示，按 GB/T 4857.1 的规定对试验包装件各部位进行编号。如图 1 所示：

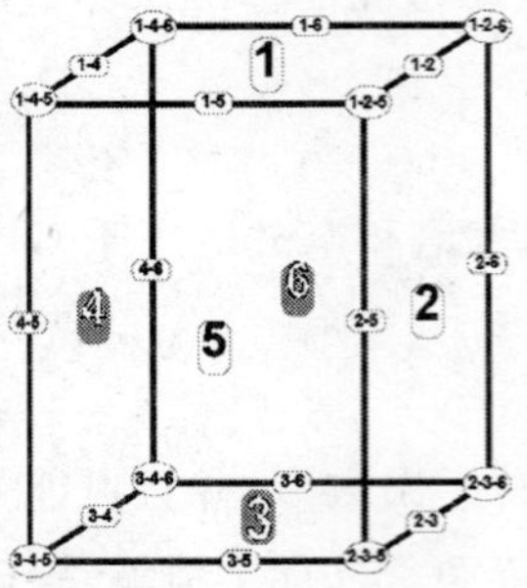

1——顶面；

3——底面；

5——前面；

6——后面；

2、4——侧面。

图 1　包装部位编号

5.2　试验条件

代替：

包装件在进行试验之前，应按 GB/T 4857.2 进行温湿度调节处理，其温度为 20 ℃±2 ℃，相对湿度为(65±5)%，处理时间为 24 h，处理后按规定的要求和方法进行试验。

注：如包装产品在流通过程中可能遇到特殊环境条件，需在特殊的气候条件下进行，例盐雾、淋雨、浸水、高温或特殊温度等。样品应在规定的气候条件中放置不小于 24 h 后，取出试验样品，立即进行试验。

5.3 防潮试验

代替：

a) 根据运输包装件的特性以及在流通过程中可能遇到的环境条件，选定表101中温湿度条件之一进行温湿度调节处理。

表101 温湿度条件

条件	试验时间/h	试验温度/℃	相对湿度%
1	72	23±2	55±5
2	72	40±2	90±5
3	72	65±2	95±5
注：条件1适合于内陆无高湿环境地区，条件2适合沿海、沿湖、沿河有高温高湿环境地区，条件3适合于热带海运环境地区。			

b) 试验后应满足4.2的要求。

5.6 振动试验

代替：

应根据包装要求，选择进行堆码振动或单机振动。

5.6.1 堆码振动试验

本项试验一般用于评价空调器包装件承受长期连续冲击的能力，评价空调器包装件在长途堆码运输过程中受到的颠簸。

a) 试验要求

采用垂直线性振动台进行随机振动试验，试验标准参照ASTM D 4169和ASTM D 4728进行。

b) 试验强度

随机振动频率间断点及功率谱密度见表102。

表102 堆码振动试验

频率/Hz	功率谱密度/(g^2/Hz)		
	流通条件1	流通条件2	流通条件3
1	0.000 1	0.000 05	0.000 025
4	0.02	0.01	0.005
16	0.02	0.01	0.005
40	0.002	0.001	0.000 5
80	0.002	0.001	0.000 5
200	0.000 02	0.000 01	0.000 005
加速度均方根(g rms)	0.73	0.52	0.37

c) 试验程序

将空调器包装件分别按正常的运输摆放方式放置在振动台上，仅在空调器包装件周围安装护栏加以保护，护栏与样品间距不小于25.4 mm。如空调器包装件在正常运输过程中有不同放置方向，应对空调器包装件合理分配，覆盖所有可能的放置方向。振动时间：3 h。

d) 试验后应满足4.5的要求。

5.6.2 单机振动试验

本项试验一般用于评价空调器包装件承受短期连续冲击的能力，评价空调器包装件在短途运输过程中受到的颠簸。

a) 试验要求

采用垂直线性振动台或旋转振动台进行模拟试验，试验标准参照 ASTM D 4169 进行。

b) 试验强度

振动台的峰值振幅位移为 12.7 mm，连续试验 1 h。

c) 试验程序

将空调器包装件按正常放置状态放置在垂直振动台上。在空调器包装件四周安装护栏，护栏与空调器包装件间距应大于 25.4 mm。保持振动台的峰值振幅位移为 12.7 mm，逐渐增加台面的振动频率，直至试验台上的样品能够跳起。连续试验 1 h。

d) 试验后应满足 4.5 的要求。

5.7 堆码试验

代替：

堆码试验可采用直接堆码试验和压力堆码试验。

堆码试验方法按 GB/T 4857.3 的规定进行。

5.7.1 直接堆码试验

a) 试验基准面(地面)必须平整，水平，清洁。空调器包装件承受堆码单柱的高度为 3.5 m 或堆码最大允许层数的压力(若包装件标明最大允许堆码层数)。

b) 在墙角将空调器包装件进行堆码，包装件与墙留 0.5 m 左右的间隙，在邻近的墙上做标记作为参照物，以便测量堆码与基准面之间的高度偏差。在堆码试验中，每一包装件都要整齐的放置，确保包装件堆码的四个侧面与地面基准成 90°垂直。

c) 静态堆放时间为 28 d。期间，堆码试验的偏差每天用毫米为单位测量记录；如果在试验过程中出现导致倾倒的不稳定现象，测试必须终止。

d) 试验后应满足 4.101 的要求。

5.7.2 压力堆码试验

a) 依据产品在流通环境中的放置方式，将产品放置在堆码试验机上，对空调器包装件进行堆码压力测试，堆码压力 F 如下：

压力堆码试验负载按式(1)计算

$$F = K \times p \times (n-1) \times g \qquad (1)$$

式中：

F——试验负载，单位为牛顿(N)；

K——流通期间劣变系数，见表 103；

n——仓储允许堆放的最大层数；

p——包装件的质量，单位为千克(kg)；

g——重力加速度，9.8 m/s^2。

施加压力时间为 48 h。

表 103 压力堆码试验劣化系数 K

分类	仓储堆码	车辆运输堆码
内装物不能有效支撑堆码载荷	4.5	7.5
内装物不能有效支撑堆码载荷，包装内附加坚固的支撑物	3.0	4.0
包装坚固，或产品能够承载部分载荷	2.0	3.0

b) 试验后应满足 4.101 的要求。

5.8 斜面冲击试验

代替：

a) 空调器包装件毛重大于 68 kg 时，应进行斜面冲击试验。试验方法按 GB/T 4857.11 中的斜面试验方法进行。冲击末速度：V= 2.1 m/s。

试验顺序及次数按表 2。

b) 试验后应满足 4.5 的要求。

表 2 斜面冲击试验

试验顺序	试验样品放置面(编号)	试验样品承受冲击的面或棱(编号)	试验次数
1	3	4	2
2	3	6	2
3	3	2	2
4	3	5	2
5	3	4—6	1
6	3	2—5	1

5.9.2

代替：

5.9.2.1 带压缩机的空调器包装件

a) 将带压缩机空调器包装件(室外机、窗机等)按体积和重量进行分类，见图 101。Ⅰ～Ⅳ类的带压缩机的空调器包装件，均按照第Ⅳ类进行试验。

b) 试验按以下步骤进行：

——按照上述分类结果在表 104 中选取跌落高度基数 H；

——按表 105 中规定的空调器包装件跌落试验位置确定试验高度系数 P，并按照流通条件计算出试验时的跌落高度 H_t；

——将空调器包装件按相应的跌落位置和跌落高度 H_t，以初速度为零释放，各跌落 1 次。

c) 在跌落试验中，应确保空调器包装件的重力线恰好通过被跌落的角、棱、面。

d) 试验后应满足 4.5 的要求。

5.9.2.2 不带压缩机的空调器包装件

a) 将不带压缩机空调器包装件(分体壁挂式室内机、柜机室内机等)按体积和重量进行分类，见图 101。

b) 试验按以下步骤进行：

——按照上述分类结果在表 104 中选取跌落高度基数 H；

——按表 105 中规定的空调器包装件跌落试验位置确定试验高度系数 P，并按照流通条件计算出试验时的跌落高度 H_t；

——将空调器包装件按相应的跌落位置和跌落高度 H_t，以初速度为零释放，各跌落 1 次。

c) 在跌落试验中，应确保空调器包装件的重力线恰好通过被跌落的角、棱、面。

d) 试验后应满足 4.5 的要求。

注：若空调器包装件最长边与最短边之比大于 1.5：1，且有向上标示时，跌落高度顺延到下一类。

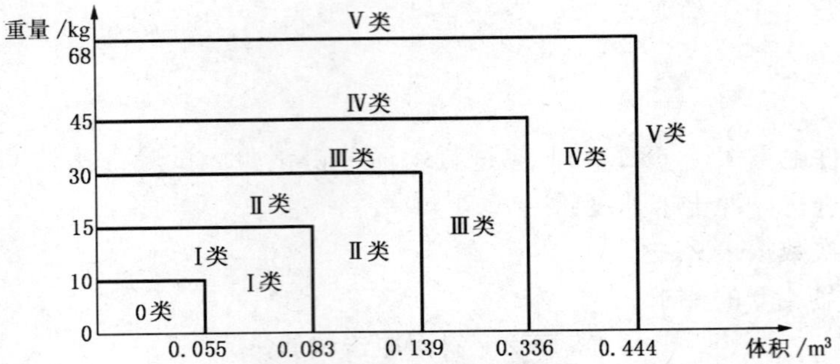

图 101 空调器包装件分类

表 104 跌落高度基数 *H*

空调器包装件分类	跌落高度基数 H/cm
0类	60
Ⅰ类	50
Ⅱ类	45
Ⅲ类	40
Ⅳ类	35
Ⅴ类	30

表 105 跌落试验位置与试验高度系数 *P*

种类	任意一点					*P*
0类	角	3-2-5	3-2-6	3-4-5	3-4-6	0.8
	棱	3-5	3-2	3-6	3-4	0.8
	棱	1-5	1-2	1-6	1-4	0.8
	棱	2-5	2-6	4-5	4-6	0.8
	面	3	—	—	—	1.0
	面	2	4	5	6	1.0
Ⅰ类	角	3-2-5	3-2-6	3-4-5	3-4-6	0.8
	棱	3-5	3-2	3-6	3-4	0.8
	棱	1-5	1-2	1-6	1-4	0.8
	棱	2-5	2-6	4-5	4-6	0.8
	面	3	—	—	—	1.0
	面	2	4	5	6	1.0

表 105（续）

种类	任意一点					P
Ⅱ类	角	3-2-5	3-2-6	3-4-5	3-4-6	0.8
	棱	3-5	3-2	3-6	3-4	0.8
	棱	1-5	1-2	1-6	1-4	0.4
	棱	2-5	2-6	4-5	4-6	0.4
	面	3	—	—	—	1.0
	面	2	4	5	6	0.5
Ⅲ类	角	3-2-5	3-2-6	3-4-5	3-4-6	0.8
	棱	3-5	3-2	3-6	3-4	0.8
	棱	2-5	2-6	4-5	4-6	0.4
	面	3	—	—	—	1.0
	面	2	4	5	6	0.5
Ⅳ类	角	3-2-5	3-2-6	3-4-5	3-4-6	0.8
	棱	3-5	3-2	3-6	3-4	0.8
	面	3	—	—	—	1.0
Ⅴ类	棱	3-5	3-2	3-6	3-4	0.8
	面	3	—	—	—	1.0

注 1：跌落试验根据跌落位置不同，跌落高度选取不同的系数 P

注 2：试验时的跌落高度 H_t 按照如下流通条件进行取值：

流通条件 1：$H_t = 1.2 \times P \times H$

流通条件 2：$H_t = 1.0 \times P \times H$

流通条件 3：$H_t = 0.8 \times P \times H$

6 包装标志

GB/T 1019—2008 中的该章内容，均适用。

ICS 67.050
X 04

中华人民共和国国家标准

GB/T 22940—2008

蜂蜜中氨苯砜残留量的测定 液相色谱-串联质谱法

**Determination of dapsone residues in honey—
LC-MS-MS method**

2008-12-31 发布　　　　2009-05-01 实施

中华人民共和国国家质量监督检验检疫总局
中国国家标准化管理委员会　发布

前　言

本标准的附录 A、附录 B 为资料性附录。

本标准由国家质量监督检验检疫总局提出并归口。

本标准起草单位：中华人民共和国秦皇岛出入境检验检疫局。

本标准主要起草人：曹彦忠、杨志伟、贾光群、张进杰、石玉秋、庞国芳。

蜂蜜中氨苯砜残留量的测定
液相色谱-串联质谱法

1 范围

本标准规定了蜂蜜中氨苯砜残留量的液相色谱-串联质谱测定方法。

本标准适用于蜂蜜中氨苯砜残留量的测定。

本标准的方法检出限为 2.0 μg/kg。

2 规范性引用文件

下列文件中的条款通过本标准的引用而成为本标准的条款。凡是注日期的引用文件，其随后所有的修改单（不包括勘误的内容）或修订版均不适用于本标准，然而，鼓励根据本标准达成协议的各方研究是否可使用这些文件的最新版本。凡是不注日期的引用文件，其最新版本适用于本标准。

GB/T 6379.1 测量方法与结果的准确度（正确度与精密度） 第 1 部分：总则与定义（GB/T 6379.1—2004,ISO 5725-1:1994,IDT）

GB/T 6379.2 测量方法与结果的准确度（正确度与精密度） 第 2 部分：确定标准测量方法重复性与再现性的基本方法（ GB/T 6379.2—2004,ISO 5725-2:1994,IDT）

GB/T 6682 分析实验室用水规格和试验方法（GB/T 6682—2008,ISO 3696:1987,MOD）

3 原理

蜂蜜中氨苯砜残留用磷酸盐缓冲溶液（pH =9）提取，过滤后，经 Oasis HLB[1] 或相当的固相萃取柱净化，用甲醇洗脱并蒸干，残渣用流动相溶解，过 0.2 μm 滤膜后，样品溶液供液相色谱-串联质谱仪测定，外标法定量。

4 试剂和材料

4.1 水：GB/T 6682，一级。

4.2 甲醇：色谱纯。

4.3 乙腈：色谱纯。

4.4 磷酸二氢钾（$KH_2PO_4 \cdot 3H_2O$）：优级纯。

4.5 磷酸氢二钾：优级纯。

4.6 淋洗液：甲醇溶液（2+3）。量取 40 mL 甲醇（4.2）和 60 mL 水混合均匀。

4.7 0.05 mol/L 磷酸盐缓冲溶液：分别称取 0.13 g 磷酸二氢钾（4.4）和 5.48 g 磷酸氢二钾（4.5），用水溶解，调 pH 值为 9.0，用水定容至 1 000 mL。

4.8 氨苯砜标准物质（CAS：80-08-0）：纯度≥99％。

4.9 0.5 mg/mL 标准储备溶液：准确称取适量的氨苯砜标准物质（4.8），用甲醇配成 0.5 mg/mL 的标准储备溶液，该溶液在 4 ℃保存。

4.10 1.0 μg/mL 标准工作溶液：吸取 0.1 mL 标准储备溶液（4.9）移至 50 mL 容量瓶中，用甲醇定容至刻度，该溶液在 4 ℃保存。

1) Oasis HLB 固相萃取柱是 Waters 公司产品的商品名称，给出这一信息是为了方便本标准的使用者，并不是表示对该产品的认可。如果其他等效产品具有相同的效果，则可使用这些等效产品。

4.11　基质标准工作溶液：用空白样品提取液配成 2.0 ng/mL、5.0 ng/mL、10.0 ng/mL、20.0 ng/mL、50.0 ng/mL 不同浓度的基质标准工作溶液，该溶液需当天配制。

4.12　Oasis HLB 固相萃取柱或相当者：500 mg，6 mL。用前依次用 5 mL 甲醇和 10 mL 水处理。保持柱体湿润。

4.13　滤膜：0.2 μm。

5　仪器

5.1　液相色谱-串联质谱仪：配有电喷雾离子源。

5.2　分析天平：感量 0.1 mg 和 0.01 g。

5.3　液体混匀器。

5.4　固相萃取真空装置。

5.5　玻璃贮液器：50 mL。

5.6　真空泵：最大负压 80 kPa。

5.7　吹干管：15 mL。

5.8　氮气浓缩仪。

6　试样制备与保存

6.1　试样的制备

对无结晶的实验室样品，将其搅拌均匀。对有结晶的样品，在密闭情况下，置于不超过 60 ℃的水浴中温热，振荡，待样品全部融化后搅匀，冷却至室温。分出 0.5 kg 作为试样。制备好的试样置于样品瓶中，密封，并做上标记。

6.2　试样的保存

将试样于常温下保存。

7　测定步骤

7.1　提取

称取 2 g 试样，精确至 0.01 g。置于 150 mL 三角瓶中，加入 25 mL 磷酸盐缓冲溶液(4.7)，于液体混匀器(5.3)上快速混匀 1 min，使试样完全溶解。

7.2　净化

将塞有玻璃棉的玻璃贮液器(5.5)连到 Oasis HLB 或相当的固相萃取柱(4.12)上，把样液(7.1)倒入玻璃贮液器中，调节流速小于 3 mL/min，待样液完全流出后，依次用 5 mL 水和 5 mL 淋洗液(4.6)洗柱，弃去全部流出液。减压抽干 30 min，最后用 5 mL 甲醇洗脱，洗脱液收集于 15 mL 吹干管(5.7)中。用氮气浓缩仪(5.8)于 45 ℃吹干。准确加入 1.0 mL 流动相溶解残渣，样液过 0.2 μm 滤膜后，供液相色谱-串联质谱仪测定。

7.3　测定条件

7.3.1　液相色谱参考条件

a)　色谱柱：Atlantis C_{18}，3 μm，150 mm×2.1 mm(内径)或相当者；

b)　流动相：乙腈-0.1%甲酸溶液(7+13)；

c)　流速：0.2 mL/min；

d)　柱温：30 ℃；

e)　进样量：20 μL。

7.3.2　质谱参考条件

a)　离子源：电喷雾离子源；

b) 扫描方式:正离子扫描;

c) 检测方式:多反应监测;

d) 电喷雾电压:5 500 V;

e) 雾化气压力:0.069 MPa;

f) 气帘气压力:0.069 MPa;

g) 辅助气流速:6 L/min;

h) 离子源温度:450 ℃;

i) 定性离子对、定量离子对、碰撞气能量和去簇电压见表 1。

表 1 氨苯砜的定性离子对、定量离子对、碰撞气能量和去簇电压

化合物中文名称	化合物英文名称	定性离子对 (m/z)	定量离子对 (m/z)	碰撞气能量/V	去簇电压/V
氨苯砜	dapsone	249/156 249/108 249/92	249/156	22 33 37	75

7.4 液相色谱-串联质谱测定

7.4.1 定性测定

被测组分选择 1 个母离子,2 个以上子离子,在相同的试验条件下,样品中待测物质的保留时间与标准溶液中对应的保留时间偏差在±2.5%之内;且样品中各组分定性离子的相对丰度与浓度接近的标准溶液中对应的定性离子的相对丰度进行比较,若偏差不超过表 2 规定的范围,则可判定样品中存在对应的待测物。

表 2 定性确证时相对离子丰度的最大允许偏差

以%表示

相对离子丰度 K	$K>50$	$20<K<50$	$10<K<20$	$K\leqslant 10$
允许最大偏差	±20	±25	±30	±50

7.4.2 定量测定

用基质标准工作溶液(4.11)分别进样,以峰面积为纵坐标,工作溶液浓度为横坐标,绘制标准工作曲线,用标准工作曲线对样品进行定量,样品溶液中氨苯砜的响应值均应在仪器测定的线性范围内。在上述色谱条件和质谱条件下,氨苯砜的参考保留时间为 5.21 min。氨苯砜的标准物质总离子流图参见附录 A 中的图 A.1。

本方法的添加平均回收率数据参见附录 B 中的表 B.1。

7.5 平行试验

按以上步骤,对同一试样进行平行试验测定。

7.6 空白试验

除不称取样品外,均按上述步骤进行。

8 结果计算

蜂蜜中氨苯砜残留量的测定结果按式(1)计算。

$$X = c \times \frac{V}{m} \times \frac{1\,000}{1\,000} \qquad \cdots\cdots(1)$$

式中:

X——试样中被测组分残留量,单位为微克每千克(μg/kg);

c——从标准工作曲线上得到的被测组分溶液浓度,单位为纳克每毫升(ng/mL);

V——样品溶液定容体积，单位为毫升(mL)；

m——样品溶液所代表试样的质量，单位为克(g)。

计算结果应扣除空白值。

9 精密度

9.1 一般规定

本标准的精密度数据是按照 GB/T 6379.1 和 GB/T 6379.2 的规定确定的，其重复性和再现性的值是以 95%的可信度来计算。

9.2 重复性

在重复性试验条件下，获得的两次独立测试结果的绝对差值不超过重复性限 r，蜂蜜中氨苯砜添加浓度范围及重复性方程见表 3。

表 3 添加浓度范围及重复性和再现性方程

单位为微克每千克

化合物名称	添加浓度范围	重复性限 r	再现性限 R
氨苯砜	0.4～10.0	$\lg r = 1.1121 \lg m - 1.1519$	$\lg R = 1.1806 \lg m - 1.0499$
注：m 为两次测定值的平均值。			

如果差值超过重复性限 r，应舍弃试验结果并重新完成两次单个试验的测定。

9.3 再现性

在再现性试验条件下，获得的两次独立测试结果的绝对差值不超过再现性限 R，蜂蜜中氨苯砜添加浓度范围及再现性方程见表 3。

附 录 A
（资料性附录）
标准物质总离子流图

氨苯砜标准物质总离子流图见图 A.1。

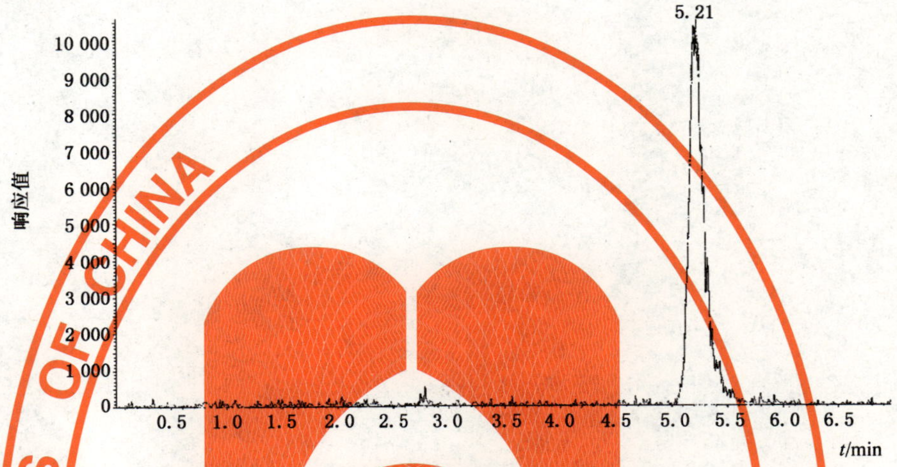

图 A.1 氨苯砜标准物质总离子流图

附 录 B
（资料性附录）
回 收 率

本方法中氨苯砜添加浓度及其平均回收率的试验数据见表 B.1。

表 B.1 氨苯砜添加浓度及其平均回收率的试验数据

化合物名称	添加浓度/(μg/kg)	平均回收率/%
氨苯砜	2.0	76.4
	5.0	78.9
	10.0	77.6
	50.0	78.0

ICS 67.050
X 04

中华人民共和国国家标准

GB/T 22941—2008

蜂蜜中林可霉素、红霉素、螺旋霉素、替米考星、泰乐菌素、交沙霉素、吉他霉素、竹桃霉素残留量的测定 液相色谱-串联质谱法

Determination of lincomycin, erythromycin, spiramycin, tilmicosin, tylosin, josamycin, kitasamycin, oleandomycin residues in honey—LC-MS-MS method

2008-12-31 发布　　　　2009-05-01 实施

中华人民共和国国家质量监督检验检疫总局
中国国家标准化管理委员会 发布

前　言

本标准的附录A、附录B为资料性附录。

本标准由国家质量监督检验检疫总局提出并归口。

本标准起草单位：中华人民共和国秦皇岛出入境检验检疫局。

本标准主要起草人：曹彦忠、张艳梅、贾光群、张进杰、石玉秋、庞国芳。

蜂蜜中林可霉素、红霉素、螺旋霉素、替米考星、泰乐菌素、交沙霉素、吉他霉素、竹桃霉素残留量的测定 液相色谱-串联质谱法

1 范围

本标准规定了蜂蜜中林可霉素、红霉素、螺旋霉素、替米考星、泰乐菌素、交沙霉素、吉他霉素、竹桃霉素残留量液相色谱-串联质谱测定方法。

本标准适用于蜂蜜中林可霉素、红霉素、螺旋霉素、替米考星、泰乐菌素、交沙霉素、吉他霉素、竹桃霉素残留量的测定。

本标准的方法检出限均为 2.0 μg/kg。

2 规范性引用文件

下列文件中的条款通过本标准的引用而成为本标准的条款。凡是注日期的引用文件，其随后所有的修改单(不包括勘误的内容)或修订版均不适用于本标准，然而，鼓励根据本标准达成协议的各方研究是否可使用这些文件的最新版本。凡是不注日期的引用文件，其最新版本适用于本标准。

GB/T 6379.1　测量方法与结果的准确度(正确度与精密度)　第 1 部分：总则与定义(GB/T 6379.1—2004，ISO 5725-1:1994,IDT)

GB/T 6379.2　测量方法与结果的准确度(正确度与精密度)　第 2 部分：确定标准测量方法重复性与再现性的基本方法(GB/T 6379.2—2004,ISO 5725-2:1994,IDT)

GB/T 6682　分析实验室用水规格和试验方法(GB/T 6682—2008,ISO 3696:1987,MOD)

3 原理

蜂蜜中残留的林可霉素、红霉素、螺旋霉素、替米考星、泰乐菌素、交沙霉素、吉他霉素、竹桃霉素用三羟甲基氨基甲烷(Tris)缓冲溶液(pH=9)提取，过滤后，经 Oasis HLB 固相萃取柱[1)]或相当的固相萃取柱净化，用甲醇洗脱并蒸干，残渣用乙腈-0.01 mol/L 乙酸铵溶液溶解，过 0.2 μm 滤膜后，样品溶液供液相色谱-串联质谱仪测定，内标法定量。

4 试剂和材料

4.1　水：GB/T 6682，一级。

4.2　甲醇：色谱纯。

4.3　乙腈：色谱纯。

4.4　三羟甲基氨基甲烷(Tris)：优级纯。

4.5　氯化钙($CaCl_2 \cdot 2H_2O$)：优级纯。

4.6　乙酸铵：优级纯。

---

1)　Oasis HLB 固相萃取柱是 Waters 公司产品的商品名称，给出这一信息是为了方便本标准的使用者，并不是表示对该产品的认可。如果其他等效产品具有相同的效果，则可使用这些等效产品。

4.7 盐酸:优级纯。

4.8 淋洗液:甲醇溶液(2+3)。量取40 mL甲醇(4.2)与60 mL水混合。

4.9 0.01 mol/L乙酸铵溶液:称取0.77 g乙酸铵(4.6)溶于1 000 mL水中。

4.10 0.2 mol/L三羟甲基氨基甲烷(Tris)缓冲溶液:称取12.0 g三羟甲基氨基甲烷(4.4)和7.35 g氯化钙(4.5),放入1 000 mL烧杯中,加入800 mL水溶解,用盐酸(4.7)调至pH值为9.0,再用水定容至1 000 mL。

4.11 定容液:乙腈-0.01 mol/L乙酸铵溶液(3+17)。量取15 mL乙腈(4.3)和85 mL乙酸铵溶液(4.9)混合均匀。

4.12 标准物质:林可霉素(CAS:7179-49-9)、红霉素(CAS:59319-72-1)、螺旋霉素(CAS:8025-81-8)、替米考星(CAS:108050-54-0)、泰乐菌素(CAS:74610-55-2)、交沙霉素(CAS:16846-24-5)、吉他霉素(CAS:1392-21-8)、竹桃霉素(CAS:7060-74-4),纯度≥99%。

4.13 0.1 mg/mL标准储备溶液:准确称取适量的各标准物质(4.12),用甲醇分别配成0.1 mg/mL的标准储备溶液。该溶液在4 ℃保存。

4.14 1.0 μg/mL混合标准工作溶液:吸取各标准储备溶液(4.13)0.1 mL移至10 mL容量瓶中,用甲醇稀释至刻度。该溶液在4 ℃保存。

4.15 内标物质:罗红霉素(CAS:80214-83-1)、克林霉素(CAS:21462-39-5),纯度≥99%。

4.16 0.1 mg/mL罗红霉素、克林霉素内标储备溶液:准确称取适量的罗红霉素、克林霉素标准物质(4.15),用甲醇配成0.1 mg/mL的内标储备溶液。该溶液在4 ℃保存。

4.17 1.0 μg/mL混合内标工作溶液:分别吸取罗红霉素和克林霉素内标储备溶液(4.16)0.1 mL移至10 mL容量瓶中,用甲醇稀释至刻度。该溶液在4 ℃保存。

4.18 基质标准工作溶液:吸取不同体积混合标准工作溶液(4.14)和20 μL混合内标工作溶液(4.17),用空白样品提取液配成2.0 ng/mL、5.0 ng/mL、10.0 ng/mL、20.0 ng/mL、50.0 ng/mL不同浓度的基质标准工作溶液。当天配制。

4.19 Oasis HLB固相萃取柱或相当者:200 mg,6 mL。使用前依次用5 mL甲醇(4.2)和10 mL水活化,保持柱体湿润。

4.20 滤膜:0.2 μm。

5 仪器

5.1 液相色谱-串联质谱仪:配有电喷雾离子源。

5.2 分析天平:感量0.1 mg和0.01 g。

5.3 氮气浓缩仪。

5.4 液体混匀器。

5.5 贮液器:50 mL。

5.6 真空泵:最大负压80 kPa。

5.7 固相萃取装置。

5.8 吹干管:10 mL。

6 试样的制备与保存

6.1 试样的制备

对无结晶的实验室样品,将其搅拌均匀。对有结晶的样品,在密闭情况下,置于不超过60 ℃的水浴中温热,振荡,待样品全部融化后搅匀,冷却至室温。分出0.5 kg作为试样。制备好的试样置于样品瓶中，密封，并做上标记。

6.2 试样保存

将试样于常温下保存。

7 测定步骤

7.1 提取

称取 2 g 试样，精确至 0.01 g。置于 150 mL 三角瓶中，加入 20 μL 混合内标工作溶液(4.17)，加入 25 mL Tris 缓冲溶液(4.10)，于液体混匀器(5.4)上快速混匀 1 min，使试样完全溶解。

7.2 净化

将塞有玻璃棉的玻璃贮液器(5.5)连到 Oasis HLB 固相萃取柱(4.19)上，把样液倒入玻璃贮液器中，调节流速小于 3 mL/min，待样液完全流出后，依次用 5 mL 水和 5 mL 淋洗液(4.8)洗柱，弃去全部流出液。减压抽干 20 min，然后用 5 mL 甲醇(4.2)洗脱，收集洗脱液于 10 mL 吹干管(5.8)中。用氮气浓缩仪(5.3)于 50 ℃吹干。准确加入 1.0 mL 定容液(4.11)溶解残渣，过 0.2 μm 滤膜后，供液相色谱-串联质谱仪测定。

按上述操作步骤，制备用于配制系列基质标准工作溶液的样品空白提取液。

7.3 测定条件

7.3.1 液相色谱参考条件

a) 色谱柱：Atlantis C_{18}，3 μm，150 mm×2.1 mm(内径)或相当者；

b) 流速：0.2 mL/min；

c) 柱温：30 ℃；

d) 进样量：20 μL；

e) 流动相：A：乙腈，B：0.1%甲酸溶液，C：甲醇。梯度洗脱条件见表 1。

表 1 梯度洗脱条件

时间/min	A/%	B/%	C/%
0.00	90.0	5.0	5.0
5.00	5.0	90.0	5.0
9.00	5.0	90.0	5.0
9.10	90.0	5.0	5.0
17.0	90.0	5.0	5.0

7.3.2 质谱参考条件

a) 离子源：电喷雾离子源；

b) 扫描方式：正离子扫描；

c) 检测方式：多反应监测；

d) 电喷雾电压：5 500 V；

e) 雾化气压力：0.069 MPa；

f) 气帘气压力：0.069 MPa；

g) 辅助气流速：7 L/min；

h) 离子源温度：450 ℃；

i) 定性离子对、定量离子对、碰撞气能量和去簇电压见表 2。

表 2 定性离子对、定量离子对、碰撞气能量和去簇电压

化合物中文名称	化合物英文名称	定性离子对 (m/z)	定量离子对 (m/z)	碰撞气能量/V	去簇电压/V
林可霉素	lincomycin	407/126 407/359	407/126	37 24	50 50
红霉素	erythromycin	688/158 688/544	688/158	42 23	30 30
螺旋霉素	spiramycin	734/158 734/576	734/158	42 28	50 50
替米考星	tilmicosin	869/174 869/132	869/174	62 70	90 90
泰乐菌素	tylosin	916/174 916/145	916/174	54 55	80 80
交沙霉素	josamycin	425/126 425/377	425/126	45 25	53 53
吉他霉素	kitasamycin	843/142 843/174	843/142	48 50	60 60
竹桃霉素	oleandomycin	772/215 772/109	772/215	42 70	70 70

7.4 液相色谱-串联质谱测定

7.4.1 定性测定

被测组分选择 1 个母离子，2 个以上子离子，在相同的试验条件下，样品中待测物质的保留时间与标准溶液中对应的保留时间偏差在±2.5%之内；且样品中各组分定性离子的相对丰度与浓度接近的标准溶液中对应的定性离子的相对丰度进行比较，若偏差不超过表 3 规定的范围，则可判定样品中存在对应的待测物。

表 3 定性确证时相对离子丰度的最大允许偏差 以%表示

相对离子丰度 K	$K>50$	$20<K<50$	$10<K<20$	$K\leqslant10$
允许最大偏差	±20	±25	±30	±50

7.4.2 定量测定

在仪器的最佳工作条件下，用基质标准工作溶液(4.18)分别进样，以各标准溶液中被测组分峰面积与内标物峰面积的比值为纵坐标，以各标准溶液被测组分浓度与内标物浓度的比值为横坐标，绘制标准工作曲线，用标准工作曲线对样品进行定量。样品溶液中林可霉素、红霉素、螺旋霉素、替米考星、泰乐菌素、交沙霉素、吉他霉素、竹桃霉素的响应值均应在仪器测定的线性范围内。在上述色谱条件和质谱条件下，林可霉素、红霉素、螺旋霉素、替米考星、泰乐菌素、交沙霉素、吉他霉素、竹桃霉素的参考保留时间见表 4。林可霉素、红霉素、螺旋霉素、替米考星、泰乐菌素、交沙霉素、吉他霉素、竹桃霉素的标准物质多反应监测(MRM)色谱图参见附录 A 中的图 A.1。

本方法的添加平均回收率数据参见附录 B 中的表 B.1。

表 4 林可霉素、红霉素、螺旋霉素、替米考星、泰乐菌素、交沙霉素、吉他霉素、竹桃霉参考保留时间

化合物名称	保留时间/min
林可霉素	7.61
红霉素	9.96

表 4（续）

化合物名称	保留时间/min
螺旋霉素	8.91
替米考星	9.56
泰乐菌素	10.04
交沙霉素	11.33
吉他霉素	10.62
竹桃霉素	9.72

7.5 平行试验

按以上步骤，对同一试样进行平行试验测定。

7.6 空白试验

除不称取试样外，均按上述步骤进行。

8 结果计算

蜂蜜中林可霉素、红霉素、螺旋霉素、替米考星、泰乐菌素、交沙霉素、吉他霉素、竹桃霉素残留量的测定结果按式(1)计算：

$$X = c_s \times \frac{A}{A_s} \times \frac{c_i}{c_{si}} \times \frac{A_{si}}{A_i} \times \frac{V}{m} \times \frac{1\,000}{1\,000} \quad \cdots\cdots (1)$$

式中：

X——试样中被测物残留量，单位为微克每千克(μg/kg)；

c_s——基质标准工作溶液中被测物的浓度，单位为纳克每毫升(ng/mL)；

A——试样溶液中被测物的色谱峰面积；

A_s——基质标准工作溶液中被测物的色谱峰面积；

c_i——试样溶液中内标物的浓度，单位为纳克每毫升(ng/mL)；

c_{si}——基质标准工作溶液中内标物的浓度，单位为纳克每毫升(ng/mL)；

A_{si}——基质标准工作溶液中内标物的色谱峰面积；

A_i——试样溶液中内标物的色谱峰面积；

V——样液最终定容体积，单位为毫升(mL)；

m——试样溶液所代表试样的质量，单位为克(g)。

计算结果应扣除空白值。

9 精密度

9.1 一般规定

本标准的精密度数据是按照 GB/T 6379.1 和 GB/T 6379.2 规定确定的，其重复性和再现性的值是以 95%的可信度来计算。

9.2 重复性

在重复性试验条件下，获得的两次独立测试结果的绝对差值不超过重复性限 r，蜂蜜中林可霉素、红霉素、螺旋霉素、替米考星、泰乐菌素、交沙霉素、吉他霉素、竹桃霉素添加浓度范围及重复性方程见表 5。

表 5　添加浓度范围及重复性和再现性方程　　单位为微克每千克

化合物名称	添加浓度范围	重复性限 r	再现性限 R
林可霉素	2.0～50.0	$\lg r=1.0510\lg m-1.2650$	$\lg R=0.8656\lg m-0.6520$
红霉素	2.0～50.0	$\lg r=1.0335\lg m-1.2251$	$\lg R=1.1108\lg m-0.9901$
螺旋霉素	2.0～50.0	$\lg r=0.8702\lg m-1.1014$	$\lg R=1.1028\lg m-1.0160$
替米考星	2.0～50.0	$\lg r=1.0934\lg m-1.3491$	$\lg R=0.9621\lg m-0.8070$
泰乐菌素	2.0～50.0	$\lg r=0.9707\lg m-1.1463$	$\lg R=0.8157\lg m-0.6801$
交沙霉素	2.0～50.0	$\lg r=0.9379\lg m-1.1770$	$\lg R=0.8571\lg m-0.7565$
吉他霉素	2.0～50.0	$\lg r=1.0208\lg m-1.3386$	$\lg R=0.9598\lg m-0.9004$
竹桃霉素	2.0～50.0	$\lg r=0.9757\lg m-1.2742$	$\lg R=0.8863\lg m-0.5849$
注：m 为两次测定值的算术平均值。			

如果差值超过重复性限 r，应舍弃试验结果并重新完成两次单个试验的测定。

9.3　再现性

在再现性试验条件下，获得的两次独立测试结果的绝对差值不超过再现性限 R，蜂蜜中林可霉素、红霉素、螺旋霉素、替米考星、泰乐菌素、交沙霉素、吉他霉素、竹桃霉素的添加浓度范围及再现性方程见表 5。

附 录 A
（资料性附录）
标准物质多反应监测(MRM)色谱图

林可霉素、红霉素、螺旋霉素、替米考星、泰乐菌素、交沙霉素、吉他霉素、竹桃霉素标准物质多反应监测(MRM)色谱图见图 A.1。

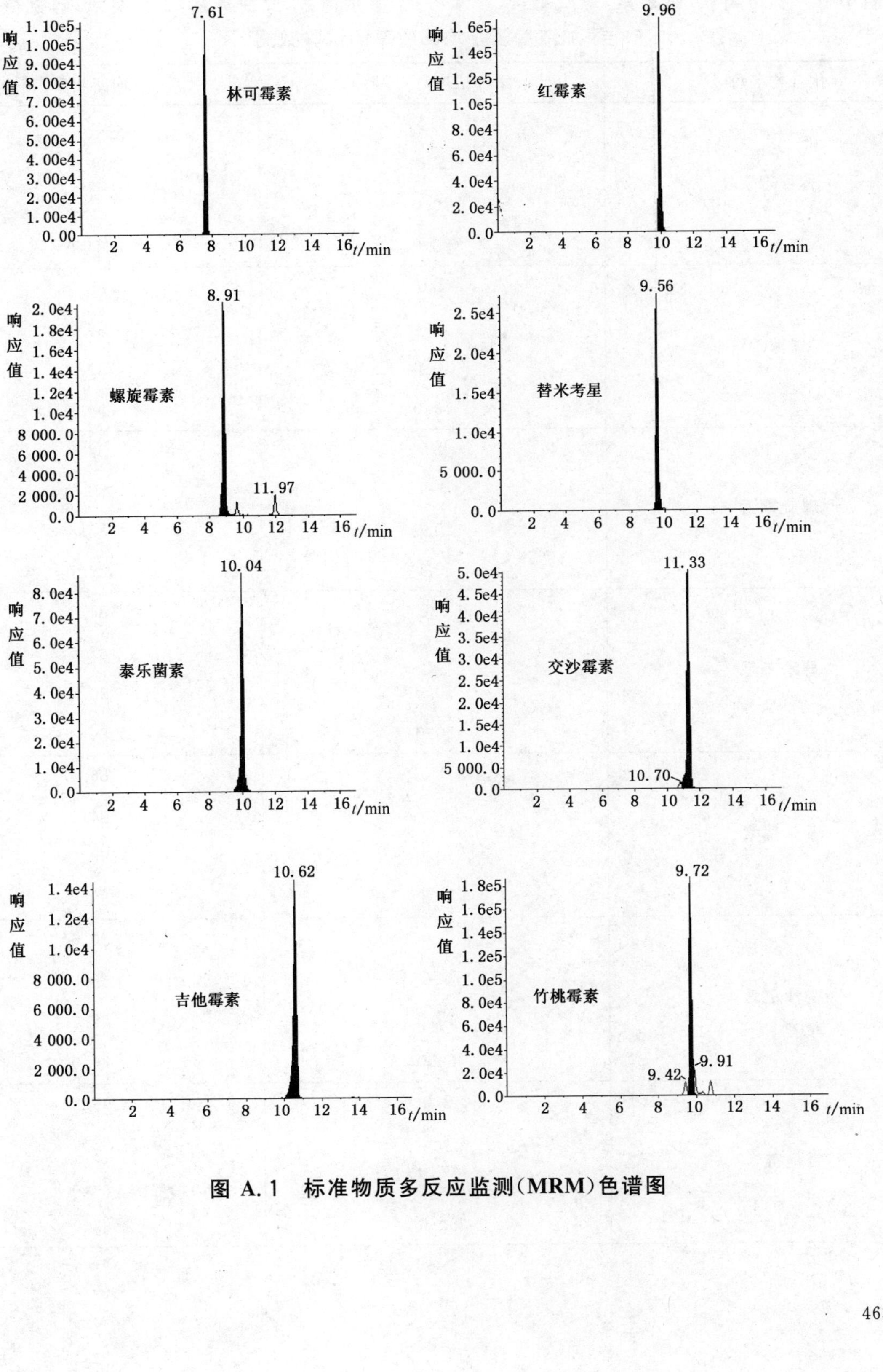

图 A.1 标准物质多反应监测(MRM)色谱图

附 录 B
（资料性附录）
回 收 率

本方法中林可霉素、红霉素、螺旋霉素、替米考星、泰乐菌素、交沙霉素、吉他霉素、竹桃霉素添加浓度及平均回收率的试验数据见表B.1。

表B.1 林可霉素、红霉素、螺旋霉素、替米考星、泰乐菌素、交沙霉素、吉他霉素、竹桃霉素添加浓度及平均回收率的试验数据

化合物名称	添加浓度/(μg/kg)	平均回收率/%
林可霉素	2.0	100.0
	5.0	99.4
	10.0	95.7
	50.0	94.9
红霉素	2.0	85.7
	5.0	86.2
	10.0	87.7
	50.0	90.8
螺旋霉素	2.0	83.9
	5.0	83.7
	10.0	82.8
	50.0	87.7
替米考星	2.0	84.9
	5.0	87.6
	10.0	90.4
	50.0	89.3
泰乐菌素	2.0	86.4
	5.0	84.4
	10.0	86.7
	50.0	88.8
交沙霉素	2.0	80.6
	5.0	86.0
	10.0	77.7
	50.0	84.0
吉他霉素	2.0	79.3
	5.0	83.4
	10.0	79.3
	50.0	83.0

表 B.1（续）

化合物名称	添加浓度/(μg/kg)	平均回收率/%
竹桃霉素	2.0	83.0
	5.0	83.8
	10.0	84.6
	50.0	83.0

ICS 67.050
X 04

中华人民共和国国家标准

GB/T 22942—2008

蜂蜜中头孢唑啉、头孢匹林、头孢氨苄、头孢洛宁、头孢喹肟残留量的测定 液相色谱-串联质谱法

Determination of cefazolin, cephapirin, cephalexin, cefalonium, cefquinome residues in honey—LC-MS-MS method

2008-12-31 发布　　　　2009-05-01 实施

中华人民共和国国家质量监督检验检疫总局
中国国家标准化管理委员会　发布

前　言

本标准的附录 A、附录 B 为资料性附录。

本标准由国家质量监督检验检疫总局提出并归口。

本标准起草单位：中华人民共和国秦皇岛出入境检验检疫局。

本标准主要起草人：李学民、母健、曹彦忠、刘晓茂、姜宁、庞国芳。

蜂蜜中头孢唑啉、头孢匹林、头孢氨苄、头孢洛宁、头孢喹肟残留量的测定 液相色谱-串联质谱法

1 范围

本标准规定了蜂蜜中头孢唑啉、头孢匹林、头孢氨苄、头孢洛宁、头孢喹肟残留量的液相色谱-串联质谱测定方法。

本标准适用于蜂蜜中头孢唑啉、头孢匹林、头孢氨苄、头孢洛宁、头孢喹肟残留量的测定。

本标准的方法检出限：头孢唑啉为 10 μg/kg；头孢匹林、头孢氨苄、头孢洛宁、头孢喹肟为 2.0 μg/kg。

2 规范性引用文件

下列文件中的条款通过本标准的引用而成为本标准的条款。凡是注日期的引用文件，其随后所有的修改单(不包括勘误的内容)或修订版均不适用于本标准，然而，鼓励根据本标准达成协议的各方研究是否可使用这些文件的最新版本。凡是不注日期的引用文件，其最新版本适用于本标准。

GB/T 6379.1 测量方法与结果的准确度(正确度与精密度) 第1部分：总则与定义(GB/T 6379.1—2004，ISO 5725-1:1994，IDT)

GB/T 6379.2 测量方法与结果的准确度(正确度与精密度) 第2部分：确定标准测量方法重复性与再现性的基本方法(GB/T 6379.2—2004，ISO 5725-2:1994，IDT)

GB/T 6682 分析实验室用水规格和试验方法(GB/T 6682—2008，ISO 3696:1987，MOD)

3 原理

试样中五种头孢菌素类药物残留，用磷酸二氢钠缓冲溶液提取，固相萃取柱净化，液相色谱-串联质谱仪测定，外标法定量。

4 试剂和材料

除另有说明外，所用试剂均为分析纯。

4.1 水：GB/T 6682，一级。

4.2 甲醇：色谱纯。

4.3 乙腈：色谱纯。

4.4 磷酸二氢钠(NaH_2PO_4)。

4.5 氢氧化钠。

4.6 乙酸。

4.7 5 mol/L 氢氧化钠溶液：称取 20 g 氢氧化钠(4.5)，用水溶解，定容至 100 mL。

4.8 0.15 mol/L 磷酸二氢钠缓冲溶液：称取 18.0 g 磷酸二氢钠(4.4)，用水溶解，定容至 1 000 mL，然后用氢氧化钠溶液(4.7)调节至 pH=8.5。

4.9 标准物质：头孢唑啉(CAS:25953-19-9)、头孢匹林(CAS:24356-60-3)、头孢氨苄(CAS:16549-56-7)、头孢洛宁(CAS:5575-21-3)、头孢喹肟(CAS:118443-89-3)，纯度≥99%。

4.10 1.0 mg/mL 五种头孢菌素标准储备溶液：准确称取每种标准物质(4.9)，分别用水配制成浓度为

1.0 mg/mL 的标准储备溶液。储备液贮存在−18 ℃冰柜中。

4.11　五种头孢菌素标准混合工作溶液：根据需要吸取适量的每种头孢菌素标准储备溶液(4.10)，用空白样品提取液制成适当浓度的基质混合标准工作溶液。

4.12　固相萃取柱：Oasis HLB 固相萃取柱或相当者，500 mg，6 mL。使用前依次用 5 mL 甲醇(4.2)、5 mL水(4.1)和 10 mL 磷酸二氢钠缓冲溶液(4.8)预处理，保持柱体湿润。

4.13　滤膜：0.2 μm。

5　仪器

5.1　液相色谱-串联四极杆质谱仪，配有电喷雾离子源。

5.2　分析天平：感量 0.1 mg、0.01 g。

5.3　固相萃取真空装置。

5.4　贮液器：50 mL。

5.5　微量注射器：25 μL，100 μL。

5.6　刻度样品管：5 mL，精度为 0.1 mL。

5.7　氮气浓缩仪。

6　试样制备与保存

6.1　试样的制备

对无结晶的实验室样品，将其搅拌均匀。对有结晶的样品，在密闭情况下，置于不超过 60 ℃的水浴中温热，振荡，待样品全部融化后搅匀，冷却至室温。分出 0.5 kg 作为试样。制备好的试样置于样品瓶中，密封，并做上标记。

6.2　试样的保存

将试样于常温下保存。

7　测定步骤

7.1　试样溶液的制备

称取 5 g 试样(精确到 0.01 g)置于 150 mL 三角瓶中，加入 25 mL 磷酸二氢钠缓冲溶液(4.8)，溶解样品，混匀，用氢氧化钠溶液，调节至 pH＝8.5。把样品提取液移至下接 Oasis HLB 固相萃取柱(4.12)的贮液器中，以 3 mL/min 的流速通过固相萃取柱，先用 5 mL 磷酸二氢钠缓冲溶液洗涤三角瓶并过柱，再用 2 mL 水洗柱，弃去全部流出液。用 2 mL 乙腈洗脱，收集洗脱液于刻度样品管(5.6)中，在 40 ℃氮气吹干，用 2 mL 水溶解残渣，摇匀后，过 0.2 μm 滤膜(4.13)，供液相色谱-串联质谱仪测定。按照上述操作步骤制备空白样品提取液。

7.2　测定条件

7.2.1　液相色谱参考条件

a)　色谱柱：ZORBAX SB-C18，3.5 μm，150 mm×2.1 mm(内径)或相当者；

b)　流动相梯度程序及流速见表 1；

c)　柱温：30 ℃；

d)　进样量：20 μL。

表 1　流动相梯度程序及流速

时间/min	流速/(μL/min)	水(含 0.1%乙酸)/%	乙腈/%
0.00	200	95.0	5.0
2.00	200	95.0	5.0

表 1（续）

时间/min	流速/(μL/min)	水(含 0.1%乙酸)/%	乙腈/%
2.01	200	40.0	60.0
8.00	200	40.0	60.0
8.01	200	95.0	5.0
15.00	200	95.0	5.0

7.2.2 质谱参考条件

a) 离子源：电喷雾离子源；

b) 扫描方式：正离子扫描；

c) 检测方式：多反应监测；

d) 电喷雾电压：5 500 V；

e) 雾化气压力：0.055 MPa；

f) 气帘气压力：0.079 MPa；

g) 辅助气流速：6 L/min；

h) 离子源温度：400 ℃；

i) 定性离子对、定量离子对和碰撞气能量(CE)、去簇电压(DP)见表 2。

表 2 五种头孢菌素的定性离子对、定量离子对、碰撞气能量、去簇电压

化合物中文名称	化合物英文名称	定性离子对 (m/z)	定量离子对 (m/z)	碰撞气能量/V	去簇电压/V
头孢唑啉	cefazolin	456/324 456/156	456/324	17 24	50
头孢匹林	cephapirin	424/292 424/152	424/292	23 34	45
头孢氨苄	cephalexin	348/158 348/174	348/158	14 22	40
头孢洛宁	cefalonium	459/152 459/123	459/152	29 18	35
头孢喹肟	cefquinome	529/134 529/396	529/134	21 19	49

7.3 液相色谱-串联质谱测定

7.3.1 定性测定

选择每种待测物质的 1 个母离子，2 个以上子离子，在相同试验条件下，样品中待测物质的保留时间与基质标准溶液中对应物质的保留时间偏差在±2.5%之内；样品谱图中各定性离子相对丰度与浓度接近的基质标准溶液的谱图中离子相对丰度相比，偏差不超过表 3 规定的范围，则可判定为样品中存在对应的待测物。

表 3 定性确证时相对离子丰度的最大允许偏差 以%表示

相对离子丰度 K	K>50	20<K<50	10<K<20	K≤10
允许的最大偏差	±20	±25	±30	±50

7.3.2 定量测定

用基质标准混合工作溶液(4.11)分别进样,以标准工作溶液浓度为横坐标,以峰面积为纵坐标,绘制标准工作曲线。用标准工作曲线对样品进行定量,样品溶液中五种头孢菌素的响应值均应在仪器测定的线性范围内。在上述色谱条件下,五种头孢菌素标准物质的多反应监测(MRM)色谱图参见附录A中的图A.1。

本方法的添加回收率数据参见附录B中的表B.1。

7.4 平行试验

按上述步骤,对同一试样进行平行试验测定。

7.5 空白试验

除不称取试样外,均按上述分析步骤进行。

8 结果计算

试样中五种头孢菌素残留量利用数据处理系统计算或按式(1)计算:

$$X = c \times \frac{V}{m} \times \frac{1\,000}{1\,000} \qquad \cdots\cdots(1)$$

式中:

X——试样中被测组分残留量,单位为微克每千克(μg/kg);

c——从标准工作曲线得到的试样溶液中被测组分的浓度,单位为纳克每毫升(ng/mL);

V——试样溶液定容体积,单位为毫升(mL);

m——最终试样溶液所代表的试样质量,单位为克(g)。

计算结果应扣除空白值。

9 精密度

9.1 一般规定

本标准的精密度数据是按照GB/T 6379.1和GB/T 6379.2规定确定的,其重复性和再现性的值是以95%的可信度来计算。

9.2 重复性

在重复性试验条件下,获得的两次独立测试结果的绝对差值不超过重复性限r,试样中五种头孢菌素添加浓度范围及重复性方程见表4。

表4 五种头孢菌素添加浓度范围及重复性限和再现性限方程 单位为微克每千克

化合物名称	添加浓度范围	重复性限 r	再现性限 R
头孢唑啉	10～100	$\lg r = 0.946\,5 \lg m - 0.725\,5$	$\lg R = 0.956\,9 \lg m - 0.617\,6$
头孢匹林	2.0～20	$\lg r = 0.946\,6 \lg m - 0.765\,6$	$\lg R = 0.968\,0 \lg m - 0.677\,1$
头孢氨苄	2.0～20	$\lg r = 0.942\,8 \lg m - 0.762\,8$	$\lg R = 0.949\,4 \lg m - 0.645\,2$
头孢洛宁	2.0～20	$r = 0.135\,7\, m + 0.132\,6$	$\lg R = 0.906\,6 \lg m - 0.621\,1$
头孢喹肟	2.0～20	$\lg r = 0.942\,1 \lg m - 0.761\,0$	$\lg R = 0.928\,0 \lg m - 0.688\,5$
注:m为两次测定结果的算术平均值。			

如果两次测定值的差值超过重复性限r,应舍弃试验结果并重新完成两次单个试验的测定。

9.3 再现性

在再现性试验条件下,获得的两次独立测试结果的绝对差值不超过再现性限R,试样中五种头孢菌素添加浓度范围及重复性方程见表4。

附 录 A
（资料性附录）
五种头孢菌素标准物质的多反应监测（MRM）色谱图

五种头孢菌素标准物质的多反应监测（MRM）色谱图见图 A.1。

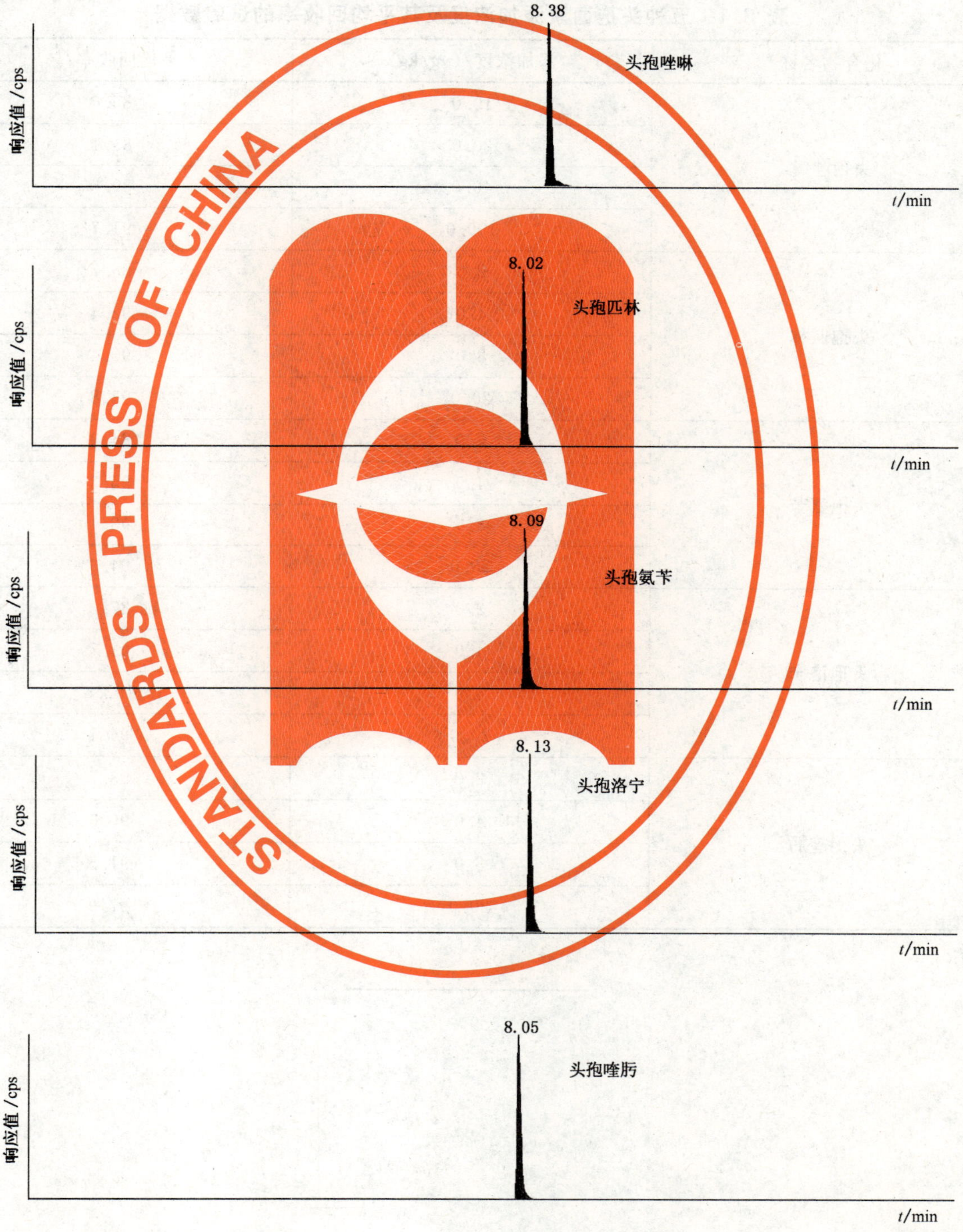

图 A.1 五种头孢菌素标准物质的多反应监测（MRM）色谱图

附　录　B
（资料性附录）
回　收　率

五种头孢菌素添加浓度及其平均回收率的试验数据见表 B.1。

表 B.1　五种头孢菌素添加浓度及其平均回收率的试验数据

化合物名称	添加浓度/(μg/kg)	平均回收率/%
头孢唑啉	10.0	85.6
	20.0	89.1
	40.0	89.6
	100.0	91.7
头孢匹林	2.0	86.7
	4.0	92.4
	8.0	95.4
	20.0	93.8
头孢氨苄	2.0	84.2
	4.0	95.3
	8.0	98.1
	20.0	94.3
头孢洛宁	2.0	87.2
	4.0	91.7
	8.0	102.5
	20.0	94.1
头孢喹肟	2.0	93.7
	4.0	96.5
	8.0	91.5
	20.0	97.9

ICS 67.050
X 04

中华人民共和国国家标准

GB/T 22943—2008

蜂蜜中三甲氧苄氨嘧啶残留量的测定 液相色谱-串联质谱法

Determination of trimethoprim residues in honey—LC-MS-MS method

2008-12-31 发布 2009-05-01 实施

中华人民共和国国家质量监督检验检疫总局
中国国家标准化管理委员会 发布

前　言

本标准的附录 A、附录 B 为资料性附录。

本标准由国家质量监督检验检疫总局提出并归口。

本标准起草单位：中华人民共和国秦皇岛出入境检验检疫局。

本标准主要起草人：曹彦忠、贾光群、杨志伟、石玉秋、孙海侠、庞国芳。

蜂蜜中三甲氧苄氨嘧啶残留量的测定
液相色谱-串联质谱法

1 范围

本标准规定了蜂蜜中三甲氧苄氨嘧啶残留量的液相色谱-串联质谱测定方法。

本标准适用于蜂蜜中三甲氧苄氨嘧啶残留量的测定。

本标准的方法检出限为 2.0 μg/kg。

2 规范性引用文件

下列文件中的条款通过本标准的引用而成为本标准的条款。凡是注日期的引用文件，其随后所有的修改单(不包括勘误的内容)或修订版均不适用于本标准，然而，鼓励根据本标准达成协议的各方研究是否可使用这些文件的最新版本。凡是不注日期的引用文件，其最新版本适用于本标准。

GB/T 6379.1 测量方法与结果的准确度(正确度与精密度) 第1部分：总则与定义(GB/T 6379.1—2004，ISO 5725-1:1994，IDT)

GB/T 6379.2 测量方法与结果的准确度(正确度与精密度) 第2部分：确定标准测量方法重复性与再现性的基本方法(GB/T 6379.2—2004，ISO 5725-2:1994，IDT)

GB/T 6682 分析实验室用水规格和试验方法(GB/T 6682—2008，ISO 3696:1987，MOD)

3 原理

蜂蜜中残留的三甲氧苄氨嘧啶用磷酸盐缓冲溶液(pH=9)提取，过滤后，经 Oasis HLB[1) 柱或相当的固相萃取柱净化，用甲醇洗脱并蒸干，残渣用流动相溶解，过 0.2 μm 滤膜后，样品溶液供液相色谱-串联质谱仪测定，外标法定量。

4 试剂和材料

4.1 水：GB/T 6682，一级。

4.2 甲醇：色谱纯。

4.3 乙腈：色谱纯。

4.4 磷酸氢二钾($K_2HPO_4 \cdot 3H_2O$)：优级纯。

4.5 磷酸二氢钾：优级纯。

4.6 氢氧化钠：优级纯。

4.7 甲酸：优级纯。

4.8 2.0 mol/L 氢氧化钠：称取 8.0 g 氢氧化钠(4.6)，定容至 100 mL。

4.9 0.1%甲酸溶液：吸取 1.0 mL 甲酸(4.7)，用水稀释至 1 000 mL。

4.10 淋洗液：甲醇溶液(2+3)。量取 40 mL 甲醇(4.2)与 60 mL 水混合。

4.11 0.2 mol/L 磷酸盐缓冲溶液：称取 43.86 g 磷酸氢二钾(4.4)和 1.05 g 磷酸二氢钾(4.5)，放入 1 000 mL 烧杯中，加入 800 mL 水溶解，用氢氧化钠(4.6)调至 pH 值为 9.0，再用水定容至 1 000 mL。

4.12 流动相：乙腈-0.1%甲酸溶液(7+13)。

---

1) Oasis HLB 固相萃取柱是 Waters 公司产品的商品名称，给出这一信息是为了方便本标准的使用者，并不是表示对该产品的认可。如果其他等效产品具有相同的效果，则可使用这些等效产品。

4.13 标准物质:三甲氧苄氨嘧啶(CAS:738-70-5),纯度≥99%。

4.14 0.1 mg/mL 标准储备溶液:准确称取适量的三甲氧苄氨嘧啶标准物质(4.13),用甲醇配成0.1 mg/mL 的标准储备溶液。标准储备溶液在 4 ℃保存。

4.15 标准工作溶液:吸取标准储备溶液(4.14)0.1 mL 移至 10 mL 容量瓶中,用甲醇稀释至刻度。该溶液在 4 ℃保存。

4.16 基质标准工作溶液:吸取不同体积标准工作溶液(4.15),用空白样品提取液配成 2.0 ng/mL、5.0 ng/mL、10.0 ng/mL、20.0 ng/mL、50.0 ng/mL 不同浓度的基质标准工作溶液。当天配制。

4.17 Oasis HLB 固相萃取柱或相当者:500 mg,6 mL。使用前依次用 5 mL 甲醇和 10 mL 水预处理,保持柱体湿润。

4.18 滤膜:0.2 μm。

5 仪器

5.1 液相色谱-串联四极杆质谱仪:配有电喷雾离子源。

5.2 分析天平:感量 0.1 mg 和 0.01 g。

5.3 氮气浓缩仪。

5.4 液体混匀器。

5.5 固相萃取装置。

5.6 贮液器:50 mL。

5.7 真空泵:真空度应达到 80 kPa。

5.8 pH 计。

5.9 吹干管:10 mL。

6 试样的制备与保存

6.1 试样的制备

对无结晶的实验室样品,将其搅拌均匀。对有结晶的样品,在密闭情况下,置于不超过 60 ℃的水浴中温热,振荡,待样品全部融化后搅匀,冷却至室温。分出 0.5 kg 作为试样。制备好的试样置于样品瓶中,密封,并做上标记。

6.2 试样保存

将试样于常温下保存。

7 测定步骤

7.1 提取

称取 2 g 试样,精确至 0.01 g。置于 150 mL 三角瓶中,加入 25 mL 磷酸盐缓冲溶液(4.11),于液体混匀器(5.4)上快速混匀 1 min,使试样完全溶解。

7.2 净化

将塞有玻璃棉的玻璃贮液器(5.6)连到 Oasis HLB 固相萃取柱(4.17)上,把样液倒入玻璃贮液器中,调节流速小于 3 mL/min,使样液通过 Oasis HLB 固相萃取柱,待样液完全流出后,依次用 5 mL 水和 5 mL 淋洗液(4.10)洗柱,弃去全部流出液。减压抽干 20 min,然后用 5 mL 甲醇洗脱,收集洗脱液于 10 mL 吹干管中。用氮气浓缩仪于 50 ℃吹干。准确加入 1.0 mL 流动相(4.12)溶解残渣,过 0.2 μm 滤膜后,供液相色谱-串联质谱仪测定。

按上述操作步骤,制备用于配制系列基质标准工作溶液的空白样品提取液。

7.3 测定条件

7.3.1 液相色谱参考条件

a) 色谱柱：Atlantis C_{18}，3 μm，150 mm×2.1 mm(内径)或相当者；

b) 流动相：乙腈-0.1%甲酸溶液(7+13)；

c) 流速：0.2 mL/min；

d) 柱温：30 ℃；

e) 进样量：20 μL。

7.3.2 质谱参考条件

a) 离子源：电喷雾离子源；

b) 扫描方式：正离子扫描；

c) 检测方式：多反应监测；

d) 电喷雾电压：5 500 V；

e) 雾化气压力：0.076 MPa；

f) 气帘气压力：0.069 MPa；

g) 辅助气流速：6 L/min；

h) 离子源温度：450 ℃；

i) 定性离子对、定量离子对、碰撞气能量和去簇电压见表1。

表1 定性离子对、定量离子对、碰撞气能量和去簇电压

化合物中文名称	化合物英文名称	定性离子对(m/z)	定量离子对(m/z)	碰撞气能量/V	去簇电压/V
三甲氧苄氨嘧啶	trimethoprim	291/230 291/123 291/275	291/230	35 40 35	50

7.4 液相色谱-串联质谱测定

7.4.1 定性测定

被测组分选择1个母离子，2个以上子离子，在相同的试验条件下，样品中待测物质的保留时间与标准溶液中对应的保留时间偏差在±2.5%之内；且样品中各组分定性离子的相对丰度与浓度接近的标准溶液中对应的定性离子的相对丰度进行比较，若偏差不超过表2规定的范围，则可判定样品中存在对应的待测物。

表2 定性确证时相对离子丰度的最大允许偏差

以%表示

相对离子丰度 K	$K>50$	$20<K<50$	$10<K<20$	$K\leqslant10$
允许最大偏差	±20	±25	±30	±50

7.4.2 定量测定

用标准工作溶液(4.16)分别进样，以标准峰面积为纵坐标，以标准工作溶液浓度为横坐标，绘制标准工作曲线。用标准工作曲线对样品进行定量，样品溶液中三甲氧苄氨嘧啶的响应值均应在仪器测定的线性范围内。在上述色谱条件和质谱条件下，三甲氧苄氨嘧啶的参考保留时间为2.39 min。三甲氧苄氨嘧啶的标准物质多反应监测(MRM)色谱图参见附录A中的图A.1。

本方法的添加平均回收率数据参见附录B中的表B.1。

7.5 平行试验

按以上步骤，对同一试样进行平行试验测定。

7.6 空白试验

除不称取试样外，均按上述步骤进行。

8 结果计算

蜂蜜中三甲氧苄氨嘧啶残留量的测定结果按式(1)计算。

$$X = c \times \frac{V}{m} \times \frac{1\,000}{1\,000} \quad \cdots\cdots\cdots\cdots (1)$$

式中：

X——试样中被测组分残留量，单位为微克每千克(μg/kg)；

c——从标准工作曲线上得到的被测组分溶液浓度，单位为纳克每毫升(ng/mL)；

V——样品溶液定容体积，单位为毫升(mL)；

m——样品溶液所代表试样的质量，单位为克(g)。

计算结果应扣除空白值。

9 精密度

9.1 一般规定

本标准的精密度数据是按照 GB/T 6379.1 和 GB/T 6379.2 规定确定的，其重复性和再现性的值是以 95%的可信度来计算。

9.2 重复性

在重复性试验条件下，获得的两次独立测试结果的绝对差值不超过重复性限 r，蜂蜜中三甲氧苄氨嘧啶添加浓度范围及重复性方程见表 3。

表 3 添加浓度范围及重复性和再现性方程

单位为微克每千克

化合物名称	添加浓度范围	重复性限 r	再现性限 R
三甲氧苄氨嘧啶	2.0～50.0	$\lg r = 0.878\,0 \lg m - 1.212\,9$	$\lg R = 1.311\,9 \lg m - 0.978\,7$
注：m 为两次测定值的算术平均值。			

如果差值超过重复性限 r，应舍弃试验结果并重新完成两次单个试验的测定。

9.3 再现性

在再现性试验条件下，获得的两次独立测试结果的绝对差值不超过再现性限 R，蜂蜜中三甲氧苄氨嘧啶的添加浓度范围及再现性方程见表 3。

附　录　A
（资料性附录）
标准物质多反应监测(MRM)色谱图

三甲氧苄氨嘧啶标准物质多反应监测(MRM)色谱图见图A.1。

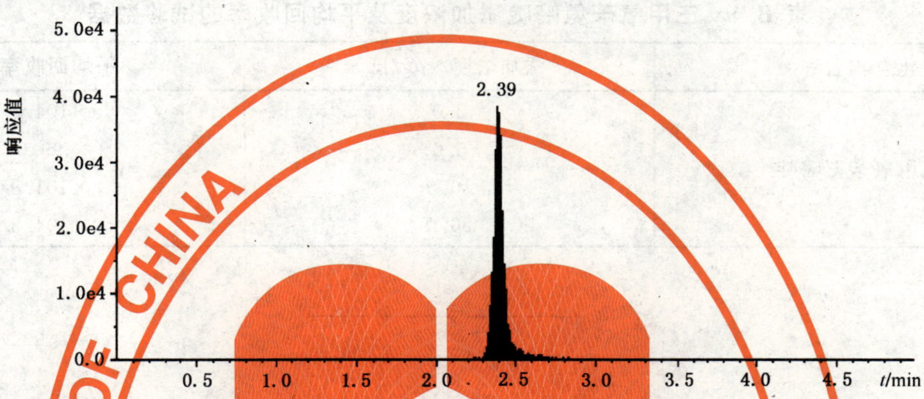

图A.1　三甲氧苄氨嘧啶标准物质多反应监测(MRM)色谱图

附 录 B
（资料性附录）
回 收 率

本方法中三甲氧苄氨嘧啶添加浓度及平均回收率的试验数据见表B.1。

表B.1 三甲氧苄氨嘧啶添加浓度及平均回收率的试验数据

化合物名称	添加浓度/(μg/kg)	平均回收率/%
三甲氧苄氨嘧啶	2.0	104.1
	5.0	99.0
	10.0	101.8
	50.0	104.3

ICS 67.050
X 04

GB

中华人民共和国国家标准

GB/T 22944—2008

蜂蜜中克伦特罗残留量的测定 液相色谱-串联质谱法

Determination of clenbuterol residues in honey—LC-MS-MS method

2008-12-31 发布　　2009-05-01 实施

中华人民共和国国家质量监督检验检疫总局
中国国家标准化管理委员会　发布

前　言

本标准的附录 A、附录 B 为资料性附录。

本标准由国家质量监督检验检疫总局提出并归口。

本标准起草单位：中华人民共和国秦皇岛出入境检验检疫局。

本标准主要起草人：曹彦忠、石玉秋、贾光群、姚智慧、刘晓茂、庞国芳。

蜂蜜中克伦特罗残留量的测定
液相色谱-串联质谱法

1 范围

本标准规定了蜂蜜中克伦特罗残留量液相色谱-串联质谱测定方法。

本标准适用于蜂蜜中克伦特罗残留量的测定。

本标准的方法检出限为 1 μg/kg。

2 规范性引用文件

下列文件中的条款通过本标准的引用而成为本标准的条款。凡是注日期的引用文件，其随后所有的修改单(不包括勘误的内容)或修订版均不适用于本标准，然而，鼓励根据本标准达成协议的各方研究是否可使用这些文件的最新版本。凡是不注日期的引用文件，其最新版本适用于本标准。

GB/T 6379.1 测量方法与结果的准确度(正确度与精密度) 第1部分:总则与定义(GB/T 6379.1—2004,ISO 5725-1:1994,IDT)

GB/T 6379.2 测量方法与结果的准确度(正确度与精密度) 第2部分:确定标准测量方法重复性与再现性的基本方法(GB/T 6379.2—2004,ISO 5725-2:1994,IDT)

GB/T 6682 分析实验室用水规格和试验方法(GB/T 6682—2008,ISO 3696:1987,MOD)

3 原理

蜂蜜中残留的克伦特罗用乙酸钠缓冲溶液(pH=5.0)提取，过滤后，经 Oasis HLB[1)]或相当的固相萃取柱净化，用氨水甲醇溶液洗脱并蒸干，残渣用甲醇-0.1%甲酸溶液溶解，过 0.2 μm 滤膜后，样品溶液供液相色谱-串联质谱仪测定，内标法定量。

4 试剂和材料

4.1 水:GB/T 6682,一级。

4.2 甲醇:色谱纯。

4.3 乙腈:色谱纯。

4.4 乙酸钠:优级纯。

4.5 冰乙酸:优级纯。

4.6 氨水:分析纯。

4.7 甲酸:优级纯。

4.8 0.2 mol/L 乙酸钠缓冲溶液:称取 16.4 g 乙酸钠(4.4),放入 1 000 mL 烧杯中，加入 800 mL 水溶解，用冰乙酸(4.5)调至 pH 值为 5.0,再用水定容至 1 000 mL。

4.9 氨水-甲醇溶液(1+19):吸取 5 mL 氨水(4.6)与 95 mL 甲醇(4.2)混合均匀。

4.10 甲醇溶液(3+7):量取 30 mL 甲醇与 70 mL 水混合均匀。

4.11 0.1%甲酸溶液:吸取 1.0 mL 甲酸(4.7),用水稀释至 1 000 mL。

4.12 甲醇-0.1%甲酸溶液(1+19)。量取 5 mL 甲醇与 95 mL 0.1 %甲酸溶液(4.11)混合。

4.13 克伦特罗标准物质(CAS 37148-27-9):纯度≥95%。

1) Oasis HLB 固相萃取柱是 Waters 公司产品的商品名称，给出这一信息是为了方便本标准的使用者，并不是表示对该产品的认可。如果其他等效产品具有相同的效果，则可使用这些等效产品。

4.14 1.0 mg/mL 标准储备溶液:准确称取适量的克伦特罗标准物质(4.13),用甲醇配成 1.0 mg/mL 的标准储备溶液。该溶液在 4 ℃保存。

4.15 1.0 μg/mL 标准工作溶液:吸取 0.1 mL 标准储备溶液(4.14)放入 100 mL 容量瓶中,用甲醇稀释至刻度。该溶液在 4 ℃保存。

4.16 内标物质:克伦特罗-D9,纯度≥99%。

4.17 1.0 mg/mL 内标储备溶液:准确称取适量克伦特罗-D9 标准物质(4.16),用甲醇配成 1.0 mg/mL内标贮备溶液。该溶液于 4℃保存。

4.18 1.0 μg/mL 内标工作溶液:吸取 0.1 mL 内标储备溶液(4.17)放入 100 mL 容量瓶中,用甲醇稀释至刻度。该溶液在 4 ℃保存。

4.19 基质标准工作溶液:吸取不同体积标准工作溶液(4.15)和 20 μL 内标工作溶液(4.18),用空白样品提取液配成 1.0 ng/mL、2.0 ng/mL、5.0 ng/mL、10.0 ng/mL、50.0 ng/mL 不同浓度的基质标准工作溶液。当天配制。

4.20 Oasis HLB 固相萃取柱或相当者:500 mg,6 mL。用前依次用 6 mL 甲醇和 10 mL 水活化。保持柱体湿润。

4.21 滤膜:0.2 μm。

5 仪器

5.1 液相色谱-串联质谱仪:配有电喷雾离子源。

5.2 固相萃取装置。

5.3 氮气浓缩仪。

5.4 液体混匀器。

5.5 分析天平:感量 0.1 mg,0.01 g。

5.6 真空泵:最大负压 80 kPa。

5.7 pH 计:测量精度±0.02。

5.8 玻璃贮液器:50 mL。

5.9 吹干管:10 mL。

6 试样制备与保存

6.1 试样的制备

对无结晶的实验室样品,将其搅拌均匀。对有结晶的样品,在密闭情况下,置于不超过 60 ℃的水浴中温热,振荡,待样品全部融化后搅匀,冷却至室温。分出 0.5 kg 作为试样。制备好的试样置于样品瓶中,密封,并做上标记。

6.2 试样的保存

将试样于常温下保存。

7 测定步骤

7.1 提取

称取 2 g 试样,精确至 0.01 g。置于 150 mL 三角瓶中,加入 20 mL 乙酸钠缓冲溶液(4.8),加入 20 μL内标工作溶液(4.18),于液体混匀器(5.4)上快速混匀 1 min,使试样完全溶解。

7.2 净化

将塞有玻璃棉的玻璃贮液器(5.8)连到 Oasis HLB 或相当的固相萃取柱(4.20)上,把样液倒入玻璃贮液器中,调节流速小于 3 mL/min,使样液通过 Oasis HLB 固相萃取柱,待样液完全流出后,依次用 5 mL 水和 5 mL 甲醇溶液(4.10)洗柱,弃去全部流出液。固相萃取柱减压抽干 30 min,然后用 5 mL 氨水-甲醇溶液(4.9)洗脱,收集洗脱液于10 mL吹干管(5.9)中。在50 °C水浴用氮气浓缩仪吹干。准确加入1.0 mL甲醇-0.1%甲酸溶液(4.12)溶解残渣,过0.2 μm滤膜后,供液相色谱-串联质谱仪测定。

按上述操作步骤,制备用于配制系列基质标准工作溶液的空白样品提取液。

7.3 测定条件

7.3.1 液相色谱参考条件

a) 色谱柱:Atlantis C_{18},3 μm,150 mm×2.1 mm(内径)或相当者;

b) 柱温:40 °C;

c) 流速:0.2 mL;

d) 进样量:20 μL;

e) 流动相:A:乙腈,B:0.1%甲酸水溶液,梯度洗脱条件见表1。

表1 梯度洗脱条件

时间/min	A/%	B/%
0.00	5.0	95.0
8.00	80.0	20.0
8.01	5.0	95.0
11.00	5.0	95.0

7.3.2 质谱参考条件

a) 离子源:电喷雾离子源;

b) 扫描方式:正离子扫描;

c) 检测方式:多反应监测;

d) 电喷雾电压:5 500 V;

e) 雾化气压力:0.083 MPa;

f) 气帘气压力:0.069 MPa;

g) 辅助气流速:6 L/min;

h) 离子源温度:500 ℃;

i) 定性离子对、定量离子对、碰撞气能量和去簇电压见表2。

表2 定性离子对、定量离子对、碰撞气能量和去簇电压

化合物中文名称	化合物英文名称	定性离子对 (m/z)	定量离子对 (m/z)	碰撞气能量/V	去簇电压/V
克伦特罗	clenbuterol	277/203 277/259	277/203	20 14	20

7.4 液相色谱-串联质谱测定

7.4.1 定性测定

被测组分选择1个母离子,2个以上子离子,在相同的试验条件下,样品中待测物质的保留时间与标准溶液中对应的保留时间偏差在±2.5%之内;且样品中各组分定性离子的相对丰度与浓度接近的标准溶液中对应的定性离子的相对丰度进行比较,若偏差不超过表3规定的范围,则可判定样品中存在对应的待测物。

表3 定性确证时相对离子丰度的最大允许偏差 以%表示

相对离子丰度 K	$K>50$	$20<K<50$	$10<K<20$	$K\leqslant10$
允许最大偏差	±20	±25	±30	±50

7.4.2 定量测定

在仪器的最佳工作条件下，用基质标准工作溶液(4.19)分别进样，以各标准溶液中被测组分峰面积与内标物峰面积的比值为纵坐标，以各标准溶液被测组分浓度与内标物浓度的比值为横坐标，绘制标准工作曲线。用标准工作曲线对样品进行定量，样品溶液中克伦特罗的响应值均应在仪器测定的线性范围内。在上述色谱条件和质谱条件下，克伦特罗的参考保留时间为2.46 min。克伦特罗的标准物质多反应监测(MRM)色谱图参见附录A中的图A.1。

本方法中克伦特罗添加浓度及其平均回收率的试验数据参见附录B中的表B.1。

7.5 平行试验

按以上步骤，对同一试样进行平行试验测定。

7.6 空白试验

除不称取样品外，均按上述步骤进行。

8 结果计算

蜂蜜中克伦特罗残留量的测定结果按式(1)计算。

$$X = c_s \times \frac{A}{A_s} \times \frac{c_i}{c_{si}} \times \frac{A_{si}}{A_i} \times \frac{V}{m} \times \frac{1\,000}{1\,000} \quad \cdots\cdots(1)$$

式中：

X——试样中被测物残留量，单位为微克每千克(μg/kg)；

c_s——基质标准工作溶液中被测物的浓度，单位为纳克每毫升(ng/mL)；

A——试样溶液中被测物的色谱峰面积；

A_s——基质标准工作溶液中被测物的色谱峰面积；

c_i——试样溶液中内标物的浓度，单位为纳克每毫升(ng/mL)；

c_{si}——基质标准工作溶液中内标物的浓度，单位为纳克每毫升(ng/mL)；

A_{si}——基质标准工作溶液中内标物的色谱峰面积；

A_i——试样溶液中内标物的色谱峰面积；

V——样液最终定容体积，单位为毫升(mL)；

m——试样溶液所代表试样的质量，单位为克(g)。

计算结果应扣除空白值。

9 精密度

9.1 一般规定

本标准的精密度数据是按照GB/T 6379.1和GB/T 6379.2的规定确定的，其重复性和再现性的值是以95%的可信度来计算。

9.2 重复性

在重复性试验条件下，获得的两次独立测试结果的绝对差值不超过重复性限r，蜂蜜中克伦特罗添加浓度范围及重复性方程见表4。

表4 添加浓度范围及重复性和再现性方程 单位为微克每千克

化合物名称	添加浓度范围	重复性限 r	再现性限 R
克伦特罗	1.0～50.0	$\lg r = 0.780\,1 \lg m - 1.047\,8$	$\lg R = 0.665\,5 \lg m - 0.753\,5$
注：m 为两次测定值的算术平均值。			

如果差值超过重复性限r，应舍弃试验结果并重新完成两次单个试验的测定。

9.3 再现性

在再现性试验条件下，获得的两次独立测试结果的绝对差值不超过再现性限R，蜂蜜中克伦特罗的添加浓度范围及再现性方程见表4。

附 录 A
（资料性附录）
标准物质多反应监测(MRM)色谱图

克伦特罗标准物质多反应监测(MRM)色谱图见图 A.1。

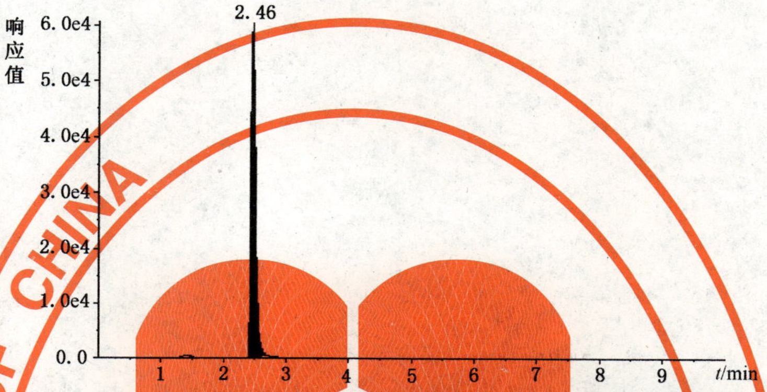

图 A.1 克伦特罗标准物质多反应监测(MRM)色谱图

附 录 B
（资料性附录）
回 收 率

本方法中克伦特罗添加浓度及其平均回收率的试验数据见表 B.1。

表 B.1 克伦特罗添加浓度及其平均回收率的试验数据

化合物名称	添加浓度/(μg/kg)	平均回收率/%
克伦特罗	1.0	90.6
	5.0	97.1
	10.0	96.7
	50.0	102.6

ICS 67.050
X 04

中华人民共和国国家标准

GB/T 22945—2008

蜂王浆中链霉素、双氢链霉素和卡那霉素残留量的测定 液相色谱-串联质谱法

Determination of streptomycin, dihydrostreptomycin and kanamycin residues in royal jelly—LC-MS-MS method

2008-12-31 发布 2009-05-01 实施

中华人民共和国国家质量监督检验检疫总局
中国国家标准化管理委员会 发布

前　言

本标准的附录A、附录B为资料性附录。

本标准由国家质量监督检验检疫总局提出并归口。

本标准起草单位：中华人民共和国秦皇岛出入境检验检疫局。

本标准主要起草人：刘晓茂、张守军、张进杰、曹彦忠、曹亚平、孙海侠、庞国芳。

蜂王浆中链霉素、双氢链霉素和卡那霉素残留量的测定　液相色谱-串联质谱法

1　范围

本标准规定了蜂王浆中链霉素、双氢链霉素和卡那霉素残留量液相色谱-串联质谱测定方法。

本标准适用于蜂王浆中链霉素、双氢链霉素和卡那霉素残留量的测定。

本标准的方法检出限：链霉素、双氢链霉素和卡那霉素的检出限均为 10.0 μg/kg。

2　规范性引用文件

下列文件中的条款通过本标准的引用而成为本标准的条款。凡是注日期的引用文件，其随后所有的修改单(不包括勘误的内容)或修订版均不适用于本标准，然而，鼓励根据本标准达成协议的各方研究是否可使用这些文件的最新版本。凡是不注日期的引用文件，其最新版本适用于本标准。

GB/T 6379.1　测量方法与结果的准确度(正确度与精密度)　第 1 部分：总则与定义(GB/T 6379.1—2004，ISO 5725-1：1994，IDT)

GB/T 6379.2　测量方法与结果的准确度(正确度与精密度)　第 2 部分：确定标准测量方法重复性与再现性的基本方法(GB/T 6379.2—2004，ISO 5725-2：1994，IDT)

GB/T 6682　分析实验室用水规格和试验方法(GB/T 6682—2008，ISO 3696：1987，MOD)

3　原理

蜂王浆试样中的抗生素用磷酸溶液提取，三氯乙酸沉淀蛋白，用苯磺酸型和羧酸型固相萃取柱净化。液相色谱-串联质谱仪(ESI+)检测，外标法定量。

4　试剂和材料

除另有说明外，所用试剂均为优级纯。

4.1　水：GB/T 6682，一级。

4.2　甲醇：色谱纯。

4.3　乙腈：色谱纯。

4.4　甲酸。

4.5　浓磷酸。

4.6　磷酸氢二钾(K_2HPO_4)。

4.7　三氯乙酸($C_2HCl_3O_2$)。

4.8　庚烷磺酸钠($C_7H_{15}NaO_3S \cdot H_2O$)。

4.9　5%磷酸溶液(1+19)：取 50 mL 浓磷酸(4.5)，用水定容至 1 L。

4.10　0.2 mol/L 磷酸盐缓冲溶液：pH=8.5。称取 34.8 g 磷酸氢二钾(4.6)用水溶解，定容至 1 L，用氢氧化钠溶液调节 pH=8.5。

4.11　三氯乙酸溶液：50%(质量分数)。取 20 g 三氯乙酸(4.7)，用水定容至 20 mL。

4.12　0.01 mol/L 庚烷磺酸钠溶液：称取 2.20 g 庚烷磺酸钠(4.8)，用水溶解，定容至 1 L。

4.13　SPE 洗脱溶液：取 4 mL 甲酸(4.4)，用 0.01 mol/L 庚烷磺酸钠溶液(4.12)定容至 100 mL。

4.14　25%甲醇溶液(1+3)：取 25 mL 甲醇(4.2)，用水定容至 100 mL。

4.15 标准物质：链霉素（CAS：3810-74-0）、双氢链霉素（CAS：128-46-1）和卡那霉素（CAS：25389-94-0），纯度均≥98%。

4.16 1.0 mg/mL 标准储备溶液：称取适量的链霉素、双氢链霉素和卡那霉素标准物质（4.15），分别用0.3%乙酸水溶液溶解并配制成 1.0 mg/mL 的标准储备溶液。避光保存于−18 ℃冰柜中。

4.17 0.1 μg/mL 混合标准溶液：吸取适量链霉素、双氢链霉素和卡那霉素标准储备溶液（4.16），用0.3%乙酸水稀释成 0.1 μg/mL 的混合标准溶液，避光保存于−18 ℃冰柜中。

4.18 苯磺酸型固相萃取柱（500 mg，3 mL）或相当者。使用前依次用 5 mL 甲醇和 10 mL 水预处理，保持柱体湿润。

4.19 羧酸型固相萃取柱（500 mg，3 mL）或相当者。使用前依次用 5 mL 甲醇和 10 mL 水预处理，保持柱体湿润。

4.20 滤膜：0.2 μm。

5 仪器

5.1 液相色谱-串联四极杆质谱仪，配有电喷雾离子源。

5.2 分析天平：感量 0.1 mg 和 0.01 g。

5.3 液体混匀器。

5.4 固相萃取装置。

5.5 均质器。

5.6 真空泵：真空度应达到 80 kPa。

5.7 微量注射器：25 μL，100 μL。

5.8 pH 计：测量精度±0.02 pH 单位。

5.9 具塞离心管：100 mL。

5.10 刻度离心管：5 mL。

5.11 贮液器：50 mL。

5.12 离心机：转速 4 000 r/min 以上。

6 试样的制备与保存

6.1 试样的制备

实验室样品混合均匀，分出 0.5 kg 作为试样。

6.2 试样保存

试样置于−18 ℃冰柜，避光保存。

7 测定步骤

7.1 待测样品溶液的制备

7.1.1 样品提取和初净化

称取蜂王浆样品 10 g（精确到 0.01 g），置于 100 mL 离心管中，加入 30 mL 5%磷酸溶液（4.9），均质 3 min 并用 5%磷酸溶液清洗均质器刀头，合并洗涤液，加入 3 mL 三氯乙酸溶液（4.11）涡旋混合后在 4 000 r/min 下离心 10 min。上清液全部倒入下接苯磺酸型固相萃取柱（4.18）的贮液器中，在固相萃取装置上使样液以小于 2 mL/min 的流速通过萃取柱，待样液全部通过固相萃取柱后，依次用 5 mL 5%磷酸溶液（4.9）和 10 mL 水洗涤苯磺酸型固相萃取柱（4.18），弃去全部流出液。用 20 mL 磷酸盐缓冲溶液（4.10）洗脱至 50 mL 离心管中。

7.1.2 样品溶液再净化

上述洗脱液倒入下接羧酸型固相萃取柱（4.19）的贮液器中，在固相萃取装置上使样液以小于

2 mL/min 的流速通过萃取柱，待样液全部通过固相萃取柱后，依次用 10 mL 水和 10 mL 甲醇溶液(4.14)洗涤羧酸型固相萃取柱(4.19)，弃去全部流出液。减压抽干羧酸型固相萃取柱(4.19)30 min。用 2 mL SPE 洗脱液(4.13)洗脱至 5 mL 刻度离心管中，用 SPE 洗脱液(4.13)定容至 2.0 mL，混匀后过 0.2 μm 滤膜(4.20)，供液相色谱-串联质谱测定。

7.2 基质混合标准校准溶液的制备

称取五个阴性蜂王浆样品 10 g(精确到 0.01 g)，分别置于 100 mL 具塞离心管中，加入适量混合标准溶液(4.17)，制成链霉素、双氢链霉素和卡那霉素含量均为 5.0 μg/kg 、10.0 μg/kg、20.0 μg/kg、100.0 μg/kg 和 200.0 μg/kg 的基质标准溶液。其余按 7.1 步骤操作完成。

7.3 测定条件

7.3.1 液相色谱参考条件

a) 色谱柱：Atlantis C_{18}，3.5 μm，150 mm×2.1 mm(内径)或相当者；

b) 柱温：40 ℃；

c) 进样量：30 μL；

d) 流动相：流动相 A 为 0.1%甲酸水溶液，流动相 B 为 0.1%甲酸乙腈溶液，流动相 C 为甲醇。梯度洗脱参考条件见表 1。

表 1 液相色谱梯度洗脱参考条件

时间/min	流速/(μL /min)	流动相 A/%	流动相 B/%	流动相 C/%
0	200	85	10	5
3.01	200	60	35	5
6.00	200	60	35	5
6.01	200	85	10	5
16.00	200	85	10	5

7.3.2 质谱参考条件

a) 离子源：电喷雾离子源(ESI)；

b) 扫描方式：正离子扫描；

c) 检测方式：多反应监测(MRM)；

d) 电喷雾电压(IS)：5 000 V；

e) 辅助气(AUX)流速：7 L/min；

f) 辅助气温度(TEM)：550 ℃；

g) 聚焦电压(FP)：150 V；

h) 链霉素、双氢链霉素和卡那霉素的质谱参数见表 2。

表 2 链霉素、双氢链霉素和卡那霉素的质谱参数

化合物名称	定性离子对(m/z)	定量离子对(m/z)	去簇电压(DP)/V	采集时间/ms	碰撞气能量(CE)/V
链霉素(streptomycin)	582/263 582/246	582/263	110	100	45 55
双氢链霉素(dihydrostreptomycin)	584/263 584/246	584/263	100	100	43 55
卡那霉素(kanamycin)	485/163 485/324	485/163	50	100	34 23

7.4 液相色谱-串联质谱测定

7.4.1 定性确证

每种被测组分选择 1 个母离子，2 个以上子离子，在相同试验条件下，样品中待测物质的保留时间与混合基质标准校准溶液中对应组分的保留时间偏差在±2.5%之内；且样品谱图中各组分的相对离子丰度与浓度接近的混合基质标准校准溶液谱图中对应的相对离子丰度进行比较，偏差不超过表 3 规定的范围，则可判定样品中存在对应的待测物。

表 3 定性确证时相对离子丰度的最大允许偏差

以%表示

相对离子丰度 K	$K>50$	$20<K<50$	$10<K<20$	$K\leqslant 10$
允许最大偏差	±20	±25	±30	±50

7.4.2 定量测定

外标法定量：在仪器最佳工作条件下，对链霉素、双氢链霉素和卡那霉素的混合基质标准校准溶液进样测定，以混合基质标准校准溶液浓度为横坐标，以峰面积为纵坐标，绘制标准工作曲线，用标准工作曲线对待测样品进行定量，样品溶液中待测物的响应值均应在仪器测定的线性范围内。

链霉素、双氢链霉素和卡那霉素的多反应监测(MRM)色谱图参见附录 A 中的图 A.1。链霉素、双氢链霉素和卡那霉素的添加浓度及其平均回收率的试验数据参见附录 B 中的表 B.1。

7.5 平行试验

按以上步骤，对同一试样进行平行试验测定。

7.6 空白试验

不称取样品，其余均按试样步骤进行。

7.7 回收率试验

阴性样品中添加标准溶液，按 7.1 和 7.2 操作，测定后计算样品添加的回收率。

8 结果计算

链霉素、双氢链霉素和卡那霉素的残留量按式(1)计算。

$$X = c \times \frac{V}{m} \times \frac{1\,000}{1\,000} \qquad \cdots\cdots (1)$$

式中：

X——试样中被测组分残留量，单位为微克每千克(μg/kg)；

c——从标准工作曲线得到的被测组分溶液浓度，单位为纳克每毫升(ng/mL)；

V——样品溶液最终定容体积，单位为毫升(mL)；

m——样品溶液所代表最终试样的质量，单位为克(g)。

计算结果应扣除空白值。

9 精密度

9.1 一般规定

本标准的精密度数据是按 GB/T 6379.1 和 GB/T 6379.2 规定确定的，重复性和再现性的值以 95%的可信度来计算。

9.2 重复性

在重复性试验条件下，获得的两次独立测试结果的绝对差值不超过重复性限 r。链霉素、双氢链霉素和卡那霉素的添加浓度范围及重复性方程见表 4。

表 4　添加浓度范围及重复性和再现性方程　　单位为微克每千克

化合物名称	添加浓度范围	重复性限 r	再现性限 R
链霉素	5.0～200.0	$\lg r=1.124\,4\lg m-1.031\,6$	$\lg R=1.140\,1\lg m-1.021\,3$
双氢链霉素	5.0～200.0	$\lg r=1.179\,7\lg m-1.016\,2$	$\lg R=1.023\,2\lg m-0.983\,8$
卡那霉素	5.0～200.0	$\lg r=0.981\,0\lg m-1.002\,9$	$\lg R=0.995\,3\lg m-0.984\,4$
注：m 为两次测定结果的算术平均值。			

如果差值超过重复性限 r，应舍弃试验结果并重新完成两次单个试验的测定。

9.3　再现性

在再现性试验条件下，获得的两次独立测试结果的绝对差值不超过再现性限 R。链霉素、双氢链霉素和卡那霉素的添加浓度范围及再现性方程见表 4。

附 录 A
（资料性附录）
多反应监测（MRM）色谱图

链霉素、双氢链霉素和卡那霉素的多反应监测（MRM）色谱图见图 A.1。

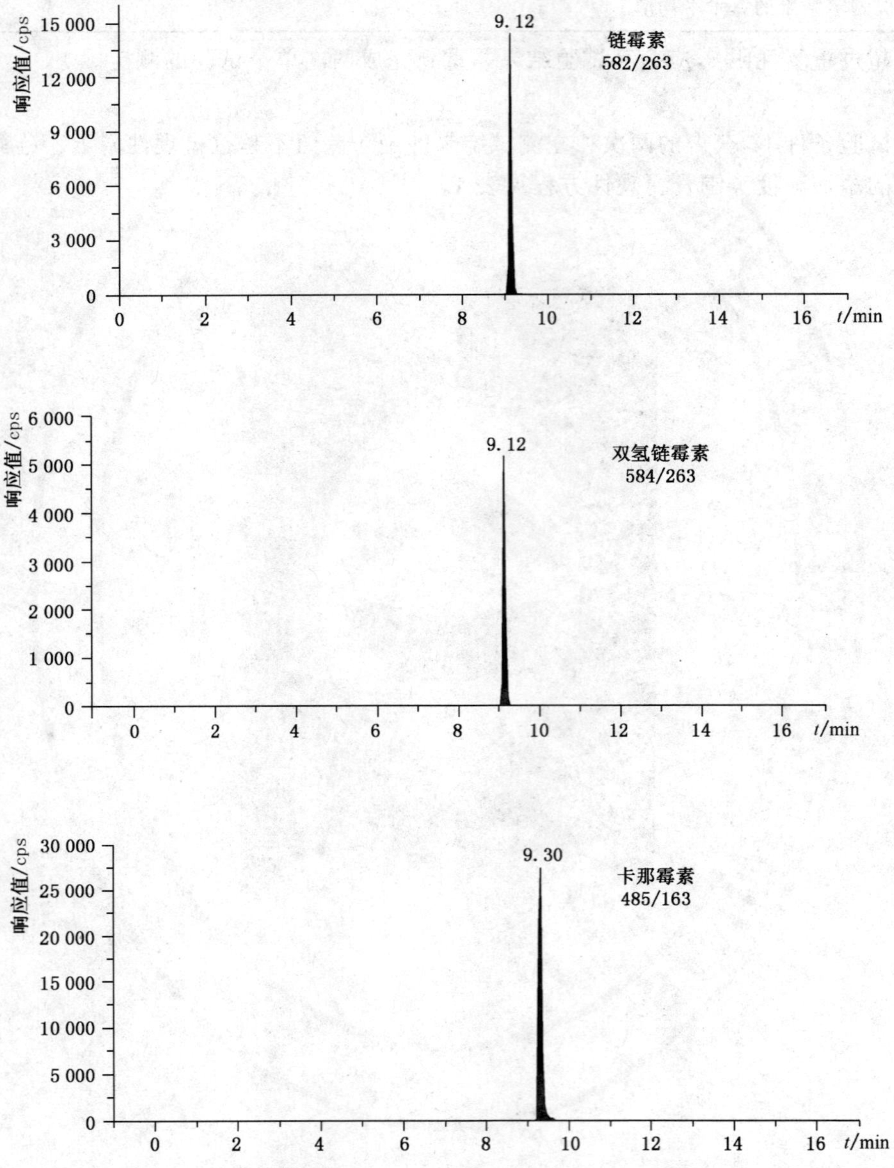

图 A.1 链霉素、双氢链霉素和卡那霉素的多反应监测（MRM）色谱图

附 录 B
（资料性附录）
回 收 率

链霉素、双氢链霉素和卡那霉素的添加浓度及其平均回收率的试验数据见表B.1。

表B.1 链霉素、双氢链霉素和卡那霉素的添加浓度及其平均添加回收率

添加浓度/(μg/kg)	蜂蜜样品中链霉素、双氢链霉素和卡那霉素的平均回收率/%		
	链霉素	双氢链霉素	卡那霉素
5.0	94.40	96.66	95.80
10.0	92.74	94.74	93.55
20.0	94.81	94.49	94.73
50.0	93.40	94.47	95.44

ICS 67.050
X 04

中华人民共和国国家标准

GB/T 22946—2008

蜂王浆和蜂王浆冻干粉中林可霉素、红霉素、替米考星、泰乐菌素、螺旋霉素、克林霉素、吉他霉素、交沙霉素残留量的测定　液相色谱-串联质谱法

Determination of lincomycin, erythromycin, tilmicosin, tylosin, spiramycin, clindamycin, kitasamycin and josamycin residues in royal jelly and lyophilized royal jelly powder—LC-MS-MS method

2008-12-31 发布　　　　2009-05-01 实施

中华人民共和国国家质量监督检验检疫总局
中国国家标准化管理委员会　发布

前　言

本标准的附录A、附录B为资料性附录。

本标准由国家质量监督检验检疫总局提出并归口。

本标准起草单位：中华人民共和国秦皇岛出入境检验检疫局。

本标准主要起草人：王飞、王海洋、曹彦忠、贾光群、张进杰、石玉秋、庞国芳。

蜂王浆和蜂王浆冻干粉中林可霉素、红霉素、替米考星、泰乐菌素、螺旋霉素、克林霉素、吉他霉素、交沙霉素残留量的测定　液相色谱-串联质谱法

1　范围

本标准规定了蜂王浆和蜂王浆冻干粉中林可霉素、红霉素、替米考星、泰乐菌素、螺旋霉素、克林霉素、吉他霉素和交沙霉素残留量的液相色谱-串联质谱测定方法。

本标准适用于蜂王浆和蜂王浆冻干粉中林可霉素、红霉素、替米考星、泰乐菌素、螺旋霉素、克林霉素、吉他霉素和交沙霉素残留量的测定。

本标准的方法检出限：蜂王浆中的林可霉素、红霉素、替米考星、泰乐菌素、螺旋霉素、克林霉素、吉他霉素、交沙霉素均为 2.0 μg/kg；蜂王浆冻干粉中的林可霉素、红霉素、泰乐菌素、克林霉素、交沙霉素均为 2.0 μg/kg，替米考星、螺旋霉素、吉他霉素均为 5.0 μg/kg。

2　规范性引用文件

下列文件中的条款通过本标准的引用而成为本标准的条款。凡是注日期的引用文件，其随后所有的修改单(不包括勘误的内容)或修订版均不适用于本标准，然而，鼓励根据本标准达成协议的各方研究是否可使用这些文件的最新版本。凡是不注日期的引用文件，其最新版本适用于本标准。

GB/T 6379.1　测量方法与结果的准确度(正确度与精密度)　第 1 部分：总则与定义(GB/T 6379.1—2004，ISO 5725-1:1994，IDT)

GB/T 6379.2　测量方法与结果的准确度(正确度与精密度)　第 2 部分：确定标准测量方法重复性与再现性的基本方法(GB/T 6379.2—2004，ISO 5725-2:1994，IDT)

GB/T 6682　分析实验室用水规格和试验方法(GB/T 6682—2008，ISO 3696:1987，MOD)

3　原理

蜂王浆和蜂王浆冻干粉中林可霉素、红霉素、替米考星、泰乐菌素、螺旋霉素、克林霉素、吉他霉素和交沙霉素的残留用 Tris 提取液提取，提取液经 Oasis HLB 固相萃取柱[1]净化，甲醇洗脱，洗脱液浓缩定容后，供液相色谱-串联质谱法测定。外标法定量。

4　试剂和材料

除另有说明外，所用试剂均为分析纯。

4.1　水：GB/T 6682，一级。

4.2　甲醇：色谱纯。

4.3　乙酸铵。

4.4　乙腈：色谱纯。

4.5　盐酸。

1)　Oasis HLB 固相萃取柱是 Waters 公司产品的商品名称，给出这一信息是为了方便本标准的使用者，并不是表示对该产品的认可。如果其他等效产品具有相同的效果，则可使用这些等效产品。

4.6 三羟甲基氨基甲烷(Tris):$C_4H_{11}NO_3$。

4.7 氯化钙($CaCl_2 \cdot 2H_2O$)。

4.8 甲醇溶液(2+3):量取400 mL甲醇(4.2)与600 mL水混合。

4.9 0.01 mol/L乙酸铵溶液:0.77 g乙酸铵(4.3)溶解于水中,定容于1 000 mL容量瓶中。

4.10 定容液:0.01 mol/L乙酸铵溶液(4.9)+乙腈(4.4)(17+3)。

4.11 Tris提取液:称取12.0 g三羟甲基氨基甲烷(4.6)和7.35 g氯化钙(4.7)溶解于水中,用盐酸(4.5)调节pH值为9,定容至1 000 mL。

4.12 标准物质:林可霉素(CAS:7179-49-9)、红霉素(CAS:59319-72-1)、替米考星(CAS:108050-54-0)、泰乐菌素(CAS:74610-55-2)、螺旋霉素(CAS:8025-81-8)、克林霉素(CAS:21462-39-5)、吉他霉素(CAS:1392-21-8)和交沙霉素(CAS:16846-24-5)纯度≥95%。

4.13 标准储备溶液Ⅰ:1.0 mg/mL。分别准确称取每种标准物质(4.12)适量,分别放入相对应的10 mL容量瓶中,用甲醇溶解并定容至刻度,混匀。4 ℃保存。

4.14 标准储备溶液Ⅱ:10.0 μg/mL。分别吸取0.1 mL各标准储备溶液(4.13),分别放入相对应的10 mL容量瓶中,用甲醇定容至刻度。4 ℃保存。

4.15 标准工作溶液:2.0 μg/mL。分别吸取2.0 mL标准储备溶液(4.14),分别放入相对应的10 mL容量瓶中,用甲醇定容至刻度。

4.16 Oasis HLB固相萃取柱或相当者:500 mg,6 mL。使用前,依次用10 mL甲醇和10 mL水活化,在抽真空前的各步骤中,都保持柱体湿润。

4.17 滤膜:0.2 μm。

5 仪器

5.1 液相色谱-串联质谱仪:配有电喷雾离子源。

5.2 天平:感量0.01 g,0.000 1 g。

5.3 固相萃取装置。

5.4 氮气浓缩仪。

5.5 具塞聚丙烯离心管:50 mL。

5.6 离心机。

5.7 超声波清洗仪。

5.8 pH计。

5.9 振荡器。

6 试样制备与保存

6.1 试样的制备

从全部样品中取出有代表性样品约200 g,充分混匀,均分成两份,分别装入洁净容器内。密封后作为试样,标明标记。在抽样和制样的操作过程中,应防止样品受到污染或发生残留物含量的变化。

6.2 试样的保存

将蜂王浆试样于−18 ℃保存。蜂王浆冻干粉试样密封保存,防止吸潮。

7 测定步骤

7.1 提取

称取2 g蜂王浆试样(蜂王浆冻干粉取1 g),精确至0.01 g,置于50 mL离心管(5.5)中,加入10.0 mLTris提取液(4.11),于振荡器上剧烈振荡10 min。以18 000 *g*离心力离心10 min,取上清液以小于1.0 mL/min的流速通过Oasis HLB固相萃取柱(4.16)。再加入10.0 mL Tris提取液(4.11),

于振荡器上剧烈振荡 10 min。以 18 000 *g* 离心力离心 10 min，取上清液以小于 1.0 mL/min 的流速通过 Oasis HLB 固相萃取柱。

7.2 净化

待样液全部流出后，依次用 10 mL 水和 10 mL 甲醇溶液(4.8)洗柱，弃去全部流出液，将固相萃取柱用真空泵减压抽干 1 h。再用 10 mL 甲醇(4.2)洗脱于 15 mL 氮吹管中，用氮气浓缩仪于 50 ℃水浴中吹至近干，准确加入 1.0 mL 定容液(4.10)后，于超声波清洗仪中溶解残渣。过 0.2 μm 滤膜(4.17)后，供液相色谱-串联质谱仪测定。

7.3 基质标准混合工作溶液的制备

7.3.1 蜂王浆用基质标准混合工作溶液的制备：分别吸取 1.0 μL、2.0 μL、5.0 μL、25 μL 的林可霉素、红霉素、替米考星、泰乐菌素、克林霉素、螺旋霉素、吉他霉素和交沙霉素标准工作溶液(4.15)，依次加入相对应的阴性样品中，按 7.1、7.2 步骤制备林可霉素、红霉素、替米考星、泰乐菌素、克林霉素、螺旋霉素、吉他霉素和交沙霉素分别为 2.0 ng/mL 、5.0 ng/mL、10.0 ng/mL、50.0 ng/mL 四个浓度水平的系列基质标准混合工作溶液。

7.3.2 蜂王浆冻干粉用基质标准混合工作溶液的制备：分别吸取 1.0 μL、2.0 μL、5.0 μL、25μL 林可霉素、红霉素、克林霉素、泰乐菌素、交沙霉素标准工作溶液(4.15)和 2.5 μL、5.0 μL、10.0 μL、25μL 的替米考星、螺旋霉素、吉他霉素标准工作溶液(4.15)，依次加入相对应的阴性样品中，按 7.1、7.2 步骤制备林可霉素、红霉素、克林霉素、泰乐菌素、交沙霉素分别为 2.0 ng/mL、4.0 ng/mL、10.0 ng/mL、50.0 ng/mL和替米考星、螺旋霉素、吉他霉素分别为 5.0 ng/mL、10.0 ng/mL、20.0 ng/mL 50.0 ng/mL 四个浓度水平的系列基质标准混合工作溶液。

7.4 测定条件

7.4.1 液相色谱参考条件

a) 色谱柱：Atlantis C_{18}，3 μm，150 mm×2.1 mm(内径)或相当者；

b) 流动相：A：乙腈，B：0.1%甲酸水溶液，C：甲醇。梯度洗脱条件见表 1；

c) 流速：0.2 mL/min；

d) 柱温：30 ℃；

e) 进样量：20 μL。

表 1 梯度洗脱条件

时间/min	A/%	B/%	C/%
0.00	90.0	5.0	5.0
5.00	5.0	90.0	5.0
9.00	5.0	90.0	5.0
9.10	90.0	5.0	5.0
17.0	90.0	5.0	5.0

7.4.2 质谱参考条件

a) 离子源：电喷雾离子源；

b) 扫描方式：正离子扫描；

c) 检测方式：多反应监测；

d) 电喷雾电压：5 500 V；

e) 雾化气压力：0.24 MPa；

f) 辅助气流速：0.4 L/min；

g) 离子源温度：550 ℃；

h) 碰撞室出口电压：2.0 V；

i) 定性离子对、定量离子对、碰撞气能量和去簇电压:见表2。

表2 林可霉素、红霉素、替米考星、泰乐菌素、克林霉素、螺旋霉素、吉他霉素和交沙霉素定性离子对、定量离子对、碰撞气能量和去簇电压

化合物中文名称	化合物英文名称	定性离子对(m/z)	定量离子对(m/z)	碰撞气能量/V	去簇电压/V
林可霉素	lincomycin	407/126 407/359	407/126	37 24	50 50
红霉素	erythromycin	734/158 734/576	734/158	42 28	50 50
替米考星	tilmicosin	869/174 869/132	869/174	62 70	90 90
泰乐菌素	tylosin	916/174 916/145	916/174	54 55	80 80
克林霉素	clindamycin	425/126 425/377	425/126	45 28	53 53
螺旋霉素	spiramycin	843/142 843/174	843/142	48 50	60 60
吉他霉素	kitasamycin	772/215 772/109	772/215	43 42	70 70
交沙霉素	josamycin	828/174 828/109	828/174	45 45	80 80

7.5 液相色谱-串联质谱测定

7.5.1 定性测定

被测组分选择1个母离子,2个以上子离子,在相同的试验条件下,样品中待测物质的保留时间与标准溶液中对应的保留时间偏差在±2.5%之内;且样品中各定性离子相对丰度与浓度接近的基质标准工作溶液中被测物的各定性离子相对丰度进行比较,若偏差不超过表3规定的范围,则可判定为样品中存在对应的待测物。

表3 定性确证时相对离子丰度的最大允许偏差

以%表示

相对离子丰度 K	$K>50$	$20<K<50$	$10<K<20$	$K\leqslant10$
允许最大偏差	±20	±25	±30	±50

7.5.2 定量测定

在仪器最佳工作条件下,以基质标准工作溶液浓度为横坐标,以峰面积为纵坐标,绘制标准工作曲线。用基质标准工作溶液的工作曲线对样品进行定量,应使样品溶液中林可霉素、红霉素、替米考星、泰乐菌素、克林霉素、螺旋霉素、吉他霉素和交沙霉素的响应值在仪器测定的线性范围内。

在上述色谱条件和质谱条件下,林可霉素、红霉素、替米考星、泰乐菌素、克林霉素、螺旋霉素、吉他霉素和交沙霉素的参考保留时间见表4。

表 4 林可霉素、红霉素、替米考星、泰乐菌素、克林霉素、螺旋霉素、吉他霉素和交沙霉素参考保留时间

化合物名称	保留时间/min
林可霉素	6.96
红霉素	8.06
替米考星	8.36
泰乐菌素	8.48
克林霉素	8.51
螺旋霉素	8.67
吉他霉素	8.83
交沙霉素	9.14

林可霉素、红霉素、替米考星、泰乐菌素、克林霉素、螺旋霉素、吉他霉素和交沙霉素的标准物质多反应监测(MRM)色谱图参见附录 A 中的图 A.1、图 A.2、图 A.3、图 A.4、图 A.5、图 A.6、图 A.7、图 A.8。

林可霉素、红霉素、替米考星、泰乐菌素、克林霉素、螺旋霉素、吉他霉素和交沙霉素添加浓度及其平均回收率的试验数据参见附录 B 中的表 B.1。

7.6 平行试验

按上述步骤，对同一试样进行平行试验测定。

7.7 空白试验

不称取样品，其余均按步骤 7.1 和 7.2 进行。

8 结果计算

林可霉素、红霉素、替米考星、泰乐菌素、克林霉素、螺旋霉素、吉他霉素和交沙霉素的残留量按式(1)计算：

$$X = c \times \frac{V}{m} \times \frac{1\,000}{1\,000} \qquad \cdots\cdots (1)$$

式中：

X——试样中被测组分残留量，单位为毫克每千克(mg/kg)；

c——从标准工作曲线得到的被测组分溶液浓度，单位为微克每毫升(μg/mL)；

V——试样溶液定容体积，单位为毫升(mL)；

m——试样溶液所代表试样的质量，单位为克(g)。

计算结果应扣除空白值。

9 精密度

9.1 一般规定

本标准的精密度数据是按照 GB/T 6379.1 和 GB/T 6379.2 的规定确定的，其重复性和再现性的值是以 95% 的可信度来计算。

9.2 重复性

在重复性试验条件下，获得的两次独立测试结果的绝对差值不超过重复性限 r，林可霉素、红霉素、替米考星、泰乐菌素、克林霉素、螺旋霉素、吉他霉素和交沙霉素添加浓度范围及重复性方程见表 5。

表 5 林可霉素、红霉素、替米考星、泰乐菌素、克林霉素、螺旋霉素、吉他霉素和交沙霉素添加浓度范围及重复性和再现性方程

单位为微克每千克

化合物名称	添加浓度范围	重复性限 r	再现性 R
林可霉素	2.0～50.0	$\lg r=0.9392\lg m-1.0304$	$\lg R=0.8741\lg m-0.5182$
红霉素	2.0～50.0	$\lg r=0.7974\lg m-0.9811$	$\lg R=1.0506\lg m-0.5775$
替米考星	2.0～50.0	$\lg r=1.0318\lg m-0.9859$	$\lg R=0.9853\lg m-0.5561$
泰乐菌素	2.0～50.0	$\lg r=1.0569\lg m-0.9993$	$\lg R=0.8513\lg m-0.5616$
克林霉素	2.0～50.0	$\lg r=1.0798\lg m-1.1495$	$\lg R=0.8854\lg m-0.4146$
螺旋霉素	2.0～50.0	$\lg r=0.9125\lg m-0.9751$	$\lg R=1.0432\lg m-0.5917$
吉他霉素	2.0～50.0	$\lg r=1.1001\lg m-1.0250$	$\lg R=1.1453\lg m-0.7665$
交沙霉素	2.0～50.0	$\lg r=1.4389\lg m-1.4185$	$\lg R=1.1227\lg m-0.6965$
注：m 为两次测定值的算术平均值。			

如果差值超过重复性限 r，应舍弃试验结果并重新完成两次单个试验的测定。

9.3 再现性

在再现性试验条件下，获得的两次独立测试结果的绝对差值不超过再现性限 R，林可霉素、红霉素、替米考星、泰乐菌素、克林霉素、螺旋霉素、吉他霉素和交沙霉素的添加浓度范围及再现性方程见表 5。

附　录　A
（资料性附录）
标准物质多反应监测(MRM)色谱图

林可霉素、红霉素、替米考星、泰乐菌素、克林霉素、螺旋霉素、吉他霉素和交沙霉素的标准物质多反应监测(MRM)色谱图分别见图 A.1、图 A.2、图 A.3、图 A.4、图 A.5、图 A.6、图 A.7、图 A.8。

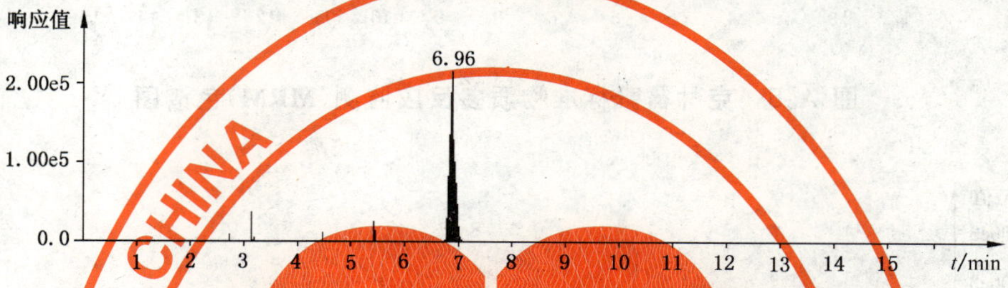

图 A.1　林可霉素标准物质多反应监测(MRM)色谱图

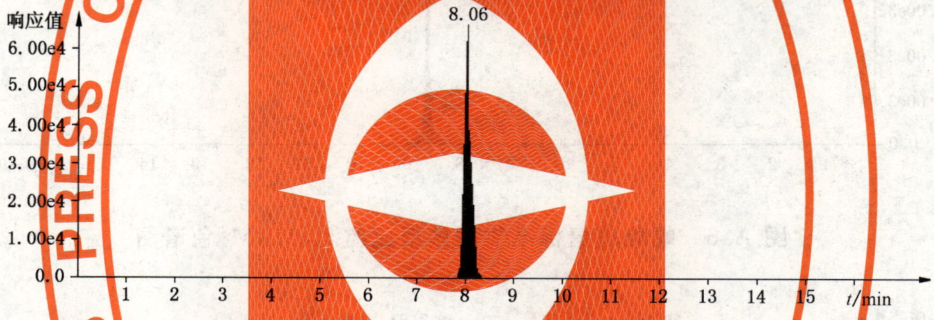

图 A.2　红霉素标准物质多反应监测(MRM)色谱图

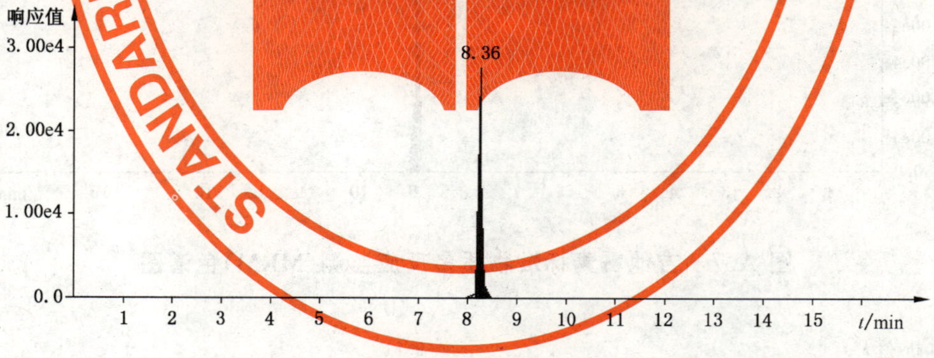

图 A.3　替米考星标准物质多反应监测(MRM)色谱图

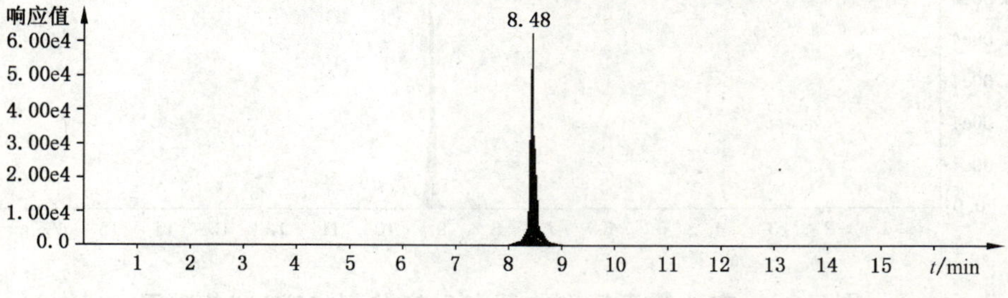

图 A.4　泰乐菌素标准物质多反应监测(MRM)色谱图

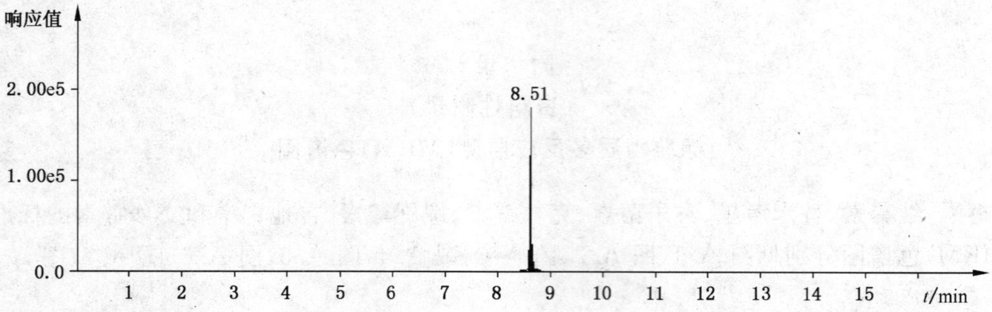

图 A.5 克林霉素标准物质多反应监测(MRM)色谱图

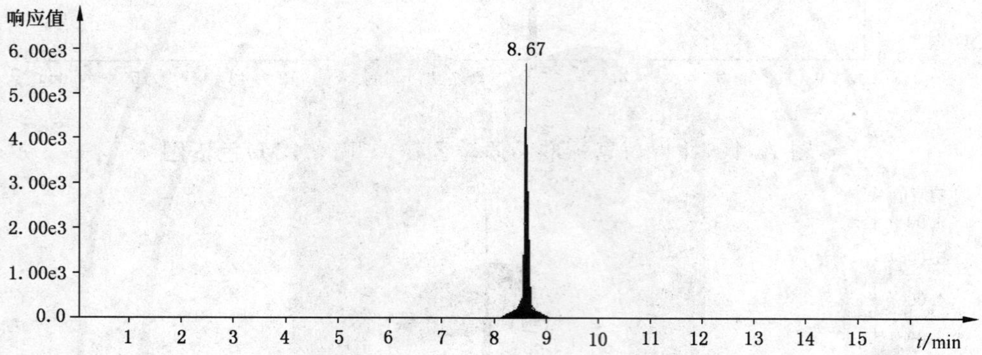

图 A.6 螺旋霉素标准物质多反应监测(MRM)色谱图

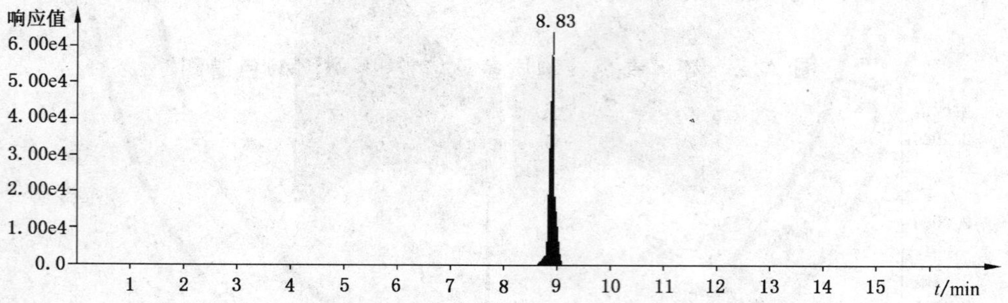

图 A.7 吉他霉素标准物质多反应监测(MRM)色谱图

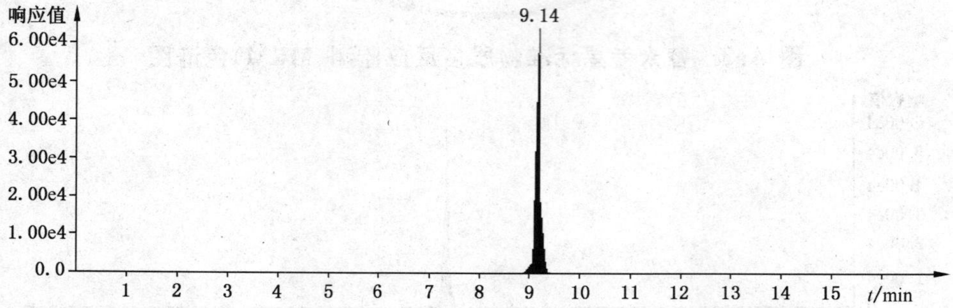

图 A.8 交沙霉素标准物质多反应监测(MRM)色谱图

附 录 B
（资料性附录）
回 收 率

本方法中，林可霉素、红霉素、替米考星、泰乐菌素、克林霉素、螺旋霉素、吉他霉素和交沙霉素添加浓度及其平均回收率的试验数据见表B.1。

表B.1 林可霉素、红霉素、替米考星、泰乐菌素、克林霉素、螺旋霉素、吉他霉素和交沙霉素添加浓度及其平均回收率的试验数据

化合物名称	添加浓度/(μg/kg)	平均回收率/%
林可霉素	2.0	94.9
	5.0	94.9
	10.0	101.9
	20.0	88.8
红霉素	2.0	97.1
	5.0	98.0
	10.0	96.6
	20.0	94.1
替米考星	2.0	94.2
	5.0	98.7
	10.0	92.7
	20.0	85.8
泰乐菌素	2.0	89.6
	5.0	86.8
	10.0	96.6
	20.0	91.9
克林霉素	2.0	98.4
	5.0	98.1
	10.0	93.7
	20.0	90.5
螺旋霉素	2.0	87.6
	5.0	93.1
	10.0	95.8
	20.0	92.2
吉他霉素	2.0	87.9
	5.0	80.0
	10.0	99.6
	20.0	86.4
交沙霉素	2.0	89.4
	5.0	91.8
	10.0	94.2
	20.0	94.2

ICS 67.050
X 04

中华人民共和国国家标准

GB/T 22947—2008

蜂王浆中十八种磺胺类药物残留量的测定 液相色谱-串联质谱法

Determination of 18 sulfonamides residues in royal jelly—LC-MS-MS method

2008-12-31 发布　　2009-05-01 实施

中华人民共和国国家质量监督检验检疫总局
中国国家标准化管理委员会　发布

前　言

本标准的附录 A、附录 B 为资料性附录。

本标准由国家质量监督检验检疫总局提出并归口。

本标准起草单位：中华人民共和国秦皇岛出入境检验检疫局。

本标准主要起草人：贾光群、曹彦忠、张进杰、王占英、石玉秋、姚智慧、庞国芳。

蜂王浆中十八种磺胺类药物残留量的测定 液相色谱-串联质谱法

1 范围

本标准规定了蜂王浆中十八种磺胺类药物(见表2)残留量液相色谱-串联质谱测定方法。

本标准适用于蜂王浆中十八种磺胺类药物残留量的测定。

本标准的方法检出限均为5.0 μg/kg。

2 规范性引用文件

下列文件中的条款通过本标准的引用而成为本标准的条款。凡是注日期的引用文件,其随后所有的修改单(不包括勘误的内容)或修订版均不适用于本标准,然而,鼓励根据本标准达成协议的各方研究是否可使用这些文件的最新版本。凡是不注日期的引用文件,其最新版本适用于本标准。

GB/T 6379.1 测量方法与结果的准确度(正确度与精密度) 第1部分:总则与定义(GB/T 6379.1—2004,ISO 5725-1:1994,IDT)

GB/T 6379.2 测量方法与结果的准确度(正确度与精密度) 第2部分:确定标准测量方法重复性与再现性的基本方法(GB/T 6379.2—2004,ISO 5725-2:1994,IDT)

GB/T 6682 分析实验室用水规格和试验方法(GB/T 6682—2008,ISO 3696:1987,MOD)

3 原理

蜂王浆中磺胺类药物残留用去离子水提取,三氯乙酸沉淀蛋白,离心后,上清液经Oasis MCX离子交换柱[1]或相当的固相萃取柱净化,用氨水-甲醇溶液(1+19)洗脱并蒸干,残渣用乙腈-0.01 mol/L乙酸铵溶液溶解,过0.2 μm滤膜后,样品溶液供液相色谱-串联质谱仪测定,内标法定量。

4 试剂和材料

4.1 水:GB/T 6682,一级。

4.2 甲醇:色谱纯。

4.3 乙腈:色谱纯。

4.4 乙酸铵:优级纯。

4.5 三氯乙酸:优级纯。

4.6 甲酸:优级纯。

4.7 氨水:分析纯。

4.8 0.01 mol/L乙酸铵溶液:称取0.77 g乙酸铵(4.4)溶于1 000 mL水中。

4.9 2%甲酸溶液:吸取2 mL甲酸(4.6),用水稀释至100 mL。

4.10 50%三氯乙酸溶液:称取20 g三氯乙酸(4.5)溶于20 mL水中。

4.11 氨水-甲醇溶液(1+19):吸取5 mL氨水(4.7)与95 mL甲醇(4.2)混合均匀。

4.12 乙腈-0.01 mol/L乙酸铵溶液(3+22):量取12 mL乙腈(4.3)与88 mL乙酸铵溶液(4.8)混合均匀。

---

1) Oasis MCX离子交换柱是Waters公司产品的商品名称,给出这一信息是为了方便本标准的使用者,并不是表示对该产品的认可。如果其他等效产品具有相同的效果,则可使用这些等效产品。

4.13　十八种磺胺类药物标准物质：磺胺嘧啶（CAS：68-35-9）、磺胺噻唑（CAS：72-14-0）、磺胺吡啶（CAS：144-83-2）、磺胺甲基嘧啶（CAS：127-79-7）、磺胺间甲氧嘧啶（CAS：1220-83-3）、磺胺甲噻二唑（CAS：144-82-1）、磺胺二甲嘧啶（CAS：57-68-1）、磺胺甲氧哒嗪（CAS：80-35-3）、磺胺对甲氧嘧啶（CAS：651-06-9）、磺胺氯哒嗪（CAS：80-32-0）、磺胺甲基异噁唑（CAS：723-46-6）、磺胺邻二甲氧嘧啶（CAS：2447-57-6）、磺胺二甲异噁唑（CAS：127-69-5）、磺胺苯酰（CAS：127-71-9）、磺胺氯吡嗪（CAS：102-65-8）、磺胺苯吡唑（CAS：526-08-9）、磺胺间二甲氧嘧啶（CAS：1037-50-9）、磺胺喹噁啉（CAS：59-40-5）。纯度≥99%。

4.14　0.1 mg/mL 标准储备溶液：准确称取适量的每种磺胺标准物质（4.13），用甲醇分别配成 0.1 mg/mL的标准储备溶液。该溶液在 4 ℃保存。

4.15　5.0 μg/mL 磺胺混合标准工作溶液：分别吸取各标准储备溶液（4.14）0.5 mL 移至 10 mL 容量瓶中，用甲醇稀释成 5.0 μg/mL 混合标准工作溶液。该溶液在 4 ℃保存。

4.16　磺胺内标物质：磺胺甲基异噁唑-D4、磺胺嘧啶-D4、磺胺噻唑-D4。纯度≥99%。

4.17　0.1 mg/mL 磺胺甲基异噁唑-D4、磺胺嘧啶-D4、磺胺噻唑-D4 内标储备溶液：称取适量磺胺甲基异噁唑-D4、磺胺嘧啶-D4、磺胺噻唑-D4 标准物质（4.16），用甲醇分别配成 0.1 mg/mL 的内标储备溶液。该溶液在 4 ℃保存。

4.18　混合内标工作溶液：分别吸取磺胺甲基异噁唑-D4、磺胺嘧啶-D4、磺胺噻唑-D4 储备溶液（4.17）各 0.5 mL 移至 10 mL 容量瓶中，用甲醇稀释至刻度。该溶液在 4 ℃保存。

4.19　基质标准工作溶液：吸取不同体积标准工作溶液（4.15）和 20 μL 混合内标工作溶液（4.18），用空白样品提取液配成 5.0 ng/mL、10.0 ng/mL、20.0 ng/mL、50.0 ng/mL、100.0 ng/mL 不同浓度的基质标准工作溶液。当天配制。

4.20　Oasis MCX 柱或相当者：150 mg，6 mL。用前依次用 5 mL 甲醇（4.2）和 10 mL 水处理。保持柱体湿润。

4.21　滤膜：0.2 μm。

5　仪器

5.1　液相色谱-串联质谱仪：配有电喷雾离子源。

5.2　分析天平：感量 0.1 mg 和 0.01 g。

5.3　具塞的聚丙烯试管：50 mL。

5.4　振荡器。

5.5　液体混匀器。

5.6　固相萃取装置。

5.7　玻璃贮液器：50 mL。

5.8　氮气浓缩仪。

5.9　浓缩管：10 mL。

6　试样制备与保存

6.1　试样的制备

对于冷冻的实验室样品，待其解冻后将其搅拌均匀。分出 0.5 kg 作为试样。制备好的试样置于样品瓶中，密封，并做上标记。

6.2　试样的保存

将试样于－18 ℃冷冻保存。

7 测定步骤

7.1 提取

称取 2 g 试样，精确至 0.01 g。置于 50 mL 具塞的聚丙烯试管(5.3)中，加入 20 μL 内标工作溶液(4.18)，然后加入 20 mL 水，于液体混匀器(5.5)上快速混匀 1 min，再置于振荡器(5.4)上振荡提取 10 min，加入 0.5 mL 三氯乙酸溶液(4.10)，快速摇动 30 s，以 3 000 r/min 离心 5 min，移取上清液至三角瓶中，再向残渣中加入 15 mL 水，重复上述步骤，合并上清液，待净化。

7.2 净化

将塞有玻璃棉的玻璃贮液器(5.7)连到 Oasis MCX 柱(4.20)上，把上清液(7.1)倒入玻璃贮液器中，调节流速小于 3 mL/min，待样液完全流出后，依次用 5 mL 甲酸溶液(4.9)和 5 mL 甲醇(4.2)洗柱，弃去全部流出液。最后用 5 mL 氨水-甲醇溶液(4.11)洗脱，收集洗脱液于 10 mL 浓缩管(5.9)中。用氮气浓缩仪(5.8)于 50 ℃吹干。准确加入 1.0 mL 乙腈-0.01 mol/L 乙酸铵溶液(4.12)溶解残渣，样液过 0.2 μm 滤膜后，供液相色谱-串联质谱仪测定。

按上述操作步骤，制备用于配制系列基质标准工作溶液的空白样品提取液。

7.3 测定条件

7.3.1 液相色谱参考条件

a) 色谱柱：Atlantis C_{18}，3 μm，150 mm×2.1 mm(内径)或相当者；

b) 流动相：A：乙腈，B：0.1%甲酸水溶液，C：甲醇。梯度洗脱条件见表 1；

c) 流速：0.2 mL/min；

d) 柱温：35 ℃；

e) 进样量：20 μL。

表 1 流动相梯度表

时间/min	A/%	B/%	C/%
0.00	10.0	80.0	10.0
3.00	20.0	70.0	10.0
8.00	35.0	55.0	10.0
12.00	70.0	20.0	10.0
12.01	10.0	80.0	10.0
17.00	10.0	80.0	10.0

7.3.2 质谱参考条件

a) 离子源：电喷雾离子源；

b) 扫描方式：正离子扫描；

c) 检测方式：多反应监测；

d) 电喷雾电压：5 500 V；

e) 雾化气压力：0.076 MPa；

f) 气帘气压力：0.069 MPa；

g) 辅助气流速：6 L/min；

h) 离子源温度：350 ℃；

i) 定性离子对、定量离子对、碰撞气能量和去簇电压见表 2。

表 2 十八种磺胺类药物的定性离子对、定量离子对、碰撞气能量和去簇电压

化合物中文名称	化合物英文名称	定性离子对（m/z）	定量离子对（m/z）	碰撞气能量/V	去簇电压/V
磺胺嘧啶	sulfadiazine	251/156 251/185	251/156	23 27	55 50
磺胺噻唑	sulfathiazole	256/156 256/107	256/156	22 32	55 47
磺胺吡啶	sulfapyridine	250/156 250/184	250/156	25 25	50 60
磺胺甲基嘧啶	sulfamethoxypyridazine	265/156 265/172	265/156	25 24	50 60
磺胺间甲氧嘧啶	sulfamonomethoxine	281/156 281/215	281/156	25 25	65 50
磺胺甲噻二唑	sulfamethizole	271/156 271/107	271/156	20 32	50 50
磺胺二甲嘧啶	sulfamethazine	279/156 279/204	279/156	22 20	55 60
磺胺甲氧哒嗪	sulfamethoxypyridazine	281/156 281/215	281/156	25 25	65 50
磺胺对甲氧嘧啶	sulfameter	281/156 281/215	281/156	25 25	65 50
磺胺氯哒嗪	sulfachloropyridazine	285/156 285/108	285/156	23 35	50 50
磺胺甲基异噁唑	sulfamethoxazole	254/156 254/147	254/156	23 22	50 45
磺胺邻二甲氧嘧啶	sulfadoxine	311/156 311/108	311/156	31 35	70 55
磺胺二甲异噁唑	sulfisoxazole	268/156 268/113	268/156	20 23	45 45
磺胺苯酰	sulfabenzamide	277/156 277/108	277/156	20 35	85 85
磺胺氯吡嗪	sulfachloropyrazine	285/156 285/108	285/156	24 37	53 53
磺胺苯吡唑	sulfaphenazole	315/156 315/160	315/156	32 35	55 55
磺胺间二甲氧嘧啶	sulfadimethoxine	311/156 311/218	311/156	31 27	70 70
磺胺喹噁啉	sulfaquinoxaline	301/156 301/208	301/156	25 28	42 42

7.4 液相色谱-串联质谱测定

7.4.1 定性测定

将各被测组分分别选择1个母离子，2个以上子离子，在相同的试验条件下，样品中待测物质的保留时间与标准溶液中对应的保留时间偏差在±2.5%之内；且样品中各组分定性离子的相对丰度与浓度接近的标准溶液中对应的定性离子的相对丰度进行比较，若偏差不超过表3规定的范围，则可判定样品中存在对应的待测物。

表3 定性确证时相对离子丰度的最大允许偏差

以%表示

相对离子丰度 K	$K>50$	$20<K<50$	$10<K<20$	$K\leqslant 10$
允许最大偏差	±20	±25	±30	±50

7.4.2 定量测定

用基质标准工作溶液(4.19)分别进样，以各标准峰面积与内标峰面积的比值为纵坐标，以各标准工作溶液浓度与内标溶液浓度的比值为横坐标，绘制标准工作曲线，用标准工作曲线对样品进行定量，样品溶液中十八种磺胺类药物的响应值均应在仪器测定的线性范围内。在上述色谱条件和质谱条件下，十八种磺胺类药物的参考保留时间见表4。十八种磺胺类药物的标准多反应监测(MRM)色谱图参见附录A中的图A.1。

本方法中十八种磺胺类药物添加浓度及其平均回收率的试验数据参见附录B中的表B.1。

表4 十八种磺胺类药物参考保留时间

化合物名称	保留时间/min	化合物名称	保留时间/min
磺胺嘧啶	4.45	磺胺氯哒嗪	8.91
磺胺噻唑	4.77	磺胺甲基异噁唑	9.29
磺胺吡啶	5.39	磺胺邻二甲氧嘧啶	9.29
磺胺甲基嘧啶	6.20	磺胺二甲异噁唑	9.72
磺胺间甲氧嘧啶	7.75	磺胺苯酰	10.50
磺胺甲噻二唑	7.76	磺胺氯吡嗪	10.85
磺胺二甲嘧啶	7.83	磺胺苯吡唑	11.11
磺胺甲氧哒嗪	8.01	磺胺间二甲氧嘧啶	11.12
磺胺对甲氧嘧啶	8.75	磺胺喹噁啉	11.22

7.5 平行试验

按以上步骤，对同一试样进行平行试验测定。

7.6 空白试验

除不称取样品外，均按上述步骤进行。

8 结果计算

蜂王浆中十八种磺胺类药物残留量的测定结果按式(1)计算。

$$X = c_s \times \frac{A}{A_s} \times \frac{c_i}{c_{si}} \times \frac{A_{si}}{A_i} \times \frac{V}{m} \times \frac{1\,000}{1\,000} \quad \cdots\cdots(1)$$

式中：

X——试样中被测物残留量，单位为微克每千克(μg/kg)；

c_s——基质标准工作溶液中被测物的浓度，单位为纳克每毫升(ng/mL)；

A——试样溶液中被测物的色谱峰面积；

A_s——基质标准工作溶液中被测物的色谱峰面积；

c_i——试样溶液中内标物的浓度,单位为纳克每毫升(ng/mL);

c_{si}——基质标准工作溶液中内标物的浓度,单位为纳克每毫升(ng/mL);

A_{si}——基质标准工作溶液中内标物的色谱峰面积;

A_i——试样溶液中内标物的色谱峰面积;

V——样液最终定容体积,单位为毫升(mL);

m——试样溶液所代表试样的质量,单位为克(g)。

计算结果应扣除空白值。

9 精密度

9.1 一般规定

本标准的精密度数据是按照 GB/T 6379.1 和 GB/T 6379.2 的规定确定的,其重复性和再现性的值是以 95%的可信度来计算。

9.2 重复性

在重复性试验条件下,获得的两次独立测试结果的绝对差值不超过重复性限 r,蜂王浆中十八种磺胺类药物添加浓度范围及重复性方程见表 5。

表 5 添加浓度范围及重复性和再限性方程

单位为微克每千克

化合物名称	添加浓度范围	重复性限 r	再现性限 R
磺胺嘧啶	5.0～50.0	$\lg r=1.3195\lg m-1.5661$	$\lg r=1.2613\lg m-1.2872$
磺胺噻唑	5.0～50.0	$\lg r=1.4281\lg m-1.7573$	$\lg r=1.3766\lg m-1.3357$
磺胺吡啶	5.0～50.0	$\lg r=0.9337\lg m-1.0499$	$\lg r=1.1830\lg m-0.9735$
磺胺甲基嘧啶	5.0～50.0	$\lg r=1.2787\lg m-1.4852$	$\lg r=1.2050\lg m-1.1419$
磺胺间甲氧嘧啶	5.0～50.0	$\lg r=1.3061\lg m-1.6252$	$\lg r=1.1186\lg m-1.0905$
磺胺甲噻二唑	5.0～50.0	$\lg r=1.0851\lg m-1.4269$	$\lg r=1.1774\lg m-1.1627$
磺胺二甲嘧啶	5.0～50.0	$\lg r=0.9582\lg m-1.1850$	$\lg r=1.0745\lg m-1.0287$
磺胺甲氧哒嗪	5.0～50.0	$\lg r=1.3423\lg m-1.2995$	$\lg r=1.3141\lg m-0.9663$
磺胺对甲氧嘧啶	5.0～50.0	$\lg r=0.8920\lg m-1.0160$	$\lg r=0.9875\lg m-0.9051$
磺胺氯哒嗪	5.0～50.0	$\lg r=1.4154\lg m-1.4363$	$\lg r=1.3900\lg m-1.1803$
磺胺甲基异噁唑	5.0～50.0	$\lg r=0.8369\lg m-1.0303$	$\lg r=1.0966\lg m-1.1560$
磺胺邻二甲氧嘧啶	5.0～50.0	$\lg r=1.0991\lg m-1.1818$	$\lg r=1.0857\lg m-0.9053$
磺胺二甲异噁唑	5.0～50.0	$\lg r=1.1470\lg m-1.2670$	$\lg r=1.4686\lg m-1.3792$
磺胺苯酰	5.0～50.0	$\lg r=1.0569\lg m-1.2776$	$\lg r=1.4528\lg m-1.4866$
磺胺氯吡嗪	5.0～50.0	$\lg r=0.8449\lg m-1.1208$	$\lg r=0.9769\lg m-0.8218$
磺胺苯吡唑	5.0～50.0	$\lg r=1.1813\lg m-1.4811$	$\lg r=1.3630\lg m-1.3707$
磺胺间二甲氧嘧啶	5.0～50.0	$\lg r=1.0477\lg m-1.3232$	$\lg r=1.3350\lg m-1.3173$
磺胺喹噁啉	5.0～50.0	$\lg r=0.9185\lg m-1.0654$	$\lg r=1.3522\lg m-1.1577$
注:m 为两次测定值的平均值。			

如果差值超过重复性限 r,应舍弃试验结果并重新完成两次单个试验的测定。

9.3 再现性

在再现性试验条件下,获得的两次独立测试结果的绝对差值不超过再现性限 R,蜂王浆中十八种磺胺类药物添加浓度范围及再现性方程见表 5。

附 录 A
（资料性附录）
标准物质多反应监测（MRM）色谱图

十八种磺胺类药物标准物质多反应监测（MRM）色谱图见图 A.1。

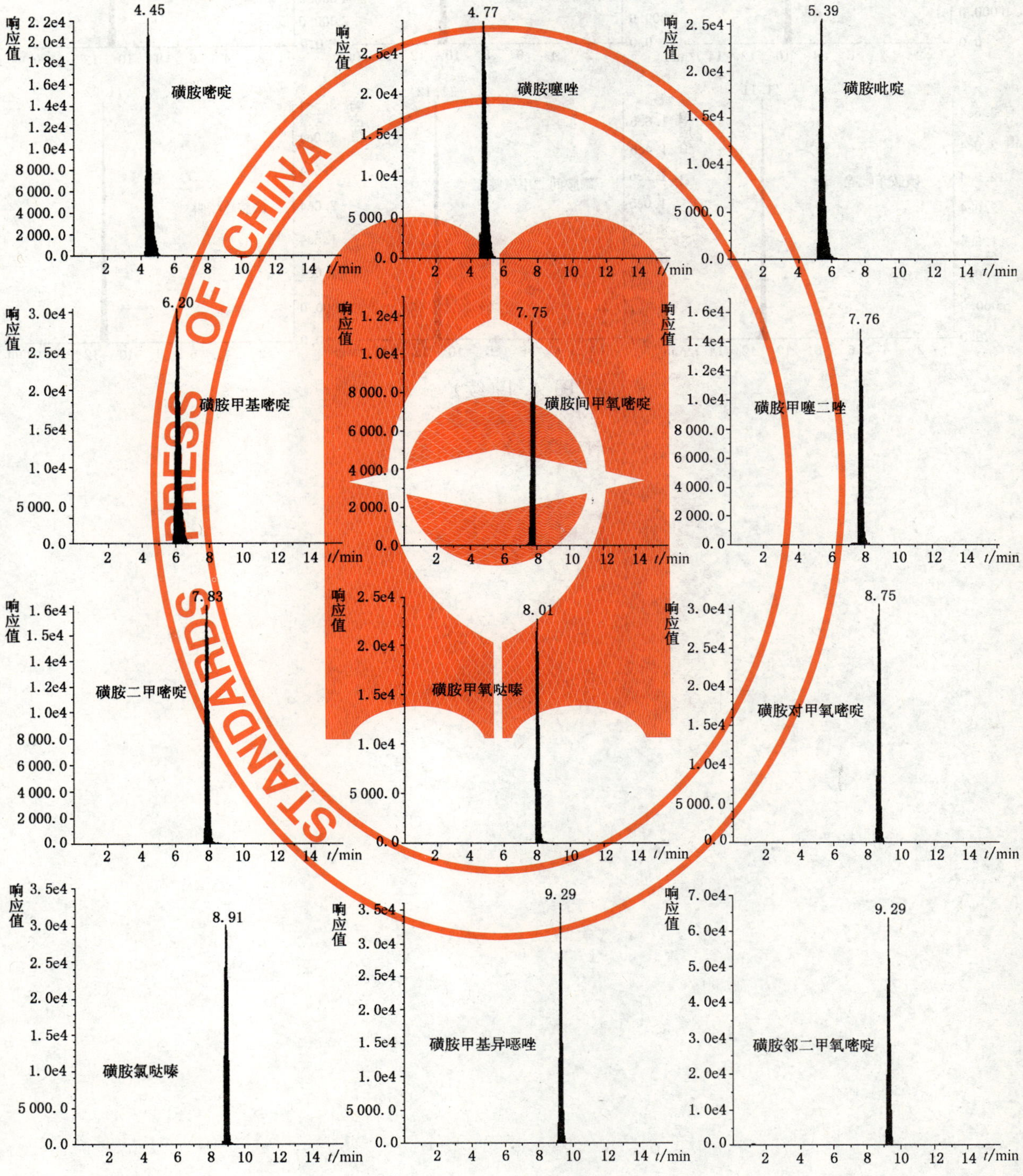

图 A.1 十八种磺胺类药物多反应监测（MRM）色谱图

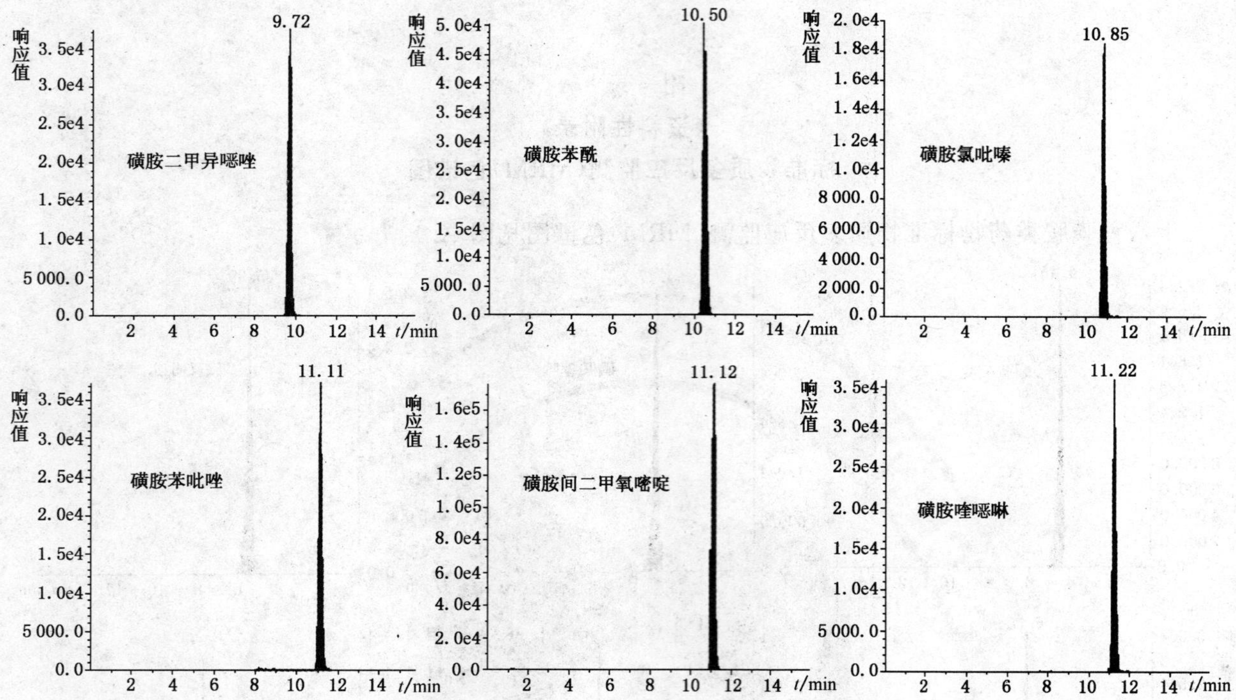
9.72
响应值
磺胺二甲异噁唑
10.50
磺胺苯酰
10.85
磺胺氯吡嗪
11.11
磺胺苯吡唑
11.12
磺胺间二甲氧嘧啶
11.22
磺胺喹噁啉
t/min

图 A.1（续）

附 录 B
（资料性附录）
回 收 率

本方法中十八种磺胺类药物添加浓度及其平均回收率的试验数据见表B.1。

表B.1 十八种磺胺类药物添加浓度及其平均回收率的试验数据

化合物名称	添加浓度/(μg/kg)	平均回收率/%
磺胺嘧啶	5.0	104.9
	10.0	109.6
	20.0	99.0
	50.0	107.0
磺胺噻唑	5.0	99.5
	10.0	98.5
	20.0	95.8
	50.0	108.0
磺胺吡啶	5.0	92.8
	10.0	89.0
	20.0	94.4
	50.0	91.3
磺胺甲基嘧啶	5.0	82.9
	10.0	86.8
	20.0	84.8
	50.0	82.5
磺胺间甲氧嘧啶	5.0	92.2
	10.0	91.5
	20.0	93.0
	50.0	98.2
磺胺甲噻二唑	5.0	95.4
	10.0	97.9
	20.0	96.1
	50.0	100.2
磺胺二甲嘧啶	5.0	97.4
	10.0	94.5
	20.0	94.1
	50.0	97.4
磺胺甲氧哒嗪	5.0	95.3
	10.0	94.7
	20.0	92.2
	50.0	92.9

表 B.1（续）

化合物名称	添加浓度/(μg/kg)	平均回收率/%
磺胺对甲氧嘧啶	5.0	94.4
	10.0	97.5
	20.0	98.1
	50.0	94.9
磺胺氯哒嗪	5.0	96.5
	10.0	97.3
	20.0	95.9
	50.0	110.5
磺胺甲基异噁唑	5.0	105.8
	10.0	109.1
	20.0	97.9
	50.0	112.6
磺胺邻二甲氧嘧啶	5.0	86.5
	10.0	93.4
	20.0	91.6
	50.0	96.9
磺胺二甲异噁唑	5.0	92.1
	10.0	88.9
	20.0	93.0
	50.0	93.2
磺胺苯酰	5.0	93.4
	10.0	91.6
	20.0	94.8
	50.0	102.5
磺胺氯吡嗪	5.0	91.0
	10.0	90.5
	20.0	89.3
	50.0	96.1
磺胺苯吡唑	5.0	98.6
	10.0	86.7
	20.0	80.2
	50.0	84.4
磺胺间二甲氧嘧啶	5.0	105.5
	10.0	102.3
	20.0	87.4
	50.0	82.6
磺胺喹噁啉	5.0	86.4
	10.0	83.4
	20.0	84.2
	50.0	85.8

ICS 67.050
X 04

GB

中华人民共和国国家标准

GB/T 22948—2008

蜂王浆中三甲氧苄氨嘧啶残留量的测定 液相色谱-串联质谱法

Determination of trimethoprim residues in royal jelly—LC-MS-MS method

2008-12-31 发布　　　　2009-05-01 实施

中华人民共和国国家质量监督检验检疫总局
中国国家标准化管理委员会　发布

前　言

本标准的附录A、附录B为资料性附录。

本标准由国家质量监督检验检疫总局提出并归口。

本标准起草单位：中华人民共和国秦皇岛出入境检验检疫局。

本标准主要起草人：曹彦忠、贾光群、张进杰、石玉秋、王占英、庞国芳。

蜂王浆中三甲氧苄氨嘧啶残留量的测定 液相色谱-串联质谱法

1 范围

本标准规定了蜂王浆中三甲氧苄氨嘧啶残留量液相色谱-串联质谱测定方法。

本标准适用于蜂王浆中三甲氧苄氨嘧啶残留量的测定。

本标准的方法检出限为 2.0 μg/kg。

2 规范性引用文件

下列文件中的条款通过本标准的引用而成为本标准的条款。凡是注日期的引用文件，其随后所有的修改单(不包括勘误的内容)或修订版均不适用于本标准，然而，鼓励根据本标准达成协议的各方研究是否可使用这些文件的最新版本。凡是不注日期的引用文件，其最新版本适用于本标准。

GB/T 6379.1 测量方法与结果的准确度(正确度与精密度) 第1部分：总则与定义(GB/T 6379.1—2004,ISO 5725-1:1994,IDT)

GB/T 6379.2 测量方法与结果的准确度(正确度与精密度) 第2部分：确定标准测量方法重复性与再现性的基本方法(GB/T 6379.2—2004,ISO 5725-2:1994,IDT)

GB/T 6682 分析实验室用水规格和试验方法(GB/T 6682—2008,ISO 3696:1987,MOD)

3 原理

蜂王浆中残留的三甲氧苄氨嘧啶用去离子水提取，三氯乙酸沉淀蛋白，离心后，上清液经 Oasis MCX 离子交换柱1) 或相当的固相萃取柱净化，用氨水-甲醇洗脱并蒸干，残渣用乙腈-0.1%甲酸水溶液溶解。样品溶液供液相色谱-串联质谱仪测定，外标法定量。

4 试剂和材料

4.1 水：GB/T 6682，一级。

4.2 甲醇：色谱纯。

4.3 乙腈：色谱纯。

4.4 三氯乙酸：优级纯。

4.5 甲酸：优级纯。

4.6 氨水：分析纯。

4.7 三氯乙酸溶液：50%(质量分数)。20 g 三氯乙酸(4.4)溶于 20 mL 水中。

4.8 2%甲酸溶液：吸取 2 mL 甲酸(4.5)用水稀释至 100 mL。

4.9 0.1%甲酸溶液：吸取 1 mL 甲酸(4.5)用水稀释至 1 000 mL。

4.10 流动相：乙腈-0.1%甲酸溶液(7+13)。

4.11 氨水-甲醇溶液(1+19)：5 mL 氨水(4.6)与 95 mL 甲醇(4.2)混合均匀。

4.12 三甲氧苄氨嘧啶标准物质(CAS:738-70-5)：纯度≥99%。

4.13 0.1 mg/mL 标准储备溶液：准确称取适量的标准物质(4.12)，用甲醇配成 0.1 mg/mL 的标准储

1) Oasis MCX 离子交换柱是 Waters 公司产品的商品名称，给出这一信息是为了方便本标准的使用者，并不是表示对该产品的认可。如果其他等效产品具有相同的效果，则可使用这些等效产品。

备溶液，该溶液在4 ℃保存。

4.14 标准工作溶液：吸取0.1 mL标准储备溶液(4.13)，移至10 mL容量瓶中，用甲醇配成1.0 μg/mL的标准工作溶液。该标准工作溶液在4 ℃保存。

4.15 Oasis MCX柱或相当者：150 mg，6 mL。用前依次用5 mL甲醇和10 mL水活化。保持柱体湿润。

4.16 滤膜：0.2 μm。

5 仪器

5.1 液相色谱-串联质谱仪：配有电喷雾离子源。

5.2 液体混匀器。

5.3 振荡器。

5.4 氮气浓缩仪。

5.5 分析天平：感量0.1 mg和0.01 g。

5.6 真空泵：真空度应达到80 kPa。

5.7 聚丙烯离心管：50 mL。

5.8 移液器：0.1 mL，1 mL。

5.9 玻璃贮液器：50 mL。

5.10 浓缩管：10 mL。

6 试样制备与保存

6.1 试样的制备

对于冷冻的实验室样品，待其解冻后将其搅拌均匀。分出0.5 kg作为试样。制备好的试样置于样品瓶中，密封，并做上标记。

6.2 试样的保存

将试样于－18 ℃冷冻保存。

7 测定步骤

7.1 提取

称取2 g试样，精确至0.01 g。置于50 mL具塞的聚丙烯离心管中，加入20 mL水，于液体混匀器(5.2)上快速混匀1 min，再置于振荡器(5.3)上振荡提取10 min，加入50%三氯乙酸溶液0.5 mL，快速摇动0.5 min，以3 000 r/min离心5 min，移取上清液至另一离心管中，再向残渣中加入15 mL水，重复上述步骤，合并上清液。

7.2 净化

将塞有玻璃棉塞的玻璃贮液器(5.9)连到Oasis MCX柱(4.15)上，将上清液(7.1)倒入玻璃贮液器(5.9)中，使样液以小于3 mL/min的流速通过Oasis MCX柱，待样液完全流出后，分别用5 mL甲酸溶液(4.8)和5 mL甲醇(4.2)洗柱，弃去全部流出液。最后用5 mL氨水-甲醇溶液(4.11)洗脱，收集洗脱液于10 mL浓缩管(5.10)中。在45 ℃水浴中用氮气浓缩仪(5.4)吹干。准确加入1.0 mL流动相(4.10)溶解残渣，样液过0.2 μm滤膜后，供液相色谱-串联质谱仪测定。

7.3 基质标准工作溶液的制备

称取4份阴性样品各2 g，精确至0.01 g。置于50 mL具塞的聚丙烯管中，分别加入4 μL、10 μL、20 μL、40 μL、100 μL标准工作溶液(4.14)，按7.1和7.2步骤操作。制备成浓度为2.0 ng/mL、

5.0 ng/mL、10.0 ng/mL、20.0 ng/mL、50.0 ng/mL 的基质标准工作溶液。

7.4 测定条件

7.4.1 液相色谱参考条件

a) 色谱柱：Atlantis，3 μm，150 mm×2.1 mm(内径)或相当者；

b) 流动相：乙腈-0.1%甲酸溶液(7+13)；

c) 流速：0.2 mL/min；

d) 柱温：35 ℃；

e) 进样量：20 μL。

7.4.2 质谱参考条件

a) 离子源：电喷雾离子源；

b) 扫描方式：正离子扫描；

c) 检测方式：多反应监测；

d) 电喷雾电压：5 500 V；

e) 雾化气压力：0.076 MPa；

f) 气帘气压力：0.069 MPa；

g) 辅助气流速：7 L/min；

h) 离子源温度：450 ℃；

i) 定性离子对、定量离子对、碰撞气能量和去簇电压见表 1。

表 1 三甲氧苄氨嘧啶的定性离子对、定量离子对、碰撞气能量和去簇电压

中文名称	英文名称	定性离子对(m/z)	定量离子对(m/z)	碰撞气能量/V	去簇电压/V
三甲氧苄氨嘧啶	trimethoprim	291/230	291/230	35	50
		291/123		40	50
		291/275		35	50

7.5 液相色谱-串联质谱测定

7.5.1 定性测定

将被测组分分别选择 1 个母离子，2 个以上子离子，在相同的试验条件下，样品中待测物质的保留时间与标准溶液中对应的保留时间偏差在±2.5%之内；且样品中各组分定性离子的相对丰度与浓度接近的标准溶液中对应的定性离子的相对丰度进行比较，若偏差不超过表 2 规定的范围，则可判定样品中存在对应的待测物。

表 2 定性确证时相对离子丰度的最大允许偏差　　以%表示

相对离子丰度 K	$K>50$	$20<K<50$	$10<K<20$	$K\leq 10$
允许最大偏差	±20	±25	±30	±50

7.5.2 定量测定

用基质标准工作溶液(7.3)分别进样，以标准峰面积为纵坐标，以标准添加浓度(ng/mL)为横坐标，绘制标准工作曲线，用标准工作曲线对样品进行定量，样品溶液中三甲氧苄氨嘧啶的响应值均应在仪器测定的线性范围内。在上述色谱条件和质谱条件下，三甲氧苄氨嘧啶的参考保留时间为 2.39 min。三甲氧苄氨嘧啶的标准物质多反应监测(MRM)色谱图参见附录 A 中的图 A.1。

本方法的添加平均回收率数据参见附录 B 中的表 B.1。

7.6 平行试验

按以上步骤，对同一试样进行平行试验测定。

7.7 空白试验

除不称取样品外，均按上述步骤进行。

8 结果计算

蜂王浆中三甲氧苄氨嘧啶残留量的测定结果按式(1)计算。

$$X = c \times \frac{V}{m} \times \frac{1\,000}{1\,000} \quad \cdots\cdots\cdots\cdots(1)$$

式中：

X——试样中被测组分残留量，单位为微克每千克(μg/kg)；

c——从标准工作曲线上得到的被测组分溶液浓度，单位为纳克每毫升(ng/mL)；

V——样品溶液定容体积，单位为毫升(mL)；

m——样品溶液所代表试样的质量，单位为克(g)。

计算结果应扣除空白值。

9 精密度

9.1 一般规定

本标准的精密度数据是按照 GB/T 6379.1 和 GB/T 6379.2 的规定确定的，其重复性和再现性的值是以 95%的可信度来计算。

9.2 重复性

在重复性试验条件下，获得的两次独立测试结果的绝对差值不超过重复性限 r，蜂王浆中三甲氧苄氨嘧啶添加浓度范围及重复性方程见表 3。

表 3 添加浓度范围及重复性和再限性方程

单位为微克每千克

化合物名称	添加浓度范围	重复性限 r	再现性 R
三甲氧苄氨嘧啶	2.0～50.0	$\lg r = 0.775\,9 \lg m - 0.847\,5$	$\lg R = 0.622\,3 \lg m - 0.681\,1$
注：m 为两次测定值的平均值。			

如果差值超过重复性限 r，应舍弃试验结果并重新完成两次单个试验的测定。

9.3 再现性

在再现性试验条件下，获得的两次独立测试结果的绝对差值不超过再现性限 R，蜂王浆中三甲氧苄氨嘧啶的添加浓度范围及再现性方程见表 3。

附 录 A
（资料性附录）
标准物质多反应监测(MRM)色谱图

三甲氧苄氨嘧啶标准物质多反应监测(MRM)色谱图见图 A.1。

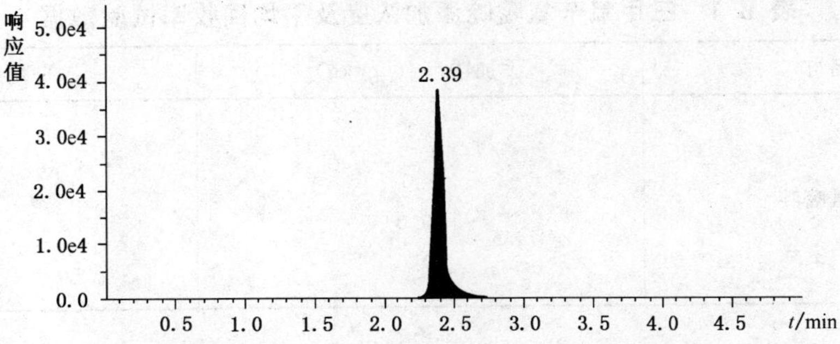

图 A.1 三甲氧苄氨嘧啶标准物质多反应监测(MRM)色谱图

附 录 B
（资料性附录）
回 收 率

本方法中三甲氧苄氨嘧啶添加浓度及其平均回收率试验数据见表B.1。

表B.1 三甲氧苄氨嘧啶添加浓度及平均回收率试验数据

化合物名称	添加浓度/(μg/kg)	平均回收率/%
三甲氧苄氨嘧啶	2.0	101.7
	5.0	98.1
	10.0	97.5
	50.0	104.3

ICS 67.050
X 04

中华人民共和国国家标准

GB/T 22949—2008

蜂王浆及冻干粉中硝基咪唑类药物残留量的测定 液相色谱-串联质谱法

Determination nitroimidazole residues in royal jelly and lyophilized royal jelly farina—LC-MS-MS method

2008-12-31 发布　　2009-05-01 实施

中华人民共和国国家质量监督检验检疫总局
中国国家标准化管理委员会　发布

前　言

本标准的附录A、附录B为资料性附录。

本标准由国家质量监督检验检疫总局提出并归口。

本标准起草单位：中华人民共和国秦皇岛出入境检验检疫局、中华人民共和国宁波出入境检验检疫局。

本标准主要起草人：殷居易、刘永明、谢东华、陈杰、李金、章再婷、范春林、裘定慧、庞国芳。

蜂王浆及冻干粉中硝基咪唑类药物残留量的测定 液相色谱-串联质谱法

1 范围

本标准规定了蜂王浆及冻干粉中甲硝唑、地美硝唑、替硝唑、洛硝唑、特尼哒唑、异丙硝唑，以及羟基化甲硝唑、羟基化异丙硝唑、2-羟甲基-1-甲基化-5-硝咪唑等9种硝基咪唑类药物残留量的液相色谱-串联质谱测定方法。

本标准适用于蜂产品(蜂王浆、冻干粉及蜂蜜)中硝基咪唑类药物残留量的测定。

本标准蜂王浆样品的方法检出限:0.5 μg/kg。

本标准冻干粉样品的方法检出限:1.0 μg/kg。

2 规范性引用文件

下列文件中的条款通过本标准的引用而成为本标准的条款。凡是注日期的引用文件，其随后所有的修改单(不包括勘误的内容)或修订版均不适用于本标准，然而，鼓励根据本标准达成协议的各方研究是否可使用这些文件的最新版本。凡是不注日期的引用文件，其最新版本适用于本标准。

GB/T 6379.1 测量方法与结果的准确度(正确度与精密度) 第1部分:总则与定义(GB/T 6379.1—2004,ISO 5725-1:1994,IDT)

GB/T 6379.2 测量方法与结果的准确度(正确度与精密度) 第2部分:确定标准测量方法重复性与再现性的基本方法(GB/T 6379.2—2004,ISO 5725-2:1994,IDT)

GB/T 6682 分析实验室用水规格和试验方法(GB/T 6682—2008,ISO 3696:1987,MOD)

3 原理

本方法用乙酸钠缓冲液溶解样品基质，乙酸乙酯进行液-液萃取，经过旋转蒸干后，加入四氯化碳和含酸水溶液，离心后取上层溶液，运用液相色谱串联三重四极杆质谱仪(LC-MS-MS)进样检测。

4 试剂和材料

除另有说明外，所用试剂均为分析纯，水为GB/T 6682规定的一级水。

4.1 乙腈:色谱纯。

4.2 甲醇:色谱纯。

4.3 乙酸乙酯:色谱纯。

4.4 甲酸:色谱纯。

4.5 四氯化碳。

4.6 乙酸钠。

4.7 标准品:甲硝唑(metronidazole,缩写MNZ;CAS:443-48-1)，地美硝唑(dimetridazole,缩写DMZ;CAS:551-92-8)，替硝唑(tindazole,缩写TNZ;CAS: 19387-91-8)，洛硝唑(ronidazole,缩写RNZ;CAS:7681-76-7)，特尼哒唑(ternidazole,缩写TerNDZ)，异丙硝唑(ipronidazole,缩写IPZ)，羟基化甲硝咪唑(metronidazole-OH,缩写MNZ-OH)，羟基化异丙硝唑(ipronidazole-OH,缩写IPZ-OH)，2-羟甲基-1-甲基化-5-硝咪唑(2-hydroxymethyl-1-methyl-5-nitro-imidazole,缩写HMMNI)，以上标准物质纯度

≥98%。内标物为氘代2-羟甲基-1-甲基化-5-硝咪唑(HMMNI-D^3;CAS: 8061-52-7),氘代羟基化异丙硝唑(IPZ-OH-D^3;CAS: 8061-52-7),氘代物质纯度≥95%。

4.8 标准储备溶液:1 000 μg/mL。准确称取10.0 mg±0.05 mg各标准物质,用甲醇溶解于10 mL棕色容量瓶中(可放置于超声波清洗器数分钟促进溶解),定容后配成浓度为1 000 μg/mL的标准储备液。将储备液置于−20 ℃冰箱中保存备用。

4.9 标准中间溶液:100 ng/mL。可将标准储备溶液(4.8)室温下放置5 min,使用时用乙腈稀释至所需浓度,临用临配。

4.10 乙酸钠缓冲溶液:0.1 mol/L。准确称取8.204 g无水乙酸钠,加入5.83 mL冰乙酸定容到1 000 mL容量瓶中,超声混合并脱气15 min后,于液相色谱流动相瓶中备用。

4.11 甲酸水溶液:0.1%。准确移取1 mL甲酸,用水定容到1 000 mL容量瓶中,超声混合并脱气15 min后,于液相色谱流动相瓶中备用。

4.12 基质混合标准工作液:根据标准物质的灵敏度和仪器线性范围,吸取一定量的中间浓度混合标准液(4.9),用空白样品提取液配制成系列浓度的基质混合标准工作液。临用临配。

4.13 滤膜:0.2 μm。

5 仪器

5.1 液相色谱-串联三重四极杆质谱仪(LC-MS-MS):质谱仪配有大气压化学电离源(或与之等效电离源);高效液相色谱配有在线脱气机、低残留自动进样器、可控温柱温箱和高精度混合泵。

5.2 电子分析天平:感量0.1 mg和10 mg。

5.3 冷冻离心机:速度可达4 000 r/min和13 000 r/min。

5.4 氮吹仪:水浴和加热控温。

5.5 台式分散仪。

5.6 旋转浓缩仪:带真空蒸发和循环冷却水。

5.7 超纯水器。

5.8 超声波清洗器。

5.9 多功能食品粉碎机。

5.10 旋涡混合仪。

5.11 鸡心瓶:125 mL。

5.12 离心管:15 mL和50 mL;聚四氟乙烯材质。

5.13 容量瓶:10 mL和1 000 mL。

6 试样的制备与保存

6.1 试样的制备

将液体、浆状、粉状的样品充分混合均匀;将低温保存的固体样品进行粉碎磨细后供检测。必要时将实验室样品用四分法进行缩分。

根据样品的性状和保存要求将样品保存在适当的环境中避免变质。

6.2 试样的保存

将试样于−20 ℃冰箱中保存备用。

7 测定步骤

7.1 提取

称取约2.5 g～5.0 g试样(蜂王浆称量5.0 g±0.2 g;冻干粉称量2.5 g±0.2 g)于50 mL离心管中,分别添加氘代标示物HMMNI-D^3、IPZ-OH-D^3(4.7)100 μL,加入20 mL乙酸钠缓冲溶液(4.10)充

分涡旋振荡提取1 min。

再加入 20 mL 乙酸乙酯，经过涡旋、液-液萃取，将乙酸乙酯层全部移入鸡心旋蒸瓶，重复上述操作，合并三次乙酸乙酯提取液于鸡心旋蒸瓶，在 40 ℃以下浓缩近干，除去溶剂。

7.2 净化

鸡心旋蒸瓶残渣用 1 mL 四氯化碳和 1 mL 甲酸水溶液(4.11)溶解，充分涡旋 1 min。吸取上层水溶液，用微孔过滤膜(0.2 μm)过滤，此为试验溶液。

7.3 色谱测定

7.3.1 液相色谱参考条件

a) 色谱柱：Waters Sunfire ODS C_{18}，5 μm，250 mm×4.6 mm(内径)或相当者；

b) 柱温：30 ℃；

c) 流动相：0.1%甲酸水溶液；液相梯度见表 1；

d) 流速：800 μL/min；

e) 进样量：10 μL。

表 1 液相色谱流动相梯度表

时间/min	流动相 A(甲酸水溶液)/%	流动相 B(乙腈溶液)/%	流速/(μL/min)
0.00	95	5	800
2.00	95	5	800
6.00	65	35	800
12.00	10	90	800
14.00	10	90	800
15.00	95	5	800
20.00	95	5	800

7.3.2 质谱参考条件

a) 离子源：大气压化学电离源(或与之等效电离源)；

b) 扫描方式：正离子扫描；

c) 检测方式：多反应离子监测(MRM)；

d) 电喷雾电压(IS)：5 250 V；

e) 雾化气(NEB)相对开放流量：14.00 mL/min；

f) 气帘气(CUR)相对开放流量：7.00 mL/min；

g) 离子源温度(TEM)：500 ℃；

h) 碰撞池出口电压(CXP)：11 V；

i) 选择离子驻留时间(Dwell)：50 ms；

j) 碰撞池入口电压(EP)：10.0 V；

k) 碰撞气(CAD)相对开放流量：8 mL/min；

l) 辅助气流压力：413.8 kPa；

m) 去簇电压(DP)：35 V；

n) 焦环聚焦电压(FP)：200 V；

o) 喷雾器放电针电流(NC)：2 μA；

p) 检测器参数(正离子化模式)，离子流转向电压(DF)：−200.0 V；检测器脉冲信号增强电压(CEM)：2 300.0 V；

q) 定性离子对、定量离子对、碰撞气能量、色谱峰保留时间见表 2。

表 2 硝基咪唑类药物中英文名称、定性离子对、定量离子对、碰撞气能量、色谱峰保留时间

化合物中文名称	化合物英文名称	定性离子对 (m/z)	定量离子对 (m/z)	碰撞气能量 (CE)/V	色谱峰保留时间/min
羟基化甲硝咪唑	metronidazole-OH 缩写:MNZ-OH	188.0/125.9 188.0/144.0	188.0/125.9	25 20	9.01
甲硝唑	metronidazole 缩写:MNZ	172.0/128.0 172.0/82.10	172.0/128.0	22 35	9.48
2-羟甲基-1-甲基化-5-硝咪唑	2-hydroxymethyl-1-methyl-5-nitro-imidazole 缩写:HMMNI	158.0/140.0 158.0/55.1	158.0/140.0	20 33	9.67
氘代 2-羟甲基-1-甲基化-5-硝咪唑	D^3-2-Hydroxymethyl-1-methyl-5-nitro-imidazole 缩写:HMMNI-D^3	161.0/143.1 161.0/58.0	161.0/143.1	24 32	9.63
特尼哒唑	ternidazole 缩写:TerNDZ	186.0/128.1 186.0/82.2	186.0/128.1	24 40	9.90
洛硝唑	ronidazole 缩写:RNZ	201.0/140.0 201.0/110.0	201.0/140.0	18 25	10.21
地美硝唑	dimetridazole 缩写:DMZ	142.0/96.1 142.0/81.1	142.0/96.1	25 37	10.32
替硝唑	tindazole 缩写:TNZ	248.0/121.0 248.0/93.1	248.0/121.0	25 28	11.06
羟基化异丙硝唑	ipronidazole-OH 缩写:IPZ-OH	186.0/168.0 186.0/122.1	186.0/168.0	20 28	11.40
氘代羟基化异丙硝唑	D^3-Ipronidazole-OH 缩写:IPZ-OH-D^3	189.0/171.0 189.0/125.0	189.0/171.0	25 35	11.40
异丙硝唑	ipronidazole 缩写:IPZ	170.0/124.1 170.0/109.1	170.0/124.1	25 35	12.79

7.3.3 液相色谱-串联三重四极杆质谱测定

7.3.3.1 定性测定

被测组分选择 1 个母离子,2 个以上子离子,在相同试验条件下,样品中待测物保留时间与标准溶液中保留时间偏差在±2.5%之内;且样品中各组分定性离子的相对丰度与浓度接近的标准溶液中对应的定性离子的相对丰度进行比较,若偏差不超过表 3 规定的范围,则可判断为样品中存在对应的待测物。

表 3 定性确证时相对离子丰度的最大允许偏差

以%表示

相对离子丰度 K	$K>50$	$20<K<50$	$10<K<20$	$K\leqslant10$
允许的最大偏差	±20	±25	±30	±50

7.3.3.2 定量测定

在仪器正常工作条件下,对基质混合标准工作溶液(4.12)进样,以标准溶液中被测组分峰面积为纵坐标,标准溶液中被测组分浓度为横坐标绘制工作曲线,用标准工作曲线对样品进行定量,样品溶液中

待测物的响应值均应在仪器测定的线性范围内，超过线性范围则应适当稀释后再进行分析。方法采用外标法定量。9 种硝基咪唑类药物和 2 种氘代内标物的多反应监测(MRM)色谱图参见附录 A 图 A.1。各分析物质的添加浓度及其平均回收率的试验数据参见附录 B 中表 B.1 和表 B.2。

7.4　**平行试验**

按以上步骤，对同一试样进行平行试验测定。

7.5　**回收率试验**

阴性样品中添加标准溶液，按 7.1 和 7.2 操作，测定后计算样品添加的回收率。

8　结果计算

蜂王浆及冻干粉中甲硝唑、地美硝唑、替硝唑、洛硝唑、特尼哒唑、异丙硝唑，以及羟基化甲硝唑、羟基化异丙硝唑、2-羟甲基-1-甲基化-5-硝咪唑等 9 种硝基咪唑类药物残留量的测定结果按式(1)计算：

$$X = c_s \times \frac{A}{A_s} \times \frac{c_i}{c_{si}} \times \frac{A_{si}}{A_i} \times \frac{V}{m} \times \frac{1\,000}{1\,000} \quad \cdots\cdots (1)$$

式中：

X——试样中被测物残留量，单位为微克每千克(μg/kg)；

c_s——基质标准工作溶液中被测物的浓度，单位为纳克每毫升(ng/mL)；

A——试样溶液中被测物的色谱峰面积；

A_s——基质标准工作溶液中被测物的色谱峰面积；

c_i——试样溶液中内标物的浓度，单位纳克每毫升(ng/mL)；

c_{si}——基质标准工作溶液中内标物的浓度，单位为纳克每毫升(ng/mL)；

A_{si}——基质标准工作溶液中内标物的色谱峰面积；

A_i——试样溶液中内标物的色谱峰面积；

V——样液最终定容体积，单位为毫升(mL)；

m——试样溶液所代表试样的质量，单位为克(g)。

计算结果应扣除空白值。

9　精密度

9.1　**一般规定**

本标准的精密度数据是按照 GB/T 6379.1 和 GB/T 6379.2 的规定确定的，重复性和再现性的值以 95%的可信度来计算。

9.2　**重复性**

在重复性试验条件下，获得的两次独立测试结果的绝对值不超过重复性限 r，被测物的添加浓度范围及重复性方程见表 4 和表 5。

表 4　蜂王浆样品基质添加浓度范围及重复性和再现性方程　单位为微克每千克

化合物名称	添加浓度范围	重复性限 r	再现性限 R
羟基化甲硝咪唑	0.5～25.0	$\lg r=0.957\,0\lg m-0.817\,6$	$\lg R=0.711\,5\lg m-0.582\,9$
甲硝唑	0.5～25.0	$\lg r=1.092\,2\lg m-0.864\,8$	$\lg R=0.722\,5\lg m-0.626\,3$
2-羟甲基-1-甲基化-5-硝咪唑	0.5～25.0	$\lg r=0.993\,0\lg m-0.774\,2$	$\lg R=0.644\,4\lg m-0.547\,1$
特尼哒唑	0.5～25.0	$\lg r=0.906\,7\lg m-0.698\,9$	$\lg R=0.661\,9\lg m-0.503\,9$
洛硝唑	0.5～25.0	$\lg r=0.981\,4\lg m-0.768\,2$	$\lg R=0.600\,1\lg m-0.500\,9$
地美硝唑	0.5～25.0	$\lg r=1.107\,2\lg m-0.860\,6$	$\lg R=0.742\,5\lg m-0.563\,2$

表 4（续）　　单位为微克每千克

化合物名称	添加浓度范围	重复性限 r	再现性限 R
替硝唑	0.5～25.0	$\lg r=0.989\ 4\lg m-0.764\ 6$	$\lg R=0.926\ 1\lg m-0.591\ 7$
羟基化异丙硝唑	0.5～25.0	$\lg r=0.899\ 1\lg m-0.796\ 8$	$\lg R=0.480\ 5\lg m-0.497\ 8$
异丙硝唑	0.5～25.0	$\lg r=1.105\ 7\lg m-0.866\ 6$	$\lg R=0.686\ 1\lg m-0.566\ 8$
注：m 为两次测定值的平均值。			

表 5　冻干粉样品基质添加浓度范围及重复性和再现性方程　　单位为微克每千克

化合物名称	添加浓度范围	重复性限 r	再现性限 R
羟基化甲硝咪唑	0.5～25.0	$\lg r=1.242\ 6\lg m-0.956\ 4$	$\lg R=0.764\ 2\lg m-0.594\ 0$
甲硝唑	0.5～25.0	$\lg r=0.989\ 5\lg m-0.926\ 2$	$\lg R=0.704\ 2\lg m-0.597\ 0$
2-羟甲基-1-甲基化-5-硝咪唑	0.5～25.0	$\lg r=1.087\ 7\lg m-0.987\ 3$	$\lg R=0.737\ 8\lg m-0.647\ 9$
特尼哒唑	0.5～25.0	$\lg r=1.027\ 6\lg m-0.814\ 9$	$\lg R=0.669\ 8\lg m-0.586\ 6$
洛硝唑	0.5～25.0	$\lg r=0.921\ 5\lg m-0.999\ 4$	$\lg R=0.736\ 5\lg m-0.654\ 6$
地美硝唑	0.5～25.0	$\lg r=0.874\ 2\lg m-0.926\ 7$	$\lg R=0.404\ 2\lg m-0.580\ 5$
替硝唑	0.5～25.0	$\lg r=0.905\ 9\lg m-0.860\ 6$	$\lg R=0.625\ 0\lg m-0.609\ 7$
羟基化异丙硝唑	0.5～25.0	$\lg r=0.833\ 2\lg m-0.866\ 8$	$\lg R=0.624\ 0\lg m-0.649\ 9$
异丙硝唑	0.5～25.0	$\lg r=0.464\ 2\lg m-0.812\ 6$	$\lg R=0.160\ 5\lg m-0.611\ 6$
注：m 为两次测定值的平均值。			

如果差值超过重复性限，应舍弃试验结果并重新完成两次单个试验的测定。

9.3　再现性

在再现性试验条件下，获得的两次独立测试的结果的绝对差值不超过再现性限 R，被测物的含量范围及再现性方程见表 4 和表 5。

附 录 A
（资料性附录）
多反应监测（MRM）色谱图

9 种硝基咪唑类药物和 2 种氘代内标物的多反应监测色谱图见图 A.1。

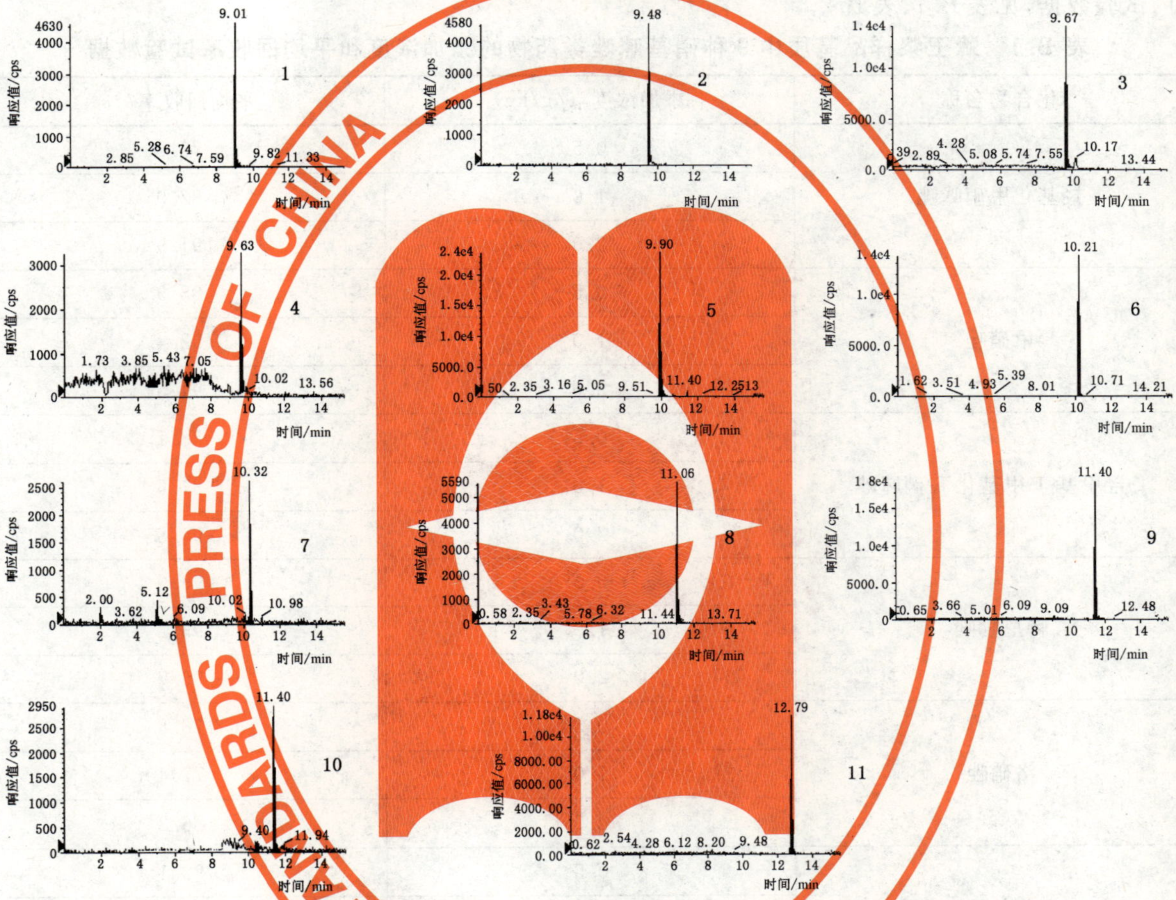

1——羟基化甲硝咪唑；
2——甲硝唑；
3——2-羟甲基-1-甲基化-5-硝咪唑；
4——氘代 2-羟甲基-1-甲基化-5-硝咪唑；
5——特尼哒唑；
6——洛硝哒唑；
7——地美硝唑；
8——替硝唑；
9——羟基化异丙硝唑；
10——氘代羟基化异丙硝唑；
11——异丙硝唑。

图 A.1　9 种硝基咪唑类药物和 2 种氘代内标物的多反应监测色谱图

附 录 B
（资料性附录）
回 收 率

9种硝基咪唑类药物甲硝唑、地美硝唑、替硝唑、洛硝唑、特尼哒唑、异丙硝唑、羟基化甲硝唑、羟基化异丙硝唑、2-羟甲基-1-甲基化-5-硝咪唑在蜂王浆、冻干粉基质中的添加浓度及其平均回收率的实验室内试验数据，见表B.1、表B.2。

表B.1 蜂王浆样品基质中9种硝基咪唑类药物的添加浓度和平均回收率试验数据

化合物名称	添加浓度/(μg/kg)	平均回收率/%
羟基化甲硝咪唑	0.5	73.6
	1.0	82.9
	2.0	91.9
甲硝唑	0.5	88.9
	1.0	92.4
	2.0	94.5
2-羟甲基-1-甲基化-5-硝咪唑	0.5	88.1
	1.0	87.6
	2.0	94.8
特尼哒唑	0.5	96.0
	1.0	93.2
	2.0	96.7
洛硝唑	0.5	78.8
	1.0	77.4
	2.0	86.3
地美硝唑	0.5	92.1
	1.0	83.6
	2.0	92.4
替硝唑	0.5	72.4
	1.0	80.0
	2.0	86.5
羟基化异丙硝唑	0.5	80.6
	1.0	83.9
	2.0	86.2
异丙硝唑	0.5	75.0
	1.0	75.6
	2.0	88.1

表 B.2　冻干粉样品基质中 9 种硝基咪唑类药物的添加浓度和平均回收率试验数据

化合物名称	添加浓度/(μg/kg)	平均回收率/%
羟基化甲硝咪唑	0.5	80.6
	1.0	73.6
	2.0	82.1
甲硝唑	0.5	74.7
	1.0	74.7
	2.0	90.0
2-羟甲基-1-甲基化-5-硝咪唑	0.5	87.6
	1.0	82.4
	2.0	90.2
特尼哒唑	0.5	87.4
	1.0	83.9
	2.0	91.1
洛硝唑	0.5	70.0
	1.0	71.2
	2.0	81.8
地美硝唑	0.5	70.6
	1.0	70.4
	2.0	83.8
替硝唑	0.5	67.6
	1.0	72.8
	2.0	83.4
羟基化异丙硝唑	0.5	71.0
	1.0	71.2
	2.0	84.1
异丙硝唑	0.5	79.5
	1.0	71.8
	2.0	85.8

ICS 67.050
X 04

中华人民共和国国家标准

GB/T 22950—2008

河豚鱼、鳗鱼和烤鳗中12种β-兴奋剂残留量的测定 液相色谱-串联质谱法

Determination of 12 β-agonists residues in fugu, eel and baked eel—LC-MS-MS method

2008-12-31 发布　　　　2009-05-01 实施

中华人民共和国国家质量监督检验检疫总局
中国国家标准化管理委员会　发布

前　言

本标准的附录A、附录B为资料性附录。

本标准由国家质量监督检验检疫总局提出并归口。

本标准起草单位:中华人民共和国秦皇岛出入境检验检疫局、中华人民共和国福建出入境检验检疫局、食品安全分析与检测技术教育部重点实验室(福州大学)。

本标准主要起草人:杨方、刘正才、林永辉、李耀平、余孔捷、黄杰、陈健、陈国南、庞国芳。

河豚鱼、鳗鱼和烤鳗中12种β-兴奋剂残留量的测定 液相色谱-串联质谱法

1 范围

本标准规定了河豚鱼、鳗鱼和烤鳗中12种β-兴奋剂残留量的液相色谱-串联质谱测定方法。

本标准适用于河豚鱼、鳗鱼和烤鳗中12种β-兴奋剂多残留的测定。12种β-兴奋剂药物包括溴布特罗(brombuterol)、塞曼特罗(cimaterol)、克仑特罗(clenbuterol)、克仑潘特(clenpenterol)、羟甲基氨克仑特罗(hydroxymethylclenbuterol)、苯氧丙酚胺(isoxsuprine)、马布特罗(mabuterol)、莱克多巴胺(ractopamin)、利托君(ritodrine)、沙丁胺醇(salbutamol)、特布他林(terbutaline)和妥布特罗(tulobuterol)。

本标准中莱克多巴胺、沙丁胺醇、塞曼特罗、克仑潘特和克仑特罗的方法检出限为0.1 μg/kg,溴布特罗、妥布特罗、马布特罗、特布他林、利托君、苯氧丙酚胺和羟甲基氨克仑特罗的方法检出限为0.5 μg/kg。

2 规范性引用文件

下列文件中的条款通过本标准的引用而成为本标准的条款。凡是注日期的引用文件,其随后所有的修改单(不包括勘误的内容)或修订版均不适用于本标准,然而,鼓励根据本标准达成协议的各方研究是否可使用这些文件的最新版本。凡是不注日期的引用文件,其最新版本适用于本标准。

GB/T 6379.1 测量方法与结果的准确度(正确度与精密度) 第1部分:总则与定义(GB/T 6379.1—2004,ISO 5725-1:1994,IDT)

GB/T 6379.2 测量方法与结果的准确度(正确度与精密度) 第2部分:确定标准测量方法重复性与再现性的基本方法(GB/T 6379.2—2004,ISO 5725-2:1994,IDT)

GB/T 6682 分析实验室用水规格和试验方法(GB/T 6682—2008,ISO 3696:1987,MOD)

3 原理

样品经稀酸水解、高氯酸沉淀蛋白后,残留的β-兴奋剂以乙酸乙酯与异丙醇混合溶剂萃取,混合型阳离子交换反相吸附固相萃取小柱净化,液相色谱-串联质谱进行测定,内标法定量。

4 试剂和材料

除非另有说明,所用试剂均为分析纯,水为GB/T 6682规定的一级水。

4.1 甲醇:色谱纯。

4.2 异丙醇。

4.3 乙酸乙酯。

4.4 乙腈:色谱纯。

4.5 甲酸。

4.6 高氯酸。

4.7 盐酸。

4.8 氢氧化钠。

4.9 乙酸铵:色谱纯。

4.10 氨水。

4.11 氯化钠。

4.12 10 mol/L 氢氧化钠溶液:称取 40 g 氢氧化钠至 100 mL 水中,混匀。

4.13 0.1 mol/L 高氯酸溶液:移取 0.4 mL 高氯酸至 100 mL 水中,混匀。

4.14 0.1 mol/L 盐酸溶液:移取 0.85 mL 盐酸至 100 mL 水中,混匀。

4.15 5 mmol/L 乙酸铵溶液:称取 0.385 g 乙酸铵至约 800 mL 水中,加入 2 mL 甲酸,定容至 1 000 mL,混匀。

4.16 甲醇-0.1%甲酸溶液:移取 0.1 mL 甲酸于约 50 mL 水中,加入 10 mL 甲醇,以水定容 100 mL,混匀。

4.17 标准物质:溴布特罗、塞曼特罗、克仑特罗、克仑潘特、羟甲基氨克仑特罗、苯氧丙酚胺、马布特罗、莱克多巴胺、利托君、沙丁胺醇、特布他林和妥布特罗,纯度大于 98.0%。

4.18 内标标准物质:盐酸克仑特罗-D9、盐酸莱克多巴胺-D5、沙丁胺醇-D3,纯度大于 98.0%。

4.19 标准储备液(100 μg/mL):准确称取适量(精确到 0.1 mg)的溴布特罗、塞曼特罗、克仑特罗、克仑潘特、羟甲基氨克仑特罗、苯氧丙酚胺、马布特罗、莱克多巴胺、利托君、沙丁胺醇、特布他林和妥布特罗,用甲醇分别配制成 100 μg/mL 的标准储备液,−20 ℃冰箱中保存。

4.20 混合标准储备液(1 μg/mL):分别准确量取 1.0 mL 的标准储备液至 100 mL 容量瓶中,用甲醇稀释至刻度,−20 ℃冰箱中保存。

4.21 内标储备液(100 μg/mL):准确称取适量(精确到 0.1 mg)的克仑特罗-D9、莱克多巴胺-D5、沙丁胺醇-D3 对照品,用甲醇配制成 100 μg/mL 的标准储备液。

4.22 内标工作液(10 ng/mL):分别准确量取适量的同位素内标储备液至同一容量瓶中,用甲醇稀释定容成浓度为 10 ng/mL 的同位素内标工作液,−20 ℃下冰箱中保存。

4.23 基质标准工作溶液:以空白基质溶液将混合标准储备液与内标工作液稀释至适当浓度,临用现配。

4.24 混合型阳离子交换反相吸附固相萃取柱:60 mg/3 mL,使用前依次用 3 mL 甲醇和 3 mL 水活化,保持柱体湿润。

4.25 滤膜:0.2 μm。

5 仪器和设备

5.1 高效液相色谱-串联质谱仪:配电喷雾电离(ESI)源。

5.2 天平:感量 0.1 mg 和 0.01 g。

5.3 组织捣碎机。

5.4 高速冷冻离心机:转速可达 15 000 r/min,致冷可达 4 ℃。

5.5 离心机:4 000 r/min。

5.6 旋涡振荡器。

5.7 电热恒温振荡水槽。

5.8 pH 计。

5.9 旋转蒸发仪。

5.10 固相萃取装置。

5.11 氮吹仪。

6 试样制备和保存

6.1 试样制备

河豚鱼、鳗鱼取连皮的鱼肉,将皮、肉分离后取鱼皮置于微波炉中加热后连同鱼肉、鳗鱼制品取所有可食部分一并放入组织捣碎机均质，充分混匀，装入清洁容器内，并标明标记。

制样操作过程中应防止样品受到污染或发生残留物含量的变化。

6.2 试样保存

试样于−18 ℃以下保存，新鲜或冷冻的组织样品可在2 ℃～6 ℃贮存72 h。

7 测定步骤

7.1 提取

准确称取5 g（精确到0.01 g）测试样品于50 mL聚丙烯离心管内，加入50 μL 10 ng/mL的内标物，加入20 mL 0.1 mol/L盐酸溶液（4.14），涡旋混匀，于37 ℃下避光水浴振荡16 h（过夜），取出冷却至室温，加入5 mL 0.1 mol/L高氯酸溶液（4.13），涡旋混匀，4 ℃下15 000 r/min离心10 min，分取10 mL上清液转移至另一50 mL离心管内。用10 mol/L氢氧化钠溶液（4.12）调节pH值至9.7±0.3，加入约2 g氯化钠后，再加25 mL异丙醇-乙酸乙酯（3+2），涡动提取2 min，4 500 r/min离心5 min，取出上清液至另一50 mL离心管中。再在下层水相中加15 mL乙酸乙酯-异丙醇（7+3），涡动提取1 min，4 500 r/min离心5 min，合并有机相，40 ℃下旋转蒸发至近干，加入5 mL 0.1 mol/L盐酸溶液（4.14），涡动1 min，待净化。

7.2 净化

将7.1所得溶液以约1 mL/min的流速全部过混合型阳离子交换反相吸附固相萃取柱（4.24），依次用3 mL水、3 mL 2%甲酸水溶液和2 mL甲醇淋洗，抽干，用5 mL 5%氨水甲醇溶液洗脱，洗脱液于40 ℃下以氮气吹至近干，以0.5 mL甲醇-0.1%甲酸溶液（4.16）溶解，涡动混匀，过0.2 μm滤膜（4.25），供液相色谱-串联质谱仪测定。

7.3 空白基质溶液的制备

称取阴性样品5 g（精确至0.01 g），按7.1和7.2步骤操作。

7.4 液相色谱-串联质谱测定

7.4.1 液相色谱条件

a) 色谱柱：Acquity UPLC BEH C_{18}，1.7 μm，55 mm×2.1 mm（内径）或相当者；

b) 流动相：A为5 mmol/L乙酸铵溶液（4.15），B为0.1%甲酸乙腈，梯度洗脱，洗脱程序见表1；

表1 梯度洗脱程序

时间/min	A/%	B/%
0.0	85	15
1.0	85	15
2.0	30	70
2.5	30	70
3.0	85	15
5.0	85	15

c) 流速：0.25 mL/min；

d) 柱温：30 ℃；

e) 进样量：10 μL。

7.4.2 质谱条件

a) 离子源：电喷雾源（ESI），正离子模式；

b) 扫描方式：多反应监测（MRM）；

c) 毛细管电压：1.5 kV；

d) 源温度:120 ℃;

e) 去溶剂温度:450 ℃;

f) 锥孔气流(氮气):45 L/h;

g) 去溶剂气流(氮气):700 L/h;

h) 碰撞气压(氩气):2.20×10^{-6} Pa;

i) 驻留时间:0.20 s。

7.4.3 液相色谱-串联质谱测定

7.4.3.1 定性测定

每种被测组分选择1个母离子,2个以上子离子,在相同试验条件下,样品中待测物质的保留时间与混合基质标准校准溶液中对应浓度标准校准溶液的保留时间偏差在±2.5%之内;且样品谱图中各组分定性离子的相对丰度与浓度接近的混合基质标准校准溶液谱图中对应的定性离子的相对丰度进行比较,偏差不超过表2规定的范围,则可判定为样品中存在对应的待测物。

表2 定性确证时相对离子丰度的最大允许偏差

以%表示

相对离子丰度 K	$K>50$	$20<K<50$	$10<K<20$	$K\leqslant10$
允许的相对偏差	±20	±25	±30	±50

7.4.3.2 定量测定

内标法定量:用混合标准工作溶液分别进样,以分析化合物和内标化合物的峰面积比为纵坐标,以分析化合物和内标化合物的浓度比为横坐标作标准工作曲线,用标准工作曲线对样品进行定量,标准工作液和待测液中12种药物的响应值均应在仪器线性响应范围内。12种β-兴奋剂药物的保留时间、母离子和子离子见表3。12种β-兴奋剂药物的标准物质的多反应监测(MRM)色谱图参见附录A中的图A.1,添加浓度及其平均回收率的试验数据参见附录B中的表B.1。

表3 12种β-兴奋剂类药物保留时间、定性定量离子对及锥孔电压、碰撞能量

化合物名称	保留时间/min	定性离子对(m/z)	定量离子对(m/z)	锥孔电压/V	碰撞能量/eV
莱克多巴胺	2.00	302/164	302/164	25	15
		302/284			12
沙丁胺醇	0.75	240/148	240/148	20	18
		240/166			13
塞曼特罗	0.84	220/160	220/160	18	15
		220/202			10
克仑潘特	2.25	291/203	291/203	20	15
		291/273			10
克仑特罗	2.15	277/203	277/203	26	15
		277/259			11
溴布特罗	2.20	367/293	367/293	18	18
		367/349			13
妥布特罗	2.13	228/119	228/154	21	25
		228/154			16

表 3（续）

化合物名称	保留时间/min	定性离子对（m/z）	定量离子对（m/z）	锥孔电压/V	碰撞能量/eV
马布特罗	2.25	311/237	311/237	20	16
		311/293			11
特布他林	0.78	226/125	226/152	20	22
		226/152			16
利托君	1.25	288/121	288/270	20	20
		288/270			12
苯氧丙酚胺	2.22	302/150	302/150	20	22
		302/284			14
羟甲基氨克仑特罗	1.95	293/203	293/203	18	15
		293/275			12
克仑特罗-D9	2.13	286/204	286/204	26	15
沙丁胺醇-D3	0.75	243/151	243/151	20	18
莱克多巴胺-D5	2.00	308/168	308/168	25	15

采用克仑特罗-D9 定量的化合物有：克仑潘特、克仑特罗、溴布特罗、妥布特罗、马布特罗、苯氧丙酚胺。

采用沙丁胺醇-D5 定量的化合物有：沙丁胺醇、塞曼特罗、特布他林。

采用莱克多巴胺-D5 定量的化合物有：莱克多巴胺、利托君、羟甲基氨克仑特罗。

7.5 平行试验

按以上步骤，对同一试样进行平行试验测定。

8 结果计算

试样中兴奋剂类药物残留量利用数据处理系统计算或按式(1)计算：

$$X = c \times \frac{V}{m} \times \frac{1\,000}{1\,000} \qquad \cdots\cdots(1)$$

式中：

X——试样中被测组分残留量，单位为微克每千克（μg/kg）；

c——从标准工作曲线得到的被测组分溶液浓度，单位为纳克每毫升（ng/mL）；

V——试样溶液定容体积，单位为毫升（mL）；

m——试样溶液最终所代表试样的质量，单位为克（g）。

计算结果应扣除空白值。

9 精密度

9.1 一般规定

本标准的精密度数据是按照 GB/T 6379.1 和 GB/T 6379.2 的规定确定的，重复性和再现性的值以 95%的可信度来计算。

9.2 重复性

在重复性试验条件下，获得的两次独立测试结果的绝对差值不超过重复性限 r，被测物的添加浓度范围及重复性方程见表 4。

表 4　12 种 β-兴奋剂类药物的含量范围及重复性和再现性方程 单位为毫克每千克

化合物名称	添加浓度范围	重复性限 r	再现性限 R
莱克多巴胺	0.1～1.0	$\lg r=1.2554 \lg m-0.8080$	$\lg R=1.0324 \lg m-0.4984$
沙丁胺醇	0.1～1.0	$\lg r=1.2767 \lg m-0.4946$	$\lg R=1.0380 \lg m-0.5013$
塞曼特罗	0.1～1.0	$\lg r=1.1148 \lg m-0.7804$	$\lg R=1.0153 \lg m-0.5039$
克仑潘特	0.1～1.0	$\lg r=1.0797 \lg m-0.6752$	$\lg R=0.8926 \lg m-0.5742$
克仑特罗	0.1～1.0	$\lg r=1.0062 \lg m-0.7697$	$\lg R=0.9598 \lg m-0.4974$
溴布特罗	0.5～5.0	$\lg r=1.0360 \lg m-0.5762$	$\lg R=1.0858 \lg m-0.5339$
妥布特罗	0.5～5.0	$\lg r=1.1378 \lg m-0.4915$	$\lg R=0.9408 \lg m-0.5826$
马布特罗	0.5～5.0	$\lg r=0.9981 \lg m-0.6873$	$\lg R=1.0205 \lg m-0.5182$
特布他林	0.5～5.0	$\lg r=0.9798 \lg m-0.7052$	$\lg R=1.0387 \lg m-0.4810$
利托君	0.5～5.0	$\lg r=0.9654 \lg m-0.7129$	$\lg R=0.9735 \lg m-0.4816$
苯氧丙酚胺	0.5～5.0	$\lg r=1.1228 \lg m-0.8142$	$\lg R=0.9505 \lg m-0.5014$
羟甲基氨克仑特罗	0.5～5.0	$\lg r=1.0170 \lg m-0.7182$	$\lg R=0.9794 \lg m-0.4680$

如果差值超过重复性限，应舍弃试验结果并重新完成两次单个试验的测定。

9.3　再现性

在再现性试验条件下，获得的两次独立测试结果的绝对差值不超过再现性限 R，被测物的添加浓度范围及再现性方程见表 4。

附 录 A
（资料性附录）
标准物质的多反应监测（MRM）色谱图

12 种 β-兴奋剂类药物标准物质的多反应监测（MRM）色谱图见图 A.1。

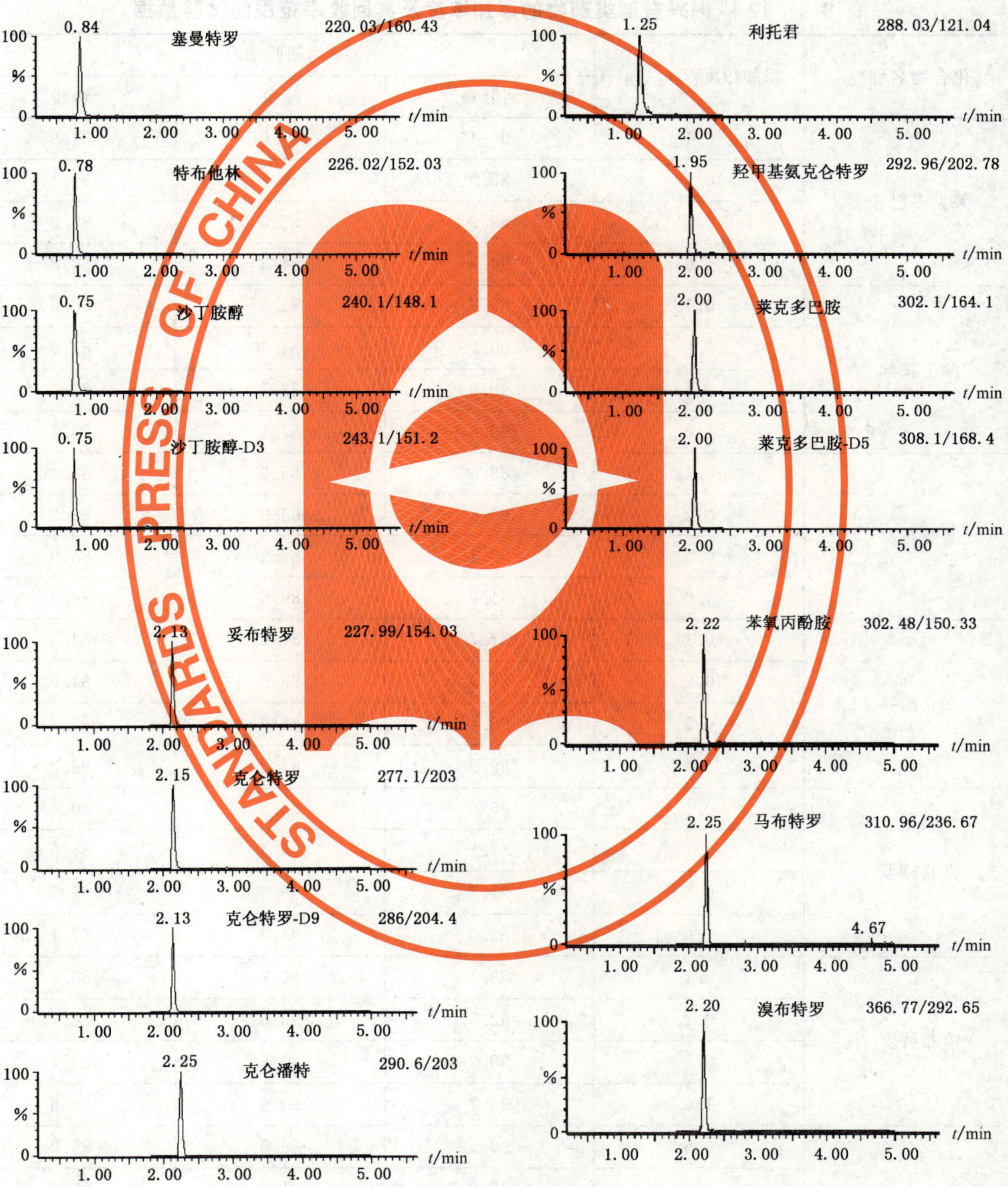

图 A.1　12 种 β-兴奋剂类药物标准物质的多反应监测（MRM）色谱图

附 录 B
（资料性附录）
回 收 率

12 种 β-兴奋剂类药物的添加浓度及其回收率范围的试验数据见表 B.1。

表 B.1 12 种 β-兴奋剂类药物的添加浓度及其回收率范围的试验数据

化合物名称	添加浓度/(μg/kg)	平均回收率/%		
		河豚鱼	鳗鱼	烤鳗
莱克多巴胺	0.1	90.4	81.0	84.8
	0.2	88.9	81.5	84.1
	0.5	89.9	82.5	86.0
	1.0	94.7	84.3	87.2
沙丁胺醇	0.1	89.7	84.8	88.0
	0.2	90.7	84.4	87.0
	0.5	90.9	88.7	85.0
	1.0	90.8	87.1	88.7
塞曼特罗	0.1	86.6	85.2	87.4
	0.2	90.6	93.9	83.2
	0.5	92.4	87.2	85.0
	1.0	91.8	89.5	88.9
克仑潘特	0.1	87.7	86.8	84.2
	0.2	87.3	89.5	84.0
	0.5	90.4	86.9	87.6
	1.0	89.9	87.3	88.0
克仑特罗	0.1	85.6	88.5	86.4
	0.2	87.1	90.4	84.9
	0.5	91.7	89.6	86.7
	1.0	82.0	93.3	87.1
溴布特罗	0.1	89.4	86.7	83.7
	0.2	92.5	93.5	84.7
	0.5	90.2	90.5	87.7
	1.0	92.7	90.9	86.6
妥布特罗	0.5	90.5	89.5	86.0
	1.0	92.8	91.8	85.0
	2.5	95.7	93.2	89.9
	5.0	92.9	92.0	90.0

表 B.1（续）

化合物名称	添加浓度/(μg/kg)	平均回收率/%		
		河豚鱼	鳗鱼	烤鳗
马布特罗	0.5	90.5	82.8	85.6
	1.0	91.4	89.2	85.5
	2.5	90.6	91.2	86.4
	5.0	90.8	96.9	86.9
特布他林	0.5	88.8	85.9	91.4
	1.0	87.4	92.1	89.8
	2.5	91.6	94.6	93.5
	5.0	89.2	91.9	90.3
利托君	0.5	88.8	83.9	87.6
	1.0	94.2	83.8	87.4
	2.5	93.5	84.2	87.6
	5.0	91.1	90.0	90.7
苯氧丙酚胺	0.5	88.0	82.4	90.8
	1.0	90.0	86.3	85.5
	2.5	90.0	87.3	86.9
	5.0	93.7	91.9	87.5
羟甲基氨克仑特罗	0.5	90.8	87.3	90.2
	1.0	90.7	94.6	90.1
	2.5	91.5	97.3	88.8
	5.0	91.8	95.1	91.3

ICS 67.050
X 04

中华人民共和国国家标准

GB/T 22951—2008

河豚鱼、鳗鱼中十八种磺胺类药物残留量的测定 液相色谱-串联质谱法

Determination of 18 sulfonamides residues in fugu and eel—LC-MS-MS method

2008-12-31 发布 2009-05-01 实施

中华人民共和国国家质量监督检验检疫总局
中国国家标准化管理委员会 发布

前　言

本标准的附录 A、附录 B 为资料性附录。

本标准由国家质量监督检验检疫总局提出并归口。

本标准起草单位：中华人民共和国秦皇岛出入境检验检疫局。

本标准主要起草人：贾光群、曹彦忠、张进杰、石玉秋、姚智慧、庞国芳。

河豚鱼、鳗鱼中十八种磺胺类药物残留量的测定 液相色谱-串联质谱法

1 范围

本标准规定了河豚鱼、鳗鱼中十八种磺胺类药物(见表2)残留量液相色谱-串联质谱测定方法。

本标准适用于河豚鱼、鳗鱼中十八种磺胺类药物残留量的测定。

本标准的方法检出限均为5.0 μg/kg。

2 规范性引用文件

下列文件中的条款通过本标准的引用而成为本标准的条款。凡是注日期的引用文件，其随后所有的修改单(不包括勘误的内容)或修订版均不适用于本标准，然而，鼓励根据本标准达成协议的各方研究是否可使用这些文件的最新版本。凡是不注日期的引用文件，其最新版本适用于本标准。

GB/T 6379.1　测量方法与结果的准确度(正确度与精密度)　第1部分：总则与定义(GB/T 6379.1—2004，ISO 5725-1：1994，IDT)

GB/T 6379.2　测量方法与结果的准确度(正确度与精密度)　第2部分：确定标准测量方法重复性与再现性的基本方法(GB/T 6379.2—2004，ISO 5725-2：1994，IDT)

GB/T 6682　分析实验室用水规格和试验方法(GB/T 6682—2008，ISO 3696：1987，MOD)

3 原理

河豚鱼、鳗鱼中磺胺类药物残留用乙腈提取，离心，上清液经无水硫酸钠脱水后，用氮气浓缩仪吹至近干，残渣用乙腈-0.01 mol/L乙酸铵溶液溶解，用正己烷脱脂，过0.2 μm滤膜后，样品溶液供液相色谱-串联质谱仪测定，内标法定量。

4 试剂和材料

4.1　水：GB/T 6682，一级。

4.2　甲醇：色谱纯。

4.3　乙腈：色谱纯。

4.4　甲酸：色谱纯。

4.5　正己烷：色谱纯。

4.6　乙酸铵：优级纯。

4.7　无水硫酸钠：经650 ℃灼烧4 h，置于干燥器中备用。

4.8　0.01 mol/L乙酸铵溶液：称取0.77 g乙酸铵(4.6)溶于1 000 mL水中。

4.9　定容液：乙腈-0.01 mol/L乙酸铵溶液(3＋22)。量取12 mL乙腈(4.3)和88 mL乙酸铵溶液(4.8)混合均匀。

4.10　0.1%甲酸溶液：吸取1.0 mL甲酸(4.4)，用水稀释至1 000 mL。

4.11　十八种磺胺类药物标准物质：磺胺嘧啶(CAS：68-35-9)、磺胺噻唑(CAS：72-14-0)、磺胺吡啶(CAS：144-83-2)、磺胺甲基嘧啶(CAS：127-79-7)、磺胺-6-甲氧嘧啶(CAS：1220-83-3)、磺胺甲噻二唑(CAS：144-82-1)、磺胺二甲嘧啶(CAS：57-68-1)、磺胺甲氧哒嗪(CAS：80-35-3)、磺胺对甲氧嘧啶(CAS：

651-06-9)、磺胺氯哒嗪(CAS:80-32-0)、磺胺甲基异噁唑(CAS:723-46-6)、磺胺邻二甲氧嘧啶(CAS:2447-57-6)、磺胺二甲异噁唑(CAS:127-69-5)、磺胺苯酰(CAS:127-71-9)、磺胺氯吡嗪(CAS:102-65-8)、磺胺苯吡唑(CAS:526-08-9)、磺胺间二甲氧嘧啶(CAS:1037-50-9)、磺胺喹噁啉(CAS:59-40-5)。纯度≥99%。

4.12 0.1 mg/mL 标准储备溶液:准确称取适量的每种磺胺类药物标准物质(4.11),用甲醇(4.2)分别配成 0.1 mg/mL 的标准储备溶液,该溶液在 4 ℃保存。

4.13 5.0 μg/mL 磺胺类药物混合标准工作溶液:分别吸取各标准储备溶液(4.12)0.5 mL 移至 10 mL 容量瓶中,用甲醇稀释至刻度,配成 5.0 μg/mL 混合标准工作溶液。该溶液在 4 ℃保存。

4.14 磺胺内标物质:磺胺甲基异噁唑-D4、磺胺嘧啶-D4、磺胺噻唑-D4。纯度≥99%。

4.15 5.0 μg/mL 磺胺甲基异噁唑-D4、磺胺嘧啶-D4、磺胺噻唑-D4 内标标准储备溶液:称取适量磺胺甲基异噁唑-D4,磺胺嘧啶-D4,磺胺噻唑-D4 标准物质(4.14),用甲醇分别配成 0.1 mg/mL。该溶液在 4 ℃保存。

4.16 磺胺类药物混合内标工作溶液:分别吸取磺胺甲基异噁唑-D4,磺胺嘧啶-D4,磺胺噻唑-D4 储备溶液(4.15)0.5 mL 移至 10 mL 容量瓶中,用甲醇稀释至刻度,配成浓度为 5 μg/mL 混合内标工作溶液。该溶液在 4 ℃保存。

4.17 基质标准工作溶液:吸取不同体积混合标准工作溶液(4.12)和 4 μL 混合内标工作溶液(4.16),用空白样品提取液配成 5.0 ng/mL、10.0 ng/mL、20.0 ng/mL、50.0 ng/mL、100.0 ng/mL 不同浓度的基质标准工作溶液。当天配制。

4.18 滤膜:0.2 μm。

5 仪器

5.1 液相色谱-串联质谱仪:配有电喷雾离子源。

5.2 分析天平:感量 0.1 mg,0.01 g。

5.3 离心管:50 mL。

5.4 均质器。

5.5 液体混匀器。

5.6 离心机。

5.7 氮气浓缩仪。

5.8 浓缩管:10 mL。

6 试样的制备与保存

6.1 试样的制备

从全部样品中取出有代表性样品约 1 kg,充分搅碎,混匀,均分成两份,分别装入洁净容器内。密封,作为试样,标明标记。在抽样和制样的操作过程中,应防止样品受到污染或发生残留物含量的变化。

6.2 试样保存

将试样于−18℃冷冻保存。

7 测定步骤

7.1 样品制备

称取 10 g 试样,精确至 0.01 g。置于 50 mL 离心管(5.3)中,加入 20 μL 内标工作溶液(4.16),然后加入 20 g 无水硫酸钠(4.7)和 25 mL 乙腈(4.3),均质 2 min,以 3 000 r/min 离心 3 min。上清液转移至 50 mL 容量瓶中,残渣再加入 20 mL 乙腈,重复上述操作一次。合并提取液,用乙腈定容至刻度后,混匀。吸取 10 mL 至浓缩管(5.8)中,在 45 ℃水浴中氮气吹至近干。准确加入 1 mL 定容液(4.9)

和 1 mL 正己烷(4.5)溶解残渣，涡旋 1 min，以 3 000 r/min 离心 3 min，吸取上层正己烷弃去，再加入 1 mL 正己烷，重复上述步骤，直至下层水相变成透明液体。取下层清液，过 0.2 μm 滤膜(4.18)后，用液相色谱-串联质谱仪测定。

按上述操作步骤制备样品空白提取液。

7.2 测定条件

7.2.1 液相色谱参考条件

a) 色谱柱：Atlantis，3 μm，150 mm×2.1 mm(内径)或相当者；

b) 流动相：A：乙腈，B：0.1%甲酸溶液，C：甲醇。梯度洗脱条件见表 1；

c) 流速：0.2 mL/min；

d) 柱温：35 ℃；

e) 进样量：20 μL。

表 1 流动相梯度条件

时间/min	A/%	B/%	C/%
0.00	10.0	80.0	10.0
3.00	20.0	70.0	10.0
8.00	35.0	55.0	10.0
12.00	70.0	20.0	10.0
12.01	10.0	80.0	10.0
17.00	10.0	80.0	10.0

7.2.2 质谱参考条件

a) 离子源：电喷雾离子源；

b) 扫描方式：正离子扫描；

c) 检测方式：多反应监测；

d) 电喷雾电压：5 500 V；

e) 雾化气压力：0.076 MPa；

f) 气帘气压力：0.069 MPa；

g) 辅助气流速：6 L/min；

h) 离子源温度：350 ℃；

i) 定性离子对、定量离子对、碰撞气能量和去簇电压见表 2。

表 2 十八种磺胺类药物的定性离子对、定量离子对、碰撞气能量和去簇电压

化合物中文名称	化合物英文名称	定性离子对 (*m/z*)	定量离子对 (*m/z*)	碰撞气能量/V	去簇电压/V
磺胺嘧啶	sulfadiazine	251/156	251/156	23	55
		251/185		27	50
磺胺噻唑	sulfathiazole	256/156	256/156	22	55
		256/107		32	47
磺胺吡啶	sulfapyridine	250/156	250/156	25	50
		250/184		25	60
磺胺甲基嘧啶	sulfamethoxypyridazine	265/156	265/156	25	50
		265/172		24	60
磺胺-6-甲氧嘧啶	sulfamonomethoxine	281/156	281/156	25	65
		281/215		25	50

表 2（续）

化合物中文名称	化合物英文名称	定性离子对 (*m*/*z*)	定量离子对 (*m*/*z*)	碰撞气能量/V	去簇电压/V
磺胺甲噻二唑	sulfamethizole	271/156	271/156	20	50
		271/107		32	50
磺胺二甲嘧啶	sulfamethazine	279/156	279/156	22	55
		279/204		20	60
磺胺甲氧哒嗪	sulfamethoxypyridazine	281/156	281/156	25	65
		281/215		25	50
磺胺对甲氧嘧啶	sulfameter	281/156	281/156	25	65
		281/215		25	50
磺胺氯哒嗪	sulfachloropyridazine	285/156	285/156	23	50
		285/108		35	50
磺胺甲基异噁唑	sulfamethoxazole	254/156	254/156	23	50
		254/147		22	45
磺胺邻二甲氧嘧啶	sulfadoxine	311/156	311/156	31	70
		311/108		35	55
磺胺二甲异噁唑	sulfisoxazole	268/156	268/156	20	45
		268/113		23	45
磺胺苯酰	sulfabenzamide	277/156	277/156	20	85
		277/108		35	85
磺胺氯吡嗪	sulfachloropyrazine	285/156	285/156	24	53
		285/108		37	53
磺胺苯吡唑	sulfaphenazole	315/156	315/156	32	55
		315/160		35	55
磺胺间二甲氧嘧啶	sulfadimethoxine	311/156	311/156	31	70
		311/218		27	70
磺胺喹噁啉	sulfaquinoxaline	301/156	301/156	25	42
		301/208		28	42

7.3 液相色谱-串联质谱测定

7.3.1 定性测定

将各被测组分分别选择 1 个母离子，2 个以上子离子，在相同的试验条件下，样品中待测物质的保留时间与标准溶液中对应的保留时间偏差在±2.5%之内；且样品中各组分定性离子的相对丰度与浓度接近的标准溶液中对应的定性离子的相对丰度进行比较，若偏差不超过表 3 规定的范围，则可判定样品中存在对应的待测物。

表 3 定性确证时相对离子丰度的最大允许偏差　　以%表示

相对离子丰度 *K*	*K*>50	20<*K*<50	10<*K*<20	*K*≤10
允许最大偏差	±20	±25	±30	±50

7.3.2 定量测定

用基质混合标准工作溶液(4.17)分别进样，以各标准峰面积与内标峰面积的比值为纵坐标，以各标准工作溶液浓度与内标溶液浓度的比值为横坐标，绘制标准工作曲线，用标准工作曲线对样品进行定量，样品溶液中十八种磺胺类药物的响应值均应在仪器测定的线性范围内。在上述色谱条件和质谱条件下，十八种磺胺类药物的参考保留时间见表 4。十八种磺胺类药物的标准多反应监测(MRM)色谱图参见附录 A 中的图 A.1。

本方法中十八种磺胺类药物添加浓度及其平均回收率的试验数据参见附录B中的表B.1。

表4 十八种磺胺类药物参考保留时间

化合物名称	保留时间/min	化合物名称	保留时间/min
磺胺嘧啶	4.45	磺胺氯哒嗪	8.91
磺胺噻唑	4.77	磺胺甲基异噁唑	9.29
磺胺吡啶	5.39	磺胺邻二甲氧嘧啶	9.29
磺胺甲基嘧啶	6.20	磺胺二甲异噁唑	9.72
磺胺-6-甲氧嘧啶	7.75	磺胺苯酰	10.50
磺胺甲噻二唑	7.76	磺胺氯吡嗪	10.85
磺胺二甲嘧啶	7.83	磺胺苯吡唑	11.11
磺胺甲氧哒嗪	8.01	磺胺间二甲氧嘧啶	11.12
磺胺对甲氧嘧啶	8.75	磺胺喹噁啉	11.22

7.4 平行试验

按以上步骤，对同一试样进行平行试验测定。

7.5 空白试验

除不称取样品外，均按上述步骤进行。

8 结果计算

河豚鱼、鳗鱼中十八种磺胺类药物残留量的测定结果按式(1)计算：

$$X = c_s \times \frac{A}{A_s} \times \frac{c_i}{c_{si}} \times \frac{A_{si}}{A_i} \times \frac{V}{m} \times \frac{1\,000}{1\,000} \quad \cdots\cdots(1)$$

式中：

X——试样中被测物残留量，单位为微克每千克(μg/kg)；

c_s——基质标准工作溶液中被测物的浓度，单位为纳克每毫升(ng/mL)；

A——试样溶液中被测物的色谱峰面积；

A_s——基质标准工作溶液中被测物的色谱峰面积；

c_i——试样溶液中内标物的浓度，单位为纳克每毫升(ng/mL)；

c_{si}——基质标准工作溶液中内标物的浓度，单位为纳克每毫升(ng/mL)；

A_{si}——基质标准工作溶液中内标物的色谱峰面积；

A_i——试样溶液中内标物的色谱峰面积；

V——样液最终定容体积，单位为毫升(mL)；

m——试样溶液所代表试样的质量，单位为克(g)。

计算结果应扣除空白值。

9 精密度

9.1 一般规定

本标准的精密度数据是按照GB/T 6379.1和GB/T 6379.2的规定确定的，其重复性和再现性的值是以95%的可信度来计算。

9.2 重复性

在重复性试验条件下，获得的两次独立测试结果的绝对差值不超过重复性限r，河豚鱼、鳗鱼中十八种磺胺类药物添加浓度范围及重复性方程见表5。

表 5 添加浓度范围及重复性和再限性方程

单位为微克每千克

化合物名称	添加浓度范围	重复性限 r	再现性限 R
磺胺嘧啶	5.0～50.0	$\lg r=0.9134\lg m-1.2486$	$\lg R=0.7576\lg m-0.6647$
磺胺噻唑	5.0～50.0	$\lg r=0.4987\lg m-0.7916$	$\lg R=0.7604\lg m-0.5415$
磺胺吡啶	5.0～50.0	$\lg r=1.0801\lg m-1.4641$	$\lg R=1.0237\lg m-0.9181$
磺胺甲基嘧啶	5.0～50.0	$\lg r=0.7337\lg m-1.1786$	$\lg R=0.7223\lg m-0.3664$
磺胺-6-甲氧嘧啶	5.0～50.0	$\lg r=0.8785\lg m-0.9986$	$\lg R=0.6006\lg m-0.3779$
磺胺甲噻二唑	5.0～50.0	$\lg r=1.0598\lg m-1.3411$	$\lg R=0.8516\lg m-0.5966$
磺胺二甲嘧啶	5.0～50.0	$\lg r=0.8247\lg m-1.1906$	$\lg R=1.0778\lg m-1.1102$
磺胺甲氧哒嗪	5.0～50.0	$\lg r=1.2441\lg m-1.7816$	$\lg R=0.7558\lg m-0.5215$
磺胺对甲氧嘧啶	5.0～50.0	$\lg r=0.8356\lg m-1.1511$	$\lg R=0.9473\lg m-1.0112$
磺胺氯哒嗪	5.0～50.0	$\lg r=0.4952\lg m-0.7540$	$\lg R=0.6980\lg m-0.5740$
磺胺甲基异噁唑	5.0～50.0	$\lg r=0.8986\lg m-0.8891$	$\lg R=0.9931\lg m-0.9022$
磺胺邻二甲氧嘧啶	5.0～50.0	$\lg r=0.8167\lg m-1.2076$	$\lg R=0.8500\lg m-0.7679$
磺胺二甲异噁唑	5.0～50.0	$\lg r=1.0607\lg m-1.3448$	$\lg R=1.0283\lg m-1.0395$
磺胺苯酰	5.0～50.0	$\lg r=0.7389\lg m-1.0551$	$\lg R=0.7702\lg m-0.6410$
磺胺氯吡嗪	5.0～50.0	$\lg r=0.9811\lg m-1.1361$	$\lg R=1.0456\lg m-0.9163$
磺胺苯吡唑	5.0～50.0	$\lg r=0.9412\lg m-1.1662$	$\lg R=0.6812\lg m-0.5496$
磺胺间二甲氧嘧啶	5.0～50.0	$\lg r=0.7920\lg m-0.9668$	$\lg R=1.1192\lg m-1.2056$
磺胺喹噁啉	5.0～50.0	$\lg r=1.0760\lg m-1.4935$	$\lg R=0.8271\lg m-0.8028$
注：m 为两次测定值的平均值。			

如果差值超过重复性限 r，应舍弃试验结果并重新完成两次单个试验的测定。

9.3 再现性

在再现性试验条件下，获得的两次独立测试结果的绝对差值不超过再现性限 R，河豚鱼、鳗鱼中十八种磺胺类药物的添加浓度范围及再现性方程见表 5。

附 录 A
（资料性附录）
标准物质多反应监测(MRM)色谱图

十八种磺胺类药物标准物质多反应监测(MRM)色谱图见图 A.1。

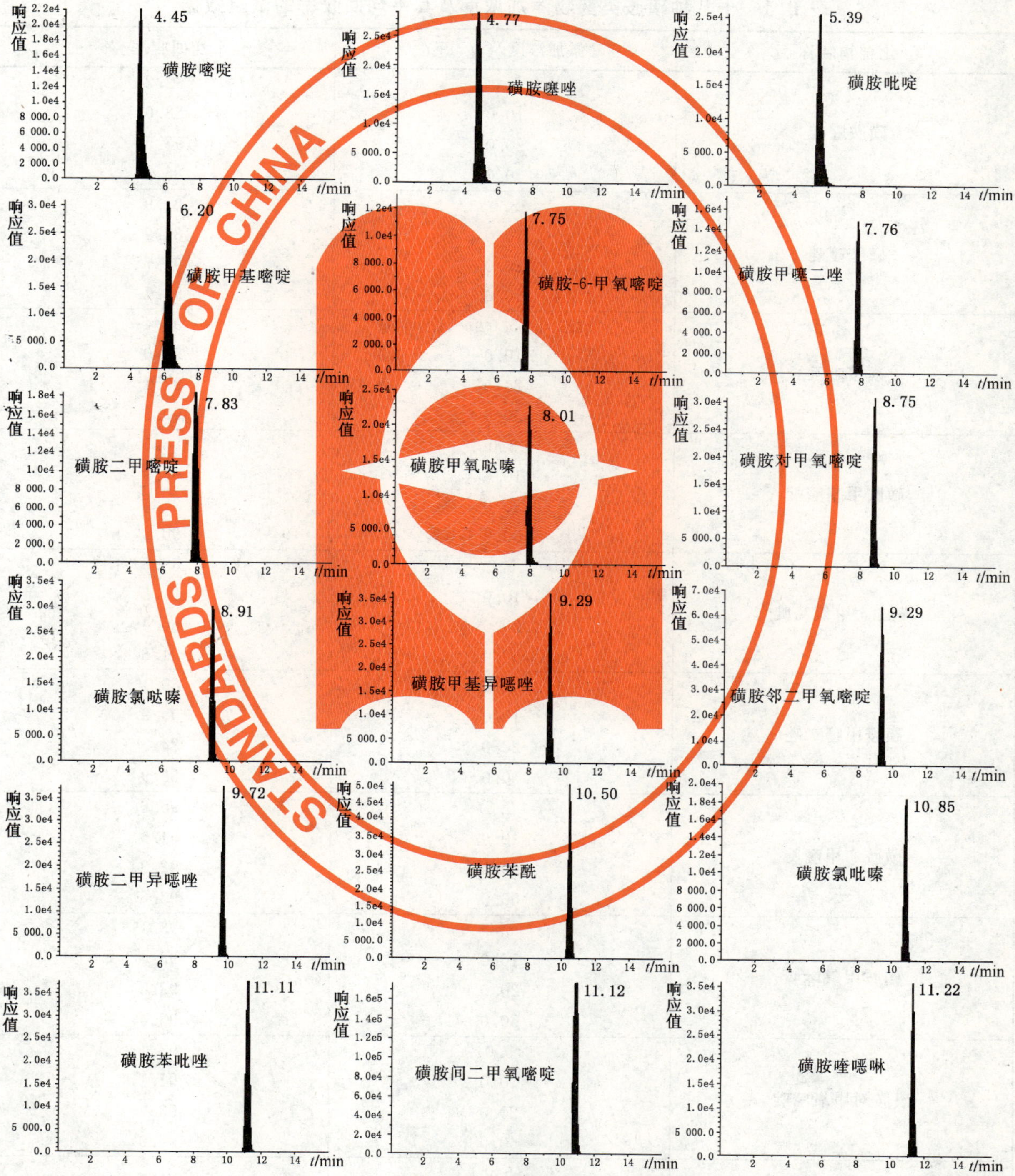

图 A.1 十八种磺胺类药物标准物质多反应监测(MRM)色谱图

附 录 B
（资料性附录）
回 收 率

本方法中十八种磺胺类药物添加浓度及其平均回收率的试验数据见表 B.1。

表 B.1 十八种磺胺类药物添加浓度及其平均回收率的试验数据

化合物名称	添加浓度/(μg/kg)	平均回收率/%
磺胺嘧啶	5.0	92.2
	10.0	88.0
	20.0	93.5
	50.0	86.2
磺胺噻唑	5.0	91.9
	10.0	87.9
	20.0	91.7
	50.0	92.7
磺胺吡啶	5.0	91.4
	10.0	94.0
	20.0	97.1
	50.0	90.8
磺胺甲基嘧啶	5.0	88.5
	10.0	94.9
	20.0	97.0
	50.0	90.2
磺胺-6-甲氧嘧啶	5.0	88.3
	10.0	91.3
	20.0	86.4
	50.0	91.8
磺胺甲噻二唑	5.0	89.1
	10.0	95.9
	20.0	84.5
	50.0	88.9
磺胺二甲嘧啶	5.0	95.6
	10.0	91.5
	20.0	92.3
	50.0	93.6
磺胺甲氧哒嗪	5.0	93.1
	10.0	93.4
	20.0	93.0
	50.0	93.4
磺胺对甲氧嘧啶	5.0	93.1
	10.0	91.1
	20.0	93.2
	50.0	95.0
磺胺氯哒嗪	5.0	87.3
	10.0	93.9
	20.0	87.9
	50.0	88.4

表 B.1（续）

化合物名称	添加浓度/(μg/kg)	平均回收率/%
磺胺甲基异噁唑	5.0	96.0
	10.0	92.4
	20.0	90.0
	50.0	87.0
磺胺邻二甲氧嘧啶	5.0	86.8
	10.0	88.3
	20.0	89.4
	50.0	90.8
磺胺二甲异噁唑	5.0	88.3
	10.0	91.3
	20.0	86.4
	50.0	91.8
磺胺苯酰	5.0	94.5
	10.0	87.6
	20.0	89.1
	50.0	90.0
磺胺氯吡嗪	5.0	88.0
	10.0	89.0
	20.0	88.3
	50.0	90.8
磺胺苯吡唑	5.0	93.1
	10.0	89.1
	20.0	95.8
	50.0	97.1
磺胺间二甲氧嘧啶	5.0	87.0
	10.0	87.3
	20.0	94.1
	50.0	94.7
磺胺喹噁啉	5.0	89.7
	10.0	95.5
	20.0	91.3
	50.0	90.5

ICS 67.050
X 04

中华人民共和国国家标准

GB/T 22952—2008

河豚鱼和鳗鱼中阿莫西林、氨苄西林、哌拉西林、青霉素G、青霉素V、苯唑西林、氯唑西林、萘夫西林、双氯西林残留量的测定 液相色谱-串联质谱法

Determination of amoxicillin, ampicillin, piperacillin, penicillin G, penicillin V, oxacillin, cloxacillin, nafcillin, dicloxacillin residues in fugu and eel—LC-MS-MS method

2008-12-31 发布　　2009-05-01 实施

中华人民共和国国家质量监督检验检疫总局
中国国家标准化管理委员会　发布

前　言

本标准的附录 A、附录 B 为资料性附录。

本标准由国家质量监督检验检疫总局提出并归口。

本标准起草单位：中华人民共和国秦皇岛出入境检验检疫局。

本标准主要起草人：李学民、母健、刘晓茂、曹彦忠、刘亚新、庞国芳。

河豚鱼和鳗鱼中阿莫西林、氨苄西林、哌拉西林、青霉素G、青霉素V、苯唑西林、氯唑西林、萘夫西林、双氯西林残留量的测定 液相色谱-串联质谱法

1 范围

本标准规定了河豚鱼和鳗鱼中阿莫西林、氨苄西林、哌拉西林、青霉素 G、青霉素 V、苯唑西林、氯唑西林、萘夫西林、双氯西林九种青霉素类药物残留量的液相色谱-串联质谱测定方法。

本标准适用于河豚鱼和鳗鱼中阿莫西林、氨苄西林、哌拉西林、青霉素 G、青霉素 V、苯唑西林、氯唑西林、萘夫西林、双氯西林九种青霉素类药物残留量的测定。

本标准方法的检出限：萘夫西林、青霉素 G、哌拉西林、青霉素 V、苯唑西林为 1.0 μg/kg；阿莫西林、氨苄西林、氯唑西林、双氯西林为 2.0 μg/kg。

2 规范性引用文件

下列文件中的条款通过本标准的引用而成为本标准的条款。凡是注日期的引用文件，其随后所有的修改单(不包括勘误的内容)或修订版均不适用于本标准，然而，鼓励根据本标准达成协议的各方研究是否可使用这些文件的最新版本。凡是不注日期的引用文件，其最新版本适用于本标准。

GB/T 6379.1 测量方法与结果的准确度(正确度与精密度) 第 1 部分：总则与定义(GB/T 6379.1—2004，ISO 5725-1:1994，IDT)

GB/T 6379.2 测量方法与结果的准确度(正确度与精密度) 第 2 部分：确定标准测量方法重复性与再现性的基本方法(GB/T 6379.2—2004，ISO 5725-2:1994，IDT)

GB/T 6682 分析实验室用水规格和试验方法(GB/T 6682—2008，ISO 3696:1987，MOD)

3 原理

试样中青霉素类药物残留用乙腈提取，旋转蒸发除去乙腈，用水定容，液相色谱-串联质谱仪测定，外标法定量。

4 试剂和材料

除另有说明外，所用试剂均为分析纯。

4.1 水：GB/T 6682，一级水。

4.2 甲醇：色谱纯。

4.3 乙腈：色谱纯。

4.4 正己烷。

4.5 乙腈饱和的正己烷：取 100 mL 正己烷(4.4)和 50 mL 乙腈(4.3)于 250 mL 分液漏斗中，振摇 1 min，静置分层后，弃掉乙腈。

4.6 氨水。

4.7 乙腈提取液：将 100 mL 乙腈与 0.6 mL 氨水(4.6)，充分混合。

4.8 标准物质：阿莫西林(CAS:26787-78-0)、氨苄西林(CAS:69-53-4)、哌拉西林(CAS:59703-84-3)、

青霉素 G(CAS:69-57-8)、青霉素 V(CAS:132-98-9)、苯唑西林(CAS:7240-38-2)、氯唑西林(CAS:642-78-4)、萘夫西林(CAS:7177-50-6)、双氯西林(CAS:13412-64-1),纯度≥99%。

4.9 1.0 mg/mL 九种青霉素类药物标准储备溶液:准确称取适量的每种标准物质(4.8),分别用水配制成浓度为 1.0 mg/mL 的标准储备溶液。储备液贮存在−18 ℃冰柜中。

4.10 九种青霉素类药物标准工作溶液:根据需要吸取适量的每种青霉素类药物标准储备溶液(4.9),用水稀释成适当浓度的混合标准工作溶液。

4.11 滤膜:0.2 μm。

5 仪器

5.1 液相色谱-串联四极杆质谱仪:配有电喷雾离子源。

5.2 分析天平:感量 0.1 mg,0.01 g。

5.3 微量注射器:25 μL,100 μL。

5.4 刻度样品管:5 mL,精度为 0.1 mL。

5.5 均质器。

5.6 高速冷冻离心机:带有 50 mL 具塞离心管,转速达到 10 000 r/min 以上。

6 试样制备与保存

6.1 试样的制备

从全部样品中取出有代表性样品约 1 kg,充分搅碎,混匀,均分成两份,分别装入洁净容器内。密封后作为试样,标明标记。在抽样和制样的操作过程中,应防止样品受到污染或发生残留物含量的变化。

6.2 试样的保存

将试样于−18 ℃保存。

7 测定步骤

7.1 试样溶液的制备

称取 5 g 试样(精确到 0.01 g)置于 50 mL 离心管中,加入 20 mL 乙腈提取液(4.7),使用均质器(5.5)均质 1 min,提取液使用高速冷冻离心机(5.6)在 10 ℃,10 000 r/min 离心 10 min,把上层提取液移至另一离心管中。用 15 mL 乙腈提取液重复提取一次,合并两次的提取液,并加入 10 mL 乙腈饱和的正己烷(4.5),振荡 1 min,弃掉正己烷。把提取液移至 100 mL 鸡心瓶中,在 40 ℃旋转蒸发除去乙腈。加入 2 mL 水溶解残渣,混匀,样液过 0.2 μm 滤膜(4.11),供液相色谱-串联质谱仪测定。

7.2 空白样品添加标准混合工作溶液的制备

分别准确移取适量九种青霉素类药物标准混合工作溶液(4.10),添加到 5.0 g 样品中,按照 7.1 步骤操作,配制萘夫西林、青霉素 G、哌拉西林、青霉素 V、苯唑西林浓度为 1.0 μg/kg、2.0 μg/kg、4.0 μg/kg、10 μg/kg;阿莫西林、氨苄西林、氯唑西林、双氯西林浓度为 2.0 μg/kg、4.0 μg/kg、8.0 μg/kg、20 μg/kg 四个样品添加标准混合工作溶液,供液相色谱-串联质谱仪测定。

7.3 测定条件

7.3.1 液相色谱参考条件

a) 色谱柱:ZORBAX SB-C_{18},3.5 μm,150 mm×2.1 mm(内径)或相当者;

b) 流动相组成、流速及梯度程序见表 1;

c) 柱温:30 ℃;

d) 进样量:20 μL。

表 1　流动相梯度程序及流速

时间/min	流速/(μL/min)	水(含 0.1%乙酸)/%	乙腈/%
0.00	200	95.0	5.0
3.00	200	95.0	5.0
3.01	200	50.0	50.0
13.00	200	50.0	50.0
13.01	200	25.0	75.0
18.00	200	25.0	75.0
18.01	200	95.0	5.0
25.00	200	95.0	5.0

7.3.2　质谱参考条件

a)　离子源：电喷雾离子源；

b)　扫描方式：正离子扫描；

c)　检测方式：多反应监测；

d)　电喷雾电压：5 500 V；

e)　雾化气压力：0.055 MPa；

f)　气帘气压力：0.079 MPa；

g)　辅助气流速：6 L/min；

h)　离子源温度：400 ℃；

i)　定性离子对、定量离子对和去簇电压(DP)、碰撞气能量(CE)见表 2。

表 2　九种青霉素类药物的定性离子对、定量离子对、去簇电压、碰撞气能量

化合物中文名称	化合物英文名称	定性离子对 (m/z)	定量离子对 (m/z)	碰撞气能量/V	去簇电压/V
阿莫西林	amoxicillin	366/114 366/208	366/208	30 19	21
氨苄西林	ampicillin	350/192 350/160	350/160	23 20	20
哌拉西林	piperacillin	518/160 518/143	518/143	35 35	27 25
青霉素 G	penicillin G	335/160 335/176	335/160	20 20	23
青霉素 V	penicillin V	351/160 351/192	351/160	20 15	40
苯唑西林	oxacillin	402/160 402/243	402/160	20 20	23
氯唑西林	cloxacillin	436/160 436/277	436/160	21 22	20
萘夫西林	nafcillin	415/199 415/171	415/199	23 52	23
双氯西林	dicloxacillin	470/160 470/311	470/160	20 22	20

7.4 液相色谱-串联质谱测定

7.4.1 定性测定

选择每种待测物质的1个母离子，2个以上子离子，在相同试验条件下，样品中待测物质的保留时间，与基质标准溶液中对应物质的保留时间偏差在±2.5%之内；样品谱图中各定性离子相对丰度与浓度接近的基质标准溶液的谱图中离子相对丰度相比，偏差不超过表3规定的范围，则可判定为样品中存在对应的待测物。

表3 定性确证时相对离子丰度的最大允许偏差

以%表示

相对离子丰度 K	$K>50$	$20<K<50$	$10<K<20$	$K\leqslant10$
允许的最大偏差	±20	±25	±30	±50

7.4.2 定量测定

用7.2制备的空白样品添加标准混合工作溶液分别进样，以标准工作溶液浓度为横坐标，以峰面积为纵坐标，绘制标准工作曲线。用标准工作曲线对样品进行定量，样品溶液中九种青霉素类药物的响应值均应在仪器测定的线性范围内。在上述色谱条件下，九种青霉素类药物标准物质的多反应监测(MRM)色谱图参见附录A中的图A.1。

本方法的添加回收率数据参见附录B中的表B.1。

7.5 平行试验

按上述步骤，对同一试样进行平行试验测定。

7.6 空白试验

除不称取试样外，均按上述分析步骤进行。

8 结果计算

试样中青霉素类药物残留量利用数据处理系统计算或按式(1)计算。

$$X = c \times \frac{V}{m} \times \frac{1\,000}{1\,000} \qquad \cdots\cdots(1)$$

式中：

X——试样中被测组分残留量，单位为微克每千克(μg/kg)；

c——从标准工作曲线得到的试样溶液中被测组分的浓度，单位为纳克每毫升(ng/mL)；

V——试样溶液定容体积，单位为毫升(mL)；

m——最终试样溶液所代表的试样质量，单位为克(g)。

计算结果应扣除空白值。

9 精密度

9.1 一般规定

本标准的精密度数据是按照GB/T 6379.1和GB/T 6379.2规定确定的，其重复性和再现性的值是以95%的可信度来计算。

9.2 重复性

在重复性试验条件下，获得的两次独立测试结果的绝对差值不超过重复性限r，试样中九种青霉素类药物添加浓度范围及重复性方程见表4。

表 4　九种青霉素类药物添加浓度范围及重复性和再现性方程　单位为微克每千克

化合物名称	添加浓度范围	重复性限 r	再现性限 R
萘夫西林	1.0～10	$\lg r=0.8315\lg m-1.0541$	$\lg R=0.9712\lg m-0.6843$
青霉素 G	1.0～10	$\lg r=0.8373\lg m-1.0657$	$\lg R=0.9763\lg m-0.6907$
哌拉西林	1.0～10	$\lg r=0.8282\lg m-1.0580$	$\lg R=0.9738\lg m-0.6887$
苯唑西林	1.0～10	$\lg r=0.8202\lg m-1.0640$	$\lg R=0.9772\lg m-0.6915$
青霉素 V	1.0～10	$\lg r=0.8481\lg m-1.0388$	$\lg R=0.9697\lg m-0.6697$
阿莫西林	2.0～20	$\lg r=0.8303\lg m-1.0072$	$\lg R=0.9778\lg m-0.6846$
氨苄西林	2.0～20	$\lg r=0.8305\lg m-1.0055$	$\lg R=0.9322\lg m-0.6577$
氯唑西林	2.0～20	$\lg r=0.8194\lg m-1.0017$	$\lg R=0.9743\lg m-0.6800$
双氯西林	2.0～20	$\lg r=0.8384\lg m-1.0151$	$\lg R=0.9731\lg m-0.6789$

注：m 为两次测定结果的算术平均值。

如果两次测定值的差值超过重复性限 r，应舍弃试验结果并重新完成两次单个试验的测定。

9.3 再现性

在再现性试验条件下，获得的两次独立测试结果的绝对差值不超过再现性限 R，试样中九种青霉素类药物添加浓度范围及再现性方程见表 4。

附　录　A
（资料性附录）
标准物质的多反应监测（MRM）色谱图

九种青霉素类药物标准物质的多反应监测（MRM）色谱图见图 A.1。

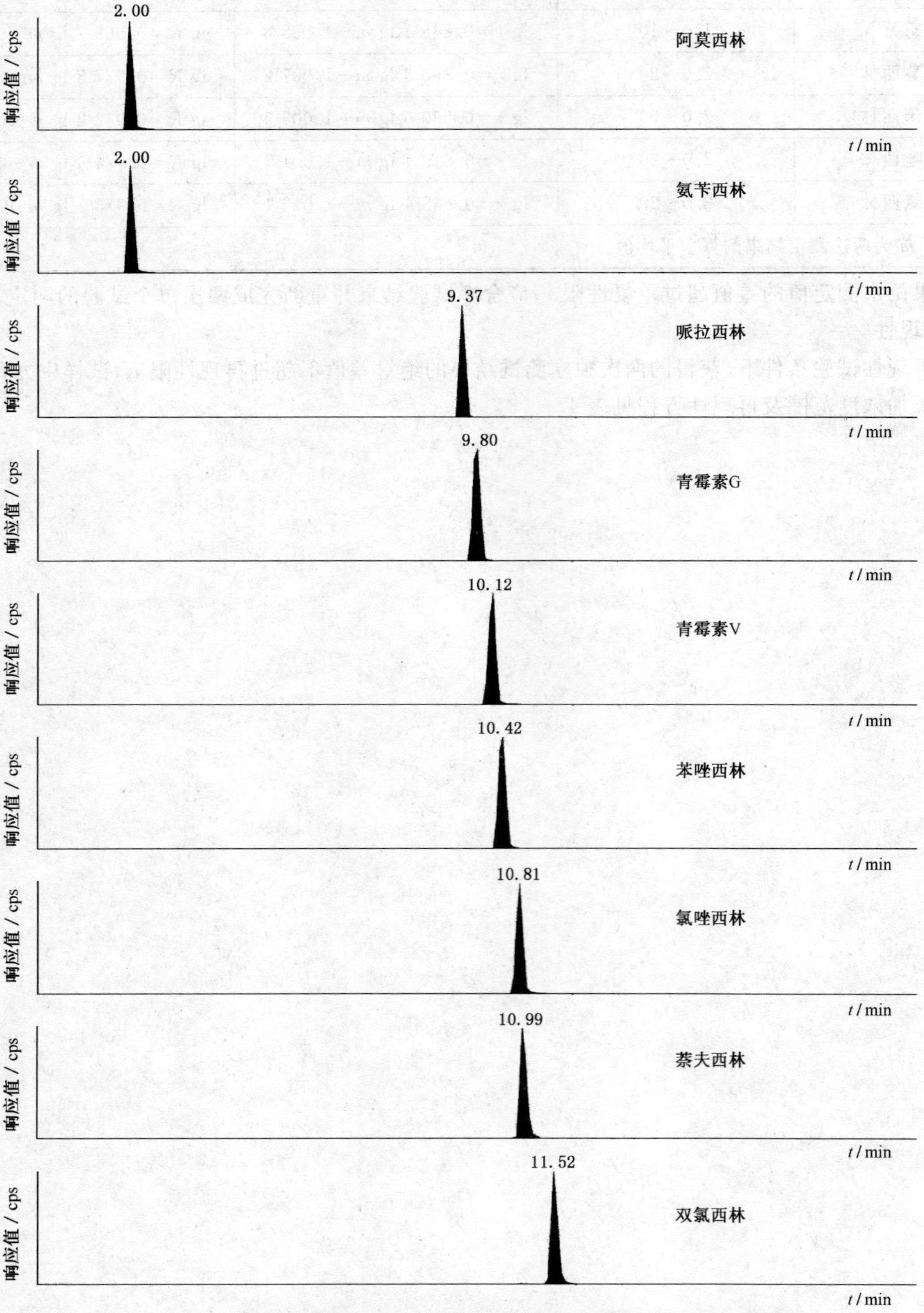

图 A.1　九种青霉素类药物标准物质的多反应监测（MRM）色谱图

附 录 B
（资料性附录）
回 收 率

九种青霉素类药物添加浓度及其平均回收率的试验数据见表 B.1。

表 B.1 九种青霉素类药物添加浓度及其平均回收率的试验数据

化合物名称	添加浓度/(μg/kg)	平均回收率/%
萘夫西林	1.0	89.2
	2.0	89.6
	4.0	90.8
	10.0	94.8
青霉素 G	1.0	90.2
	2.0	97.0
	4.0	89.7
	10.0	96.4
哌拉西林	1.0	87.6
	2.0	91.5
	4.0	94.0
	10.0	89.9
苯唑西林	1.0	92.3
	2.0	91.8
	4.0	92.1
	10.0	93.5
青霉素 V	1.0	86.2
	2.0	102.6
	4.0	86.9
	10.0	92.4
阿莫西林	2.0	82.3
	4.0	84.1
	8.0	88.7
	20.0	85.3
氨苄西林	2.0	86.1
	4.0	88.2
	8.0	83.3
	20.0	87.2
氯唑西林	2.0	87.1
	4.0	89.6
	8.0	95.6
	20.0	95.7
双氯西林	2.0	86.2
	4.0	92.3
	8.0	90.1
	20.0	91.2

ICS 67.050
X 04

中华人民共和国国家标准

GB/T 22953—2008

河豚鱼、鳗鱼和烤鳗中伊维菌素、阿维菌素、多拉菌素和乙酰氨基阿维菌素残留量的测定　液相色谱-串联质谱法

Determination of ivermectin, abamectin, doramectin and eprinomectin residues in fugu, eel and baked eel—LC-MS-MS method

2008-12-31 发布　　2009-05-01 实施

中华人民共和国国家质量监督检验检疫总局
中国国家标准化管理委员会　发布

前　言

本标准的附录 A、附录 B 为资料性附录。

本标准由国家质量监督检验检疫总局提出并归口。

本标准起草单位：中华人民共和国秦皇岛出入境检验检疫局、中华人民共和国广东出入境检验检疫局。

本标准主要起草人：林峰、吴映璇、姚仰勋、欧阳少伦、林海丹、庞国芳。

河豚鱼、鳗鱼和烤鳗中伊维菌素、阿维菌素、多拉菌素和乙酰氨基阿维菌素残留量的测定 液相色谱-串联质谱法

1 范围

本标准规定了河豚鱼、鳗鱼和烤鳗中阿维菌素类药物伊维菌素(ivermectin)、阿维菌素(abamectin)、多拉菌素(doramectin)和乙酰氨基阿维菌素(eprinomectin)残留量的液相色谱-串联质谱测定方法。

本标准适用于河豚鱼肌肉、鳗鱼肌肉、烤鳗中伊维菌素、阿维菌素、多拉菌素和乙酰氨基阿维菌素残留量的测定。

本标准的方法检出限:河豚鱼肌肉、鳗鱼肌肉、烤鳗中伊维菌素、阿维菌素、多拉菌素和乙酰氨基阿维菌素均为 5 μg/kg。

2 规范性引用文件

下列文件中的条款通过本标准的引用而成为本标准的条款。凡是注日期的引用文件,其随后所有的修改单(不包括勘误的内容)或修订版均不适用于本标准,然而,鼓励根据本标准达成协议的各方研究是否可使用这些文件的最新版本。凡是不注日期的引用文件,其最新版本适用于本标准。

GB/T 6379.1 测量方法与结果的准确度(正确度与精密度) 第 1 部分:总则与定义(GB/T 6379.1—2004,ISO 5725-1:1994,IDT)

GB/T 6379.2 测量方法与结果的准确度(正确度与精密度) 第 2 部分:确定标准测量方法重复性与再现性的基本方法(GB/T 6379.2—2004,ISO 5725-2:1994,IDT)

GB/T 6682 分析实验室用水规格和试验方法(GB/T 6682—2008,ISO 3696:1987,MOD)

3 原理

河豚鱼、鳗鱼和烤鳗中残留的伊维菌素、阿维菌素、多拉菌素和乙酰氨基阿维菌素残留用乙腈提取后,正己烷脱脂,中性氧化铝柱净化。样品溶液供液相色谱-串联质谱仪检测,外标峰面积法定量。

4 试剂和材料

除另有规定外,所有试剂均为分析纯,水为 GB/T 6682 规定的一级水。

4.1 乙腈:色谱纯。

4.2 甲醇。

4.3 正己烷,使用前以乙腈饱和。

4.4 中性氧化铝:活度Ⅰ级。

4.5 无水硫酸钠:经 650 ℃灼烧 4 h,置于干燥器中备用。

4.6 中性氧化铝净化柱:取一空的固相萃取柱管,下部填入少量脱脂棉,装入 2 g 中性氧化铝(4.4),上部再填充 4 g 无水硫酸钠,使用前装填。

4.7 伊维菌素、阿维菌素、多拉菌素、乙酰氨基阿维菌素标准物质:纯度≥99%。

4.8 100 μg/mL 标准储备液:准确称取适量的伊维菌素、阿维菌素、多拉菌素和乙酰氨基阿维菌素标准品(精确至 0.1 mg),用乙腈分别配制成 100 μg/mL 的标准贮备液,−18 ℃储存。

4.9 0.500 μg/mL 混合标准工作液：准确吸取 0.500 mL 伊维菌素、阿维菌素、多拉菌素和乙酰氨基阿维菌素标准储备液(4.8)至 100 mL 容量瓶中，以乙腈稀释并定容，此混合工作液的浓度为 0.500 μg/mL。－20 ℃储存。

4.10 基质混合标准工作溶液：根据需要，吸取不同体积的混合标准工作液(4.9)，用空白样品提取液配制成不同浓度的基质混合标准工作溶液，使用前配制。

4.11 滤膜：0.2 μm。

5 仪器和设备

5.1 液相色谱-串联四极杆质谱仪，配有电喷雾电离源。

5.2 分析天平：感量 0.1 mg 和 0.01 g。

5.3 组织捣碎机。

5.4 匀浆机：转速大于或等于 8 000 r/min。

5.5 离心机：转速大于 4 000 r/min。

5.6 超声波水浴。

5.7 液体混匀器。

5.8 固相萃取装置。

5.9 氮吹仪。

6 试样的制备与保存

取样品约 500 g 用组织捣碎机捣碎，装入洁净容器作为试样，密封，并标明标记，于－18 ℃冰箱中保存。

制样操作过程中应防止样品受到污染或残留物含量发生变化。

7 测定步骤

7.1 提取

准确称取 2 g 组织样品(准确至 0.01 g)至 50 mL 离心管中，加入 8 mL 乙腈(4.1)，匀浆机上 8 000 r/min均质 20 s，4 000 r/min 离心 5 min，上清液转移至 50 mL 离心管中；另取一 50 mL 离心管加入 8 mL 乙腈，洗涤匀浆刀头 10 s，洗涤液移入前一离心管中，用玻棒捣碎离心管中的沉淀，液体混匀器上振荡 30 s，4 000 r/min 离心 5 min，上清液合并至 50 mL 离心管，离心管中的沉淀再加入 6 mL 乙腈，用玻棒捣碎离心管中的沉淀，液体混匀器上振荡 30 s，4 000 r/min 离心 5 min，上清液合并至 50 mL 离心管中，乙腈定容至 25.0 mL 刻度，混匀备用。

7.2 净化

向上述装有样品提取液的 50 mL 离心管中加入 10 mL 乙腈饱和的正己烷(4.3)脱脂，涡旋振荡 1 min，4 000 r/min 离心 5 min，弃去上层正己烷，重复此操作一次，下层乙腈溶液待用。

将中性氧化铝净化柱(4.6)安置在固相萃取装置上，准确移取 10.0 mL 已脱脂的样品提取液至中性氧化铝净化柱中，控制流速在 1 mL/min～2 mL/min，用 2 mL×2 乙腈淋洗净化柱，收集全部流出液，流出液转移至吹氮管中，50 ℃下氮气吹至干，用 1.00 mL 乙腈溶解残渣，并置超声波水浴中超声振荡 10 min，0.2 μm 滤膜(4.11)过滤，供液相色谱-串联质谱测定。

7.3 测定条件

7.3.1 液相色谱参考条件

a) 色谱柱：Intersil C8-3 柱，5 μm，150 mm×4.6 mm(内径)或相当者；

b) 柱温：40 ℃；

c) 进样量：25 μL；

d) 流速：0.8 mL/min；

e) 流动相：甲醇＋水，梯度洗脱，见表 1。

表 1 梯度洗脱程序

时间/min	甲醇/%	水/%
0.00	75	25
3.00	100	0
10.00	100	0
10.01	75	25
15.00	75	25

7.3.2 质谱参考条件

a) 离子源：电喷雾电离源(ESI)；

b) 扫描方式：负离子扫描；

c) 检测方式：多反应监测(MRM)；

d) 雾化气、气帘气、辅助加热气、碰撞气均为高纯氮气及其他合适气体；使用前应调节各气体流量以使质谱灵敏度达到检测要求，喷雾电压、去集簇电压、碰撞能等电压值应优化至最佳灵敏度；

e) 监测离子对和相应的参考质谱参数，见表 2。

表 2 伊维菌素、阿维菌素、多拉菌素和乙酰氨基阿维菌素的监测离子对和相应的参考质谱参数

化合物名称	定性离子对 (*m/z*)	定量离子对 (*m/z*)	采集时间/ms	去簇电压/V	碰撞能量/V
伊维菌素	873.7/567.8	873.7/229.2	100	−75	−37
	873.7/229.2				−50
阿维菌素	871.7/565.2	871.7/565.2	100	−80	−40
	871.7/229.3				−54
多拉菌素	897.6/591.4	897.6/591.2	100	−70	−38
	897.6/229.0				−51
乙酰氨基阿维菌素	912.5/270.0	912.5/565.4	100	−82	−49
	912.5/565.4				−37

7.3.3 液相色谱-串联质谱测定

7.3.3.1 定性测定

每种被测组分选择 1 个母离子，2 个以上子离子，在相同试验条件下，样品中待测物质的保留时间与标准溶液中对应的保留时间偏差在±2.5%之内；且样品谱图中各组分定性离子的相对离子丰度与浓度接近的标准溶液谱图中对应的定性离子的相对离子丰度进行比较，偏差不超过表 3 规定的范围，则可判定为样品中存在对应的待测物。

表 3 定性确证时相对离子丰度的最大允许偏差

以%表示

相对离子丰度 K	$K>50$	$20<K<50$	$10<K<20$	$K\leqslant 10$
允许最大偏差	±20	±25	±30	±50

7.3.3.2 定量测定

外标法定量：在仪器最佳工作条件下，对基质混合标准工作溶液进样(4.10)，以峰面积为纵坐标，基质混合标准溶液浓度为横坐标绘制标准工作曲线。用标准工作曲线对样品进行定量，样品溶液中待测物的响应值均应在仪器测定的线性范围内。四种阿维菌素的标准物质的多反应监测(MRM)色谱图参见附录A中的图A.1～图A.4。四种阿维菌素的添加浓度及其平均回收率的试验数据参见附录B中的表B.1。

7.4 平行试验

按以上步骤，对同一试样进行平行试验测定。

7.5 空白试验

除不称取试样外，均按上述步骤进行。

8 结果计算

河豚鱼、鳗鱼和烤鳗中伊维菌素、阿维菌素、多拉菌素和乙酰氨基阿维菌素的残留量按式(1)计算：

$$X = c \times \frac{V}{m} \times \frac{1\,000}{1\,000} \qquad \cdots\cdots(1)$$

式中：

X——试样中被测组分残留量，单位为微克每千克(μg/kg)；

c——从标准工作曲线得到的被测组分溶液浓度，单位为纳克每毫升(ng/mL)；

V——样品溶液最终定容体积，单位为毫升(mL)；

m——样品溶液所代表最终试样的质量，单位为克(g)。

计算结果应扣除空白值。

9 精密度

9.1 一般规定

本标准的精密度数据是按照GB/T 6379.1和GB/T 6379.2的规定确定的，重复性和再现性的值以95%的可信度来计算。

9.2 重复性

在重复性试验条件下，获得的两次独立测试结果的绝对差值不超过重复性限r，被测物的添加浓度范围及重复性方程见表4、表5、表6。

表4 添加浓度范围及重复性和再现性方程(基质为河豚鱼肌肉) 单位为微克每千克

化合物名称	添加浓度范围	重复性限 r	再现性限 R
伊维菌素	5～50	$r=0.243m-0.242$	$R=0.273m$
阿维菌素	5～50	$r=0.325m-0.76$	$R=0.261\,72m+0.277$
多拉菌素	5～50	$r=0.228m+0.072$	$\lg R=0.965\lg m-0.591$
乙酰氨基阿维菌素	5～50	$\lg r=1.39\lg m-1.05$	$R=0.376m-1.43$
注：m为两次测定结果的算术平均值。			

表5 添加浓度范围及重复性和再现性方程(基质为鳗鱼肌肉) 单位为微克每千克

化合物名称	添加浓度范围	重复性限 r	再现性限 R
伊维菌素	5～50	$r=0.109m+0.367$	$R=0.217m-0.188$
阿维菌素	5～50	$r=0.234m-0.702$	$R=0.191m+0.149$
多拉菌素	5～50	$r=0.229m-0.363$	$R=0.262m-0.587$
乙酰氨基阿维菌素	5～50	$r=0.199m-0.563$	$R=0.203m-0.240$
注：m为两次测定结果的算术平均值。			

表 6　添加浓度范围及重复性和再现性方程(基质为烤鳗)　单位为微克每千克

化合物名称	添加浓度范围	重复性限 r	再现性限 R
伊维菌素	5～50	$\lg r=0.883\lg m-0.583$	$\lg R=1.15\lg m-0.875$
阿维菌素	5～50	$r=0.252m-0.771$	$R=0.288m-0.775$
多拉菌素	5～50	$r=0.239m-0.020$	$R=0.232m+0.214$
乙酰氨基阿维菌素	5～50	$r=0.295m-1.200$	$R=0.248m-0.478$
注：m 为两次测定结果的算术平均值。			

如果差值超过重复性限，应舍弃试验结果并重新完成两次单个试验的测定。

9.3　再现性

在再现性试验条件下，获得的两次独立测试结果的绝对差值不超过再现性限 R，被测物的添加浓度范围及再现性方程见表 4、表 5、表 6。

附 录 A
（资料性附录）
标准物质多反应监测(MRM)色谱图

伊维菌素、阿维菌素、多拉菌素和乙酰氨基阿维菌素标准物质多反应监测(MRM)色谱图见图 A.1～图 A.4。

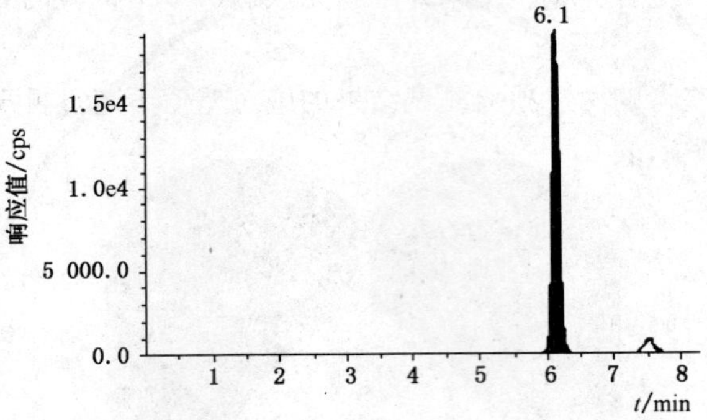

图 A.1 阿维菌素标准物质的多反应监测(MRM)色谱图

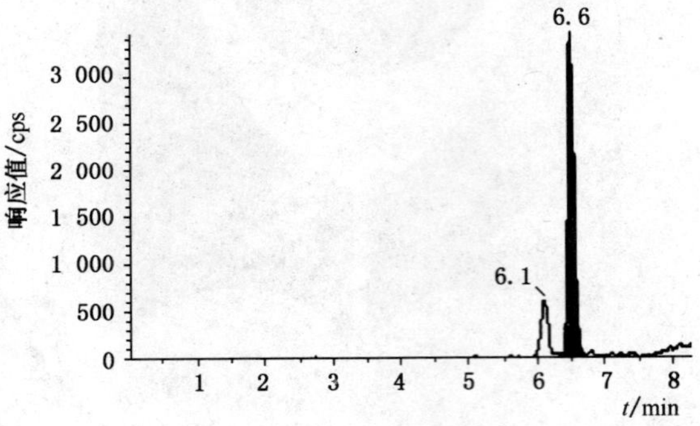

图 A.2 伊维菌素标准物质的多反应监测(MRM)色谱图

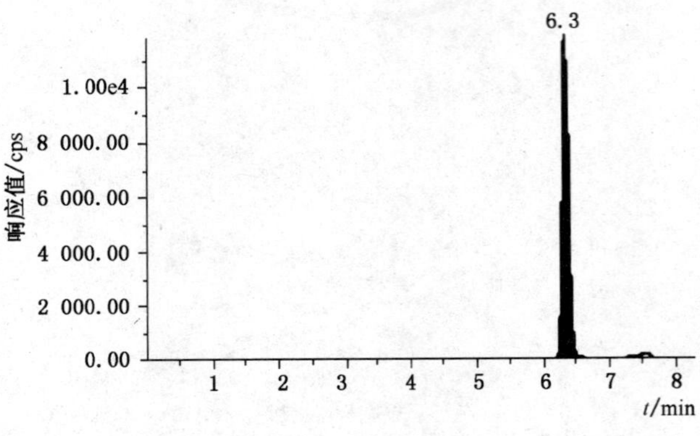

图 A.3 多拉菌素标准物质的多反应监测(MRM)色谱图

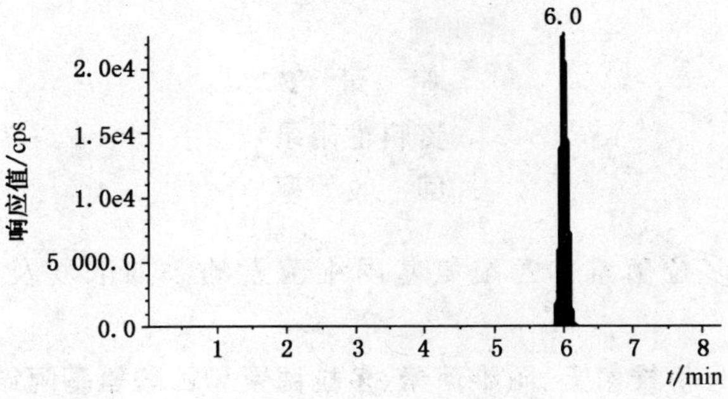

图 A.4　乙酰氨基阿维菌素标准物质的多反应监测(MRM)色谱图

附 录 B
（资料性附录）
回 收 率

伊维菌素、阿维菌素、多拉菌素和乙酰氨基阿维菌素的添加浓度及其平均回收率试验数据见表B.1。

表B.1 伊维菌素、阿维菌素、多拉菌素和乙酰氨基阿维菌素的添加浓度及其平均回收率试验数据

样品基质	化合物名称	添加水平/(μg/kg)	平均回收率/%
河豚鱼肌肉	伊维菌素	5	101.2
		10	104.1
		20	103.0
		50	99.7
	阿维菌素	5	104.9
		10	96.4
		20	104.4
		50	102.7
	多拉菌素	5	92.2
		10	96.4
		20	93.2
		50	96.1
	乙酰氨基阿维菌素	5	101.7
		10	85.7
		20	86.4
		50	89.9
鳗鱼肌肉	伊维菌素	5	95.7
		10	99.2
		20	100.0
		50	104.6
	阿维菌素	5	95.2
		10	102.0
		20	99.4
		50	101.6
	多拉菌素	5	80.1
		10	97.3
		20	102.0
		50	93.0
	乙酰氨基阿维菌素	5	83.2
		10	92.6
		20	86.1
		50	96.8

表 B.1（续）

样品基质	化合物名称	添加水平/(μg/kg)	平均回收率/%
烤鳗	伊维菌素	5	96.7
		10	104.0
		20	92.0
		50	103.0
	阿维菌素	5	105.0
		10	98.3
		20	106.0
		50	106.0
	多拉菌素	5	85.3
		10	97.0
		20	91.3
		50	101.0
	乙酰氨基阿维菌素	5	87.9
		10	90.2
		20	89.8
		50	104.0

ICS 67.050
X 04

中华人民共和国国家标准

GB/T 22954—2008

河豚鱼和鳗鱼中链霉素、双氢链霉素和卡那霉素残留量的测定 液相色谱-串联质谱法

Determination of streptomycin, dihydrostreptomycin and kanamycin residues in fugu and eel—LC-MS-MS method

2008-12-31 发布　　2009-05-01 实施

中华人民共和国国家质量监督检验检疫总局
中国国家标准化管理委员会　发布

前　言

本标准的附录 A、附录 B 为资料性附录。

本标准由国家质量监督检验检疫总局提出并归口。

本标准起草单位：中华人民共和国秦皇岛出入境检验检疫局。

本标准主要起草人：刘晓茂、张守军、张进杰、曹彦忠、杨志伟、曹亚平、庞国芳。

河豚鱼和鳗鱼中链霉素、双氢链霉素和卡那霉素残留量的测定 液相色谱-串联质谱法

1 范围

本标准规定了河豚鱼和鳗鱼中链霉素、双氢链霉素和卡那霉素残留量液相色谱-串联质谱测定方法。

本标准适用于河豚鱼和鳗鱼中链霉素、双氢链霉素和卡那霉素残留量的测定。

本标准方法的检出限：链霉素、双氢链霉素和卡那霉素的检出限均为 10.0 μg /kg。

2 规范性引用文件

下列文件中的条款通过本标准的引用而成为本标准的条款。凡是注日期的引用文件，其随后所有的修改单(不包括勘误的内容)或修订版均不适用于本标准，然而，鼓励根据本标准达成协议的各方研究是否可使用这些文件的最新版本。凡是不注日期的引用文件，其最新版本适用于本标准。

GB/T 6379.1 测量方法与结果的准确度(正确度与精密度) 第 1 部分：总则与定义(GB/T 6379.1—2004,ISO 5725-1:1994,IDT)

GB/T 6379.2 测量方法与结果的准确度(正确度与精密度) 第 2 部分：确定标准测量方法重复性与再现性的基本方法(GB/T 6379.2—2004,ISO 5725-2:1994,IDT)

GB/T 6682 分析实验室用水规格和试验方法(GB/T 6682—2008,ISO 3696:1987,MOD)

3 原理

河豚鱼或鳗鱼试样中的抗生素用磷酸溶液提取，三氯乙酸沉淀蛋白，用苯磺酸型和羧酸型固相萃取柱净化。液相色谱-串联质谱仪(ESI+)检测，外标法定量。

4 试剂和材料

除另有说明外，所用试剂均为优级纯。

4.1 水：GB/T 6682，一级。

4.2 甲醇：色谱纯。

4.3 乙腈：色谱纯。

4.4 甲酸。

4.5 浓磷酸。

4.6 磷酸氢二钾(K_2HPO_4)。

4.7 三氯乙酸($C_2HCl_3O_2$)。

4.8 庚烷磺酸钠($C_7H_{15}NaO_3S \cdot H_2O$)。

4.9 5%磷酸溶液(1+19)：取 50 mL 浓磷酸(4.5)，用水定容至 1 L。

4.10 0.2 mol/L 磷酸盐缓冲溶液：pH=8.5。称取 34.8 g 磷酸氢二钾(4.6)用水溶解，定容至 1 L，用氢氧化钠溶液调节 pH=8.5。

4.11 三氯乙酸溶液：50%，质量分数。取 20 g 三氯乙酸(4.7)，用水定容至 20 mL。

4.12 0.01 mol/L 庚烷磺酸钠溶液：称取 2.20 g 庚烷磺酸钠(4.8)，用水溶解，定容至 1 L。

4.13 SPE洗脱溶液:取4 mL甲酸(4.4),用0.01 mol/L庚烷磺酸钠溶液(4.12)定容至100 mL。

4.14 25%甲醇溶液(1+3):取25 mL甲醇(4.2),用水定容至100 mL。

4.15 标准物质:链霉素(CAS:3810-74-0)、双氢链霉素(CAS:128-46-1)和卡那霉素(CAS:25389-94-0);纯度均≥98%。

4.16 1.0 mg/mL标准储备溶液:称取适量的链霉素、双氢链霉素和卡那霉素标准物质(4.15),分别用0.3%乙酸水溶液溶解并配制成1.0 mg/mL的标准储备溶液。避光保存于-18 ℃冰柜中。

4.17 0.1 μg/mL混合标准溶液:吸取适量链霉素、双氢链霉素和卡那霉素标准储备溶液(4.16),用0.3%乙酸水稀释成0.1 μg/mL的混合标准溶液,避光保存于-18 ℃冰柜中。

4.18 苯磺酸型固相萃取柱(500 mg,3 mL)或相当者。使用前依次用5 mL甲醇和10 mL水预处理,保持柱体湿润。

4.19 羧酸型固相萃取柱(500 mg,3 mL)或相当者。使用前依次用5 mL甲醇和10 mL水预处理,保持柱体湿润。

4.20 滤膜:0.2 μm。

5 仪器

5.1 液相色谱-串联四极杆质谱仪,配有电喷雾离子源。

5.2 分析天平:感量0.1 mg和0.01 g。

5.3 液体混匀器。

5.4 固相萃取装置。

5.5 均质器。

5.6 真空泵:真空度应达到80 kPa。

5.7 微量注射器:25 μL,100 μL。

5.8 pH计:测量精度±0.02 pH单位。

5.9 具塞离心管:100 mL。

5.10 刻度离心管:5 mL。

5.11 贮液器:50 mL。

5.12 离心机:转速4 000 r/min以上。

6 试样的制备与保存

6.1 试样的制备

实验室样品混合均匀,分出0.5 kg作为试样。

6.2 试样保存

试样置于-18 ℃冰柜,避光保存。

7 测定步骤

7.1 待测样品溶液的制备

7.1.1 样品提取和初净化

称取河豚鱼或鳗鱼样品10 g(精确到0.01 g),置于100 mL离心管中,加入30 mL 5%磷酸溶液(4.9),均质3 min,并用5%磷酸溶液清洗均质器刀头合并洗涤液,加入3 mL三氯乙酸溶液(4.11)涡旋混合后在4 000 r/min下离心10 min。上清液全部倒入下接苯磺酸型固相萃取柱(4.18)的贮液器中,在固相萃取装置上使样液以小于2 mL/min的流速通过萃取柱,待样液全部通过固相萃取柱后,依次用5 mL 5%磷酸溶液(4.9)和10 mL水洗涤苯磺酸型固相萃取柱(4.18),弃去全部流出液。用20 mL磷酸盐缓冲溶液(4.10)洗脱至50 mL离心管中。

7.1.2 样品溶液再净化

上述洗脱液倒入下接羧酸型固相萃取柱(4.19)的贮液器中，在固相萃取装置上使样液以小于2 mL/min的流速通过萃取柱，待样液全部通过固相萃取柱后，依次用10 mL水和10 mL 25%甲醇溶液(4.14)洗涤羧酸型固相萃取柱(4.19)，弃去全部流出液。减压抽干羧酸型固相萃取柱(4.19)30 min。用2 mL SPE洗脱液(4.13)洗脱至5 mL刻度离心管中，用SPE洗脱液(4.13)定容至2.0 mL，混匀后过0.2 μm滤膜(4.20)，供液相色谱-串联质谱测定。

7.2 基质混合标准校准溶液的制备

称取五个阴性河豚鱼或鳗鱼样品10 g(精确到0.01 g)，分别置于100 mL具塞离心管中，加入适量混合标准溶液(4.17)，制成链霉素、双氢链霉素和卡那霉素含量均为5.0 μg/kg、10.0 μg/kg、20.0 μg/kg、100.0 μg/kg和200.0 μg/kg的基质标准溶液。其余按7.1步骤操作完成。

7.3 测定条件

7.3.1 液相色谱参考条件

a) 色谱柱：Atlantis C_{18}，3.5 μm，150 mm×2.1 mm(内径)或相当者；

b) 柱温：40 ℃；

c) 进样量：30 μL；

d) 流动相：流动相A为0.1%甲酸水溶液，流动相B为0.1%甲酸乙腈溶液，流动相C为甲醇。梯度洗脱参考条件见表1。

表1 液相色谱梯度洗脱参考条件

时间/min	流速/(μL/min)	流动相A/%	流动相B/%	流动相C/%
0	200	85	10	5
3.01	200	60	35	5
6.00	200	60	35	5
6.01	200	85	10	5
16.00	200	85	10	5

7.3.2 质谱参考条件

a) 离子源：电喷雾离子源(ESI)；

b) 扫描方式：正离子扫描；

c) 检测方式：多反应监测(MRM)；

d) 电喷雾电压(IS)：5 000 V；

e) 辅助气(AUX)流速：7 L/min；

f) 辅助气温度(TEM)：550 ℃；

g) 聚焦电压(FP)：150 V；

h) 链霉素、双氢链霉素和卡那霉素的质谱参数见表2。

表2 链霉素、双氢链霉素和卡那霉素的质谱参数

化合物名称	定性离子对 (m/z)	定量离子对 (m/z)	去簇电压(DP)/V	采集时间/ms	碰撞能量(CE)/V
链霉素 (streptomycin)	582/263 582/246	582/263	110	100	45 55
双氢链霉素 (dihydrostreptomycin)	584/263 584/246	584/263	100	100	43 55
卡那霉素 (kanamycin)	485/163 485/324	485/163	50	100	34 23

7.4 液相色谱-串联质谱测定

7.4.1 定性确证

每种被测组分选择1个母离子，2个以上子离子，在相同试验条件下，样品中待测物质的保留时间与混合基质标准校准溶液中对应组分的保留时间偏差在±2.5%之内；且样品谱图中各组分相对离子丰度与浓度接近的混合基质标准校准溶液谱图中对应的相对离子丰度进行比较，偏差不超过表3规定的范围，则可判定样品中存在对应的待测物。

表3 定性确证时相对离子丰度的最大允许偏差

以%表示

相对离子丰度 K	$K>50$	$20<K<50$	$10<K<20$	$K\leqslant 10$
允许最大偏差	±20	±25	±30	±50

7.4.2 定量测定

外标法定量：在仪器最佳工作条件下，对链霉素、双氢链霉素和卡那霉素的混合基质标准校准溶液进样测定，以混合基质标准校准溶液浓度为横坐标，以峰面积为纵坐标，绘制标准工作曲线，用标准工作曲线对待测样品进行定量，样品溶液中待测物的响应值均应在仪器测定的线性范围内。

链霉素、双氢链霉素和卡那霉素的多反应监测(MRM)色谱图参见附录A中的图A.1。链霉素、双氢链霉素和卡那霉素的添加浓度及其平均回收率的试验数据参见附录B中的表B.1。

7.5 平行试验

按以上步骤，对同一试样进行平行试验测定。

7.6 空白试验

不称取样品，其余均按试样步骤进行。

7.7 回收率试验

阴性样品中添加标准溶液，按7.1和7.2操作，测定后计算样品添加的回收率。

8 结果计算

链霉素、双氢链霉素和卡那霉素的残留量按式(1)计算：

$$X = c \times \frac{V}{m} \times \frac{1\,000}{1\,000} \qquad \cdots\cdots(1)$$

式中：

X——试样中被测组分残留量，单位为微克每千克(μg/kg)；

c——从标准工作曲线得到的被测组分溶液浓度，单位为纳克每毫升(ng/mL)；

V——样品溶液最终定容体积，单位为毫升(mL)；

m——样品溶液所代表最终试样的质量，单位为克(g)。

计算结果应扣除空白值。

9 精密度

9.1 一般规定

本标准的精密度数据是按GB/T 6379.1和GB/T 6379.2规定确定的，重复性和再现性的值以95%的可信度来计算。

9.2 重复性

在重复性试验条件下，获得的两次独立测试结果的绝对差值不超过重复性限 r。链霉素、双氢链霉素和卡那霉素的添加浓度范围及重复性方程见表4。

表 4　添加浓度范围及重复性和再现性方程

单位为微克每千克

化合物名称	添加浓度范围	重复性限 r	再现性限 R
链霉素	5.0～200.0	$\lg r=1.1141\lg m-1.0366$	$\lg R=0.9080\lg m-0.8333$
双氢链霉素	5.0～200.0	$\lg r=1.2478\lg m-1.0861$	$\lg R=1.0584\lg m-0.9876$
卡那霉素	5.0～200.0	$\lg r=0.8670\lg m-0.8214$	$\lg R=0.7085\lg m-0.6047$
注：m 为两次测定结果的算术平均值。			

如果差值超过重复性限 r，应舍弃试验结果并重新完成两次单个试验的测定。

9.3　再现性

在再现性试验条件下，获得的两次独立测试结果的绝对差值不超过再现性限 R。链霉素、双氢链霉素和卡那霉素的添加浓度范围及再现性方程见表 4。

附 录 A
(资料性附录)
多反应监测(MRM)色谱图

链霉素、双氢链霉素和卡那霉素的多反应监测(MRM)色谱图见图 A.1。

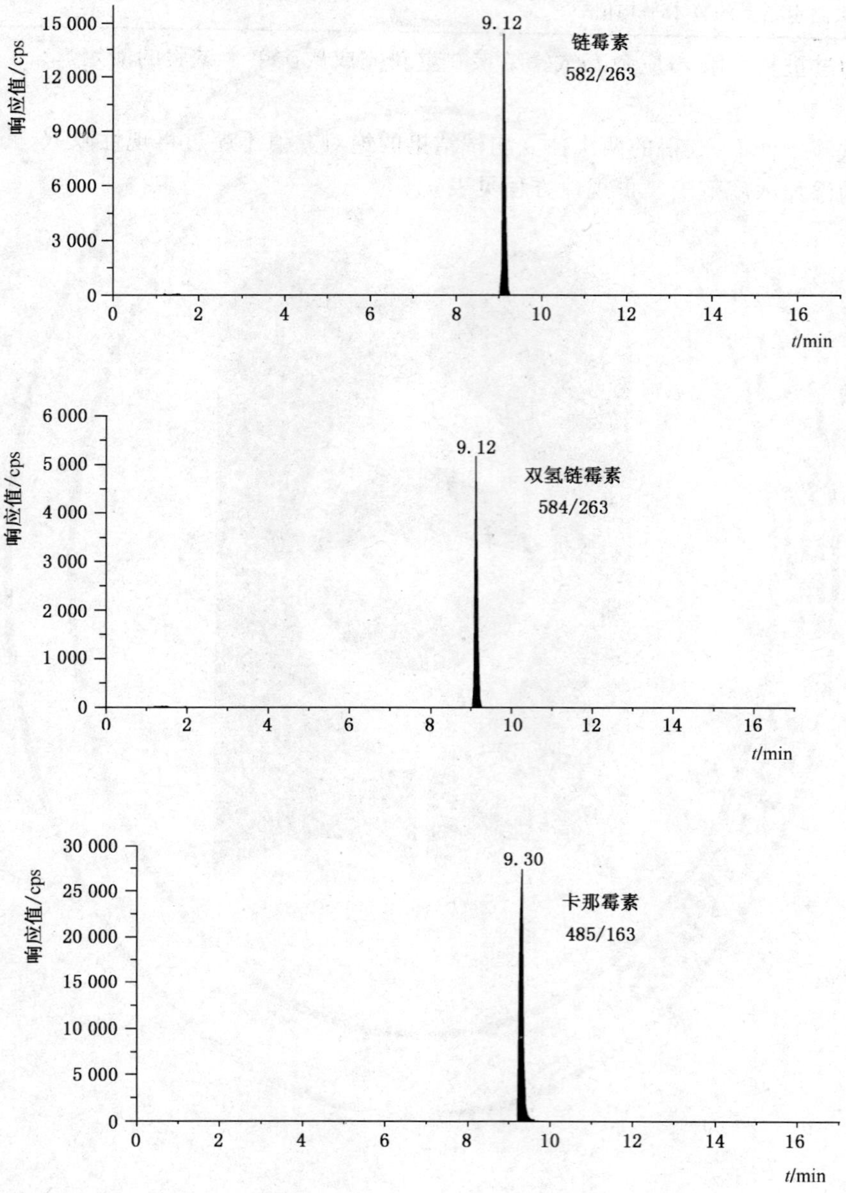

图 A.1 链霉素、双氢链霉素和卡那霉素的多反应监测(MRM)色谱图

附 录 B
（资料性附录）
回 收 率

链霉素、双氢链霉素和卡那霉素的添加浓度及其平均回收率的试验数据见表B.1。

表B.1 链霉素、双氢链霉素和卡那霉素的添加浓度及其平均回收率的试验数据

化合物名称	添加浓度/(μg/kg)	平均回收率/%	
		河 豚 鱼	鳗 鱼
链霉素	5.0	90.48	89.61
	10.0	91.21	91.27
	20.0	95.67	90.45
	50.0	94.35	92.48
双氢链霉素	5.0	98.17	91.39
	10.0	93.97	93.71
	20.0	94.63	90.45
	50.0	96.12	89.46
卡那霉素	5.0	93.08	90.45
	10.0	92.69	92.45
	20.0	96.50	90.15
	50.0	94.35	90.46

ICS 67.050
X 04

中华人民共和国国家标准

GB/T 22955—2008

河豚鱼、鳗鱼和烤鳗中苯并咪唑类药物残留量的测定 液相色谱-串联质谱法

Determination of benzimidazoles residues in fugu, eel and baked eel—LC-MS-MS method

2008-12-31 发布　　2009-05-01 实施

中华人民共和国国家质量监督检验检疫总局
中国国家标准化管理委员会　发布

前　言

本标准的附录 A、附录 B 为资料性附录。

本标准由国家质量监督检验检疫总局提出并归口。

本标准起草单位：中华人民共和国秦皇岛出入境检验检疫局、中华人民共和国广东出入境检验检疫局。

本标准主要起草人：林峰、林海丹、吴映璇、张美金、邵琳智、庞国芳。

河豚鱼、鳗鱼和烤鳗中苯并咪唑类药物残留量的测定　液相色谱-串联质谱法

1　范围

本标准规定了河豚鱼、鳗鱼和烤鳗中苯并咪唑类药物和代谢物残留量的液相色谱-串联质谱检测方法。

本标准适用于液相色谱-串联质谱法测定河豚鱼、鳗鱼和烤鳗中奥芬达唑、芬苯达唑及它们的代谢物奥芬达唑砜，阿苯达唑及其代谢物阿苯达唑-2-氨基砜、阿苯达唑亚砜、阿苯达唑砜，甲苯咪唑及其代谢物氨基甲苯咪唑、羟基甲苯咪唑，氟苯咪唑及其代谢物2-氨基氟苯咪唑，噻苯咪唑及其代谢物5-羟基噻苯咪唑，噻苯咪唑酯，氧苯达唑的残留量。

本标准的方法检出限：奥芬达唑、芬苯达唑、奥芬达唑砜、阿苯达唑、阿苯达唑-2-氨基砜、阿苯达唑亚砜、阿苯达唑砜、甲苯咪唑、氨基甲苯咪唑、羟基甲苯咪唑、氟苯咪唑、2-氨基氟苯咪唑、噻苯咪唑、5-羟基噻苯咪唑、噻苯咪唑酯、氧苯达唑均为0.010 mg/kg。

2　规范性引用文件

下列文件中的条款通过本标准的引用而成为本标准的条款。凡是注日期的引用文件，其随后所有的修改单(不包括勘误的内容)或修订版均不适用于本标准，然而，鼓励根据本标准达成协议的各方研究是否可使用这些文件的最新版本。凡是不注日期的引用文件，其最新版本适用于本标准。

GB/T 6379.1　测量方法与结果的准确度(正确度与精密度)　第1部分：总则与定义(GB/T 6379.1—2004，ISO 5725-1:1994，IDT)

GB/T 6379.2　测量方法与结果的准确度(正确度与精密度)　第2部分：确定标准测量方法重复性与再现性的基本方法(GB/T 6379.2—2004，ISO 5725-2:1994，IDT)

GB/T 6682　分析实验室用水规格和试验方法(GB/T 6682—2008，ISO 3696:1987，MOD)

3　原理

试样在碱性条件下以乙酸乙酯提取、离心、浓缩后，残渣以乙腈-0.1 mol/L盐酸溶液溶解，正己烷脱脂，经MCX固相萃取柱净化。样品溶液供液相色谱-串联质谱仪检测，外标峰面积法定量。

4　试剂和材料

除另有说明外，所用试剂均为分析纯，水为GB/T 6682规定的一级水。

4.1　乙酸乙酯。

4.2　正己烷。

4.3　甲醇：色谱纯。

4.4　乙腈：色谱纯。

4.5　无水硫酸钠：经650 ℃灼烧4 h，置于干燥器内备用。

4.6　2,6-二叔丁基对甲酚(BHT)。

4.7　盐酸。

4.8 氢氧化钾。

4.9 25%氨水。

4.10 甲酸：优级纯。

4.11 乙酸铵。

4.12 1% BHT 溶液：称取 1.0 g BHT，乙酸乙酯溶解并稀释至 100 mL，临用前配制。

4.13 0.1 mol/L 盐酸溶液：量取浓盐酸 9 mL，加水稀释至 1 000 mL。

4.14 0.005 mol/L 甲酸溶液：准确吸取 188 μL 甲酸，加水稀释至 1 000 mL。

4.15 50%氢氧化钾溶液：50 g 氢氧化钾溶解于 100 mL 水中，冷却至室温后待用。

4.16 10%氨乙腈溶液：量取 10 mL 25%氨水，乙腈稀释至 100 mL，临用前配制。

4.17 0.025 mol/L 乙酸铵溶液：1.93 g 乙酸铵溶解于 1 000 mL 水中。

4.18 标准品：奥芬达唑（oxfendazole，CAS：53716-50-0）、芬苯达唑（fenbendazole，CAS：43210-67-9）、奥芬达唑砜（oxfendazole sulfone，CAS：54029-20-8）、阿苯达唑（albendazole，CAS：54965218）、阿苯达唑-2-氨基砜（albendazole-2-aminosulfone，CAS：80983-34-2）、阿苯达唑亚砜（albendazole sulfoxide，CAS：54029-12-8）、阿苯达唑砜（albendazole sulfone，CAS：75184-71-3）、甲苯咪唑（mebendazole，CAS：14798000）、氨基甲苯咪唑（mebendazole-amine，CAS：52329-60-9）、羟基甲苯咪唑（5-hydroxymebendazole，CAS：60254-95-7）、氟苯咪唑（flubendazole，CAS：13678000）、2-氨基氟苯咪唑（2-aminoflubendazole）、噻苯咪唑（thiabendazole，CAS：148798）、噻苯咪唑酯（cambendazole，CAS：26097-80-3）、氧苯达唑（oxibendazole，CAS：20559-55-1）标准品：含量均在 98%以上，5-羟基噻苯咪唑（thiabendazole-5-hydroxy，CAS：17450500）标准溶液浓度为 10 mg/L。

4.19 标准溶液

4.19.1 标准储备液

准确称取按其纯度折算为 100%质量的奥芬达唑、芬苯达唑、奥芬达唑砜、阿苯达唑、阿苯达唑-2-氨基砜、阿苯达唑亚砜、阿苯达唑砜、甲苯咪唑、氨基甲苯咪唑、羟基甲苯咪唑、氟苯咪唑、2-氨基氟苯咪唑、噻苯咪唑、噻苯咪唑酯、氧苯达唑标准品各 10 mg（精确至 0.1 mg），分别用甲醇溶解并定容至 100 mL，配成标准储备溶液浓度为 100 μg/mL。

4.19.2 混合标准工作溶液

根据需要，用乙腈-水（1+4）将标准储备液（4.19.1）及 5-羟基噻苯咪唑标准溶液配成适用浓度的混合标准工作溶液。混合标准工作溶液使用前配制。

4.20 固相萃取柱：阳离子交换固相萃取柱 MCX 柱或相当者，150 mg/6 mL。使用前依次用 5 mL 甲醇活化、5 mL 0.1 mol/L 盐酸平衡。

4.21 滤膜：0.2 μm。

5 仪器

5.1 液相色谱-串联质谱仪：配有电喷雾离子源。

5.2 组织捣碎机。

5.3 匀浆机：转速大于或等于 8 000 r/min。

5.4 涡旋振荡器。

5.5 离心机：转速大于或等于 4 000 r/min。

5.6 减压旋转蒸发仪。

5.7 超声波水浴。

5.8　分析天平：感量 0.1 mg，0.01 g。

6　制样方法

从所取全部样品中取出有代表性样品可食部分约 500 g，用组织捣碎机充分捣碎均匀，装入洁净容器中，密封，并标明标记，于－18 ℃以下冷冻存放。

制样操作过程中应防止样品受到污染或发生残留物含量的变化。

7　分析步骤

7.1　提取

称取 2 g 样品(准确至 0.01 g)，于 50 mL 离心管中，加入 20 mL 乙酸乙酯(4.1)、0.15 mL 50%氢氧化钾溶液(4.15)、1 mL 1%BHT 溶液(4.12)置超声波水浴中振荡 5 min，匀浆机上 8 000 r/min 均质 30 s，加入 1 g 无水硫酸钠，混匀，4 000 r/min 离心 5 min，清液转移至 100 mL 梨形瓶中；另取一离心管，加入 20 mL 乙酸乙酯、0.15 mL 50%氢氧化钾溶液和 1 mL 1%BHT 溶液洗涤匀浆机刀头；用玻棒捣碎离心管中的沉淀，加入上述洗涤匀浆机刀头的碱性乙酸乙酯溶液，在涡旋振荡器上振荡 2 min，置超声波水浴中振荡 5 min，4 000 r/min 离心 5 min，清液合并至 100 mL 梨形瓶中，38 ℃减压旋转蒸发至干。

7.2　净化

上述残渣马上用 1.5 mL 乙腈溶解，涡旋混匀，超声 5 min，加入 1.5 mL 0.1 mol/L 盐酸溶液(4.13)，涡旋混匀，转移到 15 mL 离心管，加 5 mL 正己烷(4.2)洗涤梨形瓶，合并转移到离心管中，涡旋混匀，4 000 r/min 离心 5 min，弃上层正己烷层，加入 3 mL 正己烷重复操作一次。

脱脂后的样液加入 3 mL 0.1 mol/L 盐酸溶液，涡旋混匀，注入已活化处理的 MCX 固相萃取柱(4.20)，依次用 5 mL 0.1 mol/L 盐酸溶液、5 mL 甲醇(4.3)淋洗，15 mL 10%氨乙腈溶液(4.16)洗脱，洗脱液 38 ℃减压旋转蒸发至干，残渣加入 0.5 mL 乙腈，置超声波水浴中振荡 5 min，加入 1.5 mL 0.025 mol/L 乙酸铵溶液(4.17)，涡旋混匀，吸取 100 μL 该样液，加入 1 900 μL 乙腈-水(1＋4)混匀后过 0.2 μm 滤膜(4.21)，供液相色谱-串联质谱仪测定。

7.3　测定条件

7.3.1　液相色谱参考条件

a)　色谱柱：YMC C_{18}，3 μm，150 mm×2.1 mm(内径)或相当者；

b)　流动相：乙腈：0.005 mol/L 甲酸溶液(4.14)，梯度洗脱：乙腈：15%～80%(7 min 内线性增加)，80%保持 2 min，80%～15%(0.01 min 内线性递减)，15%保持 11 min；

c)　流速：0.25 mL/min；

d)　柱温：40 ℃；

e)　进样量：5 μL。

7.3.2　质谱参考条件

a)　离子化模式：电喷雾电离正离子模式(ESI＋)；

b)　质谱扫描方式：多反应监测(MRM)；

c)　分辨率：单位分辨率；

d)　雾化气、气帘气、辅助加热气、碰撞气均为高纯氮气或其他合适气体，使用前应调节各气体流量以使质谱灵敏度达到检测要求，喷雾电压、去集簇电压、碰撞能等电压值应优化至最佳灵敏度；

e)　16 种苯并咪唑类药物的定性离子对、定量离子对和去集簇电压、碰撞气能量、参考保留时间见表 1。

表 1　16 种苯并咪唑类药物和代谢物的参考保留时间、参考质谱参数

化合物名称	定性离子对(m/z)	定量离子对(m/z)	去集簇电压/V	碰撞气能量/V	参考保留时间/min
奥芬达唑	316/159	316/159	38	55	7.9
	316/191			35	
芬苯达唑	300/159	300/268	37	50	10.3
	300/268			35	
奥芬达唑砜	332/159	332/159	31	60	8.8
	332/300			35	
阿苯达唑	266/191	266/234	32	50	9.2
	266/234			30	
阿苯达唑-2-氨基砜	240/133	240/133	35	45	2.4
	240/198			35	
阿苯达唑亚砜	282/191	282/208	31	55	6.7
	282/208			40	
阿苯达唑砜	298/224	298/159	55	40	7.8
	298/159			30	
甲苯咪唑	296/105	296/264	40	50	9.1
	296/264			35	
氨基甲苯咪唑	238/105	238/105	70	37	6.7
	238/133			51	
羟基甲苯咪唑	298/160	298/266	56	50	7.1
	298/266			31	
噻苯咪唑	202/131	202/175	58	50	3.3
	202/175			40	
5-羟基噻苯咪唑	218/147	218/191	47	40	2.0
	218/191			30	
氟苯咪唑	314/123	314/123	43	55	9.4
	314/283			40	
2-氨基氟苯咪唑	256/95	256/95	65	58	7.0
	256/123			39	
噻苯咪唑酯	303/217	303/217	40	45	7.4
	303/261			30	
氧苯达唑	250/176	250/218	44	40	7.6
	250/218			30	

7.3.3 **液相色谱-串联质谱测定**

7.3.3.1 **定性测定**

被测组分选择1个母离子,2个子离子,在相同试验条件下,样品中待测物质的保留时间与标准溶液中对应的保留时间偏差在±2.5%之内;当样品谱图中被测组分监测离子的相对离子丰度与浓度接近的标准溶液谱图中对应的监测离子的相对离子丰度进行比较,偏差不超过表2规定的范围,则可判定为样品中存在对应的待测物。

表2 定性确证时相对离子丰度的最大允许偏差

以%表示

相对离子丰度 K	$K>50$	$20<K<50$	$10<K<20$	$K\leqslant10$
允许最大偏差	±20	±25	±30	±50

7.3.3.2 **定量测定**

在仪器最佳工作条件下,对混合标准工作溶液进样(4.19.2),以峰面积为纵坐标,混合标准工作溶液浓度为横坐标绘制标准工作曲线。用标准工作曲线对样品进行定量,样品溶液中待测物的响应值均应在仪器测定的线性范围内。16种苯并咪唑类药物和代谢物标准物质的多反应监测(MRM)色谱图参见附录A中的图A.1。16种苯并咪唑类药物和代谢物的添加浓度及其平均回收率的试验数据参见附录B中的表B.1。

7.4 **平行试验**

按以上步骤,对同一试样进行平行试验测定。

7.5 **空白试验**

除不称取试样外,均按上述步骤进行。

8 结果计算

河豚鱼、鳗鱼、烤鳗中16种苯并咪唑类药物和代谢物的残留量按式(1)计算:

$$X = c \times \frac{V}{m} \times \frac{1\,000}{1\,000} \qquad \cdots\cdots(1)$$

式中:

X——试样中待测药物残留量,单位为微克每千克(μg/kg);

c——从标准工作曲线得到的待测药物溶液浓度,单位为纳克每毫升(ng/mL);

V——样品溶液最终定容体积,单位为毫升(mL);

m——样品溶液所代表最终试样的质量,单位为克(g)。

计算结果应扣除空白值。

9 精密度

9.1 **一般规定**

本标准的精密度数据是按照GB/T 6379.1和GB/T 6379.2的规定确定的,重复性和再现性的值以95%的可信度来计算。

9.2 **重复性**

在重复性试验条件下,获得的两次独立测试结果的绝对差值不超过重复性限 r,被测物的添加浓度范围及重复性方程见表3、表4、表5。

表 3 添加浓度范围及重复性和再现性方程(基质为河豚鱼肌肉) 单位为微克每千克

化合物名称	添加浓度范围	重复性限 r	再现性限 R
阿苯达唑-2-氨基砜	10～100	$r=0.832\,9m-0.619\,3$	$R=0.849\,2m-0.424\,5$
2-氨基氟苯咪唑	10～100	$r=0.780\,3m-0.682\,7$	$R=0.973\,7m-0.677\,4$
阿苯达唑	10～100	$r=0.752\,5m-0.817\,8$	$R=0.569\,5m-0.192\,5$
阿苯达唑砜	10～100	$r=1.089\,9m-1.171\,9$	$R=1.050\,9m-0.725\,6$
阿苯达唑亚砜	10～100	$r=0.833\,0m-0.581\,1$	$R=0.965\,9m-0.554\,5$
噻苯咪唑酯	10～100	$r=0.908\,6m-1.054\,7$	$R=1.110\,1m-0.857\,6$
芬苯达唑	10～100	$r=1.148\,1m-1.429\,7$	$R=0.700\,7m-0.285\,2$
氟苯咪唑	10～100	$r=1.202\,4m-1.359\,2$	$R=0.986\,6m-0.756\,0$
氨基甲苯咪唑	10～100	$r=0.688\,0m-0.603\,7$	$R=0.555\,8m-0.060\,8$
甲苯咪唑	10～100	$r=1.086\,6m-1.155$	$R=1.073\,9m-0.861\,0$
奥芬达唑	10～100	$r=0.872\,8m-0.843\,4$	$R=0.765\,4m-0.360\,5$
奥芬达唑砜	10～100	$r=1.144\,7m-1.322\,6$	$R=1.136\,6m-0.968\,9$
氧苯达唑	10～100	$r=0.910\,3m-1.142\,7$	$R=0.758\,6m-0.436\,8$
羟基甲苯咪唑	10～100	$r=0.992\,8m-1.134\,1$	$R=1.125\,5m-0.832\,9$
噻苯咪唑	10～100	$r=1.269\,1m-1.506\,9$	$R=1.047\,0m-0.807\,6$
5-羟基噻苯咪唑	10～100	$r=1.132\,0m-1.095\,1$	$R=1.076\,9m-0.788\,2$
注：m 为两次测定结果的算术平均值。			

表 4 添加浓度范围及重复性和再现性方程(基质为鳗鱼肌肉) 单位为微克每千克

化合物名称	添加浓度范围	重复性限 r	再现性限 R
阿苯达唑-2-氨基砜	10～100	$r=0.809\,1m-0.541\,7$	$R=0.797\,5m-0.312\,6$
2-氨基氟苯咪唑	10～100	$r=0.960\,9m-0.806\,0$	$R=1.105\,5m-0.854\,4$
阿苯达唑	10～100	$r=0.987\,3m-1.021\,9$	$R=0.893\,9m-0.749\,6$
阿苯达唑砜	10～100	$r=1.163\,4m-1.193\,2$	$R=0.951\,0m-0.536\,0$
阿苯达唑亚砜	10～100	$r=0.827\,9m-0.533\,3$	$R=0.896\,5m-0.518\,6$
噻苯咪唑酯	10～100	$r=0.901\,7m-0.875\,6$	$R=0.792\,5m-0.653\,1$
芬苯达唑	10～100	$r=1.000\,9m-1.123\,3$	$R=0.972\,5m-0.809\,3$
氟苯咪唑	10～100	$r=1.043\,2m-0.939\,5$	$R=1.092\,4m-0.938\,7$
氨基甲苯咪唑	10～100	$r=0.756\,7m-0.598\,7$	$R=0.516\,9m-0.040\,0$
甲苯咪唑	10～100	$r=1.150\,5m-1.177\,6$	$R=1.041\,1m-0.783\,7$
奥芬达唑	10～100	$r=0.896\,3m-0.707\,9$	$R=0.765\,3m-0.364\,5$
奥芬达唑砜	10～100	$r=1.180\,8m-1.234\,1$	$R=0.994\,0m-0.685\,8$
氧苯达唑	10～100	$r=1.329\,6m-1.565\,0$	$R=0.916\,6m-0.661\,1$
羟基甲苯咪唑	10～100	$r=1.094\,2m-1.054\,5$	$R=0.854\,1m-0.394\,1$
噻苯咪唑	10～100	$r=1.371\,7m-1.533\,7$	$R=1.029\,9m-0.767\,6$
5-羟基噻苯咪唑	10～100	$r=1.226\,2m-1.209\,4$	$R=0.847\,2m-0.426\,9$
注：m 为两次测定结果的算术平均值。			

表5　添加浓度范围及重复性和再现性方程(基质为烤鳗)　　单位为微克每千克

化合物名称	添加浓度范围	重复性限 r	再现性限 R
阿苯达唑-2-氨基砜	10～100	$r=1.2481m-1.4254$	$R=1.0128m-0.8278$
2-氨基氟苯咪唑	10～100	$r=0.9616m-0.9686$	$R=0.7423m-0.4116$
阿苯达唑	10～100	$r=0.9571m-0.9049$	$R=0.9271m-0.5523$
阿苯达唑砜	10～100	$r=0.9906m-1.0955$	$R=1.0094m-0.9235$
阿苯达唑亚砜	10～100	$r=0.8921m-0.8058$	$R=0.8531m-0.5708$
噻苯咪唑酯	10～100	$r=1.1936m-1.2815$	$R=0.8004m-0.4719$
芬苯达唑	10～100	$r=1.2481m-1.4254$	$R=1.0128m-0.8278$
氟苯咪唑	10～100	$r=0.8573m-0.9145$	$R=0.8977m-0.7178$
氨基甲苯咪唑	10～100	$r=0.6628m-0.5212$	$R=0.7976m-0.5901$
甲苯咪唑	10～100	$r=0.8195m-0.7543$	$R=0.9955m-0.7825$
奥芬达唑	10～100	$r=1.2137m-1.3933$	$R=1.0636m-0.9992$
奥芬达唑砜	10～100	$r=0.9378m-0.9399$	$R=0.8649m-0.5510$
氧苯达唑	10～100	$r=0.6214m-0.5385$	$R=0.7547m-0.5536$
羟基甲苯咪唑	10～100	$r=0.7681m-0.6829$	$R=0.7005m-0.4387$
噻苯咪唑	10～100	$r=0.9745m-1.1009$	$R=0.7704m-0.6037$
5-羟基噻苯咪唑	10～100	$r=0.7981m-0.8052$	$R=0.9111m-0.8015$
注：m 为两次测定结果的算术平均值。			

如果差值超过重复性限，应舍弃试验结果并重新完成两次单个试验的测定。

9.3　再现性

在再现性条件下，获得的两次独立测试结果的绝对差值不超过再现性限 R，被测物的添加浓度范围及再现性方程见表3、表4、表5。

附 录 A
（资料性附录）
标准物质多反应监测(MRM)色谱图

16 种苯并咪唑类药物和代谢物标准物质的多反应监测(MRM)色谱图见图 A.1。

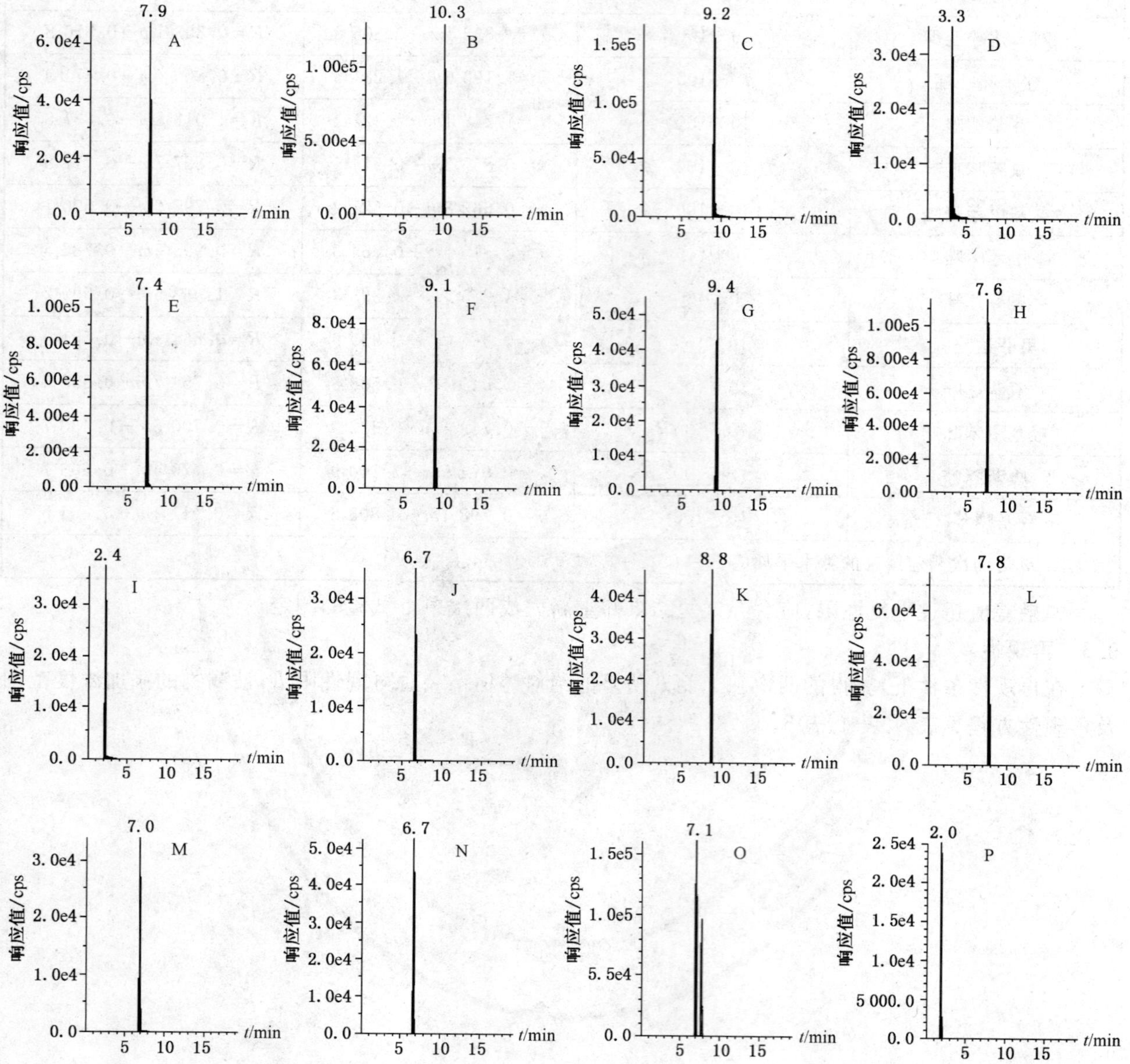

A——奥芬达唑； E——噻苯咪唑酯； I——阿苯达唑-2-氨基砜； M——2-氨基氟苯咪唑；
B——芬苯达唑； F——甲苯咪唑； J——阿苯达唑亚砜； N——氨基甲苯咪唑；
C——阿苯达唑； G——氟苯咪唑； K——奥芬达唑砜； O——羟基甲苯咪唑；
D——噻苯咪唑； H——氧苯达唑； L——阿苯达唑砜； P——5-羟基噻苯咪唑。

图 A.1 16 种苯并咪唑类药物和代谢物标准物质的多反应监测(MRM)色谱图

附　录　B
（资料性附录）
回　收　率

河豚鱼肌肉、鳗鱼肌肉、烤鳗中16种苯并咪唑类药物和代谢物的添加浓度及其平均回收率的试验数据见表B.1。

表B.1　16种苯并咪唑类药物和代谢物的添加浓度及其平均回收率的试验数据

化合物名称	添加浓度/(μg/kg)	平均回收率/%		
		河豚鱼肌肉	鳗鱼肌肉	烤鳗
奥芬达唑	10	108.9	99.1	106.0
	20	98.5	96.5	95.1
	50	98.7	96.8	94.7
	100	99.9	101.0	104.1
芬苯达唑	10	87.9	99.0	97.5
	20	78.7	91.4	89.1
	50	82.1	87.0	93.2
	100	85.6	90.8	90.9
阿苯达唑	10	92.6	96.5	95.7
	20	89.4	92.8	93.6
	50	90.9	93.6	94.7
	100	92.9	95.5	100.4
噻苯咪唑	10	102.9	92.5	93.7
	20	94.7	95.5	96.2
	50	95.9	96.0	96.6
	100	98.6	99.7	100.6
噻苯咪唑酯	10	86.5	81.9	80.7
	20	82.8	81.3	79.7
	50	84.1	85.1	90.0
	100	87.5	89.4	83.4
甲苯咪唑	10	91.5	96.3	93.9
	20	87.6	90.5	91.5
	50	86.6	90.6	89.7
	100	86.9	92.5	90.8

表 B.1（续）

化合物名称	添加浓度/(μg/kg)	平均回收率/%		
		河豚鱼肌肉	鳗鱼肌肉	烤鳗
氟苯达唑	10	103.0	106.5	101.3
	20	94.5	98.1	98.5
	50	96.0	97.0	97.5
	100	96.2	99.5	97.8
氧苯达唑	10	98.5	104.0	102.5
	20	90.3	94.3	100.4
	50	90.6	91.0	93.1
	100	90.1	90.9	99.9
5-羟基噻苯咪唑	10	76.7	73.6	85.4
	20	98.3	80.4	77.6
	50	94.8	96.8	80.1
	100	116.0	94.5	110.8
阿苯达唑-2-氨基砜	10	111.8	102.8	103.2
	20	92.8	97.3	103.6
	50	94.7	94.8	87.1
	100	102.9	106.5	104.1
阿苯达唑亚砜	10	93.4	99.3	98.8
	20	90.2	86.8	77.8
	50	91.3	92.5	81.8
	100	101.2	103.9	104.5
奥芬达唑砜	10	105.4	112.3	109.8
	20	97.9	105.4	104.4
	50	101.0	105.1	104.3
	100	102.3	105.6	110.5
阿苯达唑砜	10	99.7	114.4	108.6
	20	97.7	103.3	102.6
	50	99.7	100.1	101.5
	100	102.1	103.3	105.1

表 B.1（续）

化合物名称	添加浓度/(μg/kg)	平均回收率/%		
		河豚鱼肌肉	鳗鱼肌肉	烤鳗
2-氨基氟苯达唑	10	80.3	79.4	84.0
	20	93.6	87.4	93.2
	50	99.2	90.4	85.9
	100	97.3	99.3	93.2
2-氨基甲苯咪唑	10	92.8	90.0	99.0
	20	88.0	103.4	94.0
	50	91.3	90.2	93.5
	100	88.8	92.5	92.2
5-羟基甲苯哒唑	10	106.7	88.6	95.6
	20	95.2	87.0	96.8
	50	94.7	100.6	99.6
	100	96.2	99.4	106.4